面 向 21 世 纪 课 程 教 材
Textbook Series for 21st Century

普通高等教育“十一五”国家级规划教材

普通高等教育“十五”国家级规划教材

面 向 21 世 纪 课 程 教 材
Textbook Series for 21st Century

大学数学
概率论及试验统计

第五版

主编　郭明月　李欣然　石峰

中国教育出版传媒集团
高等教育出版社·北京

内容提要

本书是依据最新的“大学数学课程教学基本要求”修订的第五版。本书第三版为普通高等教育“十一五”国家级规划教材，第二版是普通高等教育“十五”国家级规划教材，并在2005年获得高等教育国家级教学成果二等奖。本书内容包括随机事件的概率、随机变量的分布、随机变量的函数、随机变量的数字特征、样本及统计量、总体分布中未知参数的估计、总体分布参数及总体分布的假设检验、方差分析、回归分析与协方差分析等基础理论知识及常用的试验统计分析方法。附录有试验统计用表、卡西欧(CASIO) fx-991CN X 型计算器简介、Excel 数据分析功能的使用简介和 SAS，R，Python 使用简介等。本次修订特别增加了拓展阅读材料、探索题及二维码资源等，使教材更加与时俱进。

本书可作为高等农林类学校各专业概率统计课程的教材和考研复习的参考用书，也可作为数据分析的工具用书。

图书在版编目(CIP)数据

大学数学．概率论及试验统计／郭明月，李欣然，石峰主编．--5版．--北京：高等教育出版社，2024．8（2025.3重印）．--ISBN 978-7-04-062512-7

Ⅰ．O13；O21

中国国家版本馆 CIP 数据核字第 2024UK8026 号

DAXUE SHUXUE GAILÜLUN JI SHIYAN TONGJI

策划编辑 李 茜　责任编辑 李 茜　封面设计 贺雅馨　版式设计 徐艳妮
责任绘图 裴一丹　责任校对 高 歌　责任印制 刘思涵

出版发行	高等教育出版社	网　址	http://www.hep.edu.cn
社　址	北京市西城区德外大街4号		http://www.hep.com.cn
邮政编码	100120	网上订购	http://www.hepmall.com.cn
印　刷	武汉市新华印刷有限责任公司		http://www.hepmall.com
开　本	787mm×1092mm 1/16		http://www.hepmall.cn
印　张	18	版　次	2016年8月第1版
字　数	420千字		2024年8月第5版
购书热线	010-58581118	印　次	2025年3月第2次印刷
咨询电话	400-810-0598	定　价	39.80元

物 料 号　62512-00

第五版前言

概率统计是研究随机现象统计规律的一门学科，是数据分析和数据处理的重要理论基础。它作为一门重要的数学方法论，更是推动社会进步和发展的重要工具，尤其在人工智能和数据科学中发挥着举足轻重的作用。为适应科技发展需求，我们在本书第四版的基础上进行了较大幅度的修订。

修订的宗旨是与时俱进，大幅度地提高可读性、可视性、可操作性、可关联性。

修订的主要内容有：

增加了二维码，二维码用于四个方面的关联，关联课中知识点的特色讲解，关联课后习题、补充习题视频解答，关联 gif 动图（二项分布的正态近似 gif 动图，相互独立同分布的随机变量和的极限的正态逼近 gif 动图，当 t 分布的自由度变化时与标准正态分布的关系 gif 动图等），关联三种程序代码（SAS 语言、R 语言、Python 语言）；

增加了名人名言，激发读者阅读兴趣，启迪读者，起到画龙点睛的作用；

增加了拓展阅读材料，将概率论和统计知识的来龙去脉深刻贯穿到生活中，体现概率统计丰富的思想性、趣味性和应用性；

增加了探索题，目的是促进学生深度思考，并进行思辨，形成自己的思想方法；

增加了条件分布律、条件分布密度、条件数学期望、Bayes 估计、矩估计、最大似然估计的思想方法和性质；

增加了专业词汇的英文注释；

增加了章节之间的衔接与过渡，增强内容的连贯性；

修改了一些表述不当的、叙述不清的、有歧义的地方。

需要说明的是，前四版主编之一余家林教授，因病去世，另外一位主编朱倩军教授，也退休多年。为了教材得到很好的传承，经充分征求意见，本次改版不再将他们列入主编。在此，我们对余家林先生表达深切的怀念，对朱倩军教授，表达诚挚的敬意！第五版由郭明月、李欣然、石峰任主编，陈秋剑、池红梅、宋朝红、韩群、邓昊、李淑华任副主编。潘志斌、朱强、杨文宇、方红，特别是高等教育出版社的杨帆、李茜副编审提出了许多宝贵的意见与建议，在此一并表示感谢。

书中难免还有不足之处，恳请读者批评指正。

编　者

2024 年 1 月于武汉狮子山

第四版前言

随着大数据时代的到来，各行各业都面临着从大量数据中寻找规律的任务，数据分析和数据处理的理论和方法越来越受到重视。概率统计作为数据挖掘的重要方法，更是人们进行数据挖掘的首选。自2009年本书第三版出版以来，关注和使用本书的高校师生和社会人士越来越多，同时他们也提出了许多宝贵的建议。为此，我们在本书第三版的基础上进行修订。

此次修订前我们召开了多次教材使用情况的座谈会，许多具有丰富教学经验的教师对本教材的修改提出了很好的意见和建议。在此基础上，我们对本书的部分内容进行了适当的调整和增删，并对部分表述进行了改进，以适应在大数据时代下人们对新教材的需求。

修订的主要内容有：

关于总体均值与方差，我们约定总体的均值为μ，方差为σ^2，在一些重要结论的表述中将$E(\overline{X})=E(X)$，$E(S^{*2})=D(X)$统一更改为$E(\overline{X})=\mu$，$E(S^{*2})=\sigma^2$，以便能更好地体现样本推断总体的思想，避免学生混淆无偏性及有效性的概念。

删除了上侧分位数和双侧分位数的概念，保留分位数的概念，使样本观测数据的p分位数与抽样分布的α分位数概念保持一致，降低学生学习的复杂程度。

引入了枢轴量的概念，更加注重阐述区间估计的思想、原理和方法。

改进了假设检验中原假设H_0和备择假设H_1的表述，更好地体现了假设检验的基本思想。

增加了假设检验中检验p值的概念，方便学生理解假设检验用SAS程序输出的结果。

更新了附录十中的CASIO fx-3600P型计算器简介为CASIO fx-991CN X型计算器简介，方便学生学习。

北京大学陈家鼎教授、武汉大学刘禄勤教授对本书的修订提出了指导性建议，在此，对两位专家表示感谢。

本书由华中农业大学、湖南农业大学、河南农业大学、长江大学及贵州大学合编。第四版由余家林、朱倩军、石峰任主编，郭明月、周建军、曹殿立、刘兴卫、罗文俊任副主编。胡兵参加了编写和修订工作，覃光莲、陈秋剑、李淑华、杨文宇、池红梅、潘志斌、李新建、陈晓坤提出了宝贵意见。华中农业大学教务处陈晓玲博士审阅了本书的稿件，提出了许多宝贵的意见，在此一并表示感谢。

第四版中还会有许多不足之处，恳请读者批评指正。

编　者

2015年11月于武汉狮子山

第四版前言

第三版前言

本书第二版自2004年出版以来，被很多高等农林院校选作“概率统计”课程的教材或考研复习的参考用书。2005年本书作为《农林类本科大学数学系列课程教材建设》的成果之一，获得湖北省高等学校教学成果一等奖和国家级教学成果二等奖。本书选材适当、逻辑严谨，科学性强；叙述清晰、文字简练，可读性强。

第三版是对第二版进行修订与充实的结果，特别是吸纳了各校师生的意见，有以下六项较大的改动：(1) 为适应工程类和经济类学生参加统一命题研究生入学考试的要求，将教材中分布函数的定义由 $P\{X<x\}$ 改为 $P\{X\leqslant x\}$；(2) 精选“选读选讲”的内容，既为学有余力的学生提供“学数学”与“用数学”平台，也为课时充裕的老师引导学生“学数学”与“用数学”准备一些素材，这些内容只供选读与选讲；(3) 强调用计算器作统计计算与使用统计分析软件上机计算相同步，为减少用计算器作统计计算的误差，特别在假设检验、方差分析、回归分析的例题中增加了用计算器作连运算的说明；(4) 考虑到正态性检验的重要性，编入了正态性检验的偏态峰态检验法和 W 法及相应的 SAS 程序；(5) 考虑到对多个总体进行方差的同质性检验的重要性，不仅编入了 Bartlett 的 χ^2 检验，还编入 Levene 的 F 检验，前者比较常用，后者的适应性较强；(6) 微软办公软件中的 Excel 是一个很方便实用的工具，这一版的附录中增加了“Excel 数据分析功能的使用简介”。

教育部高等学校统计学专业教学指导分委员会委员、武汉大学刘禄勤教授曾经评介本书，北京大学陈家鼎教授对本书的修订提出了指导性的意见，特在此向他们二位致以谢意。

本书由华中农业大学、湖南农业大学、河南农业大学、湖北农学院及贵州大学农学院合编。第三版继续由余家林、朱倩军任主编。周建军、曹殿立、刘兴卫、罗文俊任副主编。肖枝洪、覃光莲、汪晓银、郭明月、陈晓坤、李新建、朱强参加了编写及修订工作，文凤春、陈华锋提出了宝贵的建议。

在第三版出版之际，编者向关心、爱护本书的师生致以谢意。由于编者的水平所限，第三版的不妥之处仍难以避免，敬请读者和使用本教材的同行学友继续批评指正。

编　者

2008 年于华中农业大学

第二版前言

本书是普通高等教育“十五”国家级规划教材、全国教育科学“十五”国家规划课题之子课题“21世纪中国高等学校农林类专业数理化基础课程的创新与实践”和高等教育出版社“高等教育百门精品课程建设计划”立项研究项目的研究成果。

本书第一版自2001年出版以来，很多高等学校将其选作农林、水产、食品、生物、医药、经贸及社会学等专业的教材或考研复习的参考用书。第二版吸纳了各校师生的意见，对第一版进行了修订与充实，特别是删除多处过于详尽的说明，以简单明了的提示取而代之，给教师组织教学、提高教学质量留下更多的余地，给学生学数学、用数学留有更大的空间。

本书第二版继续由华中农业大学、湖南农业大学、河南农业大学、湖北农学院及贵州大学合编。余家林、朱倩军任主编，周建军、曹殿立、刘兴卫、罗文俊任副主编，董锐、肖枝洪参加了编写及修订工作。

在第二版出版之际，编者向关心、爱护本书的师生致以谢意。由于编者的水平所限，第二版的不妥之处仍难以避免，敬请读者和使用本教材的同行学友继续批评指正。

编　者
2003年于华中农业大学

第一版前言

一、教材编写工作的回顾

1995 年原国家教委适时推出了“高等教育面向 21 世纪教学内容和课程体系改革计划”。1996 年,“高等农林院校本科数学(含生物统计)系列课程教学内容和课程体系改革的研究与实践”课题经原国家教委高教司[1996]61 号文件批准立项,研究立即展开。华中农业大学制定了相应的改革方案,并在 1997—1999 年按方案进行了三轮试验。当时的目标是理顺概率论、数理统计与生物统计、试验设计这三门课程的关系,并设想将各专业生物统计课中带有共性的一部分内容与概率论、数理统计结合在一起,既加强生物统计的基础理论,又使概率论、数理统计与应用相融合,同时介绍 SAS 系统,取名为概率论及试验统计,课堂教学及上机实习共 60 课时。还设想将各专业生物统计课中不带共性的特色内容及试验设计内容,命名为试验设计及分析,单独开设,并增加一些新的内容,由原来的 20 课时增加到 40 课时。这样一来,两门课的总课时便可减少,内涵都有所增加。当时由余家林按上述设想编写校内教材,经过华中农业大学多位教师在三个年级、六个专业近五百名学生中试用,并多次修改形成本书的雏形。2000 年底,华中农业大学、湖南农业大学、河南农业大学、湖北农学院及贵州大学的代表举行农林教育面向 21 世纪教材研讨会,决定集中五校的学识与经验,合编一本适合农业大学各专业使用的教材。

编写本教材的思路是:(1) 加强概率论及试验统计理论部分的教学,为后续课程的教学及学生从事专业工作奠定坚实的基础,为学生未来的深造作准备;(2) 注意概率论、数理统计与应用相融合,以增强学生用数学的意识,培养学生用数学的能力;(3) 全文采用第三人称写法,引导学生理解新的概念,发现新的规律,提出新的方法,与学生一起重走概率论及试验统计理论和方法的创新之路;(4) 给任课教师课前编写教案、课内因材施教留有余地;(5) 对试验统计、生物统计、经济统计、社会统计源自理工科的教材内容体系适当地进行重组,使例题与习题更适合农业学生要求。

本教材由华中农业大学余家林任主编,湖南农业大学周建军、河南农业大学曹殿立、华中农业大学朱倩军、湖北农学院刘兴卫及贵州大学罗文俊任副主编,华中农业大学董锐、肖枝洪参加了编写、审定及试教工作。

本教材由中国农业大学张嘉林教授主审。张教授具有渊博的学识与丰富的教学经验。20 世纪 80 年代,他参与编写了我国农业大学通用的系列数学教材。我们从中得到许多借鉴。他这次又担任本教材的主审,提出许多指导性的意见,为本教材增色不少。特在此向他致谢。

在本教材出版的时候,我们还要向教育部致谢,是教育部推出的“高等教育面向 21 世纪教学内容和课程体系改革计划”为我们提供了一个参与的机会。向支持本教材出版的教育部高教司、高等教育面向 21 世纪教学内容和课程体系改革计划工作协调指导小组、04-6 项目组、华中农业大学、湖南农业大学、河南农业大学、湖北农学院及贵州大学五校的有关部门、特别是数学教研室的老师们致谢。向华中农业大学谢季坚教授致谢，他是这一套大学数学系列教材的发起人、多校联合编写教材的组织与推动者。

由于编者的水平所限，教材中的不妥之处难以避免，敬请读者和使用本教材的教师批评指正。

二、学科及课程简介

概率论及试验统计是数学的一个分支，研究随机试验与随机事件的数量规律。

概率论起源于17世纪中叶，最初是为了解答博弈问题，直到20世纪方才建立严密的学科体系。目前，概率论不仅在工业工程、农业工程等自然科学中有广泛的应用，在管理科学、社会科学中也有广泛的应用。

试验统计的起源更早一些，大概在人类学会数数的同时，也就学会了统计。一开始，试验统计仅仅局限于数据的收集与比较，以后便有了比例、百分率、各种统计图表。随着概率论的出现及其发展，试验统计学的理论与方法也逐步地创新，有了各行各业的统计学，有了更加专门化的分支，例如时间序列分析、可靠性理论等。统计分析所得到的信息，已经成为工程师、农艺师、银行家、军事指挥人员、部门首长进行推断与决策的根据。

现在，概率论及试验统计作为一门数学课程，已经列入大专院校许多专业的教学计划。某些专业的硕士研究生入学考试、留学国外的资格考试试卷中也有一定比例的概率论及试验统计考题。有些专业的硕士研究生对这门课程还要深入地研读。

本课程讲授概率论的基础理论知识及常用的试验统计分析方法，使理论与应用融合，为工业工程、农业工程、经济管理、社会调查等学科的研究与应用奠定基础。

编　者

2001年于华中农业大学

目　录

> 概率论只不过是把常识用数学公式表达出来了.
>
> ——拉普拉斯(Pierre-Simon Laplace)

第一章　随机事件的概率

§1.1　随机试验与随机事件

1. 随机试验

自然界分为两类现象,一类是必然现象,一类是随机现象也称之为偶然现象.必然现象就是在一定的条件下,必然发生或必然不发生的现象,结果具有确定性,例如,在 101 325 Pa(标准大气压)下将水加热到 100℃,结果水必然沸腾;又如,一个人不借助任何工具,蹦一蹦,结果就飞上了蓝天,这是不可能的.随机现象是在一定的条件下,并不总是出现相同结果的现象,结果具有不确定性.比如,开车经过某有红绿灯的十字路口时,遇到的有可能是红灯,也可能是绿灯,还有可能是黄灯.概率论是研究随机现象统计规律的一门学科.面对这种不确定性,如何对随机现象进行研究?那就是进行**随机试验**,随机试验记作 E.

现将一些有代表性的随机试验举例如下:

例 1.1.1　上抛硬币　将一枚硬币竖直上抛,到达最高点后,竖直下落在水平的桌面上,其结果可能是有币值的那一面(正面)朝上,也可能是有图案的那一面(反面)朝上.在硬币还没有落定之前,不能预知试验的结果.因此,上抛硬币是随机试验.

例 1.1.2　丢掷骰子　将一粒骰子用两手捂住,上下摇动后,丢掷在水平的桌面上,其结果可能是 6 种不同点数中的某一点数朝上.如果骰子还没有停止运动,试验的结果便不能事先知道.因此,丢掷骰子是随机试验.

例 1.1.3　测量体重　从鸡舍中任取一只鸡测量其体重 w(单位:kg),则 w 在某个区间内取值.如果体重的最大值小于 3 kg,那么 w 可以是 0 至 3 之间的某一实数.在任取一只鸡并测量出体重之前,不能预知 w 的数值.因此,测量鸡的体重是随机试验.

这三个例子说明,随机试验有以下三个特点:

(1) 重复性:试验可以在相同的条件下重复地进行多次;

(2) 确定性:试验前能知道一切可能出现的试验结果;

(3) 随机性:试验结果不一定相同,也不能预知哪一个结果会出现.

与例 1.1.1 类似的试验:(1) 一粒种子作发芽试验,结果是发芽或不发芽;(2) 某女子乒乓球队与水平相当的对手举行团体赛,结果是胜利或失败.

与例 1.1.2 类似的试验:(1) 一粒种子作发芽试验,结果是发芽期为 8 天、9 天或 10 天;(2) 某女子乒乓球队与水平相当的对手举行团体赛,采用三局两胜制,结果是 2∶1,2∶0,0∶2 或 1∶2.

与例 1.1.3 类似的试验:(1) 一粒种子作发芽试验,结果是 15 天的芽高 h(单位:cm),它在某个区间内取某一实数;(2) 某女子乒乓球队与水平相当的对手举行团体赛,结果是比赛所用的时间 t(单位:h),它在某个区间内取某一实数.

【探索题】如何根据随机试验的随机性解决一些实际问题? 比如,羽毛球比赛如何确定发球权问题、选场地问题等.

2. 随机试验的样本空间

在某一随机试验中由可能出现的全部试验结果所组成的集合,称为这个随机试验的**样本空间**,记作 Ω. 但是,为研究方便起见,常常限定 Ω 中的试验结果,使它们在一次试验中必然有一个要出现并且只可能有一个出现. 或者说,在一次试验中,Ω 中的试验结果不可能都不出现,也不可能有两个或两个以上的试验结果同时出现.

根据这样的限定,在例 1.1.1 中,若正面朝上这一试验结果记作 H,反面朝上这一试验结果记作 T,那么上抛一枚硬币的样本空间 $\Omega=\{\mathrm{H},\mathrm{T}\}$. 上抛两枚或多枚硬币也是随机试验. 如果将两枚硬币区分为甲与乙,用(※※)表示上抛两枚硬币试验的结果,括号中的※将以 H 或 T 代替,第一个※表示上抛硬币甲的结果,第二个※表示上抛硬币乙的结果,那么上抛两枚硬币的样本空间 $\Omega=\{(\mathrm{HH}),(\mathrm{HT}),(\mathrm{TH}),(\mathrm{TT})\}$. 在例 1.1.2 中,若将 i 点($i=1,2,3,4,5,6$)朝上这一试验结果也记作 i,那么朝上的点数便可能是 1,2,3,4,5,6,丢掷一粒骰子的样本空间 $\Omega=\{i\mid i=1,2,3,4,5,6\}$ 或 $\Omega=\{1,2,3,4,5,6\}$. 丢掷两粒或多粒骰子也是随机试验. 丢掷两粒骰子的样本空间 Ω 有 36 个元素,记 $\Omega=\{(i,j)\mid i,j=1,2,3,4,5,6\}$,其中$(i,j)$表示两粒骰子中某一粒骰子朝上的点数为 i,另一粒骰子朝上的点数为 j. 在例 1.1.3 中,任取一只鸡测量体重的样本空间 $\Omega=\{w\mid 0<w<3\}$.

正确地确定随机试验的样本空间,是研究随机试验的一个关键.

3. 随机事件

在随机试验中,可能出现、也可能不出现的某一件事情,称为**随机事件**,简称为**事件**. 不同的事件可以用不同的大写英文字母来标记,例如 A,B,C 等.

某一事件出现或不出现,实际上是由随机试验的结果决定的. 如果将随机事件与随机试验的样本空间 Ω 相联系,则根据某一事件的意义可以找到样本空间 Ω 的一个子集,当子集中的一个元素出现时这个事件就出现了,当子集中的元素都不出现时这个事件就不出现. 因此,每一个事件都与样本空间 Ω 的一个子集相对应.

例如,在例 1.1.2 中,若 4 点朝上记作 A,偶数点朝上记作 B,朝上的点数不超过 4 记作 C,则 A 与$\{4\}$对应,B 与$\{2,4,6\}$对应,C 与$\{1,2,3,4\}$对应. 这种对应关系,通常就表示为 $A=\{4\text{ 点朝上}\}=\{4\}$,$B=\{\text{偶数点朝上}\}=\{2,4,6\}$,$C=\{\text{朝上的点数不超过 }4\}=\{1,2,3,4\}$.

另外,根据前面对样本空间所作的限定,如果某一事件只与样本空间 Ω 的一个元素相对应,则称此事件为**基本事件**.

作为特殊的情形,在随机试验中必然出现的事件称为**必然事件**,不可能出现的事件称为

不可能事件. 由于样本空间 Ω 中的元素必然有一个是随机试验的结果,而空集 $\varnothing$ 不包含 Ω 中的任何元素,因此必然事件与样本空间 Ω 相对应,不可能事件与空集 $\varnothing$ 相对应. 这样一来,必然事件就记作 Ω,不可能事件就记作 $\varnothing$.

必然事件、随机事件、不可能事件的差异如下:

必然事件	随机事件	不可能事件
与 Ω 对应	与 Ω 的非空真子集对应	与 $\varnothing$ 对应
在随机试验中必然出现	在随机试验中可能出现也可能不出现	在随机试验中不可能出现

4. 随机事件的关系及运算

根据事件与集合的对应关系,事件之间也有与集合之间相类似的关系及运算,并且表示集合之间相互关系及运算的 Venn(维恩)图,也可以用来表示随机事件之间的关系及运算.

设 A,B,C 为同一个样本空间 Ω 中的事件,它们之间有下列关系及运算:

(1) 事件的包含与相等

如果 A 出现必然导致 B 出现,则称 A 被 B 包含或 B **包含** A,记作 $A\subset B$ 或 $B\supset A$. 当 $A\subset B$ 时,凡是 A 的元素一定是 B 的元素,又称 A 是 B 的**子事件**(如图 1.1 所示).

如果 $A\subset B$ 并且 $B\subset A$,则称 A 与 B **等价**或**相等**,记作 $A=B$. 当 $A=B$ 时,A 中的元素与 B 中的元素相同,只是事件的名称不同.

对于任意事件 A,$A\subset\Omega$ 成立. 作为特殊情形,还规定 $\varnothing\subset A$.

(2) 事件的并

A 与 B 至少有一个出现所构成的事件称为 A 与 B 的**并**,记作 $A\cup B$.

$A\cup B$ 是由三部分元素,即只属于 A 的元素、只属于 B 的元素、既属于 A 又属于 B 的元素所组成的集合. 它也是一个事件,表示只有 A 出现,或者只有 B 出现,或者 A 与 B 都出现(如图 1.2 所示).

$A\cup B$ 的定义还可以推广至三个事件 A,B,C 以至 n 个事件的情形.

A,B 与 C 至少有一个出现所构成的事件称为 A,B 与 C 的**并**,记作

$$A\cup B\cup C.$$

$A_1,A_2,\cdots,A_n$ 至少有一个出现所构成的事件称为它们的**并**,记作

$$A_1\cup A_2\cup\cdots\cup A_n \quad 或 \quad \bigcup_{i=1}^{n} A_i.$$

可数个事件 $A_1,A_2,\cdots,A_n,\cdots$ 的并,也就是这一事件序列中至少有一个出现所构成的事件,记作

$$A_1\cup A_2\cup\cdots\cup A_n\cup\cdots \quad 或 \quad \bigcup_{i=1}^{\infty} A_i.$$

这里,"可数"二字的含义是:事件 $A_1,A_2,\cdots,A_n,\cdots$ 可排成一个无穷序列.

作为特殊情形,当 $A\subset B$ 时,$A\cup B=B$.

还有 $A\cup\varnothing=A$,$A\cup\Omega=\Omega$,$A\cup A=A$.

(3) 事件的交

A 与 B 都出现所构成的事件称为 A 与 B 的**交**(或**积**),记作 $A\cap B$ 或 AB.

AB 是由既属于 A 又属于 B 的元素所组成的集合. 它是在 A 与 B 都出现的条件下跟随着出现的一个新事件(如图 1.3 所示).

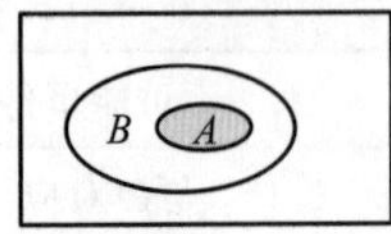

图 1.1 $A\subset B$

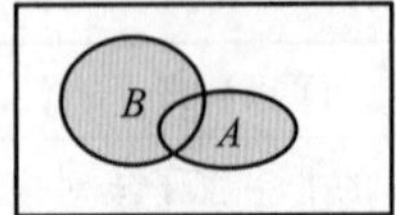

图 1.2 $A\cup B$

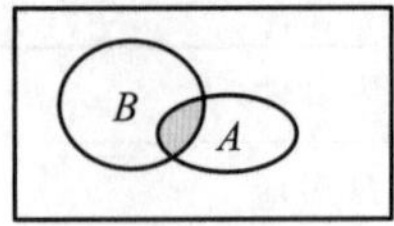

图 1.3 $A\cap B$

根据 AB 的定义,有 $AB\subset A\subset A\cup B$,当然也有 $AB\subset B\subset A\cup B$.

AB 的定义还可以推广至三个事件 A,B,C 以至 n 个事件的情形.

A,B 与 C 都出现所构成的事件称为 A,B 与 C 的**交**,记作 ABC.

$A_1,A_2,\cdots,A_n$ 都出现所构成的事件称为它们的**交**,记作

$$A_1A_2\cdots A_n \text{ 或 } \bigcap_{i=1}^{n} A_i .$$

可数个事件 $A_1,A_2,\cdots,A_n,\cdots$ 的交,也就是这一序列中的事件都出现所构成的事件,记作

$$A_1A_2\cdots A_n\cdots \text{或 } \bigcap_{i=1}^{\infty} A_i.$$

作为特殊情形,当 $A\subset B$ 时,$AB=A$.

还有 $A\varnothing=\varnothing,A\Omega=A,AA=A$.

(4) 不相容事件与对立事件

如果 A 与 B 有可能都出现,则称 A 与 B **相容**(如图 1.4 所示). 这时,表示 A 的集合与表示 B 的集合有公共的元素,它们的交 $AB\neq\varnothing$. 如果 A 与 B 不可能都出现,则称 A 与 B **不相容**(或**互斥**). 这时,表示 A 的集合与表示 B 的集合没有公共的元素,它们的交 $AB=\varnothing$(如图 1.5 所示).

当 A 与 B 不相容时,$A\cup B$ 通常记作 $A+B$,称为 A 与 B 的和,以强调 A 与 B 的不相容关系.

如果 $A_1,A_2,\cdots,A_n$ 中的任意两个事件 A_i 与 A_j 不相容,也就是当 $i\neq j$ 时,$A_i A_j=\varnothing$,则称这个事件组是**互不相容的**. 如果此时 $A_1\cup A_2\cup\cdots\cup A_n=\Omega$,则称 $A_1,A_2,\cdots,A_n$ 为一个互不相容的**完备事件组**.

在随机试验的样本空间中,所有的基本事件构成互不相容的完备事件组.

A 不出现所构成的事件称为 A 的**对立事件**,记作 $\overline{A}$.

A 与 $\overline{A}$ 不可能都出现又必然有一个要出现. A 与 $\overline{A}$ 一定不相容,它们的交 $A\overline{A}=\varnothing$,它们的并 $A+\overline{A}=\Omega$(如图 1.6 所示). 因此,A 与 $\overline{A}$ 也构成一个互不相容的完备事件组.

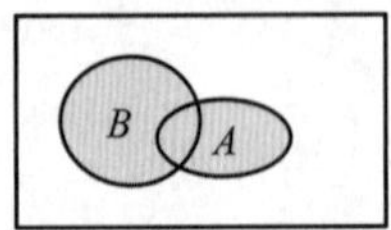

图 1.4 A 与 B 相容

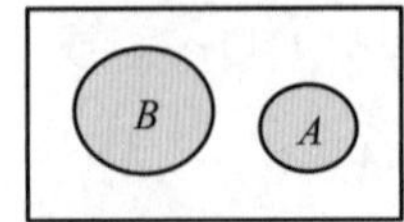

图 1.5 A 与 B 不相容

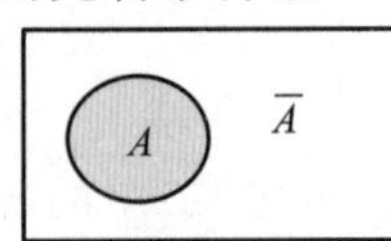

图 1.6 A 与 $\overline{A}$ 对立

以下是两事件相容、不相容与对立关系的比较：

A 与 B 相容	A 与 B 不相容	A 与 $\overline{A}$ 对立
有可能都出现， 有可能都不出现	不可能都出现， 有可能都不出现	不可能都出现， 必然有一个要出现
$AB\neq\varnothing$，有公共的元素	$AB=\varnothing$，没有公共的元素	$A\overline{A}=\varnothing$，没有公共的元素； $A+\overline{A}=\Omega$，两者的元素合在一起便构成样本空间

【**探索题**】如果 $A_1,A_2,\cdots,A_n$ 为一完备事件组，将随机事件 B 划分成 n 份，请将这划分的 n 份表达出来，并重组 B.

(5) 两事件的差

A 出现而 B 不出现所构成的事件称为 A 与 B 的**差**，记作 $A-B$.

$A-B$ 是由属于 A 而不属于 B 的元素所组成的集合. 它是在 A 出现而 B 不出现的条件下跟随着出现的一个新事件（如图 1.7 所示）.

根据对立事件的定义，差事件 $A-B$ 也可以用 A 与 $\overline{B}$ 的交事件 $A\overline{B}$ 表示，即 $A-B=A\overline{B}$. 同样地，$B-A=B\overline{A}$（如图 1.8 所示）. 而 A 的对立事件 $\overline{A}$ 可以用差事件 $\Omega-A$ 表示（如图 1.9 所示），即 $\overline{A}=\Omega-A$.

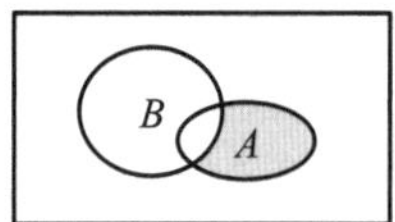

图 1.7 $A-B$

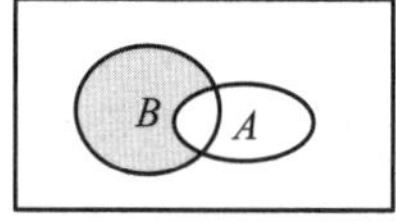

图 1.8 $B-A$

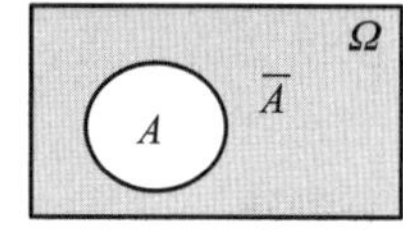

图 1.9 $\Omega-A$

作为(1)至(5)的说明，在例 1.1.2 中，丢掷一粒骰子，若 $A=\{4\}$，$B=\{2,4,6\}$，$C=\{1,2,3,4\}$，则有

① $A\subset B$，$A\subset C$；

② $A\cup B=B=\{2,4,6\}$，$A\cup C=C=\{1,2,3,4\}$，$B\cup C=\{1,2,3,4,6\}$，
$A\cup B\cup C=(A\cup B)\cup C=A\cup(B\cup C)=B\cup C=\{1,2,3,4,6\}$；

③ $AB=A=\{4\}$，$AC=A=\{4\}$，$BC=\{2,4\}$；

④ A 与 B 相容，A 与 C 相容，B 与 C 相容，
$\overline{A}=\{$朝上的点数不是 4$\}=\{1,2,3,5,6\}$，$\overline{B}=\{$奇数点朝上$\}=\{1,3,5\}$，$\overline{C}=\{$朝上的点数超过 4$\}=\{5,6\}$；

⑤ $A-B=\varnothing$，$B-A=\{2,6\}$，$A-C=\varnothing$，$C-A=\{1,2,3\}$，$B-C=\{6\}$，$C-B=\{1,3\}$.

(6) 关系及运算的性质

事件之间的关系及运算与集合之间的关系及运算性质相同，常用的性质有：

① 包含关系具有传递性，相等关系也具有传递性，即

$$若\ A\subset B,B\subset C,则\ A\subset C;$$
$$若\ A=B,B=C,则\ A=C.$$

② 事件的并满足交换律与结合律,即

$$A \cup B = B \cup A;$$

$$A \cup B \cup C = (A \cup B) \cup C = A \cup (B \cup C).$$

这说明:当求 $A\cup B\cup C$ 时,可以先求 $A\cup B$ 再求 $(A\cup B)\cup C$,也可以先求 $B\cup C$ 再求 $A\cup(B\cup C)$.

③ 事件的交满足交换律、结合律与分配律,即

$$AB = BA;$$

$$ABC = (AB)C = A(BC);$$

$$A(B \cup C) = AB \cup AC;$$

$$A \cup (BC) = (A \cup B)(A \cup C).$$

这说明:当求 ABC 时,可以先求 AB 再求 $(AB)C$,也可以先求 BC 再求 $A(BC)$.

当求 $A(B\cup C)$ 时,可以先求 AB 与 AC,再求 $AB\cup AC$.

例 1.1.4 熟悉运算 设 A,B,C 表示三个事件,试论述:

① 若 $ABC=A$,则 $A\subset BC$;若 $A\cup B\cup C=A$,则 $BC\subset A$.

② $(A\cup B)(B\cup C)=AC\cup B$;$(A\cup B)(A\cup\overline{B})=A$.

解 ① 根据结合律,由 $ABC=A$ 得到 $A(BC)=A$,因此 A 与 BC 的交为 A,又根据交的定义,

$$A \subset BC.$$

同理,由 $A\cup B\cup C=A$ 得到 $A\cup(B\cup C)=A$,因此 A 与 $B\cup C$ 的并为 A,又根据并的定义,$B\cup C\subset A$,再根据交的定义,

$$BC\subset B\cup C\subset A.$$

② 根据分配律,

$$(A\cup B)(B\cup C)=AB\cup AC\cup BB\cup BC,$$

根据交的定义,$AB\subset B$,$BB=B$,$BC\subset B$,因此

$$(A\cup B)(B\cup C)=AC\cup B.$$

同理,

$$(A \cup B)(A \cup\overline{B}) = AA \cup A\overline{B} \cup BA \cup B\overline{B},$$

根据交的定义,$AA=A$,$A\overline{B}\subset A$,$BA\subset A$,$B\overline{B}=\varnothing$,因此

$$(A\cup B)(A\cup\overline{B})=A.$$

5. 事件的复合

两个或多个事件用运算符号连接后所构成的新事件,称为**复合事件**. 在解决实际问题时,明确复合事件的意义,是打开解题思路的关键. 以下是两个或三个事件的复合,多个事件的复合可以类推.

(1) 两个事件的复合

复合事件	复合事件的意义
$A\cup B$	A 与 B 至少有一个出现

续表

复合事件	复合事件的意义
AB	A 与 B 都出现
$\overline{A}\cup\overline{B}$	A 与 B 至少有一个不出现
$\overline{A}\ \overline{B}$	A 与 B 都不出现
$\overline{A\cup B}$	A 与 B 都不出现
$\overline{AB}$	A 与 B 至少有一个不出现
$\overline{A}B$	A 不出现,B 出现
$A\overline{B}$	A 出现,B 不出现

(2) 三个事件的复合

复合事件	复合事件的意义
$A\cup B\cup C$	A,B,C 至少有一个出现
ABC	A,B,C 都出现
$\overline{A}\cup\overline{B}\cup\overline{C}$	A,B,C 至少有一个不出现
$\overline{A}\ \overline{B}\ \overline{C}$	A,B,C 都不出现
$\overline{A\cup B\cup C}$	A,B,C 都不出现
$\overline{ABC}$	A,B,C 至少有一个不出现
$\overline{A}BC$	A 不出现,B 出现,C 也出现
$A\overline{B}\ \overline{C}$	A 出现,B 不出现,C 也不出现

6. De Morgan 对偶定律

由以上复合事件的意义可以概括出 De Morgan(德摩根)对偶定律:

当事件为 A 与 B 时	当事件为 A,B 与 C 时	当事件为 $A_1,A_2,\cdots,A_n$ 时
$\overline{A\cup B}=\overline{A}\ \overline{B}$	$\overline{A\cup B\cup C}=\overline{A}\ \overline{B}\ \overline{C}$	$\overline{A_1\cup A_2\cup\cdots\cup A_n}=\overline{A}_1\overline{A}_2\cdots\overline{A}_n$
$\overline{AB}=\overline{A}\cup\overline{B}$	$\overline{ABC}=\overline{A}\cup\overline{B}\cup\overline{C}$	$\overline{A_1A_2\cdots A_n}=\overline{A}_1\cup\overline{A}_2\cup\cdots\cup\overline{A}_n$

例 1.1.5 射击问题 向指定目标射击三枪,设 $A_1=\{$第一枪击中目标$\}$,$A_2=\{$第二枪击中目标$\}$,$A_3=\{$第三枪击中目标$\}$,则

① $A_1\cup A_2\cup A_3=\{$至少有一枪击中目标$\}$;

② $A_1A_2A_3=\{$三枪都击中目标$\}$;

③ $A_1A_2A_3=\{$只有第一枪击中目标$\}$;

④ $A_1\overline{A}_2\overline{A}_3+\overline{A}_1A_2\overline{A}_3+\overline{A}_1\overline{A}_2A_3=\{$只有一枪击中目标$\}$;

⑤ $\overline{A}_1\overline{A}_2\overline{A}_3=\{$三枪都没有击中目标$\}$;

⑥ $\overline{A}_1\cup\overline{A}_2\cup\overline{A}_3=\{$至少有一枪没有击中目标$\}$.

【探索题】将例 1.1.5 的随机试验改成向指定的目标射击 4 枪,①②③④⑤⑥该如何解?你从中可以得出什么结论?

习 题 1.1

1. 例 1.1.1 中,上抛的两枚硬币如果不分甲与乙,则样本空间 $\Omega=$____________.

2. 例 1.1.2 中,丢掷的两粒骰子如果不分"某一粒"与"另一粒",只观察朝上的点数,则样本空间 $\Omega=$________________.

3. 三粒同一批号的水稻种子做发芽试验. ① 观察发芽种子的粒数;② 观察种子甲、乙、丙发芽或不发芽,发芽记作 F,不发芽记作 $\overline{F}$. 试写出随机试验①与②的样本空间.

4. 袋中装有三粒弹子,一红一绿一白. ① 从中任取一粒放在桌面上,再任取一粒;② 从中任取一粒,看过颜色后,将它放回袋中,再任取一粒. 试根据取出的两粒弹子的颜色,不考虑先后,写出随机试验①与②的样本空间.

5. 某棉麦连作地区,因受气候条件的影响,棉花、小麦都可能减产,如果记 $A=\{$棉花减产$\}$,$B=\{$小麦减产$\}$,试用 A,B 表示事件:① 棉花、小麦都减产;② 棉花减产、小麦不减产;③ 棉花、小麦至少有一样减产;④ 棉花、小麦至少有一样不减产.

6. 调查甲、乙、丙收看某电视剧的情况,如果记 $A=\{$甲收看$\}$,$B=\{$乙收看$\}$,$C=\{$丙收看$\}$,试用 A,B,C 表示事件:① 甲收看、乙收看、丙未收看;② 甲、乙、丙之中有一人未收看;③ 甲、乙、丙之中有两人未收看;④ 甲、乙、丙至少有一人未收看.

7. 试说明下列事件两两之间是否有包含、相容、不相容或对立关系:

① $A\cup B\cup C$;② ABC;③ $\overline{A}\ \overline{B}\ \overline{C}$;④ $\overline{ABC}$.

8. 在电炉上安装了四个温控器,所显示的温度误差是随机的. 在使用的过程中,只要有两个温控器显示的温度不低于临界温度 t_0,电炉就要断电. 若事件 $E=\{$电炉断电$\}$,而 $T_{(1)}\leqslant T_{(2)}\leqslant T_{(3)}\leqslant T_{(4)}$ 为四个温控器显示的按递增顺序排列的温度值,则事件 E 与( )等价.

(A) $\{T_{(1)}\geqslant t_0\}$ (B) $\{T_{(2)}\geqslant t_0\}$ (C) $\{T_{(3)}\geqslant t_0\}$ (D) $\{T_{(4)}\geqslant t_0\}$

9. 在某系的学生中任选一人,设 $A=\{$是男学生$\}$,$B=\{$是一年级学生$\}$,$C=\{$是田径运动员$\}$,试说明:① 事件 $AB\overline{C}$ 的意义;② 事件 $\overline{ABC}$ 的意义;③ 事件 $\overline{A}\ \overline{B}\ \overline{C}$ 的意义;④ 事件 $ABC=C$ 的条件.

10. 已知事件 A 与 B,试用较为简单的方式表示下列事件:

① $AB+\overline{A}B$; ② $A\overline{B}+\overline{A}B+\overline{A}\ \overline{B}$; ③ $(A\cup\overline{B})(\overline{A}\cup\overline{B})$; ④ $(A\cup B)(A-B)$.

习题 1.1 部分解答

§1.2 随机事件的概率

1. 可能性大小的度量

对于随机事件,有必要研究它出现的可能性,度量可能性的大小. 但是,随机事件在某一次试验中可能出现、也可能不出现，似乎找不到度量的方法. 如果在给定的条件下进行重复试验就会发现，可以根据某一事件在重复试验中出现的次数多或少来度量这一事件出现的可能性.

例如，测量某鸡舍多只鸡的体重 w（单位:kg），也就是将任取一只鸡测量体重的试验重复进行多次，不难发现$\{w \mid 0<w<2\}$出现的次数多一些，$\{w \mid 0<w<1\}$出现的次数少一些，这两个事件出现的可能性有大有小. 因此设想：前者出现的可能性可以用一个较大的数来度量，后者出现的可能性可以用一个较小的数来度量.

又例如，进行上抛一枚硬币的重复试验，只要硬币是均匀的，就会发现$\{H\}$与$\{T\}$出现的次数差不多是一样的，它们出现的可能性相等，很自然地认为它们出现的可能性各为$\frac{1}{2}$. 进行丢掷一粒骰子的重复试验，只要骰子是均匀的，就会发现点数 1,2,3,4,5 与 6 出现的次数差不多是一样的，它们出现的可能性相等，认为它们出现的可能性各为$\frac{1}{6}$. 这两例是用相同的数来度量可能性相等的事件.

综上所述，便形成了关于“概率”的初步设想：

用一个数来度量可能性的大小. 这个数应该是事件本身所固有的，可以在相同的条件下通过大量的重复试验予以识别和检验；这个数还应该符合一般常情，可能性大的事件用较大的数来度量，可能性小的事件用较小的数来度量，可能性相等的事件用相同的数来度量. 这个用来度量可能性大小的数称为事件的概率，记作 *Prob* 或 P. 例如，事件 A 的概率记作 $Prob(A)$ 或 $P(A)$.

度量可能性常用的方法有经验概率法、古典概率法和几何概率法.

2. 经验概率

某事件 A 的经验概率与 A 在重复试验中出现的频率有关.

在给定的条件下进行重复试验，如果事件 A 在 n 次试验中出现了 r 次，则称 r 为事件 A 的频数，称$\frac{r}{n}$为事件 A 的**频率**，并将后者记作 $W(A)$，即 $W(A)=\frac{r}{n}$.

例 1.2.1 上抛硬币 前人进行上抛一枚硬币的重复试验，结果如下：

试验人	上抛次数	正面朝上次数	正面朝上频率
Buffon(布丰)	4 040	2 048	0. 506 9
Pearson(皮尔逊)	12 000	6 019	0. 501 6
Pearson(皮尔逊)	24 000	12 012	0. 500 5

例 1.2.2 田间调查 对肥力及管理一致的某棉田受盲椿象危害情况的调查结果如下：

调查株数	50	100	200	500	1 000	1 500	2 000
受害株数	15	33	72	177	351	525	704
受害频率	0. 300	0. 330	0. 360	0. 354	0. 351	0. 350	0. 352

例 1.2.3 Ferguson(法格逊)猜想 在 π 的数值式中,0—9 十个数字各个数码出现的概率相等,即为 1/10.

随着计算机的发展,人们对 π 的前一百万位小数中各数码出现的频率进行了统计,得到的结果与 Ferguson 猜想非常吻合.

由以上三例看出,随着重复试验次数的增多,上抛一枚硬币而正面朝上的频率接近 0.5,某棉田受盲蝽象危害的频率接近 0.35,在 π 的数值式中,0—9 每个数码出现的频率接近 1/10,有所谓的稳定性. 值得注意的是,瑞士著名的数学家 Jacob Bernoulli(伯努利)对频率的稳定性进行了深入的研究,提出了后人称之为大数定律的极限定理,见本教材 4.3 节.

一般而言,在给定的条件下进行重复试验,当试验的次数较多时,如果事件 A 的频率 $W(A)$ 接近区间 $[0,1]$ 上的某一个数字 p,则定义 A 的概率 $P(A)=p$,并且称这样定义的概率为**经验概率**.

应该指出的是,上述数字 p 往往难以确定. 通常,只要重复试验的次数较多,就认为概率 $P(A)\approx W(A)$. 在大量的应用研究中,所引入的概率几乎都是经验概率.

3. 古典概率

某事件的古典概率适用于古典概型.

如果某随机试验的样本空间中基本事件的总数为有限数 n,并且各个基本事件出现的可能性相等,则将这样的试验作为一个模型,称为古典概型. 如果事件 A 包含 n 中的 r 个基本事件,则定义 A 的概率 $P(A)=\dfrac{r}{n}$,并且称这样定义的概率为**古典概率**.

例如,丢掷骰子就可以看作古典概型.

在例 1.1.2 中,丢掷一粒骰子的样本空间 $\Omega=\{1,2,3,4,5,6\}$,基本事件的总数为 6,并且各个基本事件出现的可能性相等,认为它们出现的可能性各为 $\dfrac{1}{6}$. 若事件 $A=\{4\}$,$B=\{2,4,6\}$,$C=\{1,2,3,4\}$,则由于 A 包含的基本事件数为 1,它出现的可能性应该是 $\dfrac{1}{6}$,B 包含的基本事件数为 3,它出现的可能性应该是 $\dfrac{3}{6}=\dfrac{1}{2}$,$C$ 包含的基本事件数为 4,它出现的可能性应该是 $\dfrac{4}{6}=\dfrac{2}{3}$. 因此,

$$P(A)=\frac{1}{6},\ P(B)=\frac{3}{6}=\frac{1}{2},\ P(C)=\frac{4}{6}=\frac{2}{3}.$$

与经验概率相比,古典概率显得较为客观. 当样本空间的元素难以列举时,应该借助排列与组合的知识来进行计算.

例 1.2.4 袋中取物 袋中装有 3 个红球 2 个白球,从中任取两个球,如果事件 $A=\{$取出一个红球一个白球$\}$,$B=\{$取出 2 个红球$\}$,$C=\{$取出 2 个白球$\}$,$D=\{$取出至少 1 个红球$\}$,试计算这些事件的概率.

解 袋中装有 3 个红球 2 个白球,从中任取两个球,基本事件的总数 $n=\mathrm{C}_5^2=10$,并且各

个基本事件出现的可能性相等. 而 A 所包含的基本事件数 $r(A)=\mathrm{C}_3^1\mathrm{C}_2^1=6$, B 所包含的基本事件数 $r(B)=\mathrm{C}_3^2\mathrm{C}_2^0=3$, C 所包含的基本事件数 $r(C)=\mathrm{C}_3^0\mathrm{C}_2^2=1$, $D=A+B$ 所包含的基本事件数 $r(D)=6+3=9$,因此,

$$P(A)=\frac{6}{10}=\frac{3}{5},\ P(B)=\frac{3}{10},\ P(C)=\frac{1}{10},\ P(D)=\frac{9}{10}.$$

例 1.2.5　袋中取物　袋中装有 3 个红球 2 个白球,如果任取 2 次,每次只取 1 个球,看过颜色后立即将球放回袋中(简称为取后放回、共取 2 个),如果事件 $A=\{$取出一个红球一个白球$\}$, $B=\{$取出 2 个红球$\}$, $C=\{$取出 2 个白球$\}$, $D=\{$取出至少 1 个红球$\}$,试计算这些事件的概率.

解　本例用取后放回的方法,共取 2 个球,基本事件的总数 $n=5^2=25$,并且各个基本事件出现的可能性相等. 而 A 所包含的基本事件数 $r(A)=3\times2\times\mathrm{C}_2^1=12$, B 所包含的基本事件数 $r(B)=3^2=9$, C 所包含的基本事件数 $r(C)=2^2=4$, $D=A+B$ 所包含的基本事件数 $r(D)=12+9=21$,因此,

$$P(A)=\frac{12}{25},\ P(B)=\frac{9}{25},\ P(C)=\frac{4}{25},\ P(D)=\frac{21}{25}.$$

例 1.2.6　产品检验　在 10 件产品中有 2 件次品,采用两种方式进行检验:① 从中任取 3 件;② 从中任取 3 次,每次只取一件,检验后放回. 如果事件 $A=\{$取出 3 件正品$\}$, $B=\{$取出 2 件正品 1 件次品$\}$, $C=\{$取出 1 件正品 2 件次品$\}$,试计算这些事件的概率.

解　① 基本事件的总数 $n=\mathrm{C}_{10}^3=120$,并且各个基本事件出现的可能性相等. A 所包含的基本事件数 $r(A)=\mathrm{C}_8^3\mathrm{C}_2^0=56$, B 所包含的基本事件数 $r(B)=\mathrm{C}_8^2\mathrm{C}_2^1=56$, C 所包含的基本事件数 $r(C)=\mathrm{C}_8^1\mathrm{C}_2^2=8$,因此,

$$P(A)=\frac{56}{120}=\frac{7}{15},\ P(B)=\frac{56}{120}=\frac{7}{15},\ P(C)=\frac{8}{120}=\frac{1}{15}.$$

② 这是取后放回,基本事件的总数 $n=10^3=1\,000$,并且各个基本事件出现的可能性相等. A 所包含的基本事件数 $r(A)=8^3=512$, B 所包含的基本事件数 $r(B)=8^2\times2\times\mathrm{C}_3^2=384$, C 所包含的基本事件数 $r(C)=8\times2^2\times\mathrm{C}_3^1=96$,因此,

$$P(A)=\frac{512}{1\,000}=\frac{64}{125},\ P(B)=\frac{384}{1\,000}=\frac{48}{125},\ P(C)=\frac{96}{1\,000}=\frac{12}{125}.$$

由例 1.2.4 至例 1.2.6 可以概括出袋中取物问题求概率的两个公式:

(1) 袋中装有 N 个球,其中的 M 个为红球, $N-M$ 个为白球,从中任取 n 个球,恰好取出 m 个红球 $n-m$ 个白球的概率

$$p=\frac{\mathrm{C}_M^m\mathrm{C}_{N-M}^{n-m}}{\mathrm{C}_N^n},$$

式中的 $m\leqslant M\leqslant N$, $n-m\leqslant N-M\leqslant N$.

(2) 袋中装有 N 个球,其中的 M 个为红球, $N-M$ 个为白球,从中任取 n 次,每次只取一个球,看过颜色后放回,恰好取出 m 个红球 $n-m$ 个白球的概率

$$p=\frac{\mathrm{C}_n^mM^m(N-M)^{n-m}}{N^n},$$

式中的 $M\leqslant N$, $m\leqslant n$.

当然,上述红球与白球也可以改作正品与次品、发芽与不发芽的种子等.

在应用这两个公式时,必须注意:各个基本事件出现的可能性应该相等.也就是说,袋中装着的红球与白球,除了颜色不同之外,其他的一切(凡是使红球与白球之间有所区别的特征,包括形状、大小、质量、表面光滑的程度等)都应该相同.改作另外的物品后,也必须注意各个基本事件出现的可能性应该相等.

*4. 补充案例

(1) 福彩中奖 黑龙江福彩第 2023025 期开出,“36 选 7”的中奖号码为 02,03,05,10,20,26,35,特别号码为 15,共 8 个无重复的号码.投注人在 01 至 36 这 36 个号码中任选 7 个无重复的号码,如果投注人选定的 7 个号码不论次序,① 都是中奖号码便获得一等奖;② 其中有 6 个是中奖号码、1 个是特别号码便获得二等奖;③ 其中有 6 个是中奖号码,另外 1 个不是特别号码便获得三等奖;④ 其中有 5 个是中奖号码、1 个是特别号码便获得四等奖;⑤ 其中有 5 个是中奖号码、另外 2 个不是特别号码或者其中有 4 个是中奖号码、1 个是特别号码便获得五等奖;⑥ 其中有 4 个是中奖号码、另外 3 个不是特别号码或者其中有 3 个是中奖号码、1 个是特别号码便获得六等奖;⑦ 其中有 3 个是中奖号码、另外 4 个不是特别号码便获得七等奖.试分别计算投注人买一张彩票中上述一等奖至七等奖的概率.

解 本例也是一个袋中取物问题,要求概率的事件未作标记,应在求解之前先作标记.

设 $A_i=\{$中上述 i 等奖$\}(i=1,2,\cdots,7)$,则计算的结果是

$$P(A_1)=\frac{1}{\mathrm{C}_{36}^{7}}\approx 1.20\times 10^{-7};\qquad P(A_2)=\frac{\mathrm{C}_{7}^{6}}{\mathrm{C}_{36}^{7}}\approx 8.39\times 10^{-7};$$

$$P(A_3)=\frac{\mathrm{C}_{7}^{6}\times \mathrm{C}_{28}^{1}}{\mathrm{C}_{36}^{7}}\approx 2.35\times 10^{-5};\qquad P(A_4)=\frac{\mathrm{C}_{7}^{5}\times \mathrm{C}_{28}^{1}}{\mathrm{C}_{36}^{7}}\approx 7.04\times 10^{-5};$$

$$P(A_5)=\frac{\mathrm{C}_{8}^{5}\times \mathrm{C}_{28}^{2}}{\mathrm{C}_{36}^{7}}\approx 2.54\times 10^{-3};\qquad P(A_6)=\frac{\mathrm{C}_{8}^{4}\times \mathrm{C}_{28}^{3}}{\mathrm{C}_{36}^{7}}\approx 2.75\times 10^{-2};$$

$$P(A_7)=\frac{\mathrm{C}_{7}^{3}\times \mathrm{C}_{28}^{4}}{\mathrm{C}_{36}^{7}}\approx 8.58\times 10^{-2}.$$

(2) 预订房间 假设有 m 个人、M 个房间,若 $M\geqslant m$,每个人预订一个房间并且预订任意一个房间的概率都是$\frac{1}{M}$,试计算这 m 个人恰好预订 m 个房间的概率.

解 设这一结果为事件 A.因为每个人预订一个房间并且预订任意一个房间的概率都是$\frac{1}{M}$,m 个人预订房间的结果,即基本事件的总数 $n=M^m$,并且各个基本事件出现的可能性相等.而 m 个人预订 m 个房间的方式有 $m!$ 种,从 M 个房间中选出 m 个房间的方式有 C_M^m 种,故 A 所包含的基本事件数

$$r=m!\,\mathrm{C}_M^m,\quad P(A)=\frac{m!\,\mathrm{C}_M^m}{M^m}.$$

(3) 数字游戏 将数字 1,2,3,4,5 分别写在 5 张卡片上,任取 3 张卡片并由左向右排成一个三位数,试计算它是偶数的概率.

解 设 $A=\{$此三位数是偶数$\}$.因为所排成的三位数不仅与数字有关而且与排列的次序有关,故根据选排列的计算公式,基本事件的总数 $n=\mathrm{A}_5^3$,并且各个基本事件出现的可能性相等.为确保此三位数是偶数,可设想先取出数字 2 或 4 放在最右边的个位上,这有 2 种可能,然后在剩下的 4 个数字中任意取出 2 个数字排列,又有 A_4^2 种可能,故 A 所包含的基本事件数 $r=2\mathrm{A}_4^2$,$P(A)=\frac{2\mathrm{A}_4^2}{\mathrm{A}_5^3}=\frac{2}{5}$.

5. 几何概率

如果随机试验的样本空间中有无限多个基本事件，它们出现的可能性相等，并且根据问题的实际意义可以将各个基本事件看作某个区间或区域 G 中的一个点，将各个基本事件出现的可能性相等，理解为在 G 中的任一小区间或区域 g 内任取一点的可能性只与 g 的测度（长度、面积、体积或容积等）成正比，与 g 的形状及位置无关，如果事件 $A=\{$在 G 中任取一点恰好在 g 内$\}$，则定义事件 A 的概率

$$P(A)=\frac{g\text{ 的测度}}{G\text{ 的测度}},$$

并且称这样定义的概率为**几何概率**.

例 1.2.7 乘客等车 某公共汽车站每隔 5 min 有一辆车通过，乘客到达车站的时刻是随机的，可以取区间 $[0,5)$ 内的任何实数. 若将区间 $[0,5)$ 看作 G，将区间 $[4,5)$ 看作 g，事件 $A=\{$乘客候车时间不超过 1 min$\}$，则 G 的测度是 5，g 的测度是 1，根据几何概率的定义，$P(A)=\frac{1}{5}$.

例 1.2.8 钻探石油 500 km^2 的海域里有一块面积达 40 km^2 的大陆架储藏着石油，在此海域里任选一点钻探. 若将 500 km^2 的平面区域看作 G，将 40 km^2 的平面区域看作 g，事件 $A=\{$任选一点钻探到石油$\}$，则 G 的测度是 500，g 的测度是 40，根据几何概率的定义，$P(A)=\frac{40}{500}=\frac{2}{25}$.

例 1.2.9 观察细菌 400 mL 自来水中有一个大肠杆菌，它可以处在任何位置. 从中任取 2 mL 水样放在显微镜下观察，若将容积为 400 mL 的空间区域看作 G，将容积为 2 mL 的空间区域看作 g，事件 $A=\{$任取 2 mL 水样观察到大肠杆菌$\}$，则 G 的测度是 400，g 的测度是 2，根据几何概率的定义，$P(A)=\frac{2}{400}=\frac{1}{200}$.

例 1.2.10 会面问题 甲乙两人相约在某一段时间 T 内在预定地点会面，先到者应等候另一位，经过时间 $t(t<T)$ 后即可离去. 如果甲乙两人在时间 T 内的任一时刻到达预定地点都是等可能的，求两人能够会面的概率.

解 由于两人到达的具体时刻有无限多种可能，所以本题应该用几何概率求解.

设甲乙两人在时间 T 内到达预定地点的时刻分别是 x 及 y，那么 $0\leqslant x\leqslant T, 0\leqslant y\leqslant T$.

若以 (x,y) 作为平面上点的坐标，则所有的基本事件可以用这个平面上边长为 T 的一个正方形 $G=\{(x,y)\mid 0\leqslant x\leqslant T, 0\leqslant y\leqslant T\}$ 内的各个点来表示，而 $A=\{$两人能够会面$\}$所包含的基本事件可以用正方形内满足条件 $|x-y|\leqslant t$ 的各个点 (x,y) 来表示，这些点构成图形 g. 如图 1.10 所示，G 的面积为 T^2，g 的面积为 $T^2-(T-t)^2$，因此

$$P(A)=\frac{T^2-(T-t)^2}{T^2}=1-\left(1-\frac{t}{T}\right)^2.$$

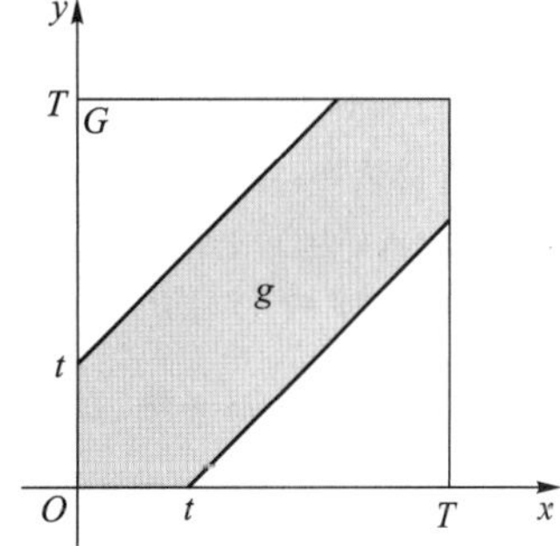

图 1.10 会面问题几何化示意图

【探索题】Buffon 投针问题(Buffon's needle problem)是如何估算出了圆周率 π?

提示:Buffon 投针问题是 Buffon 于 18 世纪提出的一个数学问题,他假设地面以平行且等距的木地板铺成,木地板的宽度为 s,现在随意抛一根长度比地板宽度小的针,针的长度为 l(如图 1.11),用几何概型可以求出针和其中两块木板相交线相交的概率,当抛出 n 根针后,其中有 k 根针与这条线相交,当 n 足够大时利用频率的稳定性,概率近似的等于频率 k/n.

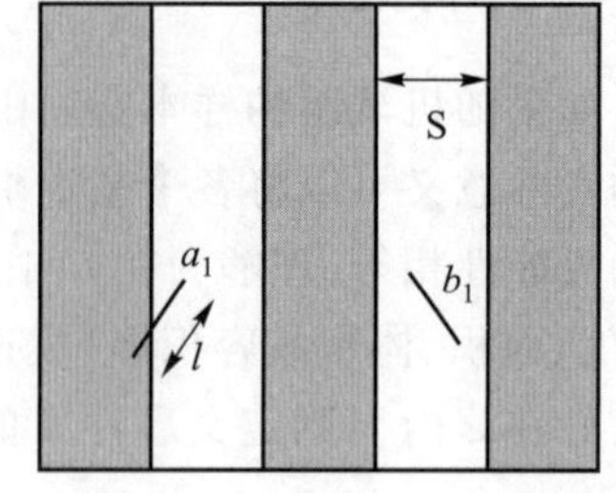

图 1.11 Buffon 投针问题示意图

6. 概率的公理化定义

比较概率的上述三种定义,作进一步的概括,得到**概率的公理化**定义如下:

设随机试验的样本空间为 Ω,事件 A 与 Ω 中的一个子集相对应,如果赋给 A 一个实数 $P(A)$,且 $P(A)$满足:

公理 1 $0\leqslant P(A)\leqslant 1$;

公理 2 $P(\varnothing)=0, P(\Omega)=1$;

公理 3 若 $A_i\cap A_j=\varnothing, i\neq j, i=1,2,\cdots,\infty, j=1,2,\cdots,\infty$,

$$P\left(\bigcup_{i=1}^{\infty}A_i\right)=\sum_{i=1}^{\infty}P(A_i),$$

则称实数 $P(A)$为事件 A 的概率.

在解决实际问题时,应该根据试验的条件与目的,采用适当的概率定义.

习 题 1.2

1. 可上抛一枚硬币来决定乒乓球比赛的先发球权,方法是两选手分别猜{正面朝上}或{反面朝上},根据上抛硬币的结果,猜中的选手先发球,试说明此方法的公平性.

2. 上抛两枚硬币,若 $A=\{$有两枚正面朝上$\}$,$B=\{$有一枚正面朝上$\}$,$C=\{$至少有一枚正面朝上$\}$,则 $P(A)=$ ________,$P(B)=$ ________,$P(C)=$ ________.

3. 袋中装有 4 个红球 3 个白球,① 从中任取一球,计算取得红球的概率;② 从中任取两球,计算取得两个红球的概率.

4. 袋中装有 4 个红球 3 个白球,如果用取后放回的方法,每次取一个球、共取两次,试计算:① 第二次取出红球的概率;② 两次都取出红球的概率.

5. 从 52 张扑克牌中任取 4 张,试计算:① 4 张中有 1 张 A 的概率;② 4 张中有 2 张 A 的概率;③ 4 张中有 3 张 A 的概率;④ 4 张都是 A 的概率.

6. 设 $x<y$,k 为任一实数,① 若 $A=\{x<k\}$,$B=\{y<k\}$,试比较 $P(A)$与 $P(B)$的大小;② 若 $A=\{x>k\}$,$B=\{y>k\}$,试比较 $P(A)$与 $P(B)$的大小.

7. 若正方形由 x 轴、y 轴、直线 $x=1$ 和 $y=1$ 所围成,正方形内部的点坐标为(x,y)且 $A=\left\{x+y<\dfrac{1}{2}\right\}$,$B=\{y>x^2\}$,试求 $P(A)$与 $P(B)$.

8. 有一个均匀的陀螺,它的半个圆周上均匀地刻有区间$[0,1)$上的各个数字标记,另半个圆周上均匀地刻有区间$[1,3)$上的各个数字标记. 如果让它旋转并在它停下来时观察到圆周上接触桌面处的数字标记在区间$[0.5,1.5)$上,那么此事件的概率等于__________.

9. 甲、乙两艘轮船分别驶向某一个码头停泊，甲轮船停泊一小时，乙轮船停泊两小时，它们在一昼夜内到达码头的时刻是等可能的. 如果这个码头不能同时停泊两艘轮船，并且先到达的轮船不需要等候，试计算这两艘轮船都不需要等候的概率.

习题 1.2 部分解答

§1.3 概率的计算公式

1. 加法公式

在§1.2的公理3中，若将互不相容的可数多个事件 $A_1, A_2, \cdots, A_n, \cdots$ 改为 n 个互不相容的事件 $A_1, A_2, \cdots, A_n$，则可得到 n 个互不相容的事件的和求概率的加法公式：

如果 $A_iA_j=\Phi, i\neq j, i=1,2,\cdots,n, j=1,2,\cdots,n$，则 $P\left(\sum\limits_{i=1}^{n}A_i\right)=\sum\limits_{i=1}^{n}P(A_i)$；

证明 与§1.2中的公理3相比较，令 $A_{n+1}=A_{n+2}=\cdots=\varnothing$，则

$$P(A_{n+1})=P(A_{n+2})=\cdots=P(\varnothing)=0,$$

$$\begin{aligned}P(A_1+A_2+\cdots+A_n)&=P(A_1+A_2+\cdots+A_n+A_{n+1}+\cdots)\\&=P(A_1)+P(A_2)+\cdots+P(A_n)+P(A_{n+1})+\cdots\\&=P(A_1)+P(A_2)+\cdots+P(A_n).\end{aligned}$$

推论 1 若事件 A 与 B 不相容，则

$$P(A+B)=P(A)+P(B)\text{（见图 1.12）}.$$

推论 2 若 A 为任一事件，则 $P(A)=1-P(\overline{A})$（见图 1.13）.

根据推论2，当 A 比较复杂而 $\overline{A}$ 较为简单时，可先求 $P(\overline{A})$，再求 $P(A)$.

推论2常常与复合事件的对偶定律连用.

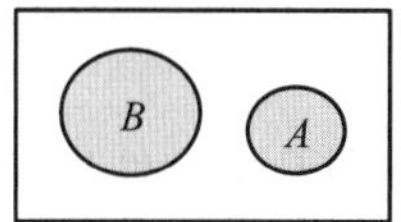

图 1.12 推论 1 示意图

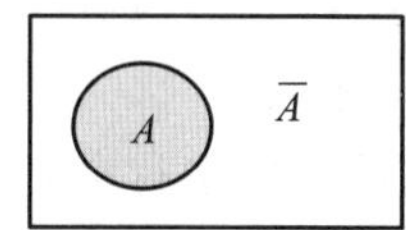

图 1.13 推论 2 示意图

推论 3 若 A, B 为两个事件，且 $A\subset B$，则 $P(B-A)=P(B)-P(A)$（见图 1.14）.

证明 由于 $B=AB+\overline{A}B$，AB 与 $\overline{A}B$ 不相容，故 $P(B)=P(AB)+P(\overline{A}B)$.

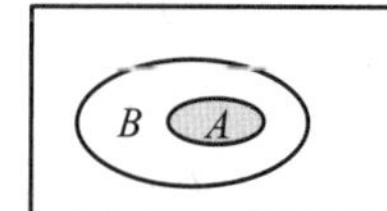

图 1.14 推论 3 示意图

再根据 $A\subset B$，$AB=A$ 及 $\overline{A}B=B-A$，得

$$P(B)=P(A)+P(B-A),$$

因此

$$P(B-A)=P(B)-P(A).$$

根据推论 3,当 $A\subset B$ 时,$P(A)\leqslant P(B)$.

推论 4 若 A,B 为任意两个事件,则

$$P(A\cup B)=P(A)+P(B)-P(AB)\text{(见图 1.15)}.$$

证明 由于 $A\cup B=A\overline{B}+B$,$A\overline{B}$ 与 B 不相容,故

$$P(A\cup B)=P(A\overline{B})+P(B).$$

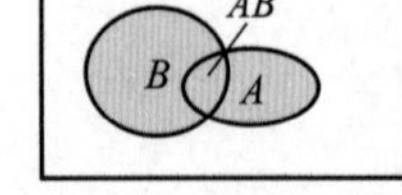

图 1.15 推论 4 示意图

再根据 $A=AB+A\overline{B}$ 及推论 3 得到

$$P(A\overline{B})=P(A)-P(AB),$$

因此

$$P(A\cup B)=P(A)+P(B)-P(AB).$$

注意:$P(A\cup B)=P(A)+P(B)-P(AB)$ 是适用于一般情形的加法公式,又称为广义加法公式.

根据推论 4,$P(A\cup B)\leqslant P(A)+P(B)$.

若 A,B,C 为任意三个事件,则

$$P(A\cup B\cup C)=P(A)+P(B)+P(C)-P(AB)-P(AC)-P(BC)+P(ABC).$$

例 1.3.1 种植管理 某棉麦连作地区,因受气候条件的影响,棉花减产的概率为 0.08,小麦减产的概率为 0.06,棉花、小麦都减产的概率为 0.04,试求:

① 棉花、小麦至少有一样减产的概率;

② 棉花、小麦至少有一样不减产的概率.

解 设事件 A={棉花减产},B={小麦减产},AB={棉花、小麦都减产},$A\cup B$={棉花、小麦至少有一样减产},$\overline{A}\cup\overline{B}$={棉花、小麦至少有一样不减产},则由 $P(A)=0.08$,$P(B)=0.06$,$P(AB)=0.04$ 得到:

① $P(A\cup B)=P(A)+P(B)-P(AB)=0.10$;

② $P(\overline{A}\cup\overline{B})=P(\overline{AB})=1-P(AB)=0.96$.

例 1.3.2 产品检验 在一批产品中有 7 件正品 3 件次品,从中任取 3 件进行检验,求取出的 3 件中有次品的概率.

解 设 A={取出的 3 件中有次品},A_i={取出的 3 件中有 i 件次品}($i=1,2,3$),则 A_1,A_2,A_3 互不相容,且 $A=A_1+A_2+A_3$,基本事件的总数 $n=\mathrm{C}_{10}^3=120$,事件 A_1 所包含的基本事件数 $r(A_1)=\mathrm{C}_7^2\mathrm{C}_3^1=63$,$A_2$ 所包含的基本事件数 $r(A_2)=\mathrm{C}_7^1\mathrm{C}_3^2=21$,$A_3$ 所包含的基本事件数 $r(A_3)=1$. 因此

$$P(A_1)=\frac{63}{120}=0.525,\quad P(A_2)=\frac{21}{120}=0.175,\quad P(A_3)=\frac{1}{120}=0.008,$$

$$P(A)=P(A_1)+P(A_2)+P(A_3)=0.708.$$

另解 设 A={取出的 3 件中有次品},$\overline{A}$={取出的 3 件中没有次品},则基本事件的总

数 $n=C_{10}^3=120$,事件 $\overline{A}$ 所包含的基本事件数 $r(\overline{A})=C_7^3=35$. 因此

$$P(\overline{A})=\frac{35}{120}=0.292,\quad P(A)=1-P(\overline{A})=0.708.$$

例 1.3.3 熟悉公式 已知 $P(A)=p,P(B)=q,P(A\cup B)=r$,试求:

① $P(AB)$;② $P(\overline{A}\ \overline{B})$;③ $P(A\overline{B})$;④ $P(\overline{A}B)$.

解 ① 根据公式 $P(A\cup B)=P(A)+P(B)-P(AB)$,得到

$$P(AB)=P(A)+P(B)-P(A\cup B)=p+q-r;$$

② 根据公式 $\overline{A\cup B}=\overline{A}\ \overline{B}$,得到

$$P(\overline{A}\overline{B})=1-P(A\cup B)=1-r;$$

③ $A=AB+A\overline{B}$,根据推论 1 得到 $P(A)=P(AB)+P(A\overline{B})$,因此

$$P(A\overline{B})=P(A)-P(AB)=p-(p+q-r)=r-q;$$

④ $B=AB+\overline{A}B$,根据推论 1 得到 $P(B)=P(AB)+P(\overline{A}B)$,因此

$$P(\overline{A}B)=P(B)-P(AB)=q-(p+q-r)=r-p.$$

例 1.3.4 熟悉公式 设 $P(A)=0.3,P(B)=0.5$,试根据不同条件① A 与 B 不相容;② $A\subset B$;③ $P(AB)=0.1$,分别求 $P(A\cup B)$ 和 $P(\overline{A}B)$.

解 ① 因为 A 与 B 不相容,$AB=\varnothing$,所以

$$P(A\cup B)=P(A+B)=P(A)+P(B)=0.8;$$

又 $B=AB+\overline{A}B$,根据推论 1,$P(B)=P(AB)+P(\overline{A}B)=P(\overline{A}B)$,得到

$$P(\overline{A}B)=P(B)=0.5.$$

② 因为 $A\subset B,A\cup B=B$,所以

$$P(A\cup B)=P(B)=0.5;$$

又 $\overline{A}B=B-A$,根据推论 3,

$$P(\overline{A}B)=P(B-A)=P(B)-P(A)=0.2.$$

③ 因为 $P(AB)=0.1$,所以

$$P(A\cup B)=P(A)+P(B)-P(AB)=0.7;$$

又 $B=AB+\overline{A}B$,根据推论 1,$P(B)=P(AB)+P(\overline{A}B)$,得到

$$P(\overline{A}B)=P(B)-P(AB)=0.4.$$

例 1.3.5 熟悉公式 假定某校体育活动的统计数字如下:有 50% 的学生喜爱田径运动,50% 的学生喜爱球类运动,20% 的学生喜爱体操运动,20% 的学生喜爱田径和球类运动,10% 的学生喜爱田径和体操运动,10% 的学生喜爱球类和体操运动,5% 的学生喜爱这三项运动,试计算该校不喜爱这三项运动中任何一项的学生所占的百分比.

解 从该校任选一学生,设 $A=\{$该学生喜爱田径运动$\}$,$B=\{$该学生喜爱球类运动$\}$,$C=\{$该学生喜爱体操运动$\}$,$D=\{$该学生不喜爱这三项运动$\}$,并将以上百分比作为经验概率,则 $P(A)=50\%$,$P(B)=50\%$,$P(C)=20\%$,$P(AB)=20\%$,$P(AC)=10\%$,$P(BC)=10\%$,$P(ABC)=5\%$. 根据概率的加法公式,

$$P(A\cup B\cup C)=P(A)+P(B)+P(C)-P(AB)-P(AC)-P(BC)+P(ABC)=85\%,$$

$$P(D)=P(\overline{A}\ \overline{B}\ \overline{C})=P(\overline{A\cup B\cup C})=1-P(A\cup B\cup C)=15\%.$$

2. 条件概率与乘法公式

设 A 与 B 是某随机试验中的两个事件，在已知 A 出现的条件下 B 出现的概率记作 $P(B|A)$，在已知 B 出现的条件下 A 出现的概率记作 $P(A|B)$，称 $P(B|A)$ 与 $P(A|B)$ 为**条件概率**.

如果已知 $P(A)$，$P(B)$ 及 $P(AB)$，且 $P(A)>0$，$P(B)>0$，则

$$P(B|A)=\frac{P(AB)}{P(A)},\qquad P(A|B)=\frac{P(AB)}{P(B)}.$$

这就是条件概率的计算公式，以下根据古典概率加以证明：

设上述随机试验的样本空间中基本事件的总数为 n，A 所包含的基本事件数为 $r(A)$，B 所包含的基本事件数为 $r(B)$，AB 所包含的基本事件数为 $r(AB)$，则如图 1.16 所示，

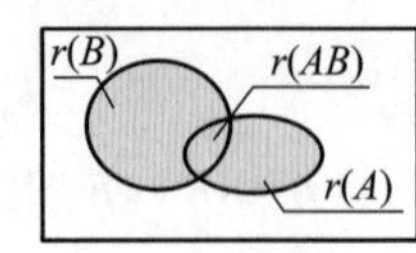

图 1.16　理解 $r(A)$，$r(B)$ 及 $r(AB)$

$$P(A)=\frac{r(A)}{n},\quad P(B)=\frac{r(B)}{n},\quad P(AB)=\frac{r(AB)}{n}.$$

计算 $P(B|A)$ 时，事件 A 已经出现，基本事件的总数为 $r(A)$，这时 B 所包含的基本事件数为 $r(AB)$，当 $P(A)>0$，即 $r(A)>0$ 时，

$$P(B|A)=\frac{r(AB)}{r(A)}=\frac{P(AB)}{P(A)}.$$

同样，计算 $P(A|B)$ 时，事件 B 已经出现，基本事件的总数为 $r(B)$，这时 A 所包含的基本事件数为 $r(AB)$，当 $P(B)>0$，即 $r(B)>0$ 时，

$$P(A|B)=\frac{r(AB)}{r(B)}=\frac{P(AB)}{P(B)}.$$

由此可以得到对 A 与 B 的交的概率，从而推出概率的**乘法公式**：

$$P(AB)=P(B)P(A|B)=P(A)P(B|A).$$

若 A，B，C 为任意三个事件，则

$$P(ABC)=P(A)P(B|A)P(C|AB),$$

这个等式的右端，当然还有其他的形式.

例 1.3.6　袋中取物　袋中装有 2 个红球 3 个白球，从中任取两次，每次任取一个，取后不放回. 若 $A=\{$第一次取出红球$\}$，$B=\{$第二次取出白球$\}$，试计算 $P(B|A)$ 及 $P(A|B)$.

解　考虑到事件 A 与 B 的含义涉及取球的次序，求基本事件数应该用排列公式，即基本事件的总数 $n=\mathrm{A}_5^2=20$，A 所包含的基本事件数 $r(A)=\mathrm{C}_2^1\mathrm{C}_4^1=8$，$B$ 所包含的基本事件数 $r(B)=\mathrm{C}_3^1\mathrm{C}_4^1=12$，$AB$ 所包含的基本事件数 $r(AB)=\mathrm{C}_2^1\mathrm{C}_3^1=6$，因此

$$P(A)=\frac{8}{20}=0.4,\qquad P(B)=\frac{12}{20}=0.6,$$

$$P(AB)=\frac{6}{20}=0.3,\qquad P(B|A)=\frac{P(AB)}{P(A)}=\frac{0.3}{0.4}=0.75,$$

$$P(A|B)=\frac{P(AB)}{P(B)}=\frac{0.3}{0.6}=0.5.$$

除了按公式计算条件概率，还可以构成新的随机试验，使计算更为简便.

本例中，在已知 A 出现的条件下，第二次取球时，基本事件的总数 $n=4$，$B|A$ 所包含的基本事件数 $r(B|A)=3$，因此，$P(B|A)=\frac{3}{4}=0.75$.

在已知 B 出现的条件下，第一次取球时，基本事件的总数 $n=4$，$A|B$ 所包含的基本事件数 $r(A|B)=2$，因此 $P(A|B)=\frac{2}{4}=0.5$.

例 1.3.7　数字游戏　从 10 个阿拉伯数字中接连取 3 次，每次取一个数字，取后放回并同时增加一个与所取数字相同的数字. 若第一次取出某个指定的数字 x，第二次取出另一个指定的数字 y，试计算第二次与第一次取出的数字不同，而第三次与第一次取出的数字相同的概率.

解　设 $A_1=\{$第一次取出 $x\}$，$A_2=\{$第二次取出 $y\}$，$A_3=\{$第三次取出 $x\}$，且 $x\neq y$，则 $A_1A_2A_3=\{$第二次与第一次取出的数字不同，而第三次与第一次取出的数字相同$\}$，

$$P(A_1)=\frac{1}{10},\qquad P(A_2|A_1)=\frac{1}{11},\qquad P(A_3|A_1A_2)=\frac{2}{12}=\frac{1}{6},$$

$$P(A_1A_2A_3)=P(A_1)P(A_2|A_1)P(A_3|A_1A_2)=\frac{1}{10}\times\frac{1}{11}\times\frac{1}{6}=\frac{1}{660}.$$

3. 全概率公式

根据加法公式、乘法公式可以导出下面的全概率公式.

设某个随机试验的样本空间 $\Omega=\{A_1,A_2,\cdots,A_n\}$，且各 $P(A_i)>0(i=1,2,\cdots,n)$，事件 $B\subset\Omega$，则如图 1.17 所示，$\Omega=A_1+A_2+\cdots+A_n$，$B=B\Omega=B(A_1+A_2+\cdots+A_n)=BA_1+BA_2+\cdots+BA_n$.

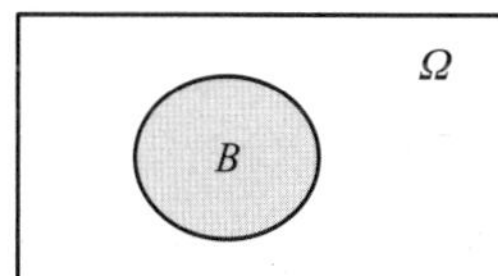

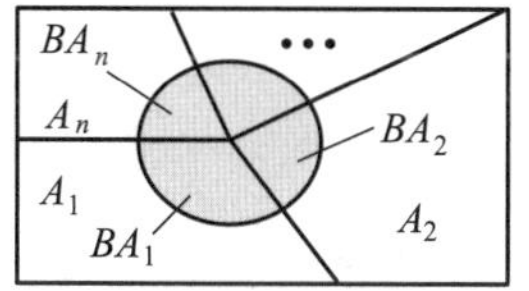

图 1.17　理解全概率公式

因此，B 是 n 个互不相容事件的和，

$$\begin{aligned}P(B)&=P(BA_1)+P(BA_2)+\cdots+P(BA_n)\\&=P(A_1)P(B|A_1)+P(A_2)P(B|A_2)+\cdots+P(A_n)P(B|A_n),\end{aligned}$$

或者

$$P(B)=\sum_{i=1}^{n}P(A_i)P(B|A_i),$$

此公式就是**全概率公式**，式中的 $A_1,A_2,\cdots,A_n$ 互不相容且 $A_1+A_2+\cdots+A_n=\Omega$.

全概率公式可以将一个复杂事件的概率计算问题，分解为若干个简单事件的概率计算问题，最终用概率的乘法公式与加法公式计算出结果.

【**探索题**】要调查“敏感性”问题中某种比例（上课玩手机的概率）p；可问两个问题：

A：生日是否在 7 月 1 日前？

B：上课是否玩手机？

抛硬币，出现正面回答 A，出现反面回答 B，试卷一样如下图所示：

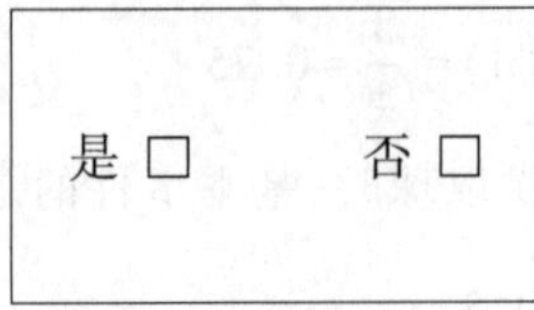

问能否得到 P？

> 根据贝叶斯定理，任何理论都不完美. 取而代之的是一项未尽的工作，它永远处于推敲与测试中.
>
> ——内特·西尔弗（Nate Silver）

4. Bayes 公式

由乘法公式及全概率公式可以导出下面的 Bayes（贝叶斯）公式：

如果随机试验的样本空间 $\Omega=\{A_1,A_2,\cdots,A_n\}$，且各 $P(A_i)>0(i=1,2,\cdots,n)$，事件 $B\subset\Omega$，且 $P(B)>0$，则由

$$P(BA_j)=P(B)P(A_j|B)=P(A_j)P(B|A_j)\qquad(j=1,2,\cdots,n),$$

可以推出

$$P(A_j|B)=\frac{P(A_j)P(B|A_j)}{P(B)}\qquad(j=1,2,\cdots,n).$$

此公式就是 **Bayes 公式**，式中的 $P(B)=\sum_{i=1}^{n}P(A_i)P(B|A_i)$，且

$$\sum_{j=1}^{n}P(A_j|B)=1.$$

$P(A_j|B)$ 是在已知 B 出现的条件下 A_j 出现的概率，称为**后验概率**，经常用来分析事件发生的原因. 而 $P(A_j)$ 则称为**先验概率**，Bayes 公式可以由先验概率推算后验概率.

作为特殊情形，当 $\Omega=\{A,\overline{A}\}$，事件 $B\subset\Omega$ 时，全概率公式为

$$P(B)=P(A)P(B|A)+P(\overline{A})P(B|\overline{A}),$$

Bayes 公式为

$$P(A|B)=\frac{P(A)P(B|A)}{P(B)},$$

$$P(\overline{A}|B)=\frac{P(\overline{A})P(B|\overline{A})}{P(B)},$$

两式相加得到 $P(A|B)+P(\overline{A}|B)=1$.

例 1.3.8　癌症筛查　用甲胎蛋白法普查肝癌，由过去的资料知道，肝癌患者用此法检验得出阳性结果的概率为 0.95，非肝癌患者用此法检验得出阴性结果的概率为 0.90。如果

某地居民中肝癌的发病率为 0.000 4,某人用此法检验得出了阳性结果,试计算他是肝癌患者的概率。

解　设 $A=\{$肝癌患者$\}$,$B=\{$阳性结果$\}$,已知 $P(B|A)=0.95$,$P(\overline{B}|\overline{A})=0.90$,$P(A)=0.0004$,

因为 $B\subset A+\overline{A}$,A 与 $\overline{A}$ 互不相容,所以由全概率公式得

$$P(B)=P(A)P(B|A)+P(\overline{A})P(B|\overline{A})=0.0004\times0.95+(1-0.0004)\times(1-0.90),$$

所以 $P(A|B)=\dfrac{P(A)P(B|A)}{P(B)}=\dfrac{0.0004\times0.95}{0.0004\times0.95+0.0096\times0.1}=0.0038.$

【探索题】这种试验对于诊断一个人是否患有肝癌有无意义?检出阳性是否一定患有肝癌?如何看待癌症筛查中的“需详细检查”?

例 1.3.9　产品检验　车间甲、乙、丙生产同一种产品,产量分别占总产量的 25%,35% 和 40%,次品率分别为 5%,4%和 2%.如果从混杂后的产品中任取一件,试求:① 这一件恰好是次品的概率;② 这一件是次品,它分别是由车间甲、乙、丙生产的概率.

解　设 $A_1=\{$产品由甲车间生产$\}$,$A_2=\{$产品由乙车间生产$\}$,$A_3=\{$产品由丙车间生产$\}$,$B=\{$产品为次品$\}$,则

$$P(A_1)=0.25,\quad P(A_2)=0.35,\quad P(A_3)=0.4,$$
$$P(B|A_1)=0.05,\quad P(B|A_2)=0.04,\quad P(B|A_3)=0.02,$$

从而

$$① \; P(B)=\sum_{i=1}^{3}P(A_i)P(B|A_i)=0.0345,$$

$$② \; P(A_1|B)=\frac{P(A_1)P(B|A_1)}{P(B)}=\frac{0.0125}{0.0345}=\frac{25}{69},$$

$$P(A_2|B)=\frac{P(A_2)P(B|A_2)}{P(B)}=\frac{0.014}{0.0345}=\frac{28}{69},$$

$$P(A_3|B)=\frac{P(A_3)P(B|A_3)}{P(B)}=\frac{0.008}{0.0345}=\frac{16}{69}.$$

*5. 补充案例

(1) 电话号码　某人忘记了电话号码的最后一个数字,因而随意地拨号.如果拨号不超过 3 次便找到了所需要的号码,试计算此事件的概率.

解　设 $A_i=\{$第 i 次拨号找到了所需要的号码$\}(i=1,2,3)$,$B=\{$拨号不超过 3 次便找到了所需要的号码$\}$,则 $B=A_1+\overline{A}_1A_2+\overline{A}_1\overline{A}_2A_3$,

$$\begin{aligned}P(B)&=P(A_1)+P(\overline{A}_1A_2)+P(\overline{A}_1\overline{A}_2A_3)\\&=P(A_1)+P(\overline{A}_1)P(A_2|\overline{A}_1)+P(\overline{A}_1)P(\overline{A}_2|\overline{A}_1)P(A_3|\overline{A}_1\overline{A}_2)\\&=\frac{1}{10}+\frac{9}{10}\times\frac{1}{9}+\frac{9}{10}\times\frac{8}{9}\times\frac{1}{8}=\frac{1}{10}+\frac{1}{10}+\frac{1}{10}=\frac{3}{10}.\end{aligned}$$

或　$B=A_1\cup A_2\cup A_3$,$\overline{B}=\overline{A_1\cup A_2\cup A_3}=\overline{A}_1\overline{A}_2\overline{A}_3$,

$$P(\overline{B})=P(\overline{A}_1)P(\overline{A}_2|\overline{A}_1)P(\overline{A}_3|\overline{A}_1\overline{A}_2)$$

$$=\frac{9}{10}\times\frac{8}{9}\times\frac{7}{8}=\frac{7}{10},$$

$$P(B)=1-P(\overline{B})=\frac{3}{10}.$$

(2) 疾病诊断 假定用胸部透视的方法,肺结核病患者被诊断患有该病的概率为 0.95,非患者被诊断患有该病的概率为 0.002,某地居民中患有该病的概率为 0.001. 如果从居民中任选一人到医院胸透后被诊断患有该病,试计算此人确实患有该病的概率.

解 设 $A=\{$此人患有肺结核病$\}$,$B=\{$胸透后被诊断患有肺结核病$\}$,则

$$P(A)=0.001,\qquad P(\overline{A})=0.999,$$

$$P(B|A)=0.95,\qquad P(B|\overline{A})=0.002,$$

$$P(B)=P(A)P(B|A)+P(\overline{A})P(B|\overline{A})=0.002\ 948,$$

$$P(A|B)=\frac{P(A)P(B|A)}{P(B)}=\frac{0.000\ 95}{0.002\ 948}\approx 0.322\ 25.$$

这个结果使人难以接受,好像与实际不符. 以下稍作解释:

若从该地随机选出 1 000 个居民,则根据经验概率的含义,这 1 000 个居民中大约有 1 人患有肺结核病,999 人未患肺结核病,胸透后大约有 $1\times0.95+999\times0.002=2.948$ 人被诊断患有肺结核病,被诊断患有该病而此人确实患有该病的比例为 $\frac{0.95}{2.948}\approx 32.225\%$. 不难看出,以上概率较小的原因是未患肺结核病而胸透后被诊断患有肺结核病的比例竟达到了 67.775%.

(3) 保险问题 保险公司认为人可以分为两类,第一类是容易出事故的,第二类则比较谨慎. 统计数字表明,第一类人在一年内的某个时候出一次事故的概率为 0.4,第二类人的这个概率减少为 0.2. 若第一类人占 30%,那么,一个新客户在购买保险后一年内需要理赔的概率是多少? 如果他在购买保险后一年内出了一次事故,试计算他是第一类人的概率.

解 设 $A=\{$他是第一类人$\}$,$B=\{$他购买保险后一年内出了一次事故$\}$,则

$$P(A)=0.3,\qquad P(\overline{A})=0.7,$$

$$P(B|A)=0.4,\qquad P(B|\overline{A})=0.2,$$

$$P(B)=P(A)P(B|A)+P(\overline{A})P(B|\overline{A})=0.26,$$

$$P(A|B)=\frac{P(A)P(B|A)}{P(B)}=\frac{0.12}{0.26}\approx 0.46.$$

(4) 产品检验 每箱产品有 10 件,其次品数从 0 到 2 都是等可能的. 开箱检验时从中任取一件,如果是次品,则认为该箱产品不合格而决定拒收. 假定由于检验错误,一件正品被误判为次品的概率为 0.02,而一件次品被误判为正品的概率为 0.05,试计算开箱检验的一箱产品没有被拒收的概率.

解 设 $A_i=\{$箱内有 i 件次品$\}(i=0,1,2)$,$B=\{$从该箱产品中任取一件取出正品$\}$,$C=\{$该箱产品没有被拒收$\}$,则

$$P(A_i)=\frac{1}{3},P(B|A_i)=\frac{10-i}{10},$$

$$P(B)=\sum_{i=0}^{2}P(A_i)P(B|A_i)=0.9,$$

而 $P(\overline{B})=0.1$. 又 $P(C|B)=0.98$,$P(C|\overline{B})=0.05$,因此

$$P(C)=P(B)P(C|B)+P(\overline{B})P(C|\overline{B})=0.887.$$

习 题 1.3

1. 设 $P(\overline{A})=0.3$,$P(B)=0.4$,$P(A\overline{B})=0.5$,试计算下列事件的概率:

① $\overline{A}\cup\overline{B}$；② $\overline{A}B$；③ $A\cup\overline{B}$；④ $\overline{A}\ \overline{B}$；⑤ $B(A\cup\overline{B})$.

2. 丢掷两粒骰子，若 $A=\{$朝上的点数之和是 6$\}$，$B=\{$朝上的点数之和是 6 并且有一粒的点数超过 3$\}$，$C=\{$已知朝上的点数之和是 6，在此条件下有一粒的点数超过 3$\}$，试求 $P(A)$，$P(B)$ 与 $P(C)$. 注意：求 $P(A)$，$P(B)$ 与求 $P(C)$ 时，基本事件的总数应该有所不同.

3. 当 $P(B|A)<P(B)$ 时称 A 不利于 B，当 $P(A|B)<P(A)$ 时称 B 不利于 A. 试证明：若 A 不利于 B，则 B 也不利于 A.

4. 设某种动物由出生算起活 20 岁以上的概率为 0.8，活 25 岁以上的概率为 0.4. 如果现在有一个 20 岁的这种动物，试求它能够活 25 岁以上的概率.

5. 袋中装有 4 个红球 3 个白球，用取后不放回的方法，每次任取一球，共取 3 次，若 $A=\{$三次都取出红球$\}$，$B=\{$前两次都取出红球$\}$，$C=\{$前两次都取出红球，第三次取出白球$\}$，试用概率的乘法公式计算这三个事件的概率.

6. 一个不称职的秘书，随手将 3 封不同的信放进了 3 个写有不同地址的信封，试计算至少有一封信放对了信封的概率.

7. 一批零件中有 90 个正品 10 个次品，若每次从其中任取一个零件，取出的零件不再放回去. 试计算 ① 第二次才取出正品的概率；② 第三次才取出正品的概率.

8. 某光学仪器厂制造的透镜，在第一次落下时打破的概率为 0.5. 若第一次未打破，则第二次落下时打破的概率为 0.6. 若前两次均未打破，则第三次落下时打破的概率为 0.9. 试求透镜三次落下而未打破的概率.

9. 一道考题同时列出 4 个答案，要求学生把其中的一个正确答案选出来. 假设他知道正确答案的概率为 0.5，不知道正确答案就乱猜，而乱猜的概率也是 0.5. 如果他乱猜答案猜对的概率为 0.25，并且已知他答对了，试求他确实知道正确答案的概率.

10. 如果甲口袋中有 3 个红球 1 个白球，乙口袋中有 4 个红球 2 个白球，从甲口袋中任取一球，不看颜色便放入乙口袋中，再从乙口袋中任取一球，试计算取出红球的概率.

11. 6 个乒乓球中有 4 个新球，第一次比赛时任取 2 个，用后放回，第二次比赛时又任取 2 个，试计算第二次取出的球都是新球的概率.

12. 某校男、女生比例为 3:1，男生中身高 1.70 m 以上的占 60%，女生中身高 1.70 m 以上的仅占 10%. 在校园内随机地采访一位学生，① 若这位学生的身高在 1.70 m 以上，求这位学生是女生的概率；② 若这位学生的身高不超过 1.70 m，求这位学生是男生的概率.

13. 将储户按收入多少分为高、中、低三类，通过调查得知，这三类储户分别占总户数的 10%，60%，30%，而银行存款在 20 万元以上的储户在各类中所占的比例分别为 100%，60%，5%，试计算① 存款在 20 万元以上的储户在全体储户中所占的比例；② 一个存款在 20 万元以上的储户属于高收入的概率.

习题 1.3 部分解答

拓展阅读 1

§1.4　事件的相互独立

如果我们把 §1.3 的例 1.3.6 中的取后不放回改成取后放回，第二次取球是不受第一次取球影响的. 我们称之为事件是相互独立的. 事件的相互独立让 §1.3 的乘法公式将进行改写.

1. 两个事件相互独立

当 $P(A)>0$ 时,若 $P(B|A)=P(B)$,则称 B 不依赖于 A;

当 $P(B)>0$ 时,若 $P(A|B)=P(A)$,则称 A 不依赖于 B.

由 $P(AB)=P(A)P(B|A)=P(B)P(A|B)$ 可以推出:

当 $P(B|A)=P(B)$ 时,

$$P(A)P(B)=P(A)P(B|A)=P(AB)=P(B)P(A|B),P(A)=P(A|B);$$

同理,当 $P(A|B)=P(A)$ 时,

$$P(B)P(A)=P(B)P(A|B)=P(AB)=P(A)P(B|A),P(B|A)=P(B).$$

这说明,B 不依赖于 $A\Leftrightarrow A$ 不依赖于 $B\Leftrightarrow P(AB)=P(A)P(B)$.

当 $P(AB)=P(A)P(B)$ 时,称事件 A 与 B **相互独立**.

可以证明:

结论(1) A 与 B 相互独立$\Leftrightarrow\overline{A}$ 与 B 相互独立;

(2) A 与 B 相互独立$\Leftrightarrow A$ 与 $\overline{B}$ 相互独立;

(3) A 与 B 相互独立$\Leftrightarrow\overline{A}$ 与 $\overline{B}$ 相互独立.

证明 (1)"$\Rightarrow$". 当 A 与 B 相互独立时,

$$P(AB)=P(A)P(B),$$

根据 $\overline{A}B=B-AB$ 及 $B\supset AB$ 得到

$$\begin{aligned}P(\overline{A}B)&=P(B)-P(AB)=P(B)-P(A)P(B)\\&=P(B)[1-P(A)]=P(\overline{A})P(B),\end{aligned}$$

因此 $\overline{A}$ 与 B 相互独立.

"$\Leftarrow$". 当 $\overline{A}$ 与 B 相互独立时,

$$P(\overline{A}B)=P(\overline{A})P(B),$$

根据 $A\cup B=A+\overline{A}B$ 及 A 与 $\overline{A}B$ 不相容,得到

$$P(A\cup B)=P(A)+P(\overline{A}B),$$

$$P(A)+P(B)-P(AB)=P(A)+P(\overline{A})P(B),$$

$$P(AB)=P(B)[1-P(\overline{A})]=P(A)P(B),$$

因此 A 与 B 相互独立.

(2) 与结论 1 的证明相似.

(3)"$\Rightarrow$". 当 A 与 B 相互独立时,

$$P(AB)=P(A)P(B),$$

又根据 De Morgan 对偶定律得到 $\overline{A\cup B}=\overline{A}\ \overline{B}$,

$$\begin{aligned}P(\overline{A}\ \overline{B})=P(\overline{A\cup B})&=1-P(A\cup B)\\&=1-[P(A)+P(B)-P(AB)]\\&=1-P(A)-P(B)+P(A)P(B)\end{aligned}$$

$$=[1-P(A)][1-P(B)]=P(\overline{A})P(\overline{B}),$$

因此 $\overline{A}$ 与 $\overline{B}$ 相互独立.

"$\Leftarrow$". 当 $\overline{A}$ 与 $\overline{B}$ 相互独立时,

$$P(\overline{A}\ \overline{B})=P(\overline{A})P(\overline{B}),$$

又根据 De Morgan 对偶定律 $\overline{AB}=\overline{A}\cup\overline{B}$,得到

$$\begin{aligned}P(AB)&=1-P(\overline{AB})=1-P(\overline{A}\cup\overline{B})\\&=1-[P(\overline{A})+P(\overline{B})-P(\overline{A}\ \overline{B})]\\&=1-P(\overline{A})-P(\overline{B})+P(\overline{A})P(\overline{B})\\&=[1-P(\overline{A})][1-P(\overline{B})]=P(A)P(B),\end{aligned}$$

因此 A 与 B 相互独立.

例 1.4.1　种子发芽　甲、乙两粒种子做发芽试验,若甲种子发芽的概率为 0.7,乙种子发芽的概率为 0.8,试计算两粒种子中至少有一粒发芽的概率.

解　设 $A=\{$甲种子发芽$\}$,$B=\{$乙种子发芽$\}$,则 $P(A)=0.7$,$P(B)=0.8$. 又根据专业知识,A 与 B 相互独立,由 $P(AB)=P(A)P(B)=0.56$,得到

$$P(A\cup B)=P(A)+P(B)-P(AB)=0.94,$$

或由 $\overline{A}$ 与 $\overline{B}$ 相互独立,$P(\overline{A})=0.3$,$P(\overline{B})=0.2$,得到

$$P(A\cup B)=1-P(\overline{A}\ \overline{B})=1-P(\overline{A})P(\overline{B})=0.94.$$

【**探索题**】双色球有放回地取两次和无放回地取两次的区别是什么?

2. 多个事件相互独立

对于事件 A,B 与 C,当 $P(AB)=P(A)P(B)$,$P(AC)=P(A)P(C)$,$P(BC)=P(B)P(C)$ 时,称 A,B 与 C **两两相互独立**,简称为**两两独立**.

当 $P(AB)=P(A)P(B)$,$P(AC)=P(A)P(C)$,$P(BC)=P(B)P(C)$,并且 $P(ABC)=P(A)P(B)P(C)$ 时,称 A,B 与 C **总起来相互独立**,简称为**相互独立**.

例 1.4.2　取物问题　袋中有 4 个乒乓球,其中的一球涂白颜色,另一球涂黄颜色,第 3 个球涂红颜色,第 4 个球涂白、黄、红三种颜色. 若任取一球并察看球面上的颜色,事件 $A=\{$有白颜色$\}$,$B=\{$有黄颜色$\}$,$C=\{$有红颜色$\}$,则

$$P(A)=P(B)=P(C)=\frac{2}{4}=0.5,$$

$$P(AB)=P(AC)=P(BC)=\frac{1}{4}=0.25,$$

$$P(A)P(B)=0.25=P(AB),$$
$$P(A)P(C)=0.25=P(AC),$$
$$P(B)P(C)=0.25=P(BC),$$

而

$$P(ABC)=\frac{1}{4}=0.25,$$

$$P(A)P(B)P(C)=0.125\neq P(ABC).$$

因此,本例中的 3 个事件只两两独立,不相互独立.

从公式

$$P(ABC)=P(A)P(B|A)P(C|AB)$$

来看,虽然 A,B,C 两两独立,$P(B|A)=\frac{1}{2}=P(B)$,但是

$$P(C|AB)=1\neq P(C),$$

便得不到

$$P(ABC)=P(A)P(B)P(C).$$

类似地,对于多个事件 $A_1,A_2,\cdots,A_n$,若 $1\leqslant i\leqslant n,1\leqslant j\leqslant n$ 且 $i\neq j$,若对任意的 i,j 均有 $P(A_i A_j)=P(A_i)P(A_j)$,则称 $A_1,A_2,\cdots,A_n$ 两两相互独立,简称为两两独立.

若 $1\leqslant i\leqslant n,1\leqslant j\leqslant n,1\leqslant k\leqslant n$ 且 $i\neq j\neq k$,若对任意的 i,j,k,均有

$$\begin{aligned}&P(A_i A_j)=P(A_i)P(A_j),\\&P(A_i A_j A_k)=P(A_i)P(A_j)P(A_k),\\&\cdots\cdots\cdots\cdots\\&P(A_1A_2\cdots A_n)=P(A_1)P(A_2)\cdots P(A_n)\end{aligned}$$

则称 $A_1,A_2,\cdots,A_n$ 相互独立,简称为相互独立.

两两独立不一定相互独立,相互独立一定两两独立.

然而,事件的相互独立性常常是根据问题的实际意义来确定的,有关两两独立的实际问题绝大多数都是相互独立的.

例 1.4.3　体育比赛　甲系与乙系进行篮球、排球、足球比赛,篮球比赛甲系胜乙系的概率为 0.8,排球比赛甲系胜乙系的概率为 0.4,足球比赛甲系胜乙系的概率为 0.4,若在 3 项比赛中至少胜 2 项才算获胜,试计算哪一个系获胜的概率较大.

解　设 $A=\{$甲系获胜$\}$,$A_1=\{$甲系篮球比赛获胜$\}$,$A_2=\{$甲系排球比赛获胜$\}$,$A_3=\{$甲系足球比赛获胜$\}$,且 $P(A_1)=0.8,P(A_2)=0.4,P(A_3)=0.4,P(\overline{A}_1)=0.2,P(\overline{A}_2)=0.6,P(\overline{A}_3)=0.6$,如果 3 项比赛的胜负相互独立,则由

$$A=A_1A_2A_3+\overline{A}_1A_2A_3+A_1\overline{A}_2A_3+A_1A_2\overline{A}_3$$

得到

$$\begin{aligned}P(A)&=P(A_1A_2A_3)+P(\overline{A}_1A_2A_3)+P(A_1\overline{A}_2A_3)+P(A_1A_2\overline{A}_3)\\&=P(A_1)P(A_2)P(A_3)+P(\overline{A}_1)P(A_2)P(A_3)+\\&\quad P(A_1)P(\overline{A}_2)P(A_3)+P(A_1)P(A_2)P(\overline{A}_3)\\&=0.8\times0.4\times0.4+0.2\times0.4\times0.4+\\&\quad 0.8\times0.6\times0.4+0.8\times0.4\times0.6\\&=0.544.\end{aligned}$$

而

$$P(\overline{A})=1-P(A)=0.456,$$

故甲系获胜的概率较大.

例 1.4.4 取物问题 若某白菜种子中混有 0.4% 的油菜种子,从一大口袋这样的种子中任取 100 或 1 000 粒,试计算取出的种子中有油菜种子的概率.

解 以 $A_i(i=1$ 至 100 或 $1\ 000)$ 表示所取出的第 i 粒为油菜种子,考虑到一大口袋中种子的数目非常多,取后不放回与取后放回的结果近似,可以认为各个事件 A_i 相互独立. 因此,可由 $P(A_i)=0.004$ 计算取出的种子中有油菜种子的概率,得到

$$
\begin{aligned}
P(A_1\cup A_2\cup\cdots\cup A_{100}) &= 1-P(\overline{A}_1\overline{A}_2\cdots\overline{A}_{100})\\
&= 1-P(\overline{A}_1)P(\overline{A}_2)\cdots P(\overline{A}_{100})\\
&= 1-0.996^{100}\approx 0.330\ 2,\\
P(A_1\cup A_2\cup\cdots\cup A_{1\ 000}) &= 1-P(\overline{A}_1\overline{A}_2\cdots\overline{A}_{1\ 000})\\
&= 1-P(\overline{A}_1)P(\overline{A}_2)\cdots P(\overline{A}_{1\ 000})\\
&= 1-0.996^{1\ 000}\approx 0.981\ 8.
\end{aligned}
$$

这里有三个概率,① 取出一粒种子,该种子是油菜种子的概率只有 0.4%,这个概率很小;② 取出 100 粒种子,其中有油菜种子的概率也不大;③ 取出1 000 粒种子,其中有油菜种子的概率便相当大,几乎等于 1.

在概率论与试验统计中,将概率很小(例如不超过0.05)的事件形象地称之为小概率事件.

由此可以概括出小概率事件的两条规律,即所谓的**小概率原理**:

(1) 概率很小的事件在一次试验中几乎是不可能出现的(0.004);

(2) 概率很小的事件在次数很多的重复试验中差不多是一定会出现的(0.981 8).

在应用概率论知识解决实际问题时,会用到上述小概率原理. 小概率原理的第一条是§7.1 假设检验的理论基础.

3. 二项概率公式

二项概率公式可用来计算与重复独立试验有关的概率. 重复独立试验是一类经常遇见的试验,又称为 Bernoulli 试验.

它有 3 个特点:

(1) 重复,就是在相同的条件下将试验进行多次.

(2) 独立,就是每一次试验的结果都不会影响其他各次试验的结果,或者说,被研究的事件在各次试验中出现的概率都是相同的.

(3) 试验的结果只有两个,要么出现,要么不出现.

例如,用取后放回的方法,从某一批次品率一定的产品中取出若干件产品,因为每取出一件时产品的总数及其次品率都是相同的,每取出一件的结果(得到正品或次品)都不会影响取出其他各件的结果,所以,用这种方法取出若干件产品是重复独立试验.

又如,做某作物的同一批种子发芽试验,虽然种子之间会有少许差异、会有少许影响,但是忽略不计这少许的差异和影响后,观察有多少粒种子发芽,便是重复独立试验. 相类似地,一个人用同一支枪、同型号的子弹射击多次,记录命中的环数也是重复独立试验.

如果重复独立试验进行了 n 次,在每一次试验中事件 A 出现的概率为 p,A 不出现的概率为 $1-p$,则

(1) 根据独立事件的乘法公式计算,A 在某指定的 k 次试验中出现、在另外的 $n-k$ 次试验中不出现的概率为 $p^k(1-p)^{n-k}$;

(2) 指定的方法有 C_n^k 种,根据不相容事件的加法公式计算,A 在 n 次试验中出现 k 次的概率为 $\mathrm{C}_n^k p^k(1-p)^{n-k}$.

若以 $P_n(k)$ 表示某事件 A 在 n 次重复独立试验中出现 k 次的概率,则

$$P_n(k)=\mathrm{C}_n^k p^k(1-p)^{n-k} \qquad (k=0,1,2,\cdots,n),$$

且
$$\sum_{k=0}^{n} P_n(k)=\sum_{k=0}^{n}\mathrm{C}_n^k p^k(1-p)^{n-k}=(p+1-p)^n=1.$$

此公式称为**二项概率公式**,式中的 p 为事件 A 在一次试验中出现的概率.

例 1.4.5 取物问题 袋中装有 N 个球,其中的 M 个球为红球,$N-M$ 个球为白球,从中任取 n 次,每次只取一个球,看过颜色后放回,试计算恰好取出 m 个红球、$n-m$ 个白球的概率.

解 由于是有放回地取 n 个球,因此是 n 次重复独立试验,若 $A=\{$某一次取出红球$\}$,则 $p=P(A)=\dfrac{M}{N}$,根据二项概率公式,所求的概率

$$P_n(m)=\mathrm{C}_n^m\left(\frac{M}{N}\right)^m\left(1-\frac{M}{N}\right)^{n-m}.$$

与 §1.2 的公式(2) 比较只是数学表达形式发生了改变,但其本质是知识的增加让思维方式发生了改变.

例 1.4.6 遗传问题 动物的某指定特征是由它的一对基因所决定的. 在遗传学中,以 d 表示显性基因,以 r 表示隐性基因,称具有 dd 基因的是纯显性的,具有 rr 基因的是纯隐性的,具有 dr 基因的是混合性的. 如果动物父母的基因都是混合性的,试计算它们的 4 个子动物中有 2 个具有显性基因所决定的特征的概率.

解 根据 Mendel 的遗传理论,如果动物父母的基因都是混合性的,则它们的子动物中具有 dd,rr,dr 基因的概率分别是 0.25,0.25 和 0.5,子动物具有 dd 或 dr 基因即具有显性基因所决定的特征,相应的概率为 0.75. 因此,在将 4 个子动物是否具有显性基因所决定的特征看作重复独立试验的前提下,根据二项概率公式,4 个子动物中有 2 个具有显性基因所决定的特征的概率 $P_4(2)=\mathrm{C}_4^2(0.75)^2(0.25)^2\approx 0.211$.

例 1.4.7 产品检验 自某一批产品中用取后放回的方法进行重复抽样检查,先后取出 200 件,发现其中有 4 件次品,试分析可否相信这一批产品的次品率不超过 0.005.

解 假设这一批产品的次品率为 0.005,根据二项概率公式,200 件产品中出现 4 件次品的概率 $P_{200}(4)=\mathrm{C}_{200}^4(0.005)^4(0.995)^{196}\approx 0.015$. 因此,当这一批产品的次品率为 0.005 时,200 件产品中出现 4 件次品的概率很小,是一个小概率事件. 当这一批产品的次品率不超过 0.005 时,200 件产品中出现 4 件次品的概率更小. 而小概率事件在一次试验中几乎是不可能出现的,现在竟然出现了,便只能怀疑原始假设的正确性,认为这一批产品的次品率不超过 0.005 是不可以相信的.

4. Poisson 公式

例 1.4.7 中 $n=200$,$p=0.005$ 使得 $P_{200}(4)$ 的计算比较复杂,为了方便计算我们引入以

下定理：

定理　当 n 很大、p 很小、$\lambda=np$ 时，二项概率公式所计算的

$$P_n(k)=C_n^k p^k(1-p)^{n-k}\approx\frac{\lambda^k e^{-\lambda}}{k!}.$$

证明　由 $\lambda=np$ 得到 $p=\frac{\lambda}{n}$，当 $n\to\infty$ 时，

$$\begin{aligned}\lim_{n\to\infty}P_n(k)&=\lim_{n\to\infty}C_n^k p^k(1-p)^{n-k}.\\&=\lim_{n\to\infty}\frac{n(n-1)\cdots(n-k+1)}{k!}\left(\frac{\lambda}{n}\right)^k\left(1-\frac{\lambda}{n}\right)^{n-k}\\&=\lim_{n\to\infty}\frac{\lambda^k}{k!}\left[\left(\frac{n}{n}\right)\left(\frac{n-1}{n}\right)\cdots\left(\frac{n-k+1}{n}\right)\right]\left(1-\frac{\lambda}{n}\right)^n\left(1-\frac{\lambda}{n}\right)^{-k}\\&=\frac{\lambda^k e^{-\lambda}}{k!},\end{aligned}$$

因此 $P_n(k)\approx\frac{\lambda^k e^{-\lambda}}{k!}$. 当重复独立试验的次数 n 比较大($\geqslant 30$)，p 比较小($\leqslant 0.1$)且 $\lambda=np$ 时，$P_n(k)$ 可根据此公式求近似值.

通常将 $P_n(k)$ 中的 n 换成 λ，记

$$P_\lambda(k)=\frac{\lambda^k e^{-\lambda}}{k!}\qquad(k=0,1,2,\cdots),$$

此公式称为 **Poisson(泊松)公式**. 用 Poisson 公式计算概率时，有递推公式

$$P_\lambda(k+1)=\frac{\lambda}{k+1}P_\lambda(k),$$

用此公式可以简化计算.

根据 Poisson 公式，例 4.7 中 $\lambda=200\times 0.005=1$，则

$$P_{200}(4)\approx\frac{\lambda^4\cdot e^{-\lambda}}{4!}=\frac{e^{-1}}{4!}\approx 0.015.$$

查附录一中 Poisson 分布的数值表可以得到 $P_\lambda(k)$ 的数值.

例 1.4.8　射击问题　某射手中靶的概率为 0.99，如果前面射击的结果对于后面射击的结果没有影响，试计算他射出的 300 发子弹中至多有 4 发不中靶的概率.

解　射出的 300 发子弹看作重复独立试验，$n(=300)$ 较大，1 发子弹不中靶的概率 $p(=0.01)$ 较小，$\lambda=np=3$，用 Poisson 公式计算得到

$$P_{300}(0)\approx e^{-3}\approx 0.049\,8,\qquad P_{300}(1)\approx 3e^{-3}\approx 0.149\,4,$$

$$P_{300}(2)\approx\frac{3^2}{2!}e^{-3}\approx 0.224\,0,\qquad P_{300}(3)\approx\frac{3^3}{3!}e^{-3}\approx 0.224\,0,$$

$$P_{300}(4)\approx\frac{3^4}{4!}e^{-3}\approx 0.168\,0,$$

因此

$$\begin{aligned}&P\{\text{至多有 4 发不中靶}\}\\&=P_{300}(0)+P_{300}(1)+P_{300}(2)+P_{300}(3)+P_{300}(4)\\&\approx 0.815\,2.\end{aligned}$$

*5. 补充案例

(1) 取物问题　甲袋中装有 1 个红球 2 个白球,乙袋中装有 2 个红球 1 个白球,丙袋中装有 2 个红球 2 个白球,从各个袋中随机地各取一个球,试计算恰好有 2 个红球的概率.

解　设 $A=\{$各取一个球恰好有 2 个红球$\}$,$A_1=\{$从甲袋中取出一个球为红球$\}$,$A_2=\{$从乙袋中取出一个球为红球$\}$,$A_3=\{$从丙袋中取出一个球为红球$\}$,则

$$P(A_1)=\frac{1}{3},\ P(A_2)=\frac{2}{3},\ P(A_3)=\frac{1}{2},$$

因此

$$P(A)=P(A_1A_2\overline{A}_3+A_1\overline{A}_2A_3+\overline{A}_1A_2A_3)=\frac{7}{18}.$$

(2) 射击问题　两个射手轮流向同一目标射击,甲命中的概率为 p_1,乙命中的概率为 p_2. 甲先射击,先命中的射手获胜,试分别计算两个射手获胜的概率.

解　设 $A=\{$甲中$\}$,$B=\{$乙中$\}$,则

$$\begin{aligned}
&P(A)=p_1,\quad P(B)=p_2,\\
&P(\overline{A}B)=(1-p_1)p_2,\\
&P(\overline{A}\overline{B}A)=(1-p_1)(1-p_2)p_1,\\
&P(\overline{A}\overline{B}\overline{A}B)=(1-p_1)^2(1-p_2)p_2,\\
&P(\overline{A}\overline{B}\overline{A}\overline{B}A)=(1-p_1)^2(1-p_2)^2p_1,\\
&P(\overline{A}\overline{B}\overline{A}\overline{B}\overline{A}B)=(1-p_1)^3(1-p_2)^2p_2,\\
&P(\overline{A}\overline{B}\overline{A}\overline{B}\overline{A}\overline{B}A)=(1-p_1)^3(1-p_2)^3p_1,\\
&\cdots
\end{aligned}$$

因此

$$P\{甲胜\}=\sum_{n=0}^{\infty}(1-p_1)^n(1-p_2)^np_1,$$

$$P\{乙胜\}=\sum_{n=0}^{\infty}(1-p_1)^{n+1}(1-p_2)^np_2.$$

(3) 象棋游戏　已知 A,B 两人刚刚下过 12 局象棋,A 胜 6 局,B 胜 4 局. 如果他们再下 3 局,并假定 A,B 双方的心理都不受胜负的影响,试计算:① A 胜 3 局的概率;② 2 局不分胜负的概率;③ A 与 B 轮流胜的概率;④ B 至少胜 1 局的概率.

解　设 $A_i=\{$第 i 局 A 胜$\}$,$B_i=\{$第 i 局 B 胜$\}$,$i=1,2,3$,则

$$P(A_i)=\frac{1}{2},\qquad P(B_i)=\frac{1}{3}.$$

① $P\{A$ 胜 3 局$\}=P(A_1A_2A_3)=\dfrac{1}{8}$.

② $P\{$2 局不分胜负$\}=C_3^2\left(1-\dfrac{1}{2}-\dfrac{1}{3}\right)^2\left(\dfrac{1}{2}+\dfrac{1}{3}\right)=\dfrac{5}{72}$.

③ $P\{A$ 与 B 轮流胜$\}=P(A_1B_2A_3)+P(B_1A_2B_3)=\dfrac{5}{36}$.

④ $P\{B$ 至少胜 1 局$\}=1-P(\overline{B}_1\overline{B}_2\overline{B}_3)=\dfrac{19}{27}$.

(4) 细菌检测　设实验器皿中产生甲、乙两类细菌的机会是相同的,若某次发现产生了 $2n$ 个细菌,试

计算① 至少有一个甲类细菌的概率;② 甲、乙两类细菌各占一半的概率.

解　根据题意,

$$P\{\text{某一个细菌是甲类}\}=P\{\text{某一个细菌是乙类}\}=\frac{1}{2}.$$

在 $2n$ 个细菌中,

① $P\{\text{至少有一个甲类细菌}\}=1-P\{\text{全是乙类细菌}\}=1-\left(\frac{1}{2}\right)^{2n}$;

② $P\{\text{甲、乙两类细菌各占一半}\}=C_{2n}^{n}\left(\frac{1}{2}\right)^{n}\left(\frac{1}{2}\right)^{n}$.

(5) 产品检验　某厂生产的每台仪器,以概率 0.7 可以直接出厂,以概率 0.3 需进一步调试,经调试后以概率 0.8 可以出厂,以概率 0.2 定为不合格品不能出厂. 如果该厂生产了 100 台这样的仪器,试求:① 全部都能出厂的概率;② 其中恰好有两台不能出厂的概率;③ 其中至少有两台不能出厂的概率.

解　设 $A=\{\text{可以直接出厂}\}$, $B=\{\text{可以出厂}\}$,则

$$P(A)=0.7,\qquad P(\overline{A})=0.3,$$
$$P(B|A)=1,\qquad P(B|\overline{A})=0.8,$$
$$P(B)=P(A)P(B|A)+P(\overline{A})P(B|\overline{A})=0.94.$$

因此,

① $P\{\text{全部都能出厂}\}=0.94^{100}$.

② $P\{\text{其中恰好有两台不能出厂}\}=C_{100}^{2}0.06^{2}0.94^{98}$.

③ $P\{\text{其中至少有两台不能出厂}\}=\sum\limits_{i=2}^{100}C_{100}^{i}0.06^{i}0.94^{100-i}$.

习　题　1.4

1. 证明:事件 A 与 B 相互独立$\Leftrightarrow$事件 A 与 $\overline{B}$ 相互独立.

2. 设 A 与 B 为两个事件,如果 $P(A|B)=P(A|\overline{B})$ 且 $P(B)\neq 0$,则 A 与 B 相互独立.

3. 称一个元件能正常工作的概率为这个元件的可靠性,称由多个元件组成的系统能正常工作的概率为这个系统的可靠性. 如果有 3 个可靠性都是 p 的元件 A,B,C,它们能否正常工作是相互独立的. 当它们以串联的方式组成系统Ⅰ或者以并联的方式组成系统Ⅱ时,试分别计算系统Ⅰ和Ⅱ的可靠性.

4. 3 射手中靶的概率分别为 0.6,0.7,0.8,他们相互独立地各射击一次,试计算① 有一名射手中靶的概率;② 至少有一名射手中靶的概率.

5. 某射手命中 10 环的概率为 0.5,命中 9 环的概率为 0.3,命中 8 环的概率为 0.2. 如果他射出 3 发子弹,试计算① 命中 28 环的概率;② 至少命中 28 环的概率.

6. 假设某品牌电灯泡的耐用时数在 1 000 h 以上的概率为 0.2,试计算 3 个电灯泡使用 1 000 h 以后,① 只有一个损坏的概率;② 最多只有一个损坏的概率.

7. 甲、乙两人向同一目标独立地各射击一次,命中率分别为 $\frac{1}{3}$ 和 $\frac{1}{2}$,① 试计算目标被命中的概率;② 如果已知目标被命中,计算它是被甲命中的概率.

8. 已知甲袋中有 3 只白球 7 只红球 15 只黑球,乙袋中有 10 只白球 6 只红球 9 只黑球,如果从两袋中各取一球,试计算两球颜色相同的概率.

9. 假设飞机的发动机在飞行中出故障的概率为 $1-p$,且各个发动机出故障是相互独立的. 如果能正常工作的发动机不少于总数的 50%,飞机就可以平安无事. 试求合适的 p,使得有 4 个发动机的飞机比只有 2 个发动机的飞机更加可靠.

10. 某种子公司通过多次试验得知,某批西瓜种子的发芽率为 95%. 出售时将 10 粒装成一包,并保证至少有 9 粒能够发芽,否则退赔,试计算出售的任意一包需要退赔的概率.

11. 如果因接受输血而发生不良反应的概率是 0.001,试计算 2 000 人接受输血后,① 有两人发生不良反应的概率;② 至少有两人发生不良反应的概率.

12. 某保险公司预计,每一年因某种事故而死亡的客户占总数的 0.005%. 试计算一年内 1 万个客户中至少有 4 个需要理赔的概率.

13. 对某敌舰相互独立地炮击两次,每次发射一发炮弹,命中率分别是 0.6 和 0.7,敌舰中一弹与中两弹而被击沉的概率分别是 0.6 和 0.8,求炮击两次后敌舰被击沉的概率.

14. 电话分机网络有用户 6 家,每小时每户平均用电话 6 min,各户用电话相互独立,试计算:① 每小时恰好有 2 户用电话的概率;② 每小时至少有 2 户用电话的概率;③ 每小时至多有 2 户用电话的概率.

15. 每一门高射炮发射一发炮弹击中敌机的概率为 0.6,如果 k 门高射炮同时各发射一发炮弹,试计算数值 k 确保击中某架来犯敌机的概率为 0.99.

16. 甲、乙两选手进行乒乓球单打比赛,如果每一局甲胜的概率为 0.6,乙胜的概率为 0.4,比赛时可以采用三局两胜制(打三局)或五局三胜制(打五局),试分析在哪一种赛制下,甲选手获胜的可能性较大?

习题 1.4 部分解答

拓展阅读 2

第一章补充习题讲解

所有知识都会转化为概率,这些概率或大或小,依据的是亲身经历中自己的理解有多正确或者多错误,以及问题有多简单或者多复杂.

——大卫·休谟(David Hume)

第二章　随机变量的分布

本章在第一章的基础上,引入随机变量,将随机试验的结果量化,从随机变量的分布的角度论述概率问题.其中离散型随机变量的分布与分布律有关,连续型随机变量的分布与分布密度有关,在本章的学习中你会发现随机变量的分布的本质就是累计概率.

§2.1　一维离散型随机变量的分布律

1. 随机变量

根据随机试验的结果而确定取某一个数值的变量,称为**一维随机变量**.不同的随机变量可以用不同的大写英文字母 $X,Y,Z,\cdots$,或小写希腊字母 $\xi,\eta,\zeta,\cdots$ 来标记.

由两个一维随机变量所确定的有序数组,称为**二维随机变量**.例如,由两个一维随机变量 X 与 Y 所确定的有序数组 (X,Y) 是二维随机变量或随机向量,而 X 与 Y 又分别称为随机向量 (X,Y) 的分量.

由多个一维随机变量所确定的有序数组,称为多维随机变量.例如,由 n 个一维随机变量 $X_1,X_2,\cdots,X_n$ 所确定的有序数组 $(X_1,X_2,\cdots,X_n)$ 是 n 维随机变量或随机向量,而 $X_1,X_2,\cdots,X_n$ 又分别称为随机向量 $(X_1,X_2,\cdots,X_n)$ 的分量.

在实际工作中,常常要将随机试验的结果数量化,引入随机变量.

以下 3 例,便引入了 3 个比较简单又比较有代表性的一维随机变量.

例 2.1.1　上抛硬币　上抛一枚硬币,若定义正面朝上时 $X=1$,反面朝上时 $X=0$,则 X 是一维随机变量.上抛两枚硬币,若定义两枚硬币正面朝上时 $Y=2$,一枚硬币正面朝上时 $Y=1$,两枚硬币反面朝上时 $Y=0$,则 Y 也是一维随机变量.

例 2.1.2　丢掷骰子　丢掷一粒骰子,若定义 X 为朝上的点数,则 $X=1,X=2,\cdots,X=6$,X 是一维随机变量.丢掷两粒骰子,若定义 Y 为两粒骰子朝上的点数之和,则当点数为 i 与 j 时,$Y=i+j$ 或 $Y=1+1=2,Y=1+2=3,\cdots,Y=5+6=11,Y=6+6=12$,$Y$ 也是一维随机变量.

例 2.1.3　测量质量　从鸡舍中任取一只鸡测量其质量 w(单位:kg),所取的鸡不同,w 便有不同的数值.这里的 $0<w<3$,w 是一维随机变量.

如果还测量到别的生长指标并与质量一起确定有序数组,便可以得到多维随机变量.

由此看出,随机变量与随机事件都与随机试验相联系.但是,对它们的研究却有所不同.

研究随机事件,主要是研究它出现的概率.研究随机变量,主要是研究它的分布,也就是它取值的范围以及在取值的范围内取某一个或某一些数值的概率.这样的研究,在概率论及试验统计中是十分重要的课题.它意味着:(1) 要研究随机试验的全部结果,而不是孤立地研究随机试验中的某一个或几个随机事件;(2) 除了初等数学的方法,还要引入高等数学的方法来研究随机试验.因此,这样的研究,既丰富了概率论及试验统计学科的理论,又提高了学科的应用水平.

根据随机试验的结果,随机变量可以区分为离散型随机变量、连续型随机变量,以及既非离散又非连续型的随机变量.本教材主要涉及前面两种类型.

这一节从研究离散型随机变量开始.

2. 一维离散型随机变量的分布律

可以取有限多个或无限可数多个数值的一维随机变量,称为**一维离散型随机变量**.

若一维离散型随机变量 X 所取的数值用 x_i 表示($i=1,2,\cdots$),则等式 $P\{X=x_i\}=p_i$ 或表格

X	x_1	x_2	$\cdots$	x_i	$\cdots$
P	p_1	p_2	$\cdots$	p_i	$\cdots$

称为 X 的分布律(或概率分布).

一维离散型随机变量 X 的分布律有下列性质:

(1) 对所有的 i 都有 $0\leqslant p_i\leqslant 1$;

(2) $\sum\limits_{i=1}^{\infty}p_i=1$.

以上性质可以作为必要条件判断 X 的分布律是否正确.

例 2.1.4 取物问题 袋中装有 3 个红球 2 个白球,任意取出 2 个球,若以 X 表示其中的红球数,试求 X 的分布律.

解 本随机试验有 3 个试验结果,即{取出两个红球},{取出一红一白两个球},{取出两个白球}.取出两个红球时 $X=2$,取出一红一白两个球时 $X=1$,取出两个白球时 $X=0$.

为求 X 的分布律,先求以上试验结果出现的概率,得到

$$P\{\text{取出两个红球}\}=\frac{C_3^2}{C_5^2}=0.3,$$

$$P\{\text{取出一红一白两个球}\}=\frac{C_3^1C_2^1}{C_5^2}=0.6,$$

$$P\{\text{取出两个白球}\}=\frac{1}{C_5^2}=0.1.$$

因此 X 的分布律是

$$P\{X=2\}=0.3,\qquad P\{X=1\}=0.6,\qquad P\{X=0\}=0.1,$$

或

$$P\{X=i\}=p_i=\frac{C_3^iC_2^{2-i}}{C_5^2}\qquad(i=0,1,2),$$

用表格表示就是

X	0	1	2
P	0.1	0.6	0.3

这里,(1) 对所有的 i 都有 $0\leqslant p_i\leqslant 1$;(2) $\sum\limits_{i=0}^{2}p_i=1$.

如果将例1.4中取球的方式改为取后放回,那么,随机试验虽然依旧有3个试验结果,即{取出两个红球},{取出一红一白两个球},{取出两个白球}. 取出两个红球时 $X=2$,取出一红一白两个球时 $X=1$,取出两个白球时 $X=0$,但是

$$P\{\text{取出两个红球}\}=\frac{3}{5}\times\frac{3}{5}=0.36,$$

$$P\{\text{取出一红一白两个球}\}=C_2^1\times\frac{3}{5}\times\frac{2}{5}=0.48,$$

$$P\{\text{取出两个白球}\}=\frac{2}{5}\times\frac{2}{5}=0.16.$$

因此 X 的分布律是

$$P\{X=2\}=0.36,\qquad P\{X=1\}=0.48,\qquad P\{X=0\}=0.16,$$

或

$$P\{X=i\}=p_i=C_2^i\left(\frac{3}{5}\right)^i\left(\frac{2}{5}\right)^{2-i}\qquad(i=0,1,2),$$

用表格表示就是

X	0	1	2
P	0.16	0.48	0.36

这里,(1) 对所有的 i 都有 $0\leqslant p_i\leqslant 1$;(2) $\sum\limits_{i=0}^{2}p_i=1$.

3. 一维离散型随机变量常用的分布

离散型随机变量 X 的分布可以按照它的分布律来命名. 一维离散型随机变量常用的分布如下:

(1) 0 - 1 分布

如果 X 只取数值 0 和 1,分布律为

$$P\{X=0\}=1-p,$$
$$P\{X=1\}=p,$$

或

X	0	1
P	$1-p$	p

或
$$P\{X=k\}=p^k(1-p)^{1-k} \quad (k=0,1),$$
式中的 $0<p<1$，则称 X 服从参数为 p 的 **0-1 分布**，记作 $X \sim B(1,p)$.

例 2.1.5 上抛硬币 上抛一枚硬币，若定义正面朝上时 $X=1$，反面朝上时 $X=0$，则 $X \sim B(1,0.5)$，分布律为
$$P\{X=0\}=0.5,$$
$$P\{X=1\}=0.5,$$
或

X	0	1
P	0.5	0.5

或
$$P\{X=k\}=0.5 \quad (k=0,1).$$

例 2.1.6 种子发芽 从一大批种子中任取一粒种子做发芽试验，以 $X=1$ 表示种子发芽，以 $X=0$ 表示种子不发芽，若发芽率为 90%，则 $X \sim B(1,0.9)$，分布律为
$$P\{X=0\}=0.1,$$
$$P\{X=1\}=0.9,$$
或

X	0	1
P	0.1	0.9

或
$$P\{X=k\}=0.9^k(0.1)^{1-k} \quad (k=0,1).$$

（2）二项分布

如果 X 的分布律为
$$P\{X=k\}=\mathrm{C}_n^k p^k(1-p)^{n-k} \quad (k=0,1,2,\cdots,n),$$
式中的 $0<p<1$，则称 X 服从参数为 p 的**二项分布**，记作 $X \sim B(n,p)$.

二项分布动图

二项分布是 Bernoulli 研究重复独立试验所引出的一个很重要的分布.

如果重复独立试验的次数为 n，在每一次试验中事件 A 出现的概率为 p，A 不出现的概率为 $1-p$，则 A 出现的次数 $X=k$ 的概率即是上述 $P\{X=k\}$.

很显然，当 $n=1$ 时，参数为 p 的二项分布便是参数为 p 的 0-1 分布.

例 2.1.7 种子发芽 一批花生种子的发芽率为 0.9，如果每穴播种 3 粒，那么，发芽粒数 $X \sim B(3,0.9)$，或 $P\{X=k\}=\mathrm{C}_3^k 0.9^k(1-0.9)^{3-k} \quad (k=0,1,2,3)$.

例 2.1.8 射手中靶 某射手打靶命中率为 0.8，相互独立地射击 10 次，那么，命中次数 $X \sim B(10,0.8)$，或 $P\{X=k\}=\mathrm{C}_{10}^k 0.8^k(1-0.8)^{10-k} \quad (k=0,1,2,\cdots,10)$.

（3）Poisson 分布

如果 X 的分布律为

Poisson 分布动图

$$P\{X=k\}=\frac{\lambda^k e^{-\lambda}}{k!} \quad (k=0,1,2,\cdots),$$

式中的 $\lambda>0$,则称 X 服从参数为 λ 的 **Poisson 分布**,记作 $X \sim P(\lambda)$.

在 §1.4 中已经证明:当重复独立试验的次数 n 比较大($n \geqslant 30$),而事件 A 出现的概率 p 比较小($p \leqslant 0.1$)且 $\lambda = np$ 时,A 出现的次数 X 近似地服从 $P(\lambda)$.

例如,某一段时间内,电话用户对电话网的呼唤次数、原子放射的粒子数等,它们的分布都与 Poisson 分布相接近.

例 2.1.9　电话呼唤　记录某电话网每分接到的呼唤次数 X,如果 X 近似地服从 $P(2)$,则根据 $P\{X=k\}=\frac{2^k e^{-2}}{k!}$ 计算,得到用表格表示的分布律如下:

X	0	1	2	3	4	5	6	7	8	$\geqslant 9$
P	0.135	0.271	0.271	0.180	0.090	0.036	0.012	0.003	0.001	≈ 0

例 2.1.10　放射研究　观察 1 g 放射性物质在 1 s 内所放射出的 α 粒子数 X,如果 X 近似地服从 $P(2.2)$,则根据 $P\{X=k\}=\frac{2.2^k e^{-2.2}}{k!}$ 计算,得到用表格表示的分布律如下:

X	0	1	2	3	4	5	6	7	8	$\geqslant 9$
P	0.111	0.244	0.268	0.197	0.108	0.048	0.017	0.005	0.002	≈ 0

(4) 几何分布

如果 X 的分布律为

$$P\{X=k\}=p(1-p)^{k-1} \quad (k=1,2,\cdots),$$

式中的 $0<p<1$,则称 X 服从参数为 p 的**几何分布**,记作 $X \sim G(p)$.

几何分布也与重复独立试验有关.若重复独立试验的次数为 k,在每一次试验中事件 A 出现的概率为 p,A 不出现的概率为 $1-p$,则根据独立性,A 在前面的 $k-1$ 次试验中都不出现、只在第 k 次试验中出现的概率就是

$$P\{X=k\}=p(1-p)^{k-1}.$$

因此,几何分布可用来计算等待事件 A 出现,总共等待了 k 次的概率.

例 2.1.11　产品检验　一批产品的次品率为 1%,每次从中取出一件进行检验,如果是正品便立即放回,直到取出一件次品为止,那么,取出进行检验的产品件数 $X \sim G(0.01)$,或

$$P\{X=k\}=0.01\times(1-0.01)^{k-1} \quad (k=1,2,\cdots).$$

例 2.1.12　射击问题　某射手备有足够的子弹,连续地进行独立射击,直到中靶为止.如果每次射击中靶的概率为 0.4,那么,射出的子弹数 $X \sim G(0.4)$,或

$$P\{X=k\}=0.4\times(1-0.4)^{k-1}(k=1,2,\cdots).$$

(5) 超几何分布

如果 X 的分布律为

$$P\{X=m\}=\frac{C_M^m C_{N-M}^{n-m}}{C_N^n}\quad (m=0,1,2,\cdots,n),$$

式中的 $m\leqslant M\leqslant N, n-m\leqslant N-M\leqslant N$,则称 X 服从参数为 n,M,N 的**超几何分布**,记作 $X\sim H(n,M,N)$.

很显然,这个分布律与 §1.2 的取物问题有关.

一般而言,若袋中装有 M 个红球 $N-M$ 个白球,从中任取 n 个球,则取出的红球数 $X=m$ 的概率即是上述 $P\{X=m\}$.

如果将取球的方法改为:从中任取 n 次,每次只取一个球,看过颜色后放回,那么 $X\sim B\left(n,\frac{M}{N}\right)$,

$$P\{X=m\}=C_n^m\left(\frac{M}{N}\right)^m\left(1-\frac{M}{N}\right)^{n-m},$$

式中的 $M\leqslant N, m\leqslant n$.

以下证明:当 N 比较大,n 比较小时,

$$\frac{C_M^m C_{N-M}^{n-m}}{C_N^n}\approx C_n^m\left(\frac{M}{N}\right)^m\left(1-\frac{M}{N}\right)^{n-m}.$$

证明 因为

$$\begin{aligned}\frac{C_M^m C_{N-M}^{n-m}}{C_N^n}&=\frac{M!}{m!\,(M-m)!}\cdot\frac{(N-M)!}{(n-m)!\,(N-M-n+m)!}\cdot\frac{n!\,(N-n)!}{N!}\\&=\frac{n!}{m!\,(n-m)!}\cdot\frac{M(M-1)\cdots(M-m+1)}{\underbrace{NN\cdots N}_{m\text{个}N}}\cdot\\&\quad\frac{(N-M)(N-M-1)\cdots(N-M-n+m+1)}{\underbrace{NN\cdots N}_{(n-m)\text{个}N}}\cdot\\&\quad\frac{\overbrace{NN\cdots N}^{n\text{个}N}}{N(N-1)\cdots(N-n+1)},\end{aligned}$$

所以,当 N 比较大,n 比较小时,

$$\frac{C_M^m C_{N-M}^{n-m}}{C_N^n}\approx C_n^m\left(\frac{M}{N}\right)^m\left(1-\frac{M}{N}\right)^{n-m}.$$

在试验统计中以此为根据:当总体容量 N 比较大,样本容量 n 比较小时,一次取 n 个个体所得到的样本与任取 n 次,每次只取一个个体、取后放回所得到的样本有相似的特征.

4. 一维随机变量的分布函数

若 X 是一维随机变量,x 是任意实数,则函数 $F(x)=P\{X\leqslant x\}$ 称为一维随机变量 X 的**分布函数**或**累积概率分布函数**. 若将 X 看作数轴上随机点的坐标,则分布函数 $F(x)$ 在点 x 处的函数值就是随机点 X 落在数轴上以 x 为右端顶点、位于该点左方的一个无穷区间 $(-\infty, x]$ 内的概率.

若已知 $F(x)$,则当 $b>a$ 时,

$$P\{a < X \leqslant b\} = P\{X \leqslant b\} - P\{X \leqslant a\} = F(b) - F(a).$$

这个结果说明：只要已知 $F(x)$，就可以计算出 X 在半开半闭区间 $(a,b]$ 上取值的概率. 但是，由 $F(b)$ 减去 $F(a)$ 后，剩下的是 $P\{a < X \leqslant b\}$，不是 $P\{a < X < b\}$，除非 $P\{X = b\} = 0$.

例 2.1.13　取物问题　袋中装有 3 个红球 2 个白球，任意取出 2 个球，若以 X 表示其中的红球数，试求 X 的分布函数.

解　在例 2.1.4 中已求出 X 的分布律为

$$P\{X = 2\} = 0.3, \qquad P\{X = 1\} = 0.6, \qquad P\{X = 0\} = 0.1.$$

为求 X 的分布函数，可先在数轴上描出点 0，1 与 2，画出点 x 所决定的无穷区间 $(-\infty, x]$，并在数轴上由左向右移动无穷区间的右端点 x，观察无穷区间是否包含点 0，1 与 2，再将对应的概率相加，即可得到 X 的分布函数

$$F(x) = \begin{cases} 0, & x < 0, \\ 0.1, & 0 \leqslant x < 1, \\ 0.7, & 1 \leqslant x < 2, \\ 1, & x \geqslant 2. \end{cases}$$

本例中的随机变量 X 是离散型的随机变量，其分布函数 $F(x)$ 的图像如图 2.1 所示，它是一条阶梯形的“曲线”，$x = 0, 1, 2$ 为其跳跃间断点. 下一节将要研究连续型随机变量 X，其分布函数 $F(x)$ 的图像如图 2.2 所示，是连续曲线. 如果上述 $F(x)$ 已知，且 D 为一个无穷或有限的区间时，便可以用 $F(x)$ 求 $P\{X \in D\}$. 例如，

当 $D = \left(-\infty, \dfrac{1}{2}\right]$ 时，

$$P\{X \in D\} = P\left\{X \leqslant \frac{1}{2}\right\} = F\left(\frac{1}{2}\right) = 0.1;$$

当 $D = \left(\dfrac{1}{2}, \dfrac{4}{3}\right]$ 时，

$$P\{X \in D\} = P\left\{\frac{1}{2} < X \leqslant \frac{4}{3}\right\} = F\left(\frac{4}{3}\right) - F\left(\frac{1}{2}\right) = 0.7 - 0.1 = 0.6.$$

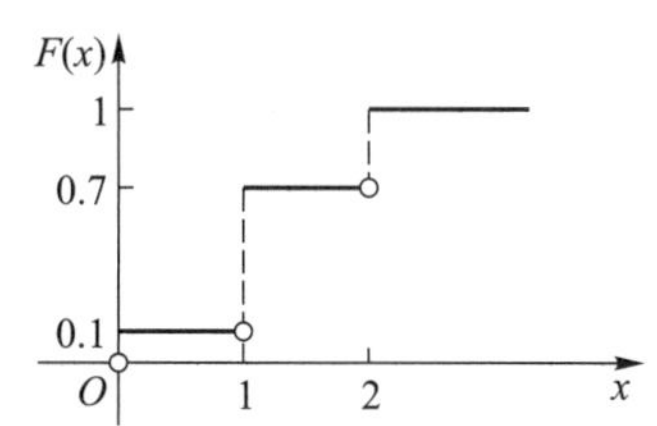

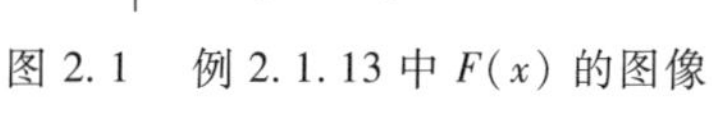

图 2.1　例 2.1.13 中 $F(x)$ 的图像

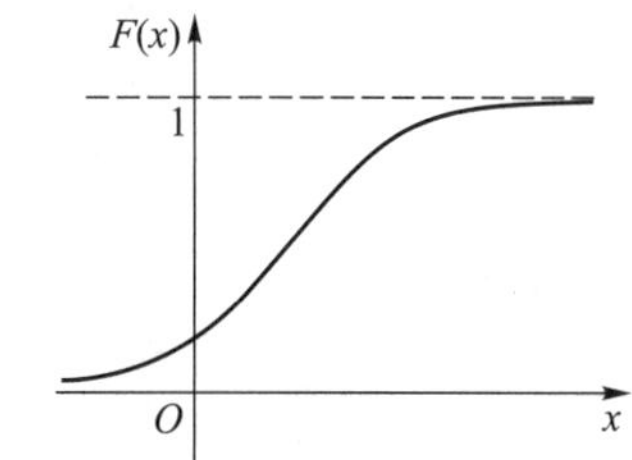

图 2.2　连续型随机变量 X 的分布函数

一维随机变量的分布函数有下列性质：

(1) $-\infty < x < +\infty$，$0 \leqslant F(x) \leqslant 1$，即 $F(x)$ 的定义域是 $(-\infty, +\infty)$，值域是 $[0,1]$；

(2) 当 $x_1 < x_2$ 时，$F(x_1) \leqslant F(x_2)$，即 $F(x)$ 是 x 的单调非减函数；

(3) $F(-\infty) = \lim\limits_{x \to -\infty} F(x) = 0$，$F(+\infty) = \lim\limits_{x \to +\infty} F(x) = 1$；

(4) $\lim\limits_{x\to x_0+0} F(x)=F(x_0)$,即 $F(x)$ 处处右连续.

根据性质(1)至(4)可以判断随机变量 X 的分布函数是否正确.

其中的性质(2)不难由 $F(x_2)-F(x_1)=P\{x_1<X\leqslant x_2\}\geqslant 0$ 推出.

对于性质(3)可以直观地说明如下:因为 $x\to-\infty$ 意味着点 x 沿 x 轴无限向左移动,随机变量 X 取某一数值所对应的点落在点 x 或点 x 的左边是不可能事件,此时的 $F(x)=P\{X\leqslant x\}\to 0$,即 $\lim\limits_{x\to-\infty}F(x)=F(-\infty)=0$;而 $x\to+\infty$ 意味着点 x 沿 x 轴无限向右移动,随机变量 X 取某一数值所对应的点落在点 x 或点 x 的左边是必然事件,此时的 $F(x)=P\{X\leqslant x\}\to 1$,即 $\lim\limits_{x\to+\infty}F(x)=F(+\infty)=1$.

另外,为区别不同随机变量的分布函数,有时将随机变量的记号写在 F 的右下角,例如 X 的分布函数为 $F_X(x)$,Y 的分布函数为 $F_Y(y)$,Z 的分布函数为 $F_Z(z)$ 等等.

【**探索题**】如何通过离散型随机变量的分布函数求其分布律?

*5. 补充案例

(1) 产品检验 要检验一批 100 件乐器,检验方案是从该批乐器中随机地取出 3 件分别进行测试,如果 3 件乐器中有一件测试不合格,便认为这一批乐器有质量问题. 假定一件不合格的乐器,在测试后被认定不合格的概率为 0.95,而一件合格的乐器,在测试后被认定不合格的概率为 0.01,那么当这一批乐器中确有 4 件不合格的乐器时,经检验而认为没有质量问题的概率是多少?

解 设 $A_i=\{$取出 3 件有 i 件不合格$\}(i=0,1,2,3)$,$A=\{$经检验而认为没有质量问题$\}$,则

$$P(A_0)=\frac{C_{96}^3}{C_{100}^3},\qquad P(A_1)=\frac{C_4^1C_{96}^2}{C_{100}^3},$$

$$P(A_2)=\frac{C_4^2C_{96}^1}{C_{100}^3},\qquad P(A_3)=\frac{C_4^3}{C_{100}^3},$$

$$P(A|A_0)=0.99^3,\qquad P(A|A_1)=0.99^2\times0.05,$$

$$P(A|A_2)=0.99\times0.05^2,\qquad P(A|A_3)=0.05^3,$$

因此

$$P(A)=\sum_{i=0}^{3}P(A_i)P(A\mid A_i)=0.862\,9.$$

(2) 产品检验 一批产品共 5 件,任取 2 件进行检验,结果都是合格品. 如果在验前每件产品合格或不合格都是等可能的,试计算这一批产品中合格品数的后验概率.

解 设 $A_i=\{5$ 件中有 i 件合格品$\}(i=0,1,2,3,4,5)$,$B=\{$取出的 2 件都是合格品$\}$,则

$$P(A_0)=\left(\frac{1}{2}\right)^5=\frac{1}{32},\qquad P(A_1)=C_5^1\left(\frac{1}{2}\right)^5=\frac{5}{32},$$

$$P(A_2)=C_5^2\left(\frac{1}{2}\right)^5=\frac{10}{32},\qquad P(A_3)=C_5^3\left(\frac{1}{2}\right)^5=\frac{10}{32},$$

$$P(A_4)=C_5^4\left(\frac{1}{2}\right)^5=\frac{5}{32},\qquad P(A_5)=\left(\frac{1}{2}\right)^5=\frac{1}{32},$$

$$P(B|A_0)=P(B|A_1)=0,\qquad P(B|A_2)=\frac{C_2^2}{C_5^2}=\frac{1}{10},$$

$$P(B|A_3)=\frac{C_3^2}{C_5^2}=\frac{3}{10},\qquad P(B|A_4)=\frac{C_4^2}{C_5^2}=\frac{6}{10},$$

$$P(B|A_5)=\frac{C_5^2}{C_5^2}=1,$$

$$P(B)=\sum_{i=0}^{5}P(A_i)P(B|A_i)=0.25,$$

后验概率

$$P(A_0|B)=P(A_1|B)=0,$$

$$P(A_2|B)=P(A_5|B)=\frac{1}{8},$$

$$P(A_3|B)=P(A_4|B)=\frac{3}{8}.$$

(3) 细菌检测　设实验器皿中产生甲、乙两类细菌的机会是相同的，产生 k 个细菌的概率为

$$p_k=\frac{\lambda^k e^{-\lambda}}{k!}\quad (k=0,1,2,\cdots),$$

试计算：① 产生了甲类细菌而没有乙类细菌的概率；② 在已知产生了细菌而没有甲类细菌的条件下，有 2 个乙类细菌的概率.

解　设 $A_k=\{$产生了 k 个细菌$\}(k=0,1,2,\cdots)$，$B=\{k$个细菌中只有甲类细菌$\}$，$C=\{k$个细菌中只有乙类细菌$\}$，$D=\{$有 2 个乙类细菌$\}$，则产生了甲类细菌而没有乙类细菌的概率

$$\begin{aligned}P(B)&=\sum_{k=1}^{\infty}P(A_k)P(B|A_k)\\&=\sum_{k=1}^{\infty}\frac{\lambda^k e^{-\lambda}}{k!}\left(\frac{1}{2}\right)^k=e^{-\lambda}\sum_{k=1}^{\infty}\frac{\left(\frac{\lambda}{2}\right)^k}{k!}\\&=e^{-\lambda}(e^{\frac{\lambda}{2}}-1).\end{aligned}$$

在已知产生了细菌而没有甲类细菌的条件下，有 2 个乙类细菌的概率

$$P(D|C)=\frac{P(CD)}{P(C)},$$

式中的

$$P(CD)=P(A_2)P(C|A_2)=\frac{\lambda^2 e^{-\lambda}}{2!}\left(\frac{1}{2}\right)^2,$$

$$P(C)=P(B)=e^{-\lambda}(e^{\frac{\lambda}{2}}-1),$$

因此

$$P(D|C)=\frac{P(CD)}{P(C)}=\frac{\lambda^2}{8(e^{\frac{\lambda}{2}}-1)}.$$

(4) 昆虫繁衍　设昆虫产 k 个卵的概率为

$$p_k=\frac{\lambda^k e^{-\lambda}}{k!}\quad (k=0,1,2,\cdots),$$

一个卵能孵化为幼虫的概率为 p. 若卵的孵化是相互独立的，试计算此昆虫有 r 条幼虫的概率.

解　设 $A_k=\{$昆虫产 k 个卵$\}(k=0,1,2,\cdots)$，$B=\{$此昆虫有 r 条幼虫$\}$，则

$$\begin{aligned}P(B)&=\sum_{k=r}^{\infty}P(A_k)P(B|A_k)\\&=\sum_{k=r}^{\infty}\frac{\lambda^k e^{-\lambda}}{k!}C_k^r p^r(1-p)^{k-r}\end{aligned}$$

$$
\begin{aligned}
&=\sum_{k=r}^{\infty}\frac{\lambda^k e^{-\lambda}}{k!}\frac{k!}{r!\ (k-r)!}p^r(1-p)^{k-r}\\
&=\frac{(\lambda p)^r}{r!}e^{-\lambda}\sum_{k=r}^{\infty}\frac{[\lambda(1-p)]^{k-r}}{(k-r)!}\\
&=\frac{(\lambda p)^r}{r!}e^{-\lambda}e^{\lambda(1-p)}=\frac{(\lambda p)^r}{r!}e^{-\lambda p}.
\end{aligned}
$$

习 题 2.1

1. 某运动员投篮命中的概率为 0.4,试求他一次投篮命中数 X 的分布律.

2. 某地流行一种疾病,已知所有表现出一组特定症状的患者中有 10% 患有此疾病,确诊此病之前需要进行费用昂贵的血液化验. 为节省费用起见,先将 n 个待确诊的患者血液混合在一起化验,如果这 n 个人都不患此疾病,则混合血液化验的结果为阴性. 倘若至少有一个人患此疾病,则化验结果为阳性. 只有当化验结果为阳性时,才不得不对这 n 个人的血液分别进行化验,以确定是哪一个或哪几个人患此疾病,试求化验次数 X 的分布律.

3. 上抛两枚硬币,定义 Y 为正面朝上的个数,试求 Y 的分布律.

4. 在 8 件正品 2 件次品中随机地抽出 3 件,所抽出的次品数为 X,试写出 X 的分布律.

5. 一批种蛋的孵化率为 0.9,任取 10 只进行孵化,试求孵出小鸡的数量 X 的分布律.

6. 某实验室有自动控制的仪器 10 台,相互独立地运行,发生故障的概率都是 0.03. 在一般情况下,一台仪器的故障需要一个技师处理,问应配备多少技师,便可以保证在设备发生故障时不能及时处理的概率小于 0.05.

7. 某射手的命中率为 0.04,相互独立地射击 100 次,试求命中次数 X 的分布律.

8. 某种生物出现畸形的概率为 0.001,如果在相同的环境中观察 5 000 例,试按 Poisson 分布计算至多有 2 例出现畸形的概率.

9. 某救援站在长度为 t(单位:h)的时间间隔内,收到救援信号的次数与时间间隔的起点无关,且服从 $P\left(\frac{t}{2}\right)$ 分布,试求某一天 12 时至 17 时至少收到一次救援信号的概率.

10. 已知 $X\sim P(\lambda)$ 且 $P\{X=2\}=P\{X=3\}$,试求 $P\{X=5\}$.

11. 袋中装有 1 个白球 4 个红球,每次从中任取一球,直到取出白球为止. 试写出取球次数 X 的分布律,分别假定取球方式为每次取出的红球不再放回,或者为每次取出的红球仍然放回.

12. 某射手有 5 发子弹,每射一发子弹的命中率都是 0.7,如果命中目标便停止射击,不中目标就一直射击到子弹用完为止,试求该射手射击所用的子弹数 X 的分布律.

13. 从一大批产品中任取一件产品进行检验,取出正品时记 $X=1$,取出次品时记 $X=0$,若正品率为 95%,求 X 的分布函数.

14. 设 $F_1(x)$ 和 $F_2(x)$ 分别是随机变量 X_1 与 X_2 的分布函数,如果 $F(x)=aF_1(x)-bF_2(x)$ 是某一随机变量的分布函数,则在下列给定的各组数值中应取(   ).

(A) $a=\frac{3}{5},b=-\frac{2}{5}$ (B) $a=\frac{2}{3},b=\frac{2}{3}$ (C) $a=-\frac{1}{2},b=\frac{3}{2}$ (D) $a=\frac{1}{2},b=\frac{3}{2}$

15. 袋中装有 5 个球,分别标有数值 1,2,2,3,3,任意取出 1 个球,球上的数值为 X,若 D 为区间$[1,2.5]$,试求 X 的分布函数并求 $P\{X\in D\}$.

习题 2.1 部分解答

§ 2.2　一维连续型随机变量的分布密度

1. 一维连续型随机变量的分布密度

这一节将要研究的随机变量可以在实数轴上的某一有限或无限的区间内连续地取任何实数值，所取的值充满这个有限或无限的区间. 这样的随机变量不可能像离散型随机变量那样有分布律，不可能用分布律来计算它在取值的范围内取某一个或某一些数值的概率. 如果可以写出它的分布函数 $F(x)=P\{X\leqslant x\}$，则对于实数 $\Delta x>0$，因为 $P\{x<X\leqslant x+\Delta x\}=F(x+\Delta x)-F(x)$，由

$$\lim_{\Delta x\to 0}\frac{P\{x<X\leqslant x+\Delta x\}}{\Delta x}=\lim_{\Delta x\to 0}\frac{F(x+\Delta x)-F(x)}{\Delta x}$$

分析，$F(x)$ 的导函数 $F'(x)=p(x)$ 有可能存在，对任意实数 $b>a$，有可能算出 $\int_a^b p(x)\,\mathrm{d}x$，并得到 $P\{a<X\leqslant b\}$.

因此，如果存在一个在实数轴上处处有定义、非负、可积分的函数 $p(x)$，对于实数轴上的任一区间 $(a,b]$，使 $P\{a<X\leqslant b\}=\int_a^b p(x)\,\mathrm{d}x$，则称 X 为**一维连续型随机变量**，称 $p(x)$ 为 X 的**分布密度函数**，简称为**分布密度**，见图 2.3 和图 2.4.

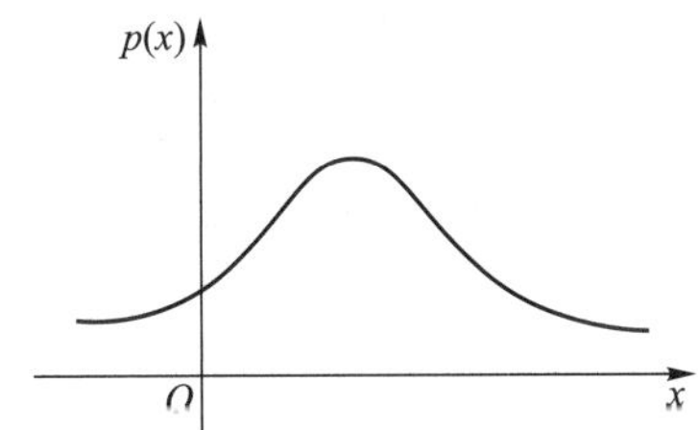

图 2.3　一维连续型随机变量的分布密度

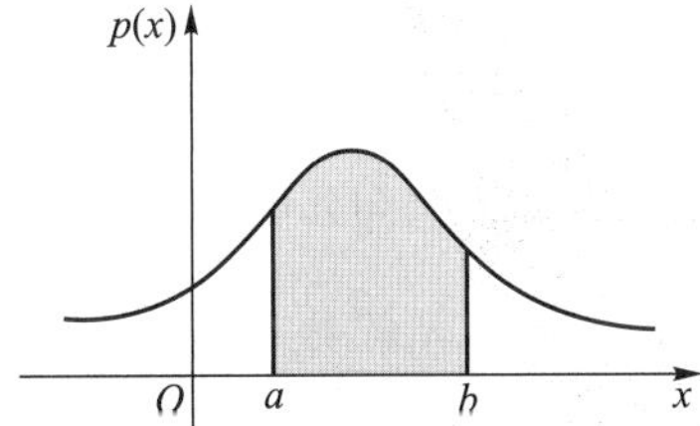

图 2.4　$P\{a<X\leqslant b\}$ 的示意图

一维连续型随机变量 X 的分布密度有下列性质：

(1) $p(x)\geqslant 0$；

(2) $\int_{-\infty}^{+\infty}p(x)\,\mathrm{d}x=1$.

根据以上性质可以判断随机变量 X 的分布密度是否正确.

如果已知 X 的分布密度 $p(x)$，则 X 的分布函数

$$F(x)=\int_{-\infty}^{x}p(t)\,\mathrm{d}t,$$

当 $p(x)$ 在点 x 处连续时，

$$F'(x)-p(x).$$

可以证明：一维连续型随机变量的分布函数是连续函数.

当 X 的分布函数为 $F(x)$ 时，对于任一实数 a，

$$0\leqslant P\{X=a\}\leqslant P\{a-\Delta a<X\leqslant a\}=F(a)-F(a-\Delta a),$$

$$\lim_{\Delta a\to 0}P\{a-\Delta a<X\leqslant a\}=F(a)-\lim_{\Delta a\to 0}F(a-\Delta a)=0,$$

$$P\{X=a\}=0.$$

因此对于一维连续型随机变量 X,下列等式成立:

$$P\{a<X\leqslant b\}=P\{a\leqslant X<b\}=P\{a\leqslant X\leqslant b\}=P\{a<X<b\}.$$

今后,求一维连续型随机变量在某个区间内的概率,将不考虑是否包括区间的端点. 但是,求一维离散型随机变量在某个区间内的概率,仍然必须考虑是否包括区间的端点.

2. 一维连续型随机变量常用的分布

连续型随机变量 X 的分布可以按照它的分布密度来命名. 一维连续型随机变量常用的分布如下:

(1) 均匀分布

如果 X 的分布密度(如图 2.5 所示)

$$p(x)=\begin{cases}\dfrac{1}{b-a}, & a<x<b,\\ 0, & \text{其他},\end{cases}$$

则称 X 在区间 (a,b) 上服从**均匀分布**,记作 $X\sim U(a,b)$.

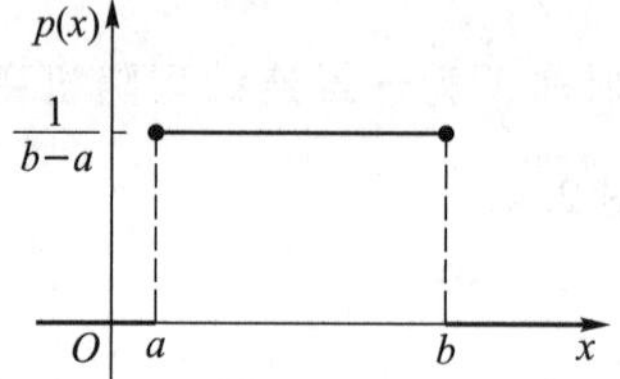

图 2.5　均匀分布的分布密度

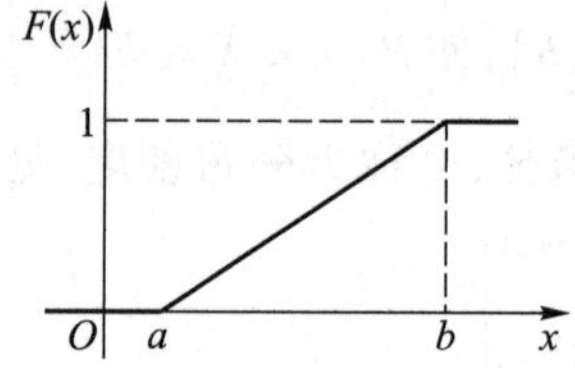

图 2.6　均匀分布的分布函数

当 $X\sim U(a,b)$ 时,X 的分布函数(如图 2.6 所示)

$$F(x)=\begin{cases}0, & x<a,\\ \dfrac{x-a}{b-a}, & a\leqslant x<b,\\ 1, & x\geqslant b.\end{cases}$$

例 2.2.1　熟悉公式　若 $X\sim U(0,10)$,试求:① $P\{X<3\}$;② $P\{X>6\}$;③ $P\{3<X<8\}$.

解　X 的分布密度

$$p(x)=\begin{cases}\dfrac{1}{10}, & 0<x<10,\\ 0, & \text{其他}.\end{cases}$$

① $P\{X<3\}=\int_{-\infty}^{3}p(x)\,\mathrm{d}x=\int_{0}^{3}\frac{1}{10}\mathrm{d}x=0.3.$

② $P\{X>6\}=\int_{6}^{+\infty}p(x)\,\mathrm{d}x=\int_{6}^{10}\frac{1}{10}\mathrm{d}x=0.4.$

③ $P\{3<X<8\}=\int_{3}^{8}\frac{1}{10}\mathrm{d}x=0.5.$

例 2.2.2 乘客等车 某公共汽车站从上午 7:00 起,每 15 min 来一班车,即 7:00,7:15,7:30,7:45 等时刻有汽车到达此站. 如果乘客在 7:00—7:30 等可能地到达此站,试求① 他候车的时间不到 5 min 的概率;② 候车的时间超过 5 min 的概率.

解 设乘客于 7:00 过 X min 到达车站,则 $X\sim U(0,30)$,X 的分布密度

$$p(x)=\begin{cases}\dfrac{1}{30}, & 0<x<30,\\ 0, & \text{其他}.\end{cases}$$

① 如果候车的时间不到 5 min,那么他必须在 7:10—7:15 或在 7:25—7:30 到达车站. 因此,所求的概率为 $P\{10<X<15\}+P\{25<X<30\}=\dfrac{1}{3}$;

② 如果候车的时间超过 5 min,那么当且仅当他在 7:00—7:10 或在 7:15—7:25 到达车站. 因此,所求的概率为

$$P\{0<X<10\}+P\{15<X<25\}=\frac{2}{3}.$$

(2) 指数分布

如果 X 的分布密度(如图 2.7 所示)

$$p(x)=\begin{cases}\lambda \mathrm{e}^{-\lambda x}, & x\geqslant 0,\\ 0, & x<0,\end{cases}$$

式中的 $\lambda>0$ 为常数,则称 X 服从参数为 λ 的**指数分布**,记作 $X\sim E(\lambda)$.

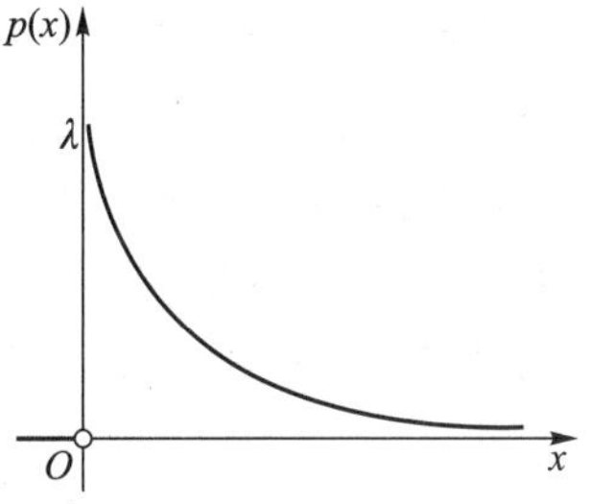

图 2.7 指数分布的分布密度

当 $X\sim E(\lambda)$ 时,X 的分布函数

$$F(x)=\begin{cases}1-\mathrm{e}^{-\lambda x}, & x\geqslant 0,\\ 0, & x<0.\end{cases}$$

指数分布可作为服务系统中服务时间或电子仪器及其元件使用寿命的近似分布,具有"无记忆性"又称"永远年轻性". 那么什么是指数分布的"无记忆性"或者"永远年轻性"呢? 我们下面通过例 2.3 和例 2.4 来进行探讨.

例 2.2.3 服务时间 假设通一次电话所用的时间(单位:min)$X\sim E(0.1)$,如果某人恰好在你前面走进公用电话间,试求① 等待的时间超过 10 min 的概率;② 等待的时间在 10 min 至 20 min 的概率.

解 本题实际上是求那个人通一次电话所用的时间超过 10 min 以及在 10 min 至 20 min 的概率. 根据 $X\sim E(0.1)$,得到

$$p(x)=\begin{cases}0.1\mathrm{e}^{-0.1x}, & x\geqslant 0,\\ 0, & x<0.\end{cases}$$

因此,① $P\{X>10\}=\int_{10}^{+\infty}0.1\mathrm{e}^{-0.1x}\mathrm{d}x\approx 0.368$;

② $P\{10<X<20\}=\int_{10}^{20}0.1\mathrm{e}^{-0.1x}\mathrm{d}x\approx 0.233$.

例 2.2.4 使用寿命 某计算机在报废前使用的总时间(单位:h)X 是连续型随机变量,它的分布密度

$$p(x)=\begin{cases}k\mathrm{e}^{-0.001x}, & x\geqslant 0,\\ 0, & x<0.\end{cases}$$

试求① 这台计算机在报废前能够使用 500 h 以上的概率；② 已经使用 500 h 后还能使用 300 h 以上的概率.

解 本题应该先求未知的参数 k.

根据分布密度的性质，$\int_{-\infty}^{+\infty}p(x)\,\mathrm{d}x=1$，因此

$$\int_{0}^{+\infty}k\mathrm{e}^{-0.001x}\mathrm{d}x=1,\qquad 1\,000k=1,\qquad k=0.001.$$

① $P\{X>500\}=\int_{500}^{+\infty}0.001\mathrm{e}^{-0.001x}\mathrm{d}x=\mathrm{e}^{-0.5}$.

② $P\{X>800\}=\int_{800}^{+\infty}0.001\mathrm{e}^{-0.001x}\mathrm{d}x=\mathrm{e}^{-0.8}$,

$$P\{X>800\mid X>500\}=\frac{P\{X>800\}}{P\{X>500\}}=\mathrm{e}^{-0.3}.$$

【探索题】在例 2.2.3 的题设下“求已经等了 t min 以后还再等 10 min 以上的概率”？并思考你从中发现了指数分布的什么性质？

【探索题】例 2.2.4 中第二问改成“求已经使用 t h 以后还能再使用 300 h 以上的概率”？

(3) 标准正态分布

如果 X 的分布密度（如图 2.8 所示）为

$$p(x)=\frac{1}{\sqrt{2\pi}}\mathrm{e}^{-\frac{x^2}{2}},\qquad -\infty<x<+\infty,$$

则称 X 服从**标准正态分布**，记作 $X\sim N(0,1)$.

当 $X\sim N(0,1)$ 时，X 的分布函数（如图 2.9 所示）记作 $\Phi(x)$，且

$$\Phi(x)=\frac{1}{\sqrt{2\pi}}\int_{-\infty}^{x}\mathrm{e}^{-\frac{x^2}{2}}\mathrm{d}x.$$

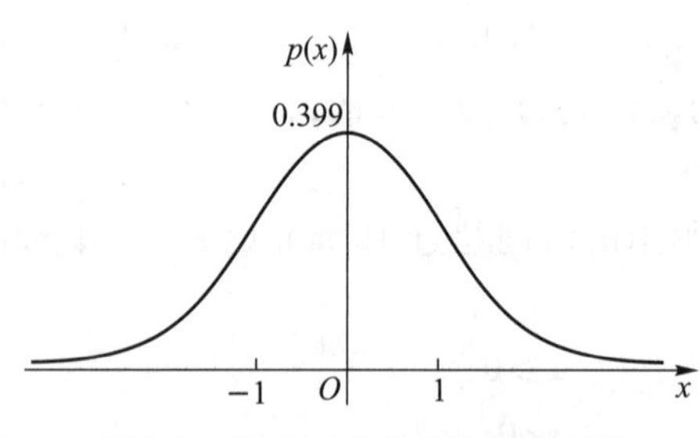

图 2.8 标准正态分布的分布密度

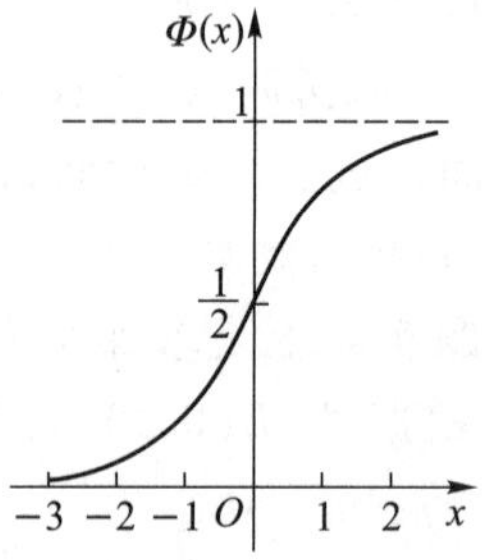

图 2.9 标准正态分布的分布函数

当 $X\sim N(0,1)$ 时，它的分布密度 $p(x)$ 有下列特征：

① $p(x)$ 是偶函数，曲线 $y=p(x)$ 关于 y 轴对称；

② $\lim\limits_{x\to\infty}p(x)=0$，曲线 $y=p(x)$ 以 x 轴为渐近线；

③ 在 $(-\infty,0)$ 上 $p(x)$ 单调增加，在 $(0,+\infty)$ 上 $p(x)$ 单调减少，$p(0)=\frac{1}{\sqrt{2\pi}}\approx 0.399$ 为最

大值；

④ 在$(-\infty,-1)$及$(1,+\infty)$上曲线 $y=p(x)$是凹的，在$(-1,1)$上曲线 $y=p(x)$是凸的，$x=\pm1$ 是曲线 $y=p(x)$的两个拐点的横坐标.

因此，标准正态分布的分布密度曲线是一条像古钟剖面轮廓的钟形曲线.

为应用方便起见，在统计用表中有 $\Phi(x)$的数值表（见附录二）. 但是，比较简略的表中只有 $x=0$ 至 $x=2.99$ 所对应的 $\Phi(x)$值. 当 $x>2.99$ 时，$\Phi(x)\approx1$；当 $x<0$ 时，$\Phi(x)=1-\Phi(-x)$. 下面给出这个等式的证明.

证明　因为 $p(x)$是偶函数，所以当 $x<0$ 时，

$$\begin{aligned}\Phi(x)&=\int_{-\infty}^{x}p(x)\,\mathrm{d}x=\int_{-x}^{+\infty}p(x)\,\mathrm{d}x\\&=\int_{-\infty}^{+\infty}p(x)\,\mathrm{d}x-\int_{-\infty}^{-x}p(x)\,\mathrm{d}x=1-\Phi(-x).\end{aligned}$$

例 2.2.5　熟悉公式　当 $X\sim N(0,1)$时，

① $P\{X<2.35\}=\Phi(2.35)=0.9906$；

② $P\{X<-1.24\}=\Phi(-1.24)=1-\Phi(1.24)$
$=1-0.8925=0.1075$；

③ $P\{-1.24<X<2.35\}=\Phi(2.35)-\Phi(-1.24)$
$=0.9906-(1-0.8925)=0.8831$；

④ $P\{|X|<1.54\}=P\{-1.54<X<1.54\}$
$=\Phi(1.54)-\Phi(-1.54)=2\Phi(1.54)-1$
$=2\times0.9382-1=0.8764$；

⑤ $P\{|X|>1.54\}=1-P\{|X|<1.54\}=1-[2\Phi(1.54)-1]$
$=2\times(1-0.9382)=0.1236$.

例 2.2.6　熟悉公式　当 $X\sim N(0,1)$时，

① $P\{|X|<1\}=2\Phi(1)-1=0.6826$；

② $P\{|X|<2\}=2\Phi(2)-1=0.9544$；

③ $P\{|X|<3\}=2\Phi(3)-1=0.9974(\Phi(3)=0.9987)$；

④ $P\{|X|<1.65\}=2\Phi(1.65)-1\approx0.90$；

⑤ $P\{|X|<1.96\}=2\Phi(1.96)-1=0.95$；

⑥ $P\{|X|<2.58\}=2\Phi(2.58)-1=0.99$（见图 2.10）.

（4）正态分布

如果 X 的分布密度（如图 2.11 所示）为

$$p(x)=\frac{1}{\sqrt{2\pi}\,\sigma}\mathrm{e}^{-\frac{(x-\mu)^2}{2\sigma^2}},\qquad -\infty<x<+\infty,$$

式中的 μ,σ 为常数且 $\sigma>0$，则称 X 服从参数为 μ,σ^2 的**正态分布**，记作 $X\sim N(\mu,\sigma^2)$.

当 $X\sim N(\mu,\sigma^2)$时，X 的分布函数

$$F(x)=\frac{1}{\sqrt{2\pi}\,\sigma}\int_{-\infty}^{x}\mathrm{e}^{-\frac{(x-\mu)^2}{2\sigma^2}}\mathrm{d}x.$$

当 $X\sim N(\mu,\sigma^2)$时，它的分布密度 $p(x)$有下列特征：

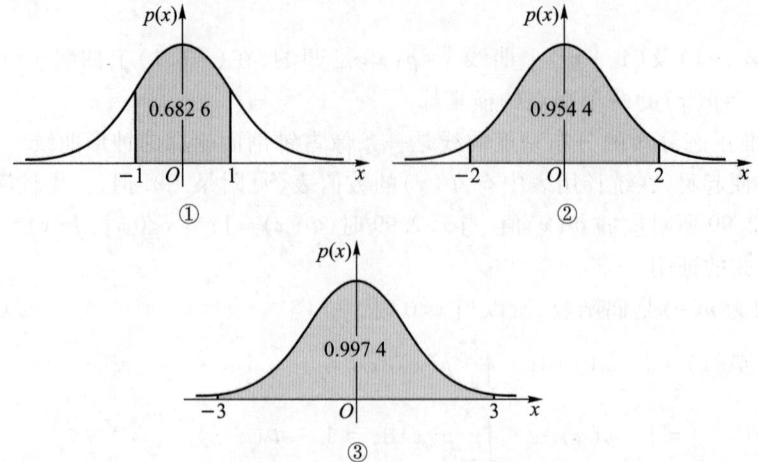

图 2.10　例 2.2.6 中①②③的示意图

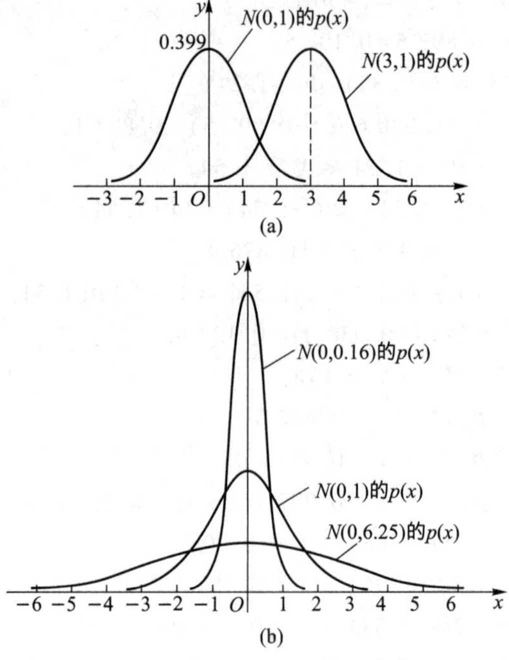

图 2.11　正态分布的分布密度

① 曲线 $y=p(x)$ 关于直线 $x=\mu$ 对称；

② $\lim\limits_{x\to\infty}p(x)=0$，曲线 $y=p(x)$ 以 x 轴为渐近线；

③ 在 $(-\infty,\mu)$ 上 $p(x)$ 单调增加，在 $(\mu,+\infty)$ 上 $p(x)$ 单调减少，$p(\mu)=\dfrac{1}{\sqrt{2\pi}\,\sigma}$ 为最大值；

④ 在 $(-\infty,\mu-\sigma)$ 及 $(\mu+\sigma,+\infty)$ 上曲线 $y=p(x)$ 是凹的，在 $(\mu-\sigma,\mu+\sigma)$ 上曲线 $y=p(x)$ 是凸的，$x=\mu\pm\sigma$ 是曲线 $y=p(x)$ 的两个拐点的横坐标.

因此，正态分布的分布密度曲线是一条钟形曲线.

当 $X\sim N(\mu,\sigma^2)$ 时，

$$P\{x_1<X<x_2\}=\Phi\left(\frac{x_2-\mu}{\sigma}\right)-\Phi\left(\frac{x_1-\mu}{\sigma}\right),$$

即

$$F(x_2)-F(x_1)=\Phi\left(\frac{x_2-\mu}{\sigma}\right)-\Phi\left(\frac{x_1-\mu}{\sigma}\right).$$

证明 $P\{x_1<X<x_2\}=\dfrac{1}{\sqrt{2\pi}\,\sigma}\displaystyle\int_{x_1}^{x_2}\mathrm{e}^{-\frac{(x-\mu)^2}{2\sigma^2}}\mathrm{d}x$，令 $y=\dfrac{x-\mu}{\sigma}$ 后，根据换元积分法得到

$$P\{x_1<X<x_2\}=\frac{1}{\sqrt{2\pi}}\int_{\frac{x_1-\mu}{\sigma}}^{\frac{x_2-\mu}{\sigma}}\mathrm{e}^{-\frac{y^2}{2}}\mathrm{d}y=\Phi\left(\frac{x_2-\mu}{\sigma}\right)-\Phi\left(\frac{x_1-\mu}{\sigma}\right).$$

若用 $F(x)$ 表示 X 的分布函数，并以 $-\infty$ 代替 x_1，以 x 代替 x_2，即可得到当 $X\sim N(\mu,\sigma^2)$ 时，$F(x)=\Phi\left(\dfrac{x-\mu}{\sigma}\right)$.

值得注意的是：$F(-x)=\Phi\left(\dfrac{-x-\mu}{\sigma}\right)$，$F(x)\neq 1-F(-x)$.

例 2.2.7 熟悉公式 当 $X\sim N(1.5,4)$ 时，

① $P\{X<3.5\}=F(3.5)=\Phi\left(\dfrac{3.5-1.5}{2}\right)=\Phi(1)=0.841\,3$；

② $P\{X<-4\}=F(-4)=\Phi\left(\dfrac{-4-1.5}{2}\right)=\Phi(-2.75)=0.003\,0$；

③ $P\{-4<X<3.5\}=F(3.5)-F(-4)=\Phi(1)-\Phi(-2.75)=0.838\,3$；

④ $P\{|X|<3\}=P\{-3<X<3\}=F(3)-F(-3)$
$=\Phi(0.75)-\Phi(-2.25)=0.761\,2$；

⑤ $P\{|X|>3\}=1-P\{|X|<3\}=1-[F(3)-F(-3)]$
$=1-[\Phi(0.75)-\Phi(-2.25)]=0.238\,8$.

例 2.2.8 熟悉公式 当 $X\sim N(\mu,\sigma^2)$ 时，

① $P\{|X-\mu|<\sigma\}=P\{\mu-\sigma<X<\mu+\sigma\}=F(\mu+\sigma)-F(\mu-\sigma)$
$=\Phi(1)-\Phi(-1)=0.682\,6$；

② $P\{|X-\mu|<2\sigma\}=P\{\mu-2\sigma<X<\mu+2\sigma\}$
$=F(\mu+2\sigma)-F(\mu-2\sigma)$
$=\Phi(2)-\Phi(-2)=0.954\,4$；

③ $P\{|X-\mu|<3\sigma\}=P\{\mu-3\sigma<X<\mu+3\sigma\}$
$=F(\mu+3\sigma)-F(\mu-3\sigma)$
$=\Phi(3)-\Phi(-3)=0.997\,4$.

根据上述结果：当 $X\sim N(\mu,\sigma^2)$ 时，$\{\mu-3\sigma<X<\mu+3\sigma\}$ 几乎是必然要出现的事件. 如果 X 随机地取一个值，却不在上述范围之内，那么就有理由怀疑 $X\sim N(\mu,\sigma^2)$. 在检验产品的质量或者判定异常的观测数据时，这是一个应用十分广泛的原则，取名为 3σ 原则.

类似地，经过计算得到：

④ $P\{|X-\mu|<1.65\sigma\}\approx 0.90$;

⑤ $P\{|X-\mu|<1.96\sigma\}=0.95$;

⑥ $P\{|X-\mu|<2.58\sigma\}=0.99$.

回到分布密度的图像,对 μ 和 σ^2 的作用可概括如下:

μ 的作用	σ^2 的作用
曲线 $y=p(x)$ 关于直线 $x=\mu$ 对称	2σ 是两拐点之间的距离
在 $x=\mu$ 处 $p(\mu)=\dfrac{1}{\sqrt{2\pi}\sigma}$ 为最大值; 在 $x=\mu$ 的附近取值的概率最大	当 σ 较小时,曲线陡峭,X 取值集中; 当 σ 较大时,曲线平坦,X 取值分散

因此,μ 为位置参数、σ^2 为形状参数,如图 2.11(a)所示两幅正态分布密度图位置参数不同,形状参数相同,如图 2.11(b)所示三幅正态分布密度图位置参数相同,形状参数不相同. 在§4.3 的学习中我们会发现 μ 为正态分布的均值(是分布的中心位置),σ^2 为正态分布的方差(是分布的散度度量).

【探索题】6σ 准则为什么被称为质量管理理论中的黄金准则?

*3. 补充资料

(1) 熟悉公式 设连续型随机变量 X 的分布函数

$$F(x)=\begin{cases}A+Be^{-\frac{x^2}{2}}, & x>0,\\ 0, & 其他.\end{cases}$$

试求:① 常数 A 和 B;② X 的分布密度;③ $P\{-\sqrt{2}<X<\sqrt{2}\}$.

解 ① 根据分布函数的性质,$F(+\infty)=A=1$,$F(0+)=A+B=0$,因此 $A=1$,$B=-1$;

② X 的分布密度 $p(x)=\begin{cases}xe^{-\frac{x^2}{2}}, & x>0,\\ 0, & 其他;\end{cases}$

③ $P\{-\sqrt{2}<X<\sqrt{2}\}=P\{0<X<\sqrt{2}\}=F(\sqrt{2})-F(0)=1-e^{-1}$.

(2) 熟悉公式 ① 设随机变量 $X\sim N(\mu,\sigma^2)$,则当 σ 增大时,概率 $P\{|X-\mu|\leqslant\sigma\}$ 的值[ ].

(A) 增大 (B) 减小 (C) 可能增大也可能减小 (D) 不改变

② 设 $X\sim N(\mu,36)$,$Y\sim N(\mu,64)$,记 $P_1=P\{X\leqslant\mu-6\}$,$P_2=P\{Y\geqslant\mu+8\}$,则对任何实数 μ 都有[ ].

(A) $P_1=P_2$ (B) $P_1>P_2$ (C) $P_1<P_2$ (D) $P_1\neq P_2$

解 ① $P\{|X-\mu|\leqslant\sigma\}=P\{\mu-\sigma<X<\mu+\sigma\}$

$$=F(\mu+\sigma)-F(\mu-\sigma)$$
$$=\Phi(1)-\Phi(-1)=2\Phi(1)-1=0.6826,$$

该值与 σ 的增大无关,应该选 D.

② 因为 $X\sim N(\mu,36)$,$P_1=P\{X\leqslant\mu-6\}=F(\mu-6)=\Phi(-1)$,

$Y\sim N(\mu,64)$,$P_2=P\{Y\geqslant\mu+8\}=1-F(\mu+8)=1-\Phi(1)=\Phi(-1)$,

所以应该选 A.

习 题 2.2

1. 设随机变量 $K\sim U(0,10)$,求方程 $x^2+Kx+1=0$ 有实根的概率.

2. 设随机变量 $X \sim U(a,b)$，其分布密度为 $p(x)$，试验证 $\int_{-\infty}^{+\infty} p(x)\mathrm{d}x = 1$.

3. 设随机变量 $X \sim U(0,1)$，试确定满足条件 $0<a<1$ 的数 a，使得随机抽取且可以重复的 4 个数值中至少有一个超过 a 的概率为 0.9.

4. 设连续型随机变量 X 的分布密度

$$p(x)=\begin{cases} kx, & 0<x<1, \\ 0, & \text{其他}. \end{cases}$$

试求：① $p(x)$ 中的系数 k；② $P\{0.3<X<0.7\}$；③ X 的分布函数.

5. 设某种电子管可正常使用的时间 X(单位：h)的分布密度

$$p(x)=\begin{cases} \dfrac{b}{x^2}, & x>100, \\ 0, & \text{其他}. \end{cases}$$

试求：① $p(x)$ 中的系数 b；② $P\{X<150\}$；③ X 的分布函数.

6. 设随机变量 $X \sim E(k)$，其分布密度为 $p(x)$，试验证 $\int_{-\infty}^{+\infty} p(x)\mathrm{d}x = 1$.

7. 某顾客不愿意在银行窗口等待服务的时间过长，等待 10 min 没有得到服务他就会离开. 如果他一个月去银行办理业务 3 次，3 次中因等待时间超过 10 min 而放弃等待的次数为 Y. 若顾客等待服务的时间为 X(单位：min)且 $X \sim E(0.2)$，试写出 Y 的分布律.

8. 设随机变量 $X \sim N(0,1)$，其分布密度为 $p(x)$，试验证 $\int_{-\infty}^{+\infty} p(x)\mathrm{d}x = 1$.

9. 若 $X \sim N(0,1)$，试查 $\Phi(x)$ 的数值表计算：

① $P\{X<2.2\}$；② $P\{X>1.76\}$；③ $P\{X<-0.78\}$；④ $P\{|X|<1.55\}$；⑤ $P\{|X|>2.5\}$.

10. 若 $X \sim N(-1,16)$，试查 $\Phi(x)$ 的数值表计算：

① $P\{X<2.44\}$；② $P\{X>-1.5\}$；③ $P\{X<-2.8\}$；④ $P\{|X|<4\}$；⑤ $P\{|X-1|>1\}$.

11. 测量某一塔形建筑的高度，其测量误差为 X(单位：cm). 若 $X \sim N(2,16)$，试求：

① 测量误差的绝对值不超过 3 的概率；

② 相互独立地测量三次，其中至少有一次的测量误差的绝对值不超过 3 的概率.

12. 某电子元件的寿命为 X(单位：h) 且 $X \sim N(160,\sigma^2)$，若 $P\{120 < X < 200\} \geqslant 0.8$，试求 σ^2 的取值范围.

习题 2.2 部分解答

拓展阅读 3

§2.3　二维随机变量的分布

1. 二维离散型随机变量的分布律

可以取有限多组或无限可数多组数值的二维随机变量称为**二维离散型随机变量**.

若二维离散型随机变量 (X,Y) 所取的数值用 (x_i,y_j) 表示 $(i=1,2,\cdots;\quad j=1,2,\cdots)$，则等式 $P\{X=x_i,Y=y_j\}=p_{ij}$ 或条形表

(X,Y)	(x_1,y_1)	$\cdots$	(x_1,y_j)	$\cdots$	(x_i,y_1)	$\cdots$	(x_i,y_j)	$\cdots$
P	p_{11}	$\cdots$	p_{1j}	$\cdots$	p_{i1}	$\cdots$	p_{ij}	$\cdots$

或矩形表

X	Y				
	y_1	y_2	$\cdots$	y_j	$\cdots$
x_1	p_{11}	p_{12}	$\cdots$	p_{1j}	$\cdots$
x_2	p_{21}	p_{22}	$\cdots$	p_{2j}	$\cdots$
$\vdots$	$\vdots$	$\vdots$		$\vdots$	
x_i	p_{i1}	p_{i2}	$\cdots$	p_{ij}	$\cdots$
$\vdots$	$\vdots$	$\vdots$		$\vdots$	

称为(X,Y)的**联合分布律或分布律**.

二维离散型随机变量(X,Y)的分布律有下列性质:

(1) 对所有的i与j都有$0 \leqslant p_{ij} \leqslant 1$;

(2) $\sum\limits_{i=1}^{\infty}\sum\limits_{j=1}^{\infty} p_{ij} = 1$.

根据以上性质可以判断(X,Y)的分布律是否正确.

对于n维离散型随机变量的分布律,可类似地进行研究.

例 2.3.1 取物问题 与例 2.1.4 的条件相同,袋中装有 3 个红球 2 个白球,任意取出 2 个球,若以X表示其中的红球数,以Y表示其中的白球数,试求(X,Y)的分布律.

解 本随机试验有 3 个试验结果,即{取出两个红球}、{取出一红一白两个球}、{取出两个白球}. 取出两个红球时$X=2,Y=0$;取出一红一白两个球时$X=1,Y=1$;取出两个白球时$X=0,Y=2$. 根据例 2.1.4 中的计算,(X,Y)的分布律是

$$P\{X=2,Y=0\}=0.3,$$
$$P\{X=1,Y=1\}=0.6,$$
$$P\{X=0,Y=2\}=0.1,$$

或

$$P\{X=i,Y=j\}=\frac{C_3^i C_2^j}{C_5^2} \quad (i,j=0,1,2 \text{ 且 } i+j=2),$$

用条形表表示:

(X,Y)	$(2,0)$	$(1,1)$	$(0,2)$
P	0.3	0.6	0.1

用矩形表表示:

X	Y		
	0	1	2
0	0	0	0.1
1	0	0.6	0
2	0.3	0	0

这里,(1) 对所有的 i 与 j 都有 $0 \leqslant p_{ij} \leqslant 1$;(2) $\sum_i \sum_j p_{ij} = 1$.

如果将例中取球的方式改为取后放回,那么,随机试验依旧有 3 个试验结果,即{取出两个红球}、{取出一红一白两个球}、{取出两个白球}. 取出两个红球时 $X = 2, Y = 0$;取出一红一白两个球时 $X = 1, Y = 1$;取出两个白球时 $X = 0, Y = 2$.

根据例 2.1.4 中的计算,(X,Y) 的分布律是

$$P\{X = 2, Y = 0\} = 0.36,$$
$$P\{X = 1, Y = 1\} = 0.48,$$
$$P\{X = 0, Y = 2\} = 0.16,$$

或

$$P\{X = i, Y = j\} = \mathrm{C}_2^i\left(\frac{3}{5}\right)^i\left(\frac{2}{5}\right)^j \quad (i,j = 0,1,2 \text{ 且 } i + j = 2),$$

用条形表表示:

(X,Y)	$(2,0)$	$(1,1)$	$(0,2)$
P	0.36	0.48	0.16

用矩形表表示:

X	Y		
	0	1	2
0	0	0	0.16
1	0	0.48	0
2	0.36	0	0

这里,(1) 对所有的 i 与 j 都有 $0 \leqslant p_{ij} \leqslant 1$;(2) $\sum_i \sum_j p_{ij} = 1$.

例 2.3.2　取物问题　袋中装有 2 个红球、3 个白球、2 个黑球,任意取出 3 个球,若以 X 表示其中的红球数,以 Y 表示其中的白球数,试求(X,Y) 的分布律.

解　根据题意,(X,Y) 所可能取的数值只有(0,3),(0,2),(0,1),(1,2),(1,1),(1,0),(2,1) 和(2,0). 此问题属于等可能地取球、取后不放回的情形,$P\{X = i, Y = j\} = \dfrac{\mathrm{C}_2^i \mathrm{C}_3^j \mathrm{C}_2^{3-i-j}}{\mathrm{C}_7^3}$　$(i - 0,1,2, j = 0,1,2,3 \text{ 且 } 1 \leqslant i + j \leqslant 3)$,

用条形表表示:

(X,Y)	$(0,3)$	$(0,2)$	$(0,1)$	$(1,2)$	$(1,1)$	$(1,0)$	$(2,1)$	$(2,0)$
P	$\frac{1}{35}$	$\frac{6}{35}$	$\frac{3}{35}$	$\frac{6}{35}$	$\frac{12}{35}$	$\frac{2}{35}$	$\frac{3}{35}$	$\frac{2}{35}$

如果将例中的取球方式改为从袋中任取3次,每次取一个球,取后放回,那么,(X,Y) 所可能取的数值有$(0,0)$,$(0,1)$,$(0,2)$,$(0,3)$,$(1,0)$,$(1,1)$,$(1,2)$,$(2,0)$,$(2,1)$ 和$(3,0)$. 此问题属于等可能地取球、取后放回的情形,

$$P\{X=i,Y=j\}=\mathrm{C}_3^i\mathrm{C}_{3-i}^j\left(\frac{2}{7}\right)^i\left(\frac{3}{7}\right)^j\left(\frac{2}{7}\right)^{3-i-j}\quad(i,\ j=0,1,2,3\text{ 且 }i+j\leqslant 3),$$

用条形表表示:

(X,Y)	$(0,0)$	$(0,1)$	$(0,2)$	$(0,3)$	$(1,0)$	$(1,1)$	$(1,2)$	$(2,0)$	$(2,1)$	$(3,0)$
P	$\frac{8}{343}$	$\frac{36}{343}$	$\frac{54}{343}$	$\frac{27}{343}$	$\frac{24}{343}$	$\frac{72}{343}$	$\frac{54}{343}$	$\frac{24}{343}$	$\frac{36}{343}$	$\frac{8}{343}$

2. 二维离散型随机变量常用的分布

(1) 超几何分布

如果(X,Y) 的分布律为

$$P\{X=i,Y=j\}=\frac{\mathrm{C}_{M_1}^i\mathrm{C}_{M_2}^j\mathrm{C}_{N-M_1-M_2}^{n-i-j}}{\mathrm{C}_N^n}\quad(i=0,1,\cdots,M_1;j=0,1,\cdots,M_2),$$

式中的 $M_1+M_2\leqslant N,i+j\leqslant n\leqslant N$,则称$(X,Y)$ 服从参数为 n,M_1,M_2,N 的超几何分布,记作$(X,Y)\sim H(n,M_1,M_2,N)$.

一般而言,若袋中装有 M_1 个红球、M_2 个白球、$N-M_1-M_2$ 个黑球,从中任取 n 个球,则取出的红球数 $X=i$、白球数 $Y=j$ 的概率就是上述的 $P\{X=i,Y=j\}$.

(2) 三项分布

如果(X,Y) 的分布律为

$$P\{X=i,Y=j\}=\mathrm{C}_n^i\mathrm{C}_{n-i}^j\,p_1^ip_2^j(1-p_1-p_2)^{n-i-j}\quad(i,j=0,1,\cdots,n),$$

式中的 $i+j\leqslant n,0\leqslant p_1,p_2\leqslant 1,p_1+p_2\leqslant 1$,则称$(X,Y)$ 服从参数为 n,p_1,p_2 的三项分布,记作$(X,Y)\sim B(n,p_1,p_2)$.

若重复独立试验的次数为 n,在每一次试验中事件 A_1 出现的概率为 p_1,事件 A_2 出现的概率为 p_2,A_1 与 A_2 不相容,A_1 与 A_2 都不出现的概率为 $1-p_1-p_2$,则 A_1 出现的次数 $X=i$、A_2 出现的次数 $Y=j$ 的概率就是上述的 $P\{X=i,Y=j\}$.

回到例2.3.2的袋中取物问题.若袋中装有 M_1 个红球、M_2 个白球、$N-M_1-M_2$ 个黑球,从中任取 n 次,每次只取一个球,看过颜色后放回,X 是取出的红球数,Y 是取出的白球数,则

$$(X,Y)\sim B\left(n,\frac{M_1}{N},\frac{M_2}{N}\right),$$

$$P\{X=i,Y=j\}=\mathrm{C}_n^i\mathrm{C}_{n-i}^j\left(\frac{M_1}{N}\right)^i\left(\frac{M_2}{N}\right)^j\left(1-\frac{M_1}{N}-\frac{M_2}{N}\right)^{n-i-j}$$

$$(i=0,1,\cdots,M_1;j=0,1,\cdots,M_2),$$

式中的 $M_1+M_2\leqslant N, i+j\leqslant n$.

3. 二维随机变量的分布函数

若(X,Y)是二维随机变量，x与y是任意实数，则函数

$$F(x,y)=P\{X\leqslant x,Y\leqslant y\}$$

称为二维随机变量(X,Y)的**联合分布函数**或**分布函数**. 若将(X,Y)看作平面上随机点的坐标，则联合分布函数$F(x,y)$在点(x,y)处的函数值就是随机点(X,Y)落在平面上以(x,y)为顶点、位于该点左下方并且包括上边界及右边界的一个广义矩形区域D(如图 2.12 所示)内的概率，这个广义矩形区域的一条边过点(x,y)平行于x轴、另一条边过点(x,y)平行于y轴.

若已知$F(x,y)$，则当D为不等式$x_1<x\leqslant x_2$与$y_1<y\leqslant y_2$所确定的矩形区域时，$P\{(X,Y)\in D\}=F(x_1,y_1)+F(x_2,y_2)-F(x_1,y_2)-F(x_2,y_1)$(如图 2.13 所示).

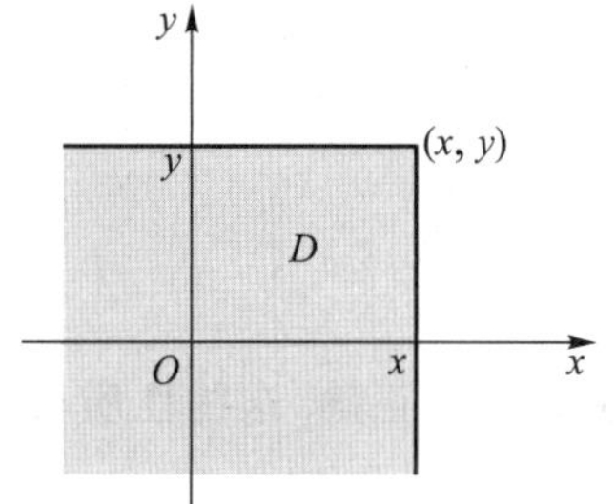

图 2.12　$X\leqslant x,Y\leqslant y$ 的示意图

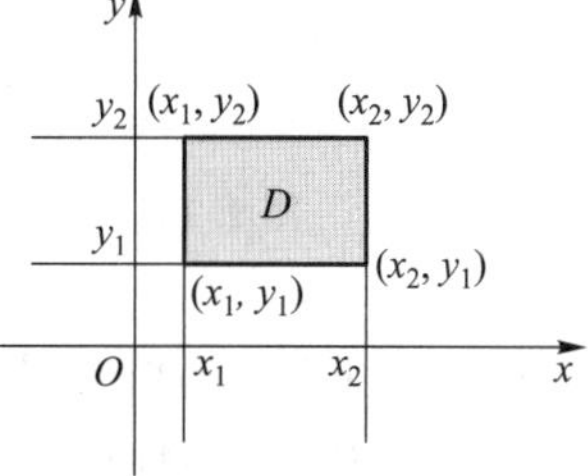

图 2.13　$x_1<x\leqslant x_2,y_1<y\leqslant y_2$ 的示意图

例 2.3.3　取物问题　袋中装有 1 个红球 4 个白球，任意取出 2 个球，若以X表示其中的红球数，以Y表示其中的白球数，试求(X,Y)的分布函数.

解　仿照例 2.3.1 求出(X,Y)的分布律为$P\{X=1,Y=1\}=0.4, P\{X=0,Y=2\}=0.6$.

为求(X,Y)的分布函数，可先在平面直角坐标系中描出点$(1,1)$与$(0,2)$，画出点(x,y)所决定的广义矩形区域，并自左下方开始向右上方平行移动该区域，观察它是否包含点$(1,1)$与$(0,2)$，再将对应的概率相加，如图 2.14 所示，即可得到(X,Y)的分布函数

$$F(x,y)=\begin{cases}0, & x<0\text{ 或 }y<1,\text{或 }0\leqslant x<1,1\leqslant y<2,\\ 0.4, & 1\leqslant x,1\leqslant y<2,\\ 0.6, & 0\leqslant x<1,2\leqslant y,\\ 1, & x\geqslant 1,y\geqslant 2.\end{cases}$$

二维随机变量的分布函数有下列性质：

(1) $-\infty<x<+\infty,-\infty<y<+\infty, 0\leqslant F(x,y)\leqslant 1$，即$F(x,y)$的定义域是整个坐标平面，值域是$[0,1]$；

(2) 当$x_1<x_2$时，$F(x_1,y)\leqslant F(x_2,y)$，当$y_1<y_2$时，$F(x,y_1)\leqslant F(x,y_2)$，即$F(x,y)$是$x$与$y$的单调非减函数；

(3) $F(-\infty,y)=\lim\limits_{x\to-\infty}F(x,y)=0, F(x,-\infty)=\lim\limits_{y\to-\infty}F(x,y)=0$,

$F(+\infty,+\infty)=\lim\limits_{x\to+\infty,y\to+\infty}F(x,y)=1$；

(4) $\lim\limits_{x\to x_0+0}F(x,y_0)=F(x_0,y_0)$, $\lim\limits_{y\to y_0+0}F(x_0,y)=F(x_0,y_0)$，即$F(x,y)$对$x$或$y$处处右连续.

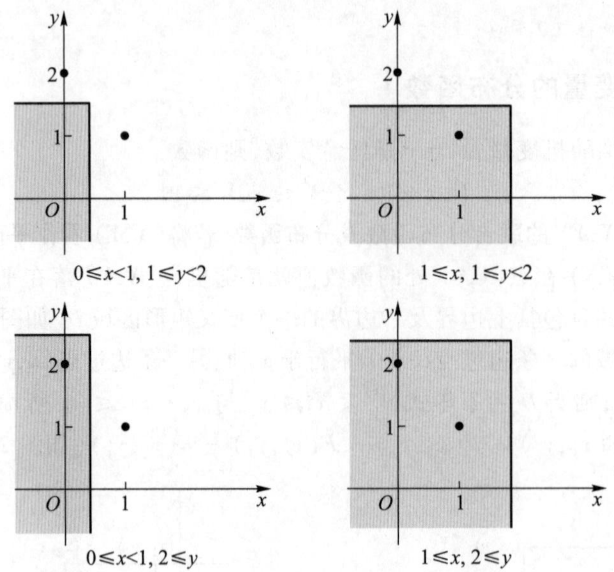

图 2.14　求例 2.3.3 中(X,Y)的分布函数

根据性质 1 至 4 可以判断随机变量(X,Y)的分布函数是否正确. 这些性质可对照一维随机变量 X 的分布函数 $F(x)$ 的性质来加以理解.

对于 n 维随机变量$(X_1,X_2,\cdots,X_n)$的分布函数也可以类似地给出定义.

4. 二维连续型随机变量的分布密度

与一维连续型随机变量类似,对于 xOy 平面上的任一区域$\{(x,y)\mid a<x\leqslant b,c<y\leqslant d\}$,如果存在一个在 xOy 平面上处处有定义、非负、可积分的函数 $p(x,y)$,使

$$P\{a<X\leqslant b,c<Y\leqslant d\}=\int_c^d\int_a^b p(x,y)\,\mathrm{d}x\mathrm{d}y,$$

则称(X,Y)为**二维连续型随机变量**,称 $p(x,y)$ 为(X,Y)的**分布密度函数**,简称为**分布密度**.

如果已知(X,Y)的分布密度 $p(x,y)$,则(X,Y)的分布函数

$$F(x,y)=\int_{-\infty}^{y}\int_{-\infty}^{x}p(x,y)\,\mathrm{d}x\mathrm{d}y,$$

当 $p(x,y)$ 在点(x,y)处连续时,

$$\frac{\partial^2 F(x,y)}{\partial x\partial y}=p(x,y),$$

并且,对于 xOy 平面上的任意区域 D,都有

$$P\{(X,Y)\in D\}=\iint_D p(x,y)\,\mathrm{d}\sigma_{xy}.$$

二维连续型随机变量(X,Y)的分布密度有下列性质:

(1) $p(x,y)\geqslant 0$;

(2) $\int_{-\infty}^{+\infty}\int_{-\infty}^{+\infty}p(x,y)\,\mathrm{d}x\mathrm{d}y=1$.

对于 n 维连续型随机变量的分布密度,可类似地进行研究.

例 2.3.4　熟悉公式　若(X,Y)的分布密度

$$p(x,y)=\begin{cases}k(6-x-y), & 0<x<2,\ 2<y<4,\\ 0, & \text{其他}.\end{cases}$$

试求：① $p(x,y)$ 中的参数 k；② $P\{(X,Y)\in D_1\}$，D_1 是由 $x<1$，$y<3$ 所决定的区域(图 2.15)；③ $P\{(X,Y)\in D_2\}$，D_2 是由 $x+y<3$ 所决定的区域(图 2.16).

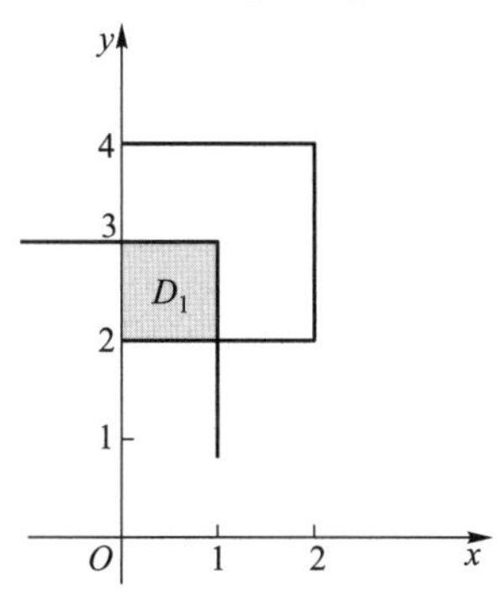

图 2.15　例 2.3.4 中区域 D_1 的示意图

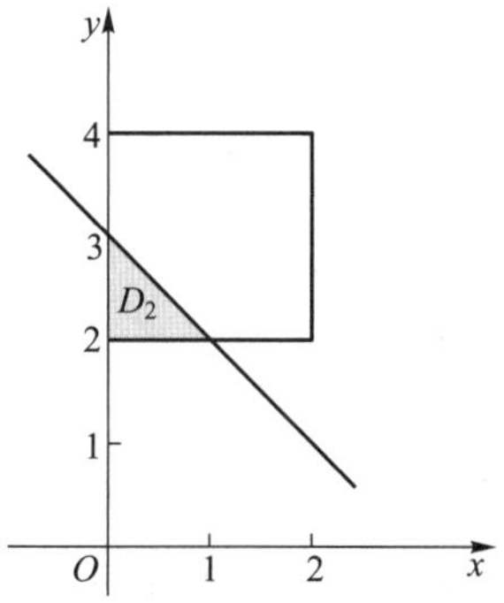

图 2.16　例 2.3.4 中区域 D_2 的示意图

解　① 根据分布密度的性质，

$$\int_{-\infty}^{+\infty}\left[\int_{-\infty}^{+\infty}p(x,y)\,\mathrm{d}x\right]\mathrm{d}y=\int_2^4\left[\int_0^2 k(6-x-y)\,\mathrm{d}x\right]\mathrm{d}y=8k=1,k=\frac{1}{8};$$

② $P\{(X,Y)\in D_1\}=\iint\limits_{D_1}p(x,y)\,\mathrm{d}\sigma_{xy}=\int_2^3\left[\int_0^1\frac{1}{8}(6-x-y)\,\mathrm{d}x\right]\mathrm{d}y=\frac{3}{8}$；

③ $P\{(X,Y)\in D_2\}=\iint\limits_{D_2}p(x,y)\,\mathrm{d}\sigma_{xy}=\int_2^3\left[\int_0^{3-y}\frac{1}{8}(6-x-y)\,\mathrm{d}x\right]\mathrm{d}y=\frac{5}{24}$.

例 2.3.5　熟悉公式　若(X,Y)的分布密度

$$p(x,y)=\begin{cases}2\mathrm{e}^{-(2x+y)}, & x>0,\ y>0,\\ 0, & \text{其他},\end{cases}$$

试求 $P\{Y\leqslant X\}$.

解　若 D 是由 $y\leqslant x$ 所决定的区域(图2.17)，则

$$\begin{aligned}P\{Y\leqslant X\}&=\iint\limits_{D}p(x,y)\,\mathrm{d}\sigma_{xy}\\&=\int_0^{+\infty}\left[\int_y^{+\infty}2\mathrm{e}^{-(2x+y)}\,\mathrm{d}x\right]\mathrm{d}y\\&=\frac{1}{3}.\end{aligned}$$

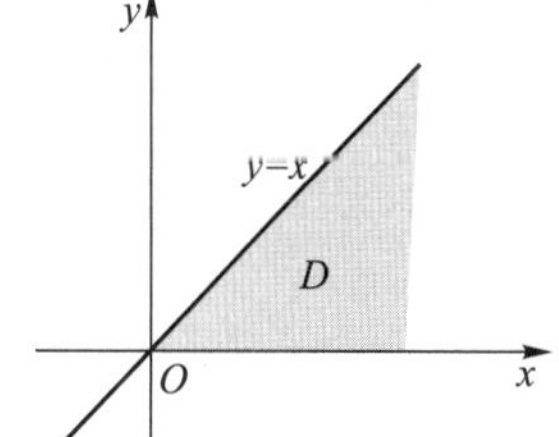

图 2.17　例 2.3.5 中区域 D 的示意图

5. 二维连续型随机变量常用的分布

(1) 区域 D 上的均匀分布

如果(X,Y)的分布密度为

$$p(x,y)=\begin{cases}\dfrac{1}{S(D)}, & (x,y)\in D,\\ 0, & 其他,\end{cases}$$

其中 $S(D)$ 表示区域 D 的面积,则称 (X,Y) 在**区域 D 上服从均匀分布**,记作

$$(X,Y)\sim U(D).$$

(2) 二维正态分布

如果 (X,Y) 的分布密度为

$$p(x,y)=\frac{1}{2\pi\sigma_1\sigma_2\sqrt{1-\rho^2}}\cdot$$

$$\exp\left\{-\frac{1}{2(1-\rho^2)}\left[\left(\frac{x-\mu_1}{\sigma_1}\right)^2-2\rho\left(\frac{x-\mu_1}{\sigma_1}\right)\left(\frac{y-\mu_2}{\sigma_2}\right)+\left(\frac{y-\mu_2}{\sigma_2}\right)^2\right]\right\},$$

式中的 x 与 y 可取任何实数,$\mu_1,\mu_2,\sigma_1,\sigma_2,\rho$ 为常数,且 $\sigma_1>0,\sigma_2>0,-1<\rho<1$,则称 (X,Y) 服从参数为 $\mu_1,\mu_2,\sigma_1^2,\sigma_2^2,\rho$ 的**二维正态分布**,记作

$$(X,Y)\sim N(\mu_1,\mu_2,\sigma_1^2,\sigma_2^2,\rho).$$

请注意:二维正态分布并不是两个一维正态分布的简单的合二为一.

当 X 与 Y 的分布密度分别为

$$p_X(x)=\frac{1}{\sqrt{2\pi}\sigma_1}\exp\left\{-\frac{1}{2}\left(\frac{x-\mu_1}{\sigma_1}\right)^2\right\},$$

$$p_Y(y)=\frac{1}{\sqrt{2\pi}\sigma_2}\exp\left\{-\frac{1}{2}\left(\frac{y-\mu_2}{\sigma_2}\right)^2\right\}$$

时,如果第五个参数 ρ 未知,那么 (X,Y) 的分布密度 $p(x,y)$ 便不能认为是已知的. 在第四章将定义这个 ρ 为 X 与 Y 的线性相关系数,用来表述 X 与 Y 之间线性关系密切与疏远的程度.

当 $\rho=0$ 时,X 与 Y 之间没有线性关系,(X,Y) 的分布密度

$$p(x,y)=\frac{1}{2\pi\sigma_1\sigma_2}\exp\left\{-\frac{1}{2}\left[\left(\frac{x-\mu_1}{\sigma_1}\right)^2+\left(\frac{y-\mu_2}{\sigma_2}\right)^2\right]\right\}.$$

习 题 2.3

1. 从装有 3 个红球 2 个白球的口袋中一个一个地取球,共取了 4 次,取出 X 个红球 Y 个白球,若每次取出的球:① 立即放回袋中,再取下一个;② 不放回袋中接着便取下一个,试分别写出 (X,Y) 的分布律.

2. 在上一题的口袋中如果还有 1 个黑球,其他假定不变,试分别写出 (X,Y) 的分布律.

3. 从装有 3 个红球 1 个白球的口袋中任意取出 2 个球,若以 X 表示其中的红球数,以 Y 表示其中的白球数,试求 (X,Y) 的分布函数.

4. 设 D 是平面直角坐标系中由 $y=x$ 和 $y=x^2$ 所围成的区域,(X,Y) 在 D 上服从均匀分布,试求 (X,Y) 的分布密度.

5. 若 (X,Y) 的分布密度

$$p(x,y)=\begin{cases}kxy, & 0<x<1,0<y<1,\\ 0, & 其他.\end{cases}$$

试求:① 参数 k;② $P\{0.1<X<0.4,0.2<Y<0.6\}$.

6. 若 (X,Y) 的分布密度

$$p(x,y)=\begin{cases}k\mathrm{e}^{-(3x+4y)}, & 0<x,0<y,\\ 0, & \text{其他}.\end{cases}$$

试求:① 参数 k;② $P\{0<X<1,Y<X\}$.

7. 设(X,Y) 的分布密度

$$p(x,y)=\begin{cases}cx^2y, & x^2<y<1,\\ 0, & \text{其他}.\end{cases}$$

试求:① 参数 c;② $P\{X>0.5\}$ 及 $P\{Y>0.5\}$.

8. 设(X,Y) 在区域 $D\{(x,y)\mid x^2+y^2\leqslant 1$ 且 $y\geqslant 0\}$ 内服从均匀分布,在 3 次重复独立观察中事件 $\{X\geqslant Y\}$ 出现的次数为 Z,试求$P\{Z=2\}$.

习题 2.3 部分解答

§ 2.4　随机变量相互独立

1. 二维离散型随机变量的边缘分布律

这一节先讲述二维随机变量(X,Y) 的分布律或分布密度与一维随机变量X,Y的分布律或分布密度的内在联系,然后说明随机变量相互独立的充分必要条件.

对二维离散型随机变量(X,Y) 而言,如果只研究其中的一个变量 X 或 Y,而不管另一个变量取什么数值,那么称 X 或 Y 的分布律为(X,Y) 关于 X 或关于 Y 的**边缘分布律**,称(X,Y) 的分布律为 X 与 Y 的联合分布律.

由于随机事件$\{X=x_i\}$ 与 $\sum\limits_{j=1}^{\infty}\{X=x_i,Y=y_j\}$($i$ 与 $j=1,2,\cdots$) 等价,$\{Y=y_j\}$ 与 $\sum\limits_{i=1}^{\infty}\{X=x_i,Y=y_j\}$($i$ 与 $j=1,2,\cdots$) 等价. 因此,若(X,Y) 的分布律为

$$P\{X=x_i,Y=y_j\}=p_{ij},$$

则根据(X,Y) 的分布律可以求得(X,Y) 关于 X 的边缘分布律为

$$P\{X=x_i\}=\sum_{j=1}^{\infty}p_{ij},$$

(X,Y) 关于 Y 的边缘分布律为

$$P\{Y=y_j\}=\sum_{i=1}^{\infty}p_{ij}.$$

以后,记 $\sum\limits_{j=1}^{\infty}p_{ij}=p_{i\cdot}$, $\sum\limits_{i=1}^{\infty}p_{ij}=p_{\cdot j}$. 其计算过程可列表表示为

X	Y					$p_{i\cdot}$
	y_1	y_2	$\cdots$	y_j	$\cdots$	
x_1	p_{11}	p_{12}	$\cdots$	p_{1j}	$\cdots$	$p_{1\cdot}$
x_2	p_{21}	p_{22}	$\cdots$	p_{2j}	$\cdots$	$p_{2\cdot}$
$\vdots$	$\vdots$	$\vdots$		$\vdots$		$\vdots$
x_i	p_{i1}	p_{i2}	$\cdots$	p_{ij}	$\cdots$	$p_{i\cdot}$
$\vdots$	$\vdots$	$\vdots$		$\vdots$		$\vdots$
$p_{\cdot j}$	$p_{\cdot 1}$	$p_{\cdot 2}$	$\cdots$	$p_{\cdot j}$	$\cdots$	

例 2.4.1 取物问题 袋中装有 3 个球,分别标有数字 1,2,2,从袋中任取一球并记录球上的数字 X 后,放在旁边再任取一球并记录球上的数字 Y,试求(X,Y) 的分布律.

解 根据题意,(X,Y) 所可能取的数值只有$(1,2)$,$(2,1)$ 和$(2,2)$. 此问题属于等可能地取球,取后不放回的情形,

$$P\{X=i,Y=j\}=P\{X=i\}P\{Y=j\mid X=i\} \qquad (i,j=1,2).$$

$P\{Y=j\mid X=i\}$ 为条件分布律,我们将在 §2.5 讨论. 用矩形表表示:

X	Y	
	1	2
1	0	$\frac{1}{3}$
2	$\frac{1}{3}$	$\frac{1}{3}$

如果将例中的取球方式改为取后放回,那么,(X,Y) 所可能取的数值有$(1,1)$,$(1,2)$,$(2,1)$ 和$(2,2)$. 此问题属于等可能地取球,取后放回的情形,

$$P\{X=i,Y=j\}=P\{X=i\}P\{Y=j\} \qquad (i,j=1,2).$$

用矩形表表示:

X	Y	
	1	2
1	$\frac{1}{9}$	$\frac{2}{9}$
2	$\frac{2}{9}$	$\frac{4}{9}$

例 2.4.2 熟悉公式 在例 2.4.1 中,若取球用取后不放回的方式,试求(X,Y) 关于 X 以及关于 Y 的边缘分布律.

解 $p_{1\cdot}=P\{X=1\}=P\{X=1,Y=1\}+P\{X=1,Y=2\}=\dfrac{1}{3}.$

$$p_{2\cdot}=P\{X=2\}=P\{X=2,Y=1\}+P\{X=2,Y=2\}=\frac{2}{3}.$$

$$p_{\cdot 1}=P\{Y=1\}=P\{X=1,Y=1\}+P\{X=2,Y=1\}=\frac{1}{3}.$$

$$p_{\cdot 2}=P\{Y=2\}=P\{X=1,Y=2\}+P\{X=2,Y=2\}=\frac{2}{3}.$$

用矩形表表示：

X	Y		$p_{i\cdot}$
	1	2	
1	0	$\frac{1}{3}$	$\frac{1}{3}$
2	$\frac{1}{3}$	$\frac{1}{3}$	$\frac{2}{3}$
$p_{\cdot j}$	$\frac{1}{3}$	$\frac{2}{3}$	

所求的边缘分布律分别是

X	1	2
P	$\frac{1}{3}$	$\frac{2}{3}$

Y	1	2
P	$\frac{1}{3}$	$\frac{2}{3}$

请注意：对于任意实数 x_i 与 y_j，本例中的 $p_{ij}\neq p_{i\cdot}\,p_{\cdot j}$.

例如，$p_{11}=0, p_{1\cdot}=\frac{1}{3}, p_{\cdot 1}=\frac{1}{3}, p_{11}\neq p_{1\cdot}\,p_{\cdot 1}$.

例 2.4.3　熟悉公式　在例 2.4.1 中，若取球用取后放回的方式，试求 (X,Y) 关于 X 以及关于 Y 的边缘分布律.

解　$$p_{1\cdot}=P\{X=1\}=P\{X=1,Y=1\}+P\{X=1,Y=2\}=\frac{1}{3},$$

$$p_{2\cdot}=P\{X=2\}=P\{X=2,Y=1\}+P\{X=2,Y=2\}=\frac{2}{3},$$

$$p_{\cdot 1}=P\{Y=1\}=P\{X=1,Y=1\}+P\{X=2,Y=1\}=\frac{1}{3},$$

$$p_{\cdot 2}=P\{Y=2\}=P\{X=1,Y=2\}+P\{X=2,Y=2\}=\frac{2}{3}.$$

用矩形表表示：

X	Y		$p_{i\cdot}$
	1	2	
1	$\frac{1}{9}$	$\frac{2}{9}$	$\frac{1}{3}$
2	$\frac{2}{9}$	$\frac{4}{9}$	$\frac{2}{3}$
$p_{\cdot j}$	$\frac{1}{3}$	$\frac{2}{3}$	

所求的边缘分布律分别是

X	1	2
P	$\frac{1}{3}$	$\frac{2}{3}$

Y	1	2
P	$\frac{1}{3}$	$\frac{2}{3}$

请注意:对于任意实数 x_i 与 y_j,本例中的 $p_{ij}=p_{i\cdot}\,p_{\cdot j}$.

对于 n 维离散型随机变量的边缘分布律,可类似地进行研究.

2. 二维连续型随机变量的边缘分布密度

对于二维连续型随机变量(X,Y)而言,如果只研究其中的一个变量 X 或 Y,而不管另一个变量取什么数值,那么称 X 或 Y 的分布函数为(X,Y)关于 X 或关于 Y 的**边缘分布函数**,称 X 或 Y 的分布密度为(X,Y)关于 X 或关于 Y 的**边缘分布密度**,称(X,Y)的分布函数为 X 与 Y 的联合分布函数,称(X,Y)的分布密度为 X 与 Y 的联合分布密度.

由于随机事件 $\{X\leqslant x\}$ 与 $\{X\leqslant x,-\infty<Y<+\infty\}$ 等价,$\{Y\leqslant y\}$ 与 $\{-\infty<X<+\infty,Y\leqslant y\}$ 等价. 因此,若(X,Y)的分布密度为 $p(x,y)$,则根据(X,Y)的分布密度可以求得(X,Y)关于 X 的边缘分布函数为

$$F_X(x)=P\{X\leqslant x\}=\int_{-\infty}^{x}\left[\int_{-\infty}^{+\infty}p(x,y)\,\mathrm{d}y\right]\mathrm{d}x,$$

上式两边对 x 求导,可求得(X,Y)关于 X 的边缘分布密度为

$$p_X(x)=\int_{-\infty}^{+\infty}p(x,y)\,\mathrm{d}y.$$

同理可求得(X,Y)关于 Y 的边缘分布函数为

$$F_Y(y)=P\{Y\leqslant y\}=\int_{-\infty}^{y}\left[\int_{-\infty}^{+\infty}p(x,y)\,\mathrm{d}x\right]\mathrm{d}y,$$

(X,Y)关于 Y 的边缘分布密度为

$$p_Y(y)=\int_{-\infty}^{+\infty}p(x,y)\,\mathrm{d}x.$$

例 2.4.4 熟悉公式 若(X,Y)服从区域 D 上的均匀分布,且 D 是由 x 轴、y 轴及直线 $x=1,y=1$ 所围成的正方形区域(图 2.18),试求(X,Y)关于 X 以及关于 Y 的边缘分布密度.

解 (X,Y)的分布密度

$$p(x,y)=\begin{cases}1, & 0<x<1,\\ 0, & \text{其他}.\end{cases}$$

因此

$$p_X(x)=\begin{cases}1, & 0<x<1,\\0, & \text{其他}.\end{cases}$$

同理可得 y 的边缘分布密度

$$p_Y(y)=\begin{cases}1, & 0<y<1,\\0, & \text{其他}.\end{cases}$$

请注意：对于任意实数 x 与 y，本例中的 $p(x,y)=p_X(x)p_Y(y)$.

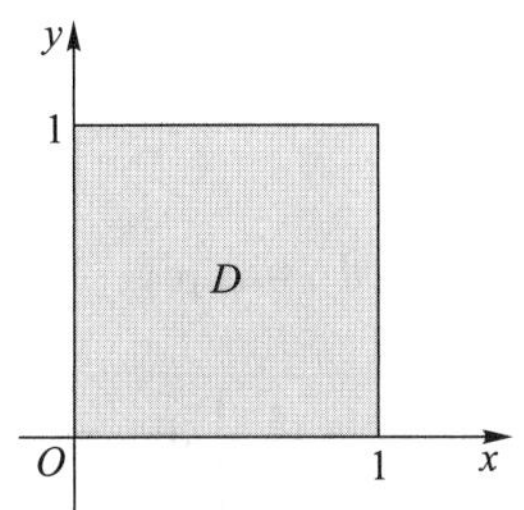

图 2.18 例 2.4.4 中区域 D 示意图

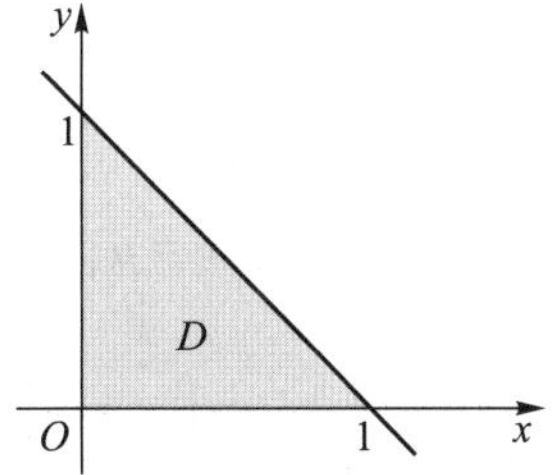

图 2.19 例 2.4.5 中区域 D 示意图

例 2.4.5 熟悉公式 若 (X,Y) 服从区域 D 上的均匀分布，且 D 是由 x 轴、y 轴及直线 $x+y=1$ 所围成的三角形区域(图 2.19)，试求 (X,Y) 关于 X 以及关于 Y 的边缘分布密度.

解 先求 X 的边缘分布密度

因为 $p_X(x)=\int_{-\infty}^{+\infty}p(x,y)\mathrm{d}y\,(x\in\mathbf{R})$

又因为 (X,Y) 的分布密度 $p(x,y)=\begin{cases}2, & (x,y)\in D,\\0, & \text{其他}.\end{cases}$

把区域 D 向 x 轴投影得到区间 $0\leqslant x\leqslant 1$.

当 $0\leqslant x\leqslant 1$ 时，$p_X(x)=\int_{-\infty}^{+\infty}p(x,y)\mathrm{d}y=\int_0^{1-x}2\mathrm{d}y=2(1-x)$，

当 $x\geqslant 1$ 或 $x\leqslant 0$ 时，$p_X(x)=0$.

所以 $p_X(x)=\begin{cases}2(1-x), & 0<x<1,\\0, & \text{其他}.\end{cases}$

由于 x,y 地位对等，同理可得 $p_Y(y)=\begin{cases}2(1-y), & 0<y<1,\\0, & \text{其他}.\end{cases}$

请注意：本例中，存在实数 x 与 y，使得 $p(x,y)\neq p_X(x)p_Y(y)$. 例如，

$$p\left(\frac{1}{4},\frac{1}{4}\right)=2,\qquad p_X\left(\frac{1}{4}\right)=1.5,\qquad p_Y\left(\frac{1}{4}\right)=1.5,$$

$$p\left(\frac{1}{4},\frac{1}{4}\right)\neq p_X\left(\frac{1}{4}\right)p_Y\left(\frac{1}{4}\right).$$

对于 n 维连续型随机变量的边缘分布密度，可类似地进行研究.

【探索题】二维均匀分布的边缘分布是否一定是一维均匀分布?

例 2.4.6 二维正态分布 证明若 $(X,Y)\sim N(\mu_1,\mu_2,\sigma_1^2,\sigma_2^2,\rho)$，

$$p(x,y)=\frac{1}{2\pi\sigma_1\sigma_2\sqrt{1-\rho^2}}\cdot$$

$$\exp\left\{-\frac{1}{2(1-\rho^2)}\left[\left(\frac{x-\mu_1}{\sigma_1}\right)^2-2\rho\left(\frac{x-\mu_1}{\sigma_1}\right)\left(\frac{y-\mu_2}{\sigma_2}\right)+\left(\frac{y-\mu_2}{\sigma_2}\right)^2\right]\right\},$$

则
$$X\sim N(\mu_1,\sigma_1^2),\ p_X(x)=\frac{1}{\sqrt{2\pi}\,\sigma_1}\exp\left\{-\frac{1}{2}\left(\frac{x-\mu_1}{\sigma_1}\right)^2\right\},$$

$$Y\sim N(\mu_2,\sigma_2^2),\ p_Y(y)=\frac{1}{\sqrt{2\pi}\,\sigma_2}\exp\left\{-\frac{1}{2}\left(\frac{y-\mu_2}{\sigma_2}\right)^2\right\}.$$

证明 先将(X,Y)的分布密度$p(x,y)$代入公式

$$p_X(x)=\int_{-\infty}^{+\infty}p(x,y)\,\mathrm{d}y,$$

令$u=\dfrac{x-\mu_1}{\sigma_1},v=\dfrac{y-\mu_2}{\sigma_2}$,即$x=\mu_1+\sigma_1u,y=\mu_2+\sigma_2v$,得到$\mathrm{d}y=\sigma_2\mathrm{d}v$,

$$p_X(x)=\frac{1}{2\pi\sigma_1\sqrt{1-\rho^2}}\int_{-\infty}^{+\infty}\exp\left\{-\frac{1}{2(1-\rho^2)}[u^2-2\rho uv+v^2]\right\}\mathrm{d}v$$

$$=\frac{1}{2\pi\sigma_1}\mathrm{e}^{-\frac{u^2}{2}}\int_{-\infty}^{+\infty}\exp\left\{-\frac{1}{2(1-\rho^2)}[v-\rho u]^2\right\}\mathrm{d}\left(\frac{v-\rho u}{\sqrt{1-\rho^2}}\right),$$

再令$t=\dfrac{v-\rho u}{\sqrt{1-\rho^2}}$,得到

$$p_X(x)=\frac{1}{2\pi\sigma_1}\mathrm{e}^{-\frac{u^2}{2}}\int_{-\infty}^{+\infty}\exp\left\{-\frac{t^2}{2}\right\}\mathrm{d}t=\frac{1}{2\pi\sigma_1}\mathrm{e}^{-\frac{u^2}{2}}\sqrt{2\pi}$$

$$=\frac{1}{\sqrt{2\pi}\,\sigma_1}\exp\left\{-\frac{1}{2}\left(\frac{x-\mu_1}{\sigma_1}\right)^2\right\},$$

同理
$$p_Y(y)=\frac{1}{\sqrt{2\pi}\,\sigma_2}\exp\left\{-\frac{1}{2}\left(\frac{y-\mu_2}{\sigma_2}\right)^2\right\}.$$

请注意:当$\rho=0$时,$p(x,y)=p_X(x)p_Y(y)$;当$\rho\neq0$时,$p(x,y)\neq p_X(x)p_Y(y)$.

由上题可得,

重要结论 二维正态分布的边缘分布仍为正态分布.

3. 两个随机变量相互独立

对于随机变量X与Y及实数轴上的任意两个集合D_1与D_2,若随机事件$\{X\in D_1\}$与$\{Y\in D_2\}$相互独立,则称X与Y**相互独立**.

根据两个随机事件相互独立的定义,可以证明:

对于任意实数x与y,

$$F(x,y)=F_X(x)F_Y(y)$$

是随机变量X与Y相互独立的充分必要条件.特别地,

① 对于任意实数x_i与y_j,

$$P\{X=x_i,Y=y_j\}=P\{X=x_i\}P\{Y=y_j\},$$

即

$$p_{ij}=p_{i\cdot}\,p_{\cdot j}(i\text{ 与 }j=1,2,\cdots)$$

是离散型随机变量 X 与 Y 相互独立的充分必要条件.

② 对于 $p(x,y)$ 的一切连续点 (x,y),

$$p(x,y)=p_X(x)p_Y(y)$$

是连续型随机变量 X 与 Y 相互独立的充分必要条件.

在例 2.4.2 与例 2.4.5 中,X 与 Y 不相互独立.

在例 2.4.3 与例 2.4.4 中,X 与 Y 相互独立.

当$(X,Y)\sim N(\mu_1,\mu_2,\sigma_1^2,\sigma_2^2,\rho)$ 时,$\rho=0\Leftrightarrow X$ 与 Y 相互独立.

但是,X 与 Y 是否相互独立常常是根据问题的实际意义来确定的. 在已知 X 与 Y 相互独立时,应用以上充分必要条件,可由 X 与 Y 的分布律(或分布密度)写出(X,Y) 的分布律(或分布密度).

例 2.4.7 熟悉公式 设(X,Y) 的分布律及边缘分布律的部分数值如下:

X	Y			$p_{i\cdot}$
	0	1	2	
1	A	$\frac{1}{8}$	B	
2	$\frac{1}{8}$			
$p_{\cdot j}$	$\frac{1}{6}$			

如果 X 与 Y 相互独立,试求 A 与 B.

解 因为 X 与 Y 相互独立,故由

$$P\{X=1,Y=0\}=A,P\{Y=0\}=A+\frac{1}{8}=\frac{1}{6},P\{X=1\}=A+\frac{1}{8}+B,$$

得到 $A=\frac{1}{24}$,由 $A=\frac{1}{6}\left(A+\frac{1}{8}+B\right)$,得到 $B=\frac{1}{12}$.

例 2.4.8 熟悉方法 设二维随机变量(X,Y) 的分布密度为

$$p(x,y)=\begin{cases}A(1-x)y, & 0\leqslant x\leqslant 1,0\leqslant y\leqslant x,\\ 0, & \text{其他}.\end{cases}$$

① 求 A;② 求关于 X 及关于 Y 的边缘分布密度;③ 判断 X 与 Y 是否相互独立.

解 ① $\iint\limits_{xOy}A(1-x)y\mathrm{d}\sigma_{xy}=\int_0^1\left[\int_0^x A(1-x)y\mathrm{d}y\right]\mathrm{d}x=\frac{A}{24}=1$, 故 $A=24$;

② 当 $0\leqslant x\leqslant 1$ 时,

$$p_X(x)=\int_{-\infty}^{+\infty}p(x,y)\mathrm{d}y=\int_0^x 24(1-x)y\mathrm{d}y=12x^2(1-x),$$

当 $0\leqslant y\leqslant 1$ 时,

$$p_Y(y)=\int_{-\infty}^{+\infty}p(x,y)\mathrm{d}x=\int_y^1 24(1-x)y\mathrm{d}x=12y(1-y)^2,$$

因此

$$p_X(x)=\begin{cases}12x^2(1-x), & 0\leqslant x\leqslant 1,\\0, & 其他.\end{cases}$$

$$p_Y(y)=\begin{cases}12y(1-y)^2, & 0\leqslant y\leqslant 1,\\0, & 其他.\end{cases}$$

③ $p_X\left(\dfrac{1}{2}\right)=\dfrac{3}{2}$, $\quad p_Y\left(\dfrac{1}{2}\right)=\dfrac{3}{2}$, $\quad p\left(\dfrac{1}{2},\dfrac{1}{2}\right)=6$,

$$p_X\left(\frac{1}{2}\right)p_Y\left(\frac{1}{2}\right)\neq p\left(\frac{1}{2},\frac{1}{2}\right),$$

故 X 与 Y 不相互独立.

4. 多个随机变量相互独立

对于 n 个随机变量 $X_1,X_2,\cdots,X_n$ 及实数轴上的任意 n 个集合 $D_1,D_2,\cdots,D_n$,若随机事件 $\{X_1\in D_1\},\{X_2\in D_2\},\cdots,\{X_n\in D_n\}$ 相互独立,则称 $X_1,X_2,\cdots,X_n$ **相互独立**.

根据多个随机事件相互独立的定义,可以证明:

对于任意实数 $x_1,x_2,\cdots,x_n$,

$$F(x_1,x_2,\cdots,x_n)=F_{X_1}(x_1)F_{X_2}(x_2)\cdots F_{X_n}(x_n)$$

是随机变量 $X_1,X_2,\cdots,X_n$ 相互独立的充分必要条件. 特别地,

① 对于任意实数 $x_1,x_2,\cdots,x_n$,

$$P\{X_1=x_1,X_2=x_2,\cdots,X_n=x_n\}=P\{X_1=x_1\}P\{X_2=x_2\}\cdots P\{X_n=x_n\}$$

是离散型随机变量 $X_1,X_2,\cdots,X_n$ 相互独立的充分必要条件.

② 对于 $p(x_1,x_2,\cdots,x_n)$ 的一切连续点 $(x_1,x_2,\cdots,x_n)$,

$$p(x_1,x_2,\cdots,x_n)=p_{X_1}(x_1)p_{X_2}(x_2)\cdots p_{X_n}(x_n)$$

是连续型随机变量 $X_1,X_2,\cdots,X_n$ 相互独立的充分必要条件.

例 2.4.9 试验统计 根据 $X_1,X_2,\cdots,X_n$ 相互独立的充分必要条件得到结论:(1) 当 $X_1,X_2,\cdots,X_n$ 相互独立且都服从 $P(\lambda)$ 时,

$$P\{X_1=x_1\}=\frac{\lambda^{x_1}e^{-\lambda}}{x_1!},$$

$$P\{X_2=x_2\}=\frac{\lambda^{x_2}e^{-\lambda}}{x_2!},$$

$$\cdots$$

$$P\{X_n=x_n\}=\frac{\lambda^{x_n}e^{-\lambda}}{x_n!},$$

$$P\{X_1=x_1,X_2=x_2,\cdots,X_n=x_n\}=\frac{\lambda^{\sum\limits_{i=1}^{n}x_i}e^{-n\lambda}}{\prod\limits_{i=1}^{n}x_i!},$$

式中的 $x_i=0,1,2,\cdots,n\cdots,i=1,2,\cdots,n$.

(2) 当 $X_1,X_2,\cdots,X_n$ 相互独立且都服从 $N(0,1)$ 时,

$$p_{X_1}(x_1)=\frac{1}{\sqrt{2\pi}}e^{-\frac{x_1^2}{2}},$$

$$p_{X_2}(x_2)=\frac{1}{\sqrt{2\pi}}e^{-\frac{x_2^2}{2}},$$

$$\cdots$$

$$p_{X_n}(x_n)=\frac{1}{\sqrt{2\pi}}e^{-\frac{x_n^2}{2}},$$

$$p(x_1,x_2,\cdots,x_n)=\left(\frac{1}{\sqrt{2\pi}}\right)^n e^{-\frac{1}{2}\sum_{i=1}^{n}x_i^2},$$

式中的 $x_1,x_2,\cdots,x_n$ 取任意实数.

5. 两组随机变量相互独立

根据两个随机事件相互独立的定义,对于两组随机变量 $X_1,X_2,\cdots,X_n$ 与 $Y_1,Y_2,\cdots,Y_m$ 及 n 维空间中的集合 D_n 和 m 维空间中的集合 D_m,若随机事件 $\{(X_1,X_2,\cdots,X_n)\in D_n\}$ 与 $\{(Y_1,Y_2,\cdots,Y_m)\in D_m\}$ 相互独立,则称 $X_1,X_2,\cdots,X_n$ 与 $Y_1,Y_2,\cdots,Y_m$ **相互独立**.

可以证明:对于任意实数 $x_1,x_2,\cdots,x_n$ 及 $y_1,y_2,\cdots,y_m$,

$$F(x_1,x_2,\cdots,x_n,y_1,y_2,\cdots,y_m)=F_X(x_1,x_2,\cdots,x_n)F_Y(y_1,y_2,\cdots,y_m)$$

是随机变量 $X_1,X_2,\cdots,X_n$ 与 $Y_1,Y_2,\cdots,Y_m$ 相互独立的充分必要条件.

式中的 $F(x_1,x_2,\cdots,x_n,y_1,y_2,\cdots,y_m)$ 是 $(X_1,X_2,\cdots,X_n,Y_1,Y_2,\cdots,Y_m)$ 的分布函数,$F_X(x_1,x_2,\cdots,x_n)$ 是 $(X_1,X_2,\cdots,X_n)$ 的分布函数,$F_Y(y_1,y_2,\cdots,y_m)$ 是 $(Y_1,Y_2,\cdots,Y_m)$ 的分布函数.

特别地,

① 对于任意实数 $x_1,x_2,\cdots,x_n$ 及 $y_1,y_2,\cdots,y_m$,

$$\begin{aligned}&P\{X_1=x_1,X_2=x_2,\cdots,X_n=x_n,Y_1=y_1,Y_2=y_2,\cdots,Y_m=y_m\}\\=&P\{X_1=x_1,X_2=x_2,\cdots,X_n=x_n\}P\{Y_1=y_1,Y_2=y_2,\cdots,Y_m=y_m\}\end{aligned}$$

是离散型随机变量 $X_1,X_2,\cdots,X_n$ 与 $Y_1,Y_2,\cdots,Y_m$ 相互独立的充分必要条件.

② 对于 $p(x_1,x_2,\cdots,x_n,y_1,y_2,\cdots,y_m)$ 的一切连续点 $(x_1,x_2,\cdots,x_n,y_1,y_2,\cdots,y_m)$,

$$p(x_1,x_2,\cdots,x_n,y_1,y_2,\cdots,y_m)=p_X(x_1,x_2,\cdots,x_n)p_Y(y_1,y_2,\cdots,y_m)$$

是连续型随机变量 $X_1,X_2,\cdots,X_n$ 与 $Y_1,Y_2,\cdots,Y_m$ 相互独立的充分必要条件.

式中的 $p(x_1,x_2,\cdots,x_n,y_1,y_2,\cdots,y_m)$ 是 $(X_1,X_2,\cdots,X_n,Y_1,Y_2,\cdots,Y_m)$ 的分布密度,$p_X(x_1,x_2,\cdots,x_n)$ 是 $(X_1,X_2,\cdots,X_n)$ 的分布密度,$p_Y(y_1,y_2,\cdots,y_m)$ 是 $(Y_1,Y_2,\cdots,Y_m)$ 的分布密度.

可以证明:若 $X_1,X_2,\cdots,X_n$ 与 $Y_1,Y_2,\cdots,Y_m$ 相互独立,则 ① $X_i(i=1,2,\cdots,n)$ 与 $Y_j(j=1,2,\cdots,m)$ 相互独立;② $X_1,X_2,\cdots,X_n$ 的连续函数 $h(X_1,X_2,\cdots,X_n)$ 与 $Y_1,Y_2,\cdots,Y_m$ 的连续函数 $g(Y_1,Y_2,\cdots,Y_m)$ 相互独立.

例如,当 $i=1,2,\cdots,n,j=1,2,\cdots,m$ 时,$\overline{X}=\frac{1}{n}\sum_{i=1}^{n}X_i$ 与 $\overline{Y}=\frac{1}{m}\sum_{j=1}^{m}Y_j$ 相互独立,$\sum_{i=1}^{n}X_i^2$ 与

$\sum_{j=1}^{m} Y_j^2$ 相互独立，$\sum_{i=1}^{n}(X_i-\overline{X})^2$ 与 $\sum_{j=1}^{m}(Y_j-\overline{Y})^2$ 相互独立.

*6. 补充案例及资料

(1) 熟悉公式　设 X_1 与 X_2 相互独立，且 $P\{X_1=\pm 1\}=P\{X_2=\pm 1\}=\frac{1}{2}$，若 $Y=X_1X_2$，试证明 X_1，X_2，Y 两两独立，但不相互独立.

解　X_1 与 X_2 的分布律可列表表示为

X_1	-1	1
P	$\frac{1}{2}$	$\frac{1}{2}$

X_2	-1	1
P	$\frac{1}{2}$	$\frac{1}{2}$

(X_1,X_2) 及 Y 的分布律可列表表示为

X_1	X_2	
	-1	1
-1	$\frac{1}{4}$	$\frac{1}{4}$
1	$\frac{1}{4}$	$\frac{1}{4}$

Y 的分布律可列表表示为

Y	-1	1
P	$\frac{1}{2}$	$\frac{1}{2}$

(X_1,Y) 及 (X_2,Y) 的分布律可列表表示为：

X_1	Y		$p_{i\cdot}$
	-1	1	
-1	$\frac{1}{4}$	$\frac{1}{4}$	$\frac{1}{2}$
1	$\frac{1}{4}$	$\frac{1}{4}$	$\frac{1}{2}$
$p_{\cdot j}$	$\frac{1}{2}$	$\frac{1}{2}$	

X_2	Y		$p_{i\cdot}$
	-1	1	
-1	$\frac{1}{4}$	$\frac{1}{4}$	$\frac{1}{2}$
1	$\frac{1}{4}$	$\frac{1}{4}$	$\frac{1}{2}$
$p_{\cdot j}$	$\frac{1}{2}$	$\frac{1}{2}$	

根据相互独立的充分必要条件，X_1 与 Y 相互独立，X_2 与 Y 相互独立，但是，由 (X_1,X_2) 的分布律得到

$$P\{X_1=1,X_2=1,Y=1\}=\frac{1}{4},$$

而 $P\{X_1=1\}P\{X_2=1\}P\{Y=1\}=\frac{1}{8}\neq P\{X_1=1,X_2=1,Y=1\}$，因此，$X_1$，$X_2$，$Y$ 两两独立，但不相互独立.

(2) 会面问题　若甲到达办公室的时刻为 X（单位：h），乙到达办公室的时刻为 Y（单位：h），$X\sim U(8,12)$，$Y\sim U(7,9)$ 且 X 与 Y 相互独立，试求 $P\left\{|X-Y|<\frac{1}{12}\right\}$.

解　$p_X(x)=\begin{cases}\dfrac{1}{4}, & 8<x<12,\\ 0, & \text{其他}.\end{cases}$

$p_Y(y)=\begin{cases}\dfrac{1}{2}, & 7<y<9,\\ 0, & \text{其他}.\end{cases}$

由 X 与 Y 相互独立写出

$$p(x,y)=\begin{cases}\dfrac{1}{8}, & 8<x<12,7<y<9,\\ 0, & \text{其他}.\end{cases}$$

所求的

$$P\left\{|X-Y|<\frac{1}{12}\right\}=\iint\limits_{D_1}p(x,y)\mathrm{d}\sigma_{xy}=\iint\limits_{D_2}\frac{1}{8}\mathrm{d}\sigma_{xy}$$
$$=\frac{1}{2}\left[\left(\frac{13}{12}\right)^2-\left(\frac{11}{12}\right)^2\right]\cdot\frac{1}{8}=\frac{1}{48},$$

式中的 D_1 是由 $|x-y|<\dfrac{1}{12}$ 所决定的区域，D_2 是由 $|x-y|<\dfrac{1}{12}$ 与 $8<x<12,7<y<9$ 所决定的区域(图 2.20).

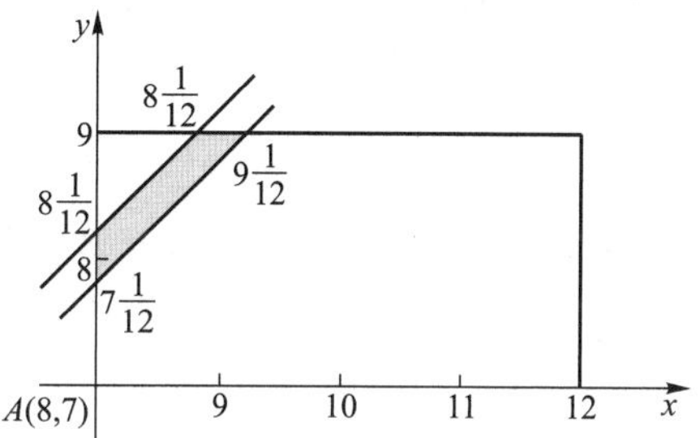

图 2.20　会面问题中区域 D_2 示意图，其中 A 坐标为(8,7)

(3) 寿命问题　一电子器件包含两个部分，寿命分别为 X 与 Y(单位:h)，设 (X,Y) 的分布函数为

$$F(x,y)=\begin{cases}(1-\mathrm{e}^{-0.01x})(1-\mathrm{e}^{-0.01y}), & x\geqslant 0,y\geqslant 0,\\ 0, & \text{其他}.\end{cases}$$

试证明 X 与 Y 相互独立，并计算 $P\{X\geqslant 120,Y\geqslant 120\}$.

解　当 $x\geqslant 0$ 时，$F_X(x)=F(x,+\infty)=1-\mathrm{e}^{-0.01x}$,

$$F_X(x)=\begin{cases}1-\mathrm{e}^{-0.01x}, & x\geqslant 0,\\ 0, & \text{其他}.\end{cases}$$

同理

$$F_Y(y)=\begin{cases}1-\mathrm{e}^{-0.01y}, & y\geqslant 0,\\ 0, & \text{其他}.\end{cases}$$

$$F(x,y)=F_X(x)F_Y(y),$$

故 X 与 Y 相互独立.

$$P\{X\geqslant 120,Y\geqslant 120\}=P\{X\geqslant 120\}P\{Y\geqslant 120\}$$
$$=[1-F_X(120)][1-F_Y(120)]=\mathrm{e}^{-2.4}.$$

习　题　2.4

1. 设 (X,Y) 的分布律如下，试写出关于 X 及关于 Y 的边缘分布律并判断 X 与 Y 是否相互独立.

(X,Y)	$(0,0)$	$(-1,1)$	$(-1,3)$	$(2,0)$
P	$\dfrac{1}{6}$	$\dfrac{1}{3}$	$\dfrac{1}{12}$	$\dfrac{5}{12}$

2. 设 X 与 Y 相互独立且 X 与 Y 的分布律如下，试写出 (X,Y) 的分布律.

X	-1	0	1
P	$\frac{1}{3}$	$\frac{1}{3}$	$\frac{1}{3}$

Y	-2	2
P	$\frac{1}{2}$	$\frac{1}{2}$

3. 设(X,Y)的分布律如下,试求 A 与 B 的数值,使 X 与 Y 相互独立.

(X,Y)	$(1,1)$	$(1,2)$	$(1,3)$	$(2,1)$	$(2,2)$	$(2,3)$
P	$\frac{1}{6}$	$\frac{1}{9}$	$\frac{1}{18}$	$\frac{1}{3}$	A	B

4. 设(X,Y)服从区域 B 上的均匀分布,B 由 x 轴、y 轴及直线 $y=2x+1$ 所围成,试写出(X,Y)的分布密度并判断 X 与 Y 是否相互独立.

5. 设(X,Y)的分布密度

$$p(x,y)=\begin{cases}Ae^{-(2x+y)}, & x>0,y>0,\\ 0, & \text{其他}.\end{cases}$$

试确定常数 A,判断 X 与 Y 是否相互独立,计算事件 $A=\{X>5\}$ 与 $B=\{Y>10\}$ 的概率.

6. 设(X,Y)的分布密度

$$p(x,y)=\begin{cases}cxy, & 0<x<1,0<y<x,\\ 0, & \text{其他}.\end{cases}$$

试确定常数 c,判断 X 与 Y 是否相互独立,计算事件 $A=\{0<X<0.5\}$ 与 $B=\{0<Y<0.5\}$ 的概率.

习题 2.4 部分解答

*§2.5 条件分布

通过§2.4的学习,我们了解了边缘分布与相互独立的关系,如果两个随机变量相互独立,联合分布等于边缘分布的乘积,如果两个随机变量不相互独立,联合分布应该等于什么呢?我们引入条件分布来回答这个问题.

1. 离散型随机变量的条件分布

设二维随机变量(X,Y)的联合分布律为 $P(X=x_i,Y=y_j)=p_{ij},i=1,2,\cdots,j=1,2,\cdots$. 仿照条件概率的定义,给出条件分布律的定义如下

定义 对一切使得 $P(Y=y_j)=p_{\cdot j}>0$ 的 y_j,称

$$p_{i|j}=P(X=x_i|Y=y_j)=\frac{P(X=x_i,Y=y_j)}{P(Y=y_j)}=\frac{p_{ij}}{p_{\cdot j}},i=1,2\cdots$$

为在给定 $Y=y_j$ 条件下,随机变量 X 的条件分布律.

同理,对一切使得 $P(X=x_j)=p_{i\cdot}>0$ 的 x_i,称

$$p_{j|i}=P(Y=y_j|X=x_i)=\frac{P(X=x_i,Y=y_j)}{P(X=x_i)}=\frac{p_{ij}}{p_{i\cdot}},i=1,2,\cdots$$

为在给定 $X=x_j$ 条件下，随机变量 Y 的条件分布律.

有了条件分布律，依据分布函数的定义给出条件分布函数如下：

定义 在给定 $Y=y_j$ 条件下，随机变量 X 的条件分布函数为

$$F(x\mid y_j)=P\{X\leqslant x\mid Y=y_j\}=\sum_{x_i\leqslant x}P(X=x_i\mid Y=y_j)=\sum_{x_i\leqslant x}p_{i|j}.$$

在给定 $X=x_j$ 条件下，随机变量 Y 的条件分布函数为

$$F(y\mid x_i)=P\{Y\leqslant y\mid x=x_i\}=\sum_{y_j\leqslant y}P(Y=y_j\mid X=x_i)=\sum_{y_j\leqslant y}p_{j|i}.$$

例 2.5.1 熟悉公式 设二维随机变量 (X,Y) 的联合分布律为：

X	Y		
	1	2	3
1	0.2	0.2	0.1
2	0.1	0.3	0.1

求当 $X=1$ 时，Y 的条件分布律及 Y 的条件分布函数.

解 因为 $P\{X=1\}=0.5=p_1$. 第一行各元素除以 0.5 得当 $X=1$ 时，Y 的条件分布律为

$Y\|X=1$	1	2	3
P	0.4	0.4	0.2

从而当 $X=1$ 时，Y 的条件分布函数为

$$F(y|X=1)=\begin{cases}0, & y<1,\\ 0.4, & 1\leqslant y<2,\\ 0.8, & 2\leqslant y<3,\\ 1, & y\geqslant 3.\end{cases}$$

2. 连续型随机变量的条件分布

设二维随机变量 (X,Y) 的联合概率密度函数为 $p(x,y)$，边缘概率密度函数分别为 $p_X(x),p_Y(y)$. 由于连续型随机变量在确定点的概率值等于 0，即 $P\{Y=y\}=0$，因此，在计算 $P\{X\leqslant x|Y=y\}$ 时，不能直接用条件概率公式直接计算，此时可将 $P\{Y=y\}$ 看作 $\lim\limits_{h\to 0}P\{y\leqslant Y\leqslant y+h\}$，即 $P\{Y=y\}=\lim\limits_{h\to 0}P\{y\leqslant Y\leqslant y+h\}$. 因此

$$\begin{aligned}P\{X\leqslant x\mid Y=y\}&=\lim_{h\to 0}P\{X\leqslant x\mid y\leqslant Y\leqslant y+h\}\\&=\lim_{h\to 0}\frac{P\{X\leqslant x,y\leqslant Y\leqslant y+h\}}{P\{y\leqslant Y\leqslant y+h\}}\\&=\lim_{h\to 0}\frac{\int_{-\infty}^{x}\int_{y}^{y+h}p(x,y)\,\mathrm{d}y\mathrm{d}x}{\int_{y}^{y+h}p_Y(y)\,\mathrm{d}y}\end{aligned}$$

$$=\lim_{h\to 0}\frac{\int_{-\infty}^{x} hp(x,y+\theta h)\mathrm{d}x}{hp_Y(y+\theta h)}\quad (0\leqslant\theta\leqslant 1)$$

$$=\int_{-\infty}^{x}\frac{p(x,y)}{p_Y(y)}\mathrm{d}x.$$

记在 $Y=y$ 时,X 的条件分布函数为 $F(x|y)$, X 的条件概率密度函数为 $p(x|y)$,则可将连续型随机变量的条件分布函数与条件密度函数定义如下:

定义 对一切使得 $p_Y(y)>0$ 的 y,在给定 $Y=y$ 的条件下 X 的条件分布函数和条件概率密度函数为

$$F(x\mid y)=\int_{-\infty}^{x}\frac{p(x,y)}{p_Y(y)}\mathrm{d}x,$$

$$p(x\mid y)=\frac{p(x,y)}{p_Y(y)},$$

同理对一切使得 $p_X(x)>0$ 的 y,在给定 $X=x$ 的条件下 Y 的条件分布函数和条件概率密度函数为

$$F(y\mid x)=\int_{-\infty}^{y}\frac{p(x,y)}{p_X(x)}\mathrm{d}y,$$

$$p(y|x)=\frac{p(x,y)}{p_X(x)}.$$

例 2.5.2 熟悉公式 设随机变量(X,Y) 的联合概率密度函数为

$$p(x,y)=\begin{cases}1, & |x|<y,0<y<1,\\ 0, & \text{其他}.\end{cases}$$

求条件概率 $P\{Y\geqslant 0.75|X=0.5\}$.

解 由随机变量(X,Y) 的联合概率密度函数得随机变量 X 的边缘概率密度函数为

$$p_X(x)=\begin{cases}1-|x|, & -1<x<1,\\ 0, & \text{其他},\end{cases}$$

当 $|x|<1$ 时,在给定 $X=x$ 的条件下 Y 的条件概率密度函数为

$$p(y|x)=\frac{p(x,y)}{p_X(x)}=\begin{cases}\dfrac{1}{1-|x|}, & |x|<y<1,\\ 0, & \text{其他},\end{cases}$$

从而 $p(y|x=0.5)=\begin{cases}2, & 0.5<y<1,\\ 0, & \text{其他},\end{cases}$

$$P\{Y\geqslant 0.8\mid X=0.5\}=\int_{0.8}^{1}2\mathrm{d}y=0.4.$$

例 2.5.3 熟悉公式 设随机变量$(X,Y)\sim N(\mu_1,\mu_2,\sigma_1^2,\sigma_2^2)$,求 $p(x|y)$.

解 对二维正态分布$(X,Y)\sim N(\mu_1,\mu_2,\sigma_1^2,\sigma_2^2)$,有 $X\sim N(\mu_1,\sigma_1^2)$,$Y\sim N(\mu_2,\sigma_2^2)$,利用条件概率密度公式 $p(x|y)=\dfrac{p(x,y)}{p_Y(y)}$可得

$$p(x|y)=\frac{1}{\sqrt{2\pi}\sigma_1\sqrt{1-\rho^2}}\exp\left\{-\frac{1}{2\sigma_1^2(1-\rho^2)}\left[x-\left(\mu_1+\rho\frac{\sigma_1}{\sigma_2}(y-\mu_2)\right)\right]^2\right\},$$

即在 $Y=y$ 时，X 的条件分布为正态分布 $N\left(\mu_1+\rho\dfrac{\sigma_1}{\sigma_2}(y-\mu_2),\sigma_1^2(1-\rho^2)\right)$.

同理在 $X=x$ 时，Y 的条件分布为正态分布 $N\left(\mu_2+\rho\dfrac{\sigma_2}{\sigma_1}(x-\mu_1),\sigma_2^2(1-\rho^2)\right)$.

由此可见二维正态分布的边缘分布和条件分布都是一维正态能分布，但当 $Y=y$ 时，X 的条件分布的均值是 y 的线性函数，当 $X=x$ 时，Y 的条件分布的均值是 x 的线性函数. 因此条件分布(密度)函数表示的是一簇函数.

3. 补充案例

顾客分布

假设在一段时间内进入 X 商店的顾客人数 x 服从泊松分布 $P(\lambda)$，每个顾客购物的概率为 p，并且每个顾客是否购物相互独立，求进入商店的顾客购物人数 Y 的分布列.

解 因为 $x\sim P(\lambda)$，所以

$$\{X=n\}=\frac{\lambda^n}{n!}\mathrm{e}^{-\lambda}.$$

在进入商店的人数 $X=n$ 的条件下，购物人数 Y 的条件分布为二项分布 $b(n,p)$，即

$$P(Y=k\mid X=n)=\mathrm{C}_n^k p^k(1-p)^{n-k},k=0,1,\cdots,n.$$

X 的分布列为

$$\begin{aligned}
P\{X=n\}&=\frac{\lambda^n}{n!}\mathrm{e}^{-\lambda}(n=0,1,\cdots)\\
&=\mathrm{e}^{-\lambda}\sum_{n=k}^{+\infty}\frac{\lambda^n}{k!\ (n-k)!}p^k(1-p)^{n-k}\\
&=\mathrm{e}^{-\lambda}\frac{(\lambda p)^k}{k!}\sum_{n=k}^{+\infty}\frac{[(1-p)\lambda]^{n-k}}{(n-k)!}\\
&=\frac{(\lambda p)^k}{k!}\mathrm{e}^{-\lambda p}\quad k=0,1,\cdots.
\end{aligned}$$

习 题 2.5

1. 在一汽车工厂中，一辆汽车有两道工序是由机器人完成的，其一是紧固 3 只螺栓，其二是焊接 2 处焊点. 以 y 表示螺栓紧固得不良的数目，以 x 表示焊点焊接得不良的数目. 据积累的资料知 (X,Y) 具有分布律：

X	Y				$p_{i\cdot}$
	0	1	2	3	
0	0.840	0.030	0.020	0.010	0.900
1	0.060	0.010	0.008	0.002	0.080
2	0.010	0.005	0.004	0.001	0.020
$p_{\cdot j}$	0.910	0.045	0.032	0.013	1.000

（1）求在 $Y=2$ 的条件下，X 的条件分布律；

（2）求在 $X=1$ 的条件下，Y 的条件分布律.

2. 袋中装有 3 个球，分别标有数字 $-1,2,3$，从袋中任取两次，第一次取出球的编号为随机变量 X，第二次取出球的编号为 Y，(X,Y) 的分布律与边缘分布律为：

X	Y			$p_{i\cdot}$
	-1	2	3	
-1	0	$\frac{1}{4}\times\frac{2}{3}$	$\frac{1}{4}\times\frac{1}{3}$	$\frac{1}{4}$
2	$\frac{2}{4}\times\frac{1}{3}$	$\frac{2}{4}\times\frac{1}{3}$	$\frac{2}{4}\times\frac{1}{3}$	$\frac{2}{4}$
3	$\frac{1}{4}\times\frac{1}{3}$	$\frac{1}{4}\times\frac{2}{3}$	0	$\frac{1}{4}$
$p_{\cdot j}$	$\frac{1}{4}$	$\frac{2}{4}$	$\frac{1}{4}$	

（1）求在 $Y=3$ 的条件下，X 的分布函数；

（2）求在 $X=1$ 的条件下，Y 的分布函数.

3. 设二维正态分布 (X,Y) 的联合分布密度为

$$p(x,y)=\begin{cases}24(1-x)y, & 0<y<x<1,\\ 0, & \text{其他}.\end{cases}$$

求条件概率 $P\{X>0.75\mid y=0.5\}$.

4. 设二维随机变量 (X,Y) 的联合密度函数为

$$p(x,y)=\begin{cases}3x, & 0<x<1,0<y<x,\\ 0, & \text{其他}.\end{cases}$$

求条件分布密度 $p(y\mid x)$.

第二章补充习题讲解

所有人类特质都遵循正态分布.

——朗伯·阿道夫·雅克·凯特勒(Lambert Adolphe Jacques Quetelet)

第三章　随机变量的函数

§3.1　离散型随机变量的函数

1. 函数概念的引入

在实际工作中,经常要研究随机变量的函数. 例如,有若干株主干高度相同的杉树,从中任选一株,其胸径是随机变量,材积也是随机变量. 然而,胸径的值是测量得到的,材积的值是根据胸径的值,通过公式计算出来的,材积是一维随机变量(胸径)的函数.

如果杉树的主干高度也是随机变量,从中任选一株,胸径与主干高度的值都是测量得到的,材积的值是根据胸径与主干高度的值,通过公式计算出来的,那么,材积便是二维随机变量(胸径与主干高度)的函数.

一般说来,设 $y=f(x)$ 是一元函数,X 是随机变量. 当 X 取某一实数 x 时,如果另一个随机变量 Y 取函数 $y=f(x)$ 的值,则称 Y 是**一维随机变量 X 的函数**,记作 $Y=f(X)$.

设 $z=f(x,y)$ 是二元函数,(X,Y) 是随机变量. 当(X,Y) 取某一组实数(x,y) 时,如果另一个随机变量 Z 取函数 $z=f(x,y)$ 的值,则称 Z 是**二维随机变量(X,Y) 的函数**,记作 $Z=f(X,Y)$.

有必要研究的问题是:已知 X 的分布,怎样确定 $Y=f(X)$ 的分布? 或者说,当 X 是离散型随机变量时,已知 X 的分布律,怎样确定 $Y=f(X)$ 的分布律? 当 X 是连续型随机变量时,已知 X 的分布密度,怎样确定 $Y=f(X)$ 的分布密度? 同样地,已知(X,Y) 的分布,怎样确定 $Z=f(X,Y)$ 的分布? 或者说,当(X,Y) 是离散型随机变量时,已知(X,Y) 的分布律,怎样确定 $Z=f(X,Y)$ 的分布律? 当(X,Y) 是连续型随机变量时,已知(X,Y) 的分布密度,怎样确定 $Z=f(X,Y)$ 的分布密度?

2. 一维离散型随机变量的函数

对于一维离散型随机变量 X 的函数 $Y=f(X)$,已知 X 的分布律为 $P\{X=x_i\}=p_i$,因为

$$P\{X=x_i\}=P\{f(X)=f(x_i)\}=P\{Y=f(x_i)\}=p_i,$$

所以 Y 的分布律可由 X 的分布律写出.

步骤是:

(1) 由各个 $X=x_i$ 计算 $Y=f(x_i)$，根据 $P\{Y=f(x_i)\}=p_i$ 写出 Y 的分布律;

(2) 如果有多个 $f(x_i)$ 的数值相同，则将对应的 p_i 相加后再写出 Y 的分布律.

例 3.1.1 熟悉方法 若 X 的分布律为

X	−1	0	1	1.5
P	0.1	0.2	0.3	0.4

试求 $Y_1=2X-1, Y_2=X^2$ 的分布律.

解 $P\{Y_1=-3\}=P\{X=-1\}=0.1$,

$P\{Y_1=-1\}=P\{X=0\}=0.2$,

$P\{Y_1=1\}=P\{X=1\}=0.3$,

$P\{Y_1=2\}=P\{X=1.5\}=0.4$,

$$
\begin{aligned}
P\{Y_2=1\}&=P\{X^2=1\}\\
&=P\{X=-1\cup X=1\}\\
&=P\{X=-1\}+P\{X=1\}\\
&=0.1+0.3=0.4,
\end{aligned}
$$

$P\{Y_2=0\}=P\{X=0\}=0.2$,

$P\{Y_2=2.25\}=P\{X=1.5\}=0.4$.

以上计算过程也可列表表示为

X	−1	0	1	1.5
Y_1	−3	−1	1	2
Y_2	1	0	1	2.25
P	0.1	0.2	0.3	0.4

因此，所求的分布律依次是

Y_1	−3	−1	1	2
P	0.1	0.2	0.3	0.4

Y_2	0	1	2.25
P	0.2	0.4	0.4

3. 二维离散型随机变量的函数

对于二维离散型随机变量 (X,Y) 的函数 $Z=f(X,Y)$，已知 (X,Y) 的分布律为 $P\{X=x_i, Y=y_j\}=p_{ij}$，因为

$$P\{X=x_i,Y=y_j\}=P\{f(X,Y)=f(x_i,y_j)\}=P\{Z=f(x_i,y_j)\}=p_{ij},$$

所以 Z 的分布律可由 (X,Y) 的分布律写出.

步骤是:

(1) 由各组 $X=x_i, Y=y_i$ 计算 $Z=f(x_i,y_j)$，根据 $P\{Z=f(x_i,y_j)\}=p_{ij}$ 写出 Z 的分布律;

(2) 如果有多个 $f(x_i,y_j)$ 的数值相同，则将对应的 p_{ij} 相加后再写出 Z 的分布律.

对于 n 维离散型随机变量的函数,可类似地确定它的分布律.

例 3.1.2　熟悉方法　若(X,Y)的分布律为

X	Y		
	-1	0	1
-1	0.3	0.2	0
1	0	0.4	0.1

试求 $Z_1=2X-Y,Z_2=XY$ 的分布律.

解　略去概率为 0 的列,计算 Z_1,Z_2 的分布律的过程列表表示为

(X,Y)	$(-1,-1)$	$(-1,0)$	$(1,0)$	$(1,1)$
Z_1	-1	-2	2	1
Z_2	1	0	0	1
P	0.3	0.2	0.4	0.1

因此,所求的分布律依次是

Z_1	-2	-1	1	2
P	0.2	0.3	0.1	0.4

Z_2	0	1
P	0.6	0.4

4. 重要的结论

(1) 若 X 与 Y 相互独立且都服从 $B(1,p)$,则 $X+Y\sim B(2,p)$.

证明　X 与 Y 的分布律分别是

X	0	1
P	$1-p$	p

Y	0	1
P	$1-p$	p

根据 X 与 Y 相互独立得到

$$P\{X=0,Y=0\}=P\{X=0\}P\{Y=0\}=(1-p)^2,$$
$$P\{X=0,Y=1\}=P\{X=0\}P\{Y=1\}=p(1-p),$$
$$P\{X=1,Y=0\}=P\{X=1\}P\{Y=0\}=p(1-p),$$
$$P\{X=1,Y=1\}=P\{X=1\}P\{Y=1\}=p^2,$$

即

X	Y	
	0	1
0	$(1-p)^2$	$p(1-p)$
1	$p(1-p)$	p^2

因此,$X+Y$ 的分布律是

$X+Y$	0	1	2
P	$(1-p)^2$	$2p(1-p)$	p^2

或 $P\{X+Y=k\}=\mathrm{C}_2^k p^k(1-p)^{2-k}, k=0,1,2.$

此分布律说明:若 X 与 Y 相互独立且都服从 $B(1,p)$,则 $X+Y\sim B(2,p)$.

(2) 若 $X_1,X_2,\cdots,X_n$ 相互独立且都服从 $B(1,p)$,则 $\sum\limits_{i=1}^{n}X_i\sim B(n,p)$.

证明 由于每个 $X_i(i=1,2,\cdots,n)$ 只能取 0 或 1,且 $P\{X_i=0\}=1-p, P\{X_i=1\}=p$,因此 $\sum\limits_{i=1}^{n}X_i$ 只能取 $0,1,2,\cdots,n$. 当 $\sum\limits_{i=1}^{n}X_i$ 取这些数字中的某一个数字 k 时,$X_1,X_2,\cdots,X_n$ 之中便恰好有 k 个取 1 而其余的 $n-k$ 个取 0. 考虑到 $X_1,X_2,\cdots,X_n$ 之中恰好有 k 个取 1 而其余的 $n-k$ 个取 0 的方式有 C_n^k 种,各种方式两两互不相容,故根据 $X_1,X_2,\cdots,X_n$ 相互独立的假定,得到

$$P\left\{\sum_{i=1}^{n}X_i=k\right\}=\mathrm{C}_n^k p^k(1-p)^{n-k},\quad \sum_{i=1}^{n}X_i\sim B(n,p).$$

(3) 若 X 与 Y 相互独立且 $X\sim B(n,p), Y\sim B(m,p)$,则

$$X+Y\sim B(n+m,p).$$

证法 1 设 $Z_1,Z_2,\cdots,Z_n,Z_{n+1},Z_{n+2},\cdots,Z_{n+m}$ 相互独立且都服从 $B(1,p)$,

$$X=Z_1+Z_2+\cdots+Z_n, Y=Z_{n+1}+Z_{n+2}+\cdots+Z_{n+m},$$

则根据多个及两组随机变量相互独立的性质和上面的结论,$Z_1,Z_2,\cdots,Z_n$ 与 $Z_{n+1},Z_{n+2},\cdots,Z_{n+m}$ 相互独立,X 与 Y 相互独立且 $X\sim B(n,p), Y\sim B(m,p)$,

$$X+Y=Z_1+Z_2+\cdots+Z_n+Z_{n+1}+Z_{n+2}+\cdots+Z_{n+m}\sim B(n+m,p).$$

证法 2 设 X 与 Y 的分布律分别是

$$P\{X=i\}=\mathrm{C}_n^i p^i(1-p)^{n-i}, P\{Y=j\}=\mathrm{C}_m^j p^j(1-p)^{m-j},$$

$$\begin{aligned}
P\{X+Y=k\}&=\sum_{i=0}^{k}P\{X=i\}P\{Y=k-i\}\\
&=\sum_{i=0}^{k}\mathrm{C}_n^i p^i(1-p)^{n-i}\mathrm{C}_m^{k-i}p^{k-i}(1-p)^{m-k+i}\\
&=\sum_{i=0}^{k}\mathrm{C}_n^i\mathrm{C}_m^{k-i}p^k(1-p)^{n+m-k}\\
&=p^k(1-p)^{n+m-k}\sum_{i=0}^{k}\mathrm{C}_n^i\mathrm{C}_m^{k-i}\\
&=\mathrm{C}_{n+m}^k p^k(1-p)^{n+m-k},
\end{aligned}$$

这里用到组合数的计算公式 $\sum\limits_{i=0}^{k}\mathrm{C}_n^i\mathrm{C}_m^{k-i}=\mathrm{C}_{n+m}^k$. 因此,若 X 与 Y 相互独立且$X\sim B(n,p), Y\sim B(m,p)$,则 $X+Y\sim B(n+m,p)$.

(4) 若 X 与 Y 相互独立且 $X\sim P(\lambda_1), Y\sim P(\lambda_2)$,则 $X+Y\sim P(\lambda_1+\lambda_2)$.

证明 设 X 与 Y 的分布律分别是

$$P\{X=i\}=\frac{\lambda_1^i\mathrm{e}^{-\lambda_1}}{i!}, P\{Y=j\}=\frac{\lambda_2^j\mathrm{e}^{-\lambda_2}}{j!},\quad i,j=0,1,2,\cdots,$$

$$\begin{aligned}P\{X+Y=k\} &= \sum_{i=0}^{k} P\{X=i\}P\{Y=k-i\}\\ &= \sum_{i=0}^{k} \frac{\lambda_1^i e^{-\lambda_1}}{i!}\cdot\frac{\lambda_2^{k-i}e^{-\lambda_2}}{(k-i)!}\\ &= \frac{e^{-(\lambda_1+\lambda_2)}}{k!}\sum_{i=0}^{k}\frac{k!}{i!\,(k-i)!}\lambda_1^i\lambda_2^{k-i}\\ &= \frac{(\lambda_1+\lambda_2)^k}{k!}e^{-(\lambda_1+\lambda_2)},\end{aligned}$$

这里用到二项式$(\lambda_1+\lambda_2)^k$的展开式. 因此,若 X 与 Y 相互独立且 $X\sim P(\lambda_1)$,$Y\sim P(\lambda_2)$,则 $X+Y\sim P(\lambda_1+\lambda_2)$.

5. min(X,Y) 及 max(X,Y) 的分布律

当随机变量 X 与 Y 取值后,记 X 与 Y 所取的值为 x 与 y,则 $M_1=\min(X,Y)$ 表示 M_1 取 x 与 y 中较小的数值,$M_2=\max(X,Y)$ 表示 M_2 取 x 与 y 中较大的数值,M_1 与 M_2 也是 X 与 Y 的函数. 当 X 与 Y 是离散型随机变量时,可按第 3 段中的方法求它们的分布律.

在例 3. 1. 2 中,计算 $M_1=\min(X,Y)$ 与 $M_2=\max(X,Y)$ 的分布律的过程可列表表示为

(X,Y)	$(-1,-1)$	$(-1,0)$	$(1,0)$	$(1,1)$
$\min(X,Y)$	-1	-1	0	1
$\max(X,Y)$	-1	0	1	1
P	0. 3	0. 2	0. 4	0. 1

因此,所求的分布律依次是

M_1	-1	0	1
P	0. 5	0. 4	0. 1

M_2	-1	0	1
P	0. 3	0. 2	0. 5

*6. 补充资料

(1) 熟悉方法 设随机变量 X 的分布律如下,试求 $Y=\sin\left(\frac{X\pi}{2}\right)$ 的分布律,式中的 $X=1,2,\cdots,n,\cdots$.

X	1	2	$\cdots$	n	$\cdots$
P	$\frac{1}{2}$	$\left(\frac{1}{2}\right)^2$	$\cdots$	$\left(\frac{1}{2}\right)^n$	$\cdots$

解 因为

$$\sin\left(\frac{x\pi}{2}\right)=\begin{cases}-1, & \text{当 } x=4k-1 \text{ 时},\\ 0, & \text{当 } x=2k \text{ 时},\\ 1, & \text{当 } x=4k-3 \text{ 时},\end{cases}$$

其中 $k=1,2,\cdots$. 所以 Y 只取三个数值,且

$$P\{Y=-1\}=\left(\frac{1}{2}\right)^{3}+\left(\frac{1}{2}\right)^{7}+\left(\frac{1}{2}\right)^{11}+\cdots=\frac{2}{15},$$

$$P\{Y=0\}=\left(\frac{1}{2}\right)^{2}+\left(\frac{1}{2}\right)^{4}+\left(\frac{1}{2}\right)^{6}+\cdots=\frac{1}{3},$$

$$P\{Y=1\}=\frac{1}{2}+\left(\frac{1}{2}\right)^{5}+\left(\frac{1}{2}\right)^{9}+\cdots=\frac{8}{15}.$$

$Y=\sin\left(\frac{X\pi}{2}\right)$ 的分布律为

Y	-1	0	1
P	$\frac{2}{15}$	$\frac{1}{3}$	$\frac{8}{15}$

(2) 熟悉方法 设离散型随机变量 X 与 Y 相互独立,其分布律为

$$P\{X=n\}=P\{Y=n\}=\left(\frac{1}{2}\right)^{n}\quad(n=1,2,\cdots),$$

试求 $X+Y$ 的分布律.

解 $$P\{X+Y=n\}=\sum_{k=1}^{n-1}P\{X=k\}P\{Y=n-k\}$$

$$=\sum_{k=1}^{n-1}\frac{1}{2^{k}}\frac{1}{2^{n-k}}=\sum_{k=1}^{n-1}\frac{1}{2^{n}}=\frac{n-1}{2^{n}}\qquad(n=2,3,\cdots).$$

(3) 熟悉方法 设 X 与 Y 相互独立且都服从 $B(1,p)$,令

$$Z=\begin{cases}1, & X+Y=0\text{ 或 }X+Y=2;\\0, & X+Y=1.\end{cases}$$

试求 p 的数值使 X 与 Z 相互独立.

解 $X+Y$ 的分布律是

$X+Y$	$0+0$	$0+1$	$1+0$	$1+1$
P	$(1-p)^2$	$p(1-p)$	$p(1-p)$	p^2

因此

$$P\{Z=1\}=P\{X+Y=0\}+P\{X+Y=2\}=(1-p)^2+p^2,$$
$$P\{Z=0\}=P\{X+Y=1\}=2p(1-p).$$

(X,Z) 的分布律是

X	Z		$p_{i\cdot}$
	0	1	
0	$p(1-p)$	$(1-p)^2$	$1-p$
1	$p(1-p)$	p^2	p
$p_{\cdot j}$	$2p(1-p)$	$(1-p)^2+p^2$	

为了使 X 与 Z 相互独立,由 $p(1-p)=2p(1-p)(1-p)$ 解出 $p=\frac{1}{2}$,此时 (X,Z) 的分布律是

X	Z		$p_{i\cdot}$
	0	1	
0	$\frac{1}{4}$	$\frac{1}{4}$	$\frac{1}{2}$
1	$\frac{1}{4}$	$\frac{1}{4}$	$\frac{1}{2}$
$p_{\cdot j}$	$\frac{1}{2}$	$\frac{1}{2}$	

经验证,X 与 Z 相互独立.

(4) 熟悉方法 设 X 与 Y 相互独立,且 $X \sim P(\lambda_1)$,$Y \sim P(\lambda_2)$,求证:

$$P\{X = k \mid X + Y = n\} = C_n^k\left(\frac{\lambda_1}{\lambda_1 + \lambda_2}\right)^k\left(\frac{\lambda_2}{\lambda_1 + \lambda_2}\right)^{n-k}.$$

解

$$P\{X = k \mid X + Y = n\} = \frac{P\{X = k, X + Y = n\}}{P\{X + Y = n\}},$$

$$X + Y \sim P(\lambda_1 + \lambda_2), \quad P\{X + Y = n\} = \frac{(\lambda_1 + \lambda_2)^n e^{-(\lambda_1+\lambda_2)}}{n!},$$

$$\begin{aligned} P\{X = k, X + Y = n\} &= P\{X = k, Y = n - k\} \\ &= P\{X = k\}P\{Y = n - k\} \\ &= \frac{\lambda_1^k e^{-\lambda_1}}{k!}\ \frac{\lambda_2^{n-k} e^{-\lambda_2}}{(n-k)!}, \end{aligned}$$

因此

$$P\{X = k \mid X + Y = n\} = C_n^k\left(\frac{\lambda_1}{\lambda_1 + \lambda_2}\right)^k\left(\frac{\lambda_2}{\lambda_1 + \lambda_2}\right)^{n-k},$$

式中的 $C_n^k = \dfrac{n!}{k!\ (n-k)!}$.

习 题 3.1

1. 设 X 的分布律如下,试写出 $Y_1 = X - 2$ 及 $Y_2 = (X - 2)^2$ 的分布律.

X	1	2	3	4
P	0.1	0.2	0.3	0.4

2. 袋中装有3个球,分别标有数字1,2,2,从袋中任取一球并记录球上的数字 X 后,放在旁边再任取一球并记录球上的数字 Y,试求 $Z_1 = X + Y$ 及 $Z_2 = X - Y$ 的分布律.

3. 设 X 与 Y 相互独立且 $P\{X = k\} = \dfrac{a}{k}$,$P\{Y = -k\} = \dfrac{b}{k^2}$,$k = 1,2$, 试求 $X + Y$ 的分布律.

4. 某商店每周星期五进货若干供周末两天销售. 如果星期六的销售量为 X 万元,星期日的销售量为 Y 万元,且 X 与 Y 相互独立,分布律如下:

X	13	14	15
P	0.3	0.6	0.1

Y	10	11	12
P	0.2	0.7	0.1

① 试求周末两天销售总量的分布律;② 如果进货25万,试计算供不应求的概率;③ 如果进货24万,试计算供大于求的概率.

5. 若X与Y相互独立,且$P\{X=1\}=P\{X=2\}=0.5$,$P\{Y=1\}=P\{Y=2\}=0.5$,试求$Z_1=X+Y$及$Z_2=2X$的分布律,说明Z_1与Z_2的分布律有什么不同?

6. 设(X,Y)的分布律如下,试求$Z_1=\max\{X,Y\}$及$Z_2=\min\{X,Y\}$的分布律.

X	Y	
	1	2
1	0	$\frac{1}{3}$
2	$\frac{1}{3}$	$\frac{1}{3}$

7. 设(X,Y)的分布律如下,试求$Z_1=\max\{X,Y\}$及$Z_2=\min\{X,Y\}$的分布律.

X	Y	
	1	2
1	$\frac{1}{9}$	$\frac{2}{9}$
2	$\frac{2}{9}$	$\frac{4}{9}$

8. 设随机变量X_1和X_2相互独立,且$P\{X_i=k\}=\frac{1}{3}(i=1,2;k=1,2,3)$,记随机变量$Y_1=\max\{X_1,X_2\}$,$Y_2=\min\{X_1,X_2\}$,试判定$Y_1$和$Y_2$是否相互独立?

习题3.1部分解答

§3.2　连续型随机变量的函数

1. 一维连续型随机变量的函数

对于一维连续型随机变量X的函数$Y=f(X)$,已知X的分布密度为$p(x)$时,可用分布函数法,先求Y的分布函数$F_Y(y)$,再求Y的分布密度$p_Y(y)$.

方法是:

(1) 先求Y的分布函数:将$F_Y(y)=P\{Y\leqslant y\}=P\{f(X)\leqslant y\}$表示为

$$P\{X \leqslant h(y)\} = \int_{-\infty}^{h(y)} p(x)\,\mathrm{d}x$$

或

$$P\{g(y) \leqslant X \leqslant h(y)\} = \int_{g(y)}^{h(y)} p(x)\,\mathrm{d}x;$$

(2) 将分布函数 $F_Y(y)$ 对 y 求导数,即可得到 $p_Y(y)$.

例 3.2.1 熟悉方法 若 $X \sim N(\mu,\sigma^2)$,试证明 $Y=\dfrac{X-\mu}{\sigma} \sim N(0,1)$.

证明 $X \sim N(\mu,\sigma^2)$,X 的分布密度

$$p(x) = \frac{1}{\sqrt{2\pi}\,\sigma}\mathrm{e}^{-\frac{(x-\mu)^2}{2\sigma^2}},$$

Y 的分布函数

$$\begin{aligned} F_Y(y) &= P\{Y \leqslant y\} = P\left\{\frac{X-\mu}{\sigma} \leqslant y\right\} \\ &= P\{X \leqslant \sigma y + \mu\} = \frac{1}{\sqrt{2\pi}\,\sigma}\int_{-\infty}^{\sigma y+\mu} \mathrm{e}^{-\frac{(x-\mu)^2}{2\sigma^2}}\,\mathrm{d}x, \end{aligned}$$

Y 的分布密度

$$p_Y(y) = F'_Y(y) = \frac{1}{\sqrt{2\pi}}\mathrm{e}^{-\frac{y^2}{2}},$$

因此 $Y=\dfrac{X-\mu}{\sigma} \sim N(0,1)$.

$Y=\dfrac{X-\mu}{\sigma}$ 被称为标准化变换.当 $X \sim N(\mu,\sigma^2)$ 时,要求 $P\{X \leqslant x\}$,便要先作标准化变换,再查标准正态分布的分布函数值表.

2. 二维连续型随机变量的函数

对于二维连续型随机变量 (X,Y) 的函数 $Z=f(X,Y)$,已知 (X,Y) 的分布密度为 $p(x,y)$ 时,也可用分布函数法,先求 Z 的分布函数 $F_Z(z)$,再求 Z 的分布密度 $p_Z(z)$.

方法是:

(1) 先求 Z 的分布函数:

$$\begin{aligned} F_Z(z) &= P\{Z \leqslant z\} = P\{f(X,Y) \leqslant z\} \\ &= P\{(X,Y) \in D_Z\} = \iint_{D_Z} p(x,y)\,\mathrm{d}\sigma_{xy}, \end{aligned}$$

式中的 D_Z 是由 $f(x,y) \leqslant z$ 所确定的平面区域;

(2) 将分布函数 $F_Z(z)$ 对 z 求导数,即可得到 $P_Z(z)$.

例 3.2.2 熟悉方法 若 (X,Y) 的分布密度为 $p(x,y)$,则 $Z=X+Y$ 的分布密度

$$p_Z(z) = \int_{-\infty}^{+\infty} p(x,z-x)\,\mathrm{d}x.$$

证明 Z 的分布函数

$$F_Z(z)=P\{Z\leqslant z\}=P\{X+Y\leqslant z\}$$
$$=\iint\limits_{D_Z}p(x,y)\,\mathrm{d}\sigma_{xy},$$

式中的 D_Z 是由 $x+y\leqslant z$ 所确定的平面区域(图 3.1),化为二次积分后,

$$F_Z(z)=\int_{-\infty}^{+\infty}\left[\int_{-\infty}^{z-x}p(x,y)\,\mathrm{d}y\right]\mathrm{d}x.$$

为求 $p_Z(z)$,先令 $u=x+y$,用换元积分法得到

$$F_Z(z)=\int_{-\infty}^{+\infty}\left[\int_{-\infty}^{z}p(x,u-x)\,\mathrm{d}u\right]\mathrm{d}x,$$

再交换积分次序便得到变上限的定积分

$$F_Z(z)=\int_{-\infty}^{z}\left[\int_{-\infty}^{+\infty}p(x,u-x)\,\mathrm{d}x\right]\mathrm{d}u,$$

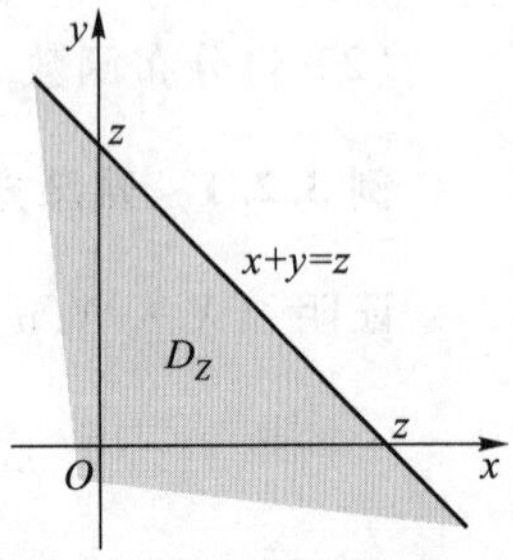

图 3.1 例 3.2.2 中区域 D_Z 示意图

因此,Z 的分布密度

$$p_Z(z)=F_Z'(z)=\int_{-\infty}^{+\infty}p(x,z-x)\,\mathrm{d}x.$$

由于 $Z=X+Y$ 中 X 与 Y 的对称性,Z 的分布密度又可写成

$$p_Z(z)=\int_{-\infty}^{+\infty}p(z-y,y)\,\mathrm{d}y.$$

当 X 与 Y 相互独立时,若 $p(x,y)$ 关于 X,Y 的边缘分布密度分别为 $p_X(x),p_Y(y)$,则 $Z=X+Y$ 的分布密度

$$p_Z(z)=\int_{-\infty}^{+\infty}p_X(x)p_Y(z-x)\,\mathrm{d}x$$

或

$$p_Z(z)=\int_{-\infty}^{+\infty}p_X(z-y)p_Y(y)\,\mathrm{d}y,$$

这两个公式又称为**卷积公式**.

例 3.2.3 商品销售 设某种商品一周的销售量 X(单位:件)是随机变量,其分布密度

$$p_X(x)=\begin{cases}x\mathrm{e}^{-x}, & x>0,\\ 0, & \text{其他}.\end{cases}$$

如果各周的销售量相互独立,且第一周的销售量为 X_1,第二周的销售量为 X_2,试求这两周销售量的和 $Z=X_1+X_2$ 的分布密度.

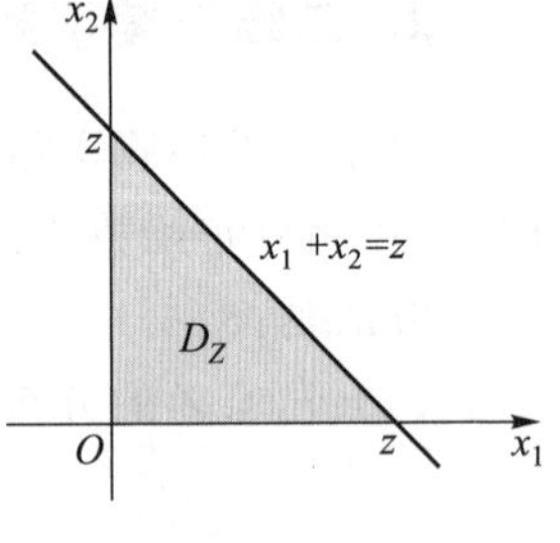

图 3.2 例 3.2.3 中区域 D_Z 示意图

解 设 X_1 与 X_2 的分布密度分别是

$$p_{X_1}(x_1)=\begin{cases}x_1\mathrm{e}^{-x_1}, & x_1>0,\\ 0, & \text{其他},\end{cases}$$

$$p_{X_2}(x_2)=\begin{cases}x_2\mathrm{e}^{-x_2}, & x_2>0,\\ 0, & \text{其他}.\end{cases}$$

X_1 与 X_2 相互独立,积分区域 D_Z 如图 3.2 所示.根据卷积公式,$Z=X_1+X_2$ 的分布密度

$$p_Z(z)=\int_{-\infty}^{+\infty}p_{X_1}(x_1)p_{X_2}(z-x_1)\,\mathrm{d}x_1.$$

当 $z\leqslant 0$ 时,$p_Z(z)=0$;

当 $z>0$ 时,

$$p_Z(z)=\int_0^z x_1(z-x_1)\mathrm{e}^{-z}\mathrm{d}x_1=\frac{z^3\mathrm{e}^{-z}}{6}.$$

因此

$$p_Z(z)=\begin{cases}\dfrac{z^3\mathrm{e}^{-z}}{6}, & z>0.\\ 0, & \text{其他}.\end{cases}$$

3. 正态随机变量的线性函数的分布

服从正态分布的随机变量可以简称为正态随机变量.关于正态随机变量的线性函数,有以下三个经常会用到的结论:

结论 1 若 $X\sim N(\mu,\sigma^2)$,则 $Y=\dfrac{X-\mu}{\sigma}\sim N(0,1)$.

结论 2 若 $X\sim N(\mu,\sigma^2)$,则 $Y=kX+b\sim N(k\mu+b,k^2\sigma^2)(k\neq 0)$.

证明 X 的分布密度

$$p_X(x)=\frac{1}{\sqrt{2\pi}\sigma}\mathrm{e}^{-\frac{(x-\mu)^2}{2\sigma^2}},$$

Y 的分布函数

$$F_Y(y)=P\{Y\leqslant y\}=P\{kX+b\leqslant y\}.$$

当 $k>0$ 时,

$$F_Y(y)=P\left\{X\leqslant\frac{y-b}{k}\right\}=\frac{1}{\sqrt{2\pi}\sigma}\int_{-\infty}^{\frac{y-b}{k}}\mathrm{e}^{-\frac{(x-\mu)^2}{2\sigma^2}}\mathrm{d}x,$$

Y 的分布密度

$$p_Y(y)=F'_Y(y)=\frac{1}{\sqrt{2\pi}k\sigma}\mathrm{e}^{-\frac{[y-(k\mu+b)]^2}{2(k\sigma)^2}}.$$

当 $k<0$ 时,

$$F_Y(y)=P\left\{X\geqslant\frac{y-b}{k}\right\}=1-\frac{1}{\sqrt{2\pi}\sigma}\int_{-\infty}^{\frac{y-b}{k}}\mathrm{e}^{-\frac{(x-\mu)^2}{2\sigma^2}}\mathrm{d}x,$$

Y 的分布密度

$$p_Y(y)=F'_Y(y)=\frac{1}{\sqrt{2\pi}(-k\sigma)}\mathrm{e}^{-\frac{[y-(k\mu+b)]^2}{2(k\sigma)^2}}.$$

因此 $Y=kX+b\sim N(k\mu+b,k^2\sigma^2)$.

结论 3 若 X 与 Y 相互独立,且 $X\sim N(\mu_1,\sigma_1^2)$,$Y\sim N(\mu_2,\sigma_2^2)$,则

$$Z=X+Y\sim N(\mu_1+\mu_2,\sigma_1^2+\sigma_2^2).$$

证明 X 与 Y 的分布密度

$$p_X(x)=\frac{1}{\sqrt{2\pi}\sigma_1}\mathrm{e}^{-\frac{(x-\mu_1)^2}{2\sigma_1^2}},$$

$$p_Y(y)=\frac{1}{\sqrt{2\pi}\sigma_2}e^{-\frac{(y-\mu_2)^2}{2\sigma_2^2}},$$

X 与 Y 相互独立,根据卷积公式,$Z=X+Y$ 的分布密度

$$p_Z(z)=\int_{-\infty}^{+\infty}p_X(x)p_Y(z-x)\mathrm{d}x=\frac{1}{2\pi\sigma_1\sigma_2}\int_{-\infty}^{+\infty}e^{-\frac{1}{2}\left[\frac{(x-\mu_1)^2}{\sigma_1^2}+\frac{(z-x-\mu_2)^2}{\sigma_2^2}\right]}\mathrm{d}x.$$

令 $w=x-\mu_1, v=z-\mu_1-\mu_2$,则 $v-w=z-x-\mu_2, \mathrm{d}x=\mathrm{d}w$,

$$\begin{aligned}&\frac{(x-\mu_1)^2}{\sigma_1^2}+\frac{(z-x-\mu_2)^2}{\sigma_2^2}\\&=\frac{w^2}{\sigma_1^2}+\frac{(v-w)^2}{\sigma_2^2}=\frac{w^2\sigma_2^2}{\sigma_1^2\sigma_2^2}+\frac{(v^2-2vw+w^2)\sigma_1^2}{\sigma_1^2\sigma_2^2}\\&=\frac{w^2(\sigma_1^2+\sigma_2^2)}{\sigma_1^2\sigma_2^2}+\frac{v^2-2vw}{\sigma_2^2}\\&=\left(\frac{w\sqrt{\sigma_1^2+\sigma_2^2}}{\sigma_1\sigma_2}-\frac{\sigma_1 v}{\sigma_2\sqrt{\sigma_1^2+\sigma_2^2}}\right)^2+\frac{v^2}{\sigma_2^2}\left(1-\frac{\sigma_1^2}{\sigma_1^2+\sigma_2^2}\right)\\&=t^2+\frac{v^2}{\sigma_1^2+\sigma_2^2},\end{aligned}$$

式中的 $t=\dfrac{w\sqrt{\sigma_1^2+\sigma_2^2}}{\sigma_1\sigma_2}-\dfrac{\sigma_1 v}{\sigma_2\sqrt{\sigma_1^2+\sigma_2^2}}, \mathrm{d}t=\dfrac{\sqrt{\sigma_1^2+\sigma_2^2}}{\sigma_1\sigma_2}\mathrm{d}w$,

$$p_Z(z)=\frac{1}{2\pi\sqrt{\sigma_1^2+\sigma_2^2}}e^{-\frac{v^2}{2(\sigma_1^2+\sigma_2^2)}}\int_{-\infty}^{+\infty}e^{-\frac{t^2}{2}}\mathrm{d}t=\frac{1}{\sqrt{2\pi}\sqrt{\sigma_1^2+\sigma_2^2}}e^{-\frac{(z-\mu_1-\mu_2)^2}{2(\sigma_1^2+\sigma_2^2)}},$$

因此 $Z=X+Y\sim N(\mu_1+\mu_2,\sigma_1^2+\sigma_2^2)$.

作为特殊情形,若 X 与 Y 相互独立,且 $X\sim N(0,1), Y\sim N(0,1)$,则 $X+Y\sim N(0,2)$.

推论　若 $X_1,X_2,\cdots,X_n$ 相互独立,且依次服从 $N(\mu_1,\sigma_1^2),N(\mu_2,\sigma_2^2),\cdots,N(\mu_n,\sigma_n^2)$,则 $\sum\limits_{i=1}^{n}X_i\sim N\left(\sum\limits_{i=1}^{n}\mu_i,\sum\limits_{i=1}^{n}\sigma_i^2\right)$.

此推论被称之为正态分布的可加性.

常用的分布中,二项分布、Poisson 分布与正态分布都具有可加性,请注意可加性的内涵.

Y 与 Z 相互独立	二项分布	Poisson 分布	正态分布
Y	$B(n,p)$	$P(\lambda_1)$	$N(\mu_1,\sigma_1^2)$
Z	$B(m,p)$	$P(\lambda_2)$	$N(\mu_2,\sigma_2^2)$
$Y+Z$	$B(n+m,p)$	$P(\lambda_1+\lambda_2)$	$N(\mu_1+\mu_2,\sigma_1^2+\sigma_2^2)$

4. 正态随机变量的二次函数的分布

例 3.2.4　熟悉方法　若 $X \sim N(0,1)$，试求 $Y = X^2$ 的分布密度.

解　X 的分布密度

$$p(x) = \frac{1}{\sqrt{2\pi}} e^{-\frac{x^2}{2}},$$

Y 的分布函数

$$F_Y(y) = P\{Y \leqslant y\} = P\{X^2 \leqslant y\}.$$

当 $y \leqslant 0$ 时，

$$F_Y(y) = 0, \quad p_Y(y) = 0;$$

当 $y > 0$ 时，

$$F_Y(y) = P\{-\sqrt{y} \leqslant X \leqslant \sqrt{y}\} = \frac{1}{\sqrt{2\pi}} \int_{-\sqrt{y}}^{\sqrt{y}} e^{-\frac{x^2}{2}} dx = \frac{2}{\sqrt{2\pi}} \int_0^{\sqrt{y}} e^{-\frac{x^2}{2}} dx,$$

因此 Y 的分布密度

$$p_Y(y) = \begin{cases} \dfrac{1}{\sqrt{2\pi y}} e^{-\frac{y}{2}}, & y > 0, \\ 0, & \text{其他}. \end{cases}$$

例 3.2.5　熟悉方法　若 X, Y 相互独立且都服从 $N(0,1)$，试求 $Z = X^2 + Y^2$ 的分布函数.

解　X 与 Y 的分布密度

$$p_X(x) = \frac{1}{\sqrt{2\pi}} e^{-\frac{x^2}{2}},$$

$$p_Y(y) = \frac{1}{\sqrt{2\pi}} e^{-\frac{y^2}{2}},$$

由于 X 与 Y 相互独立，(X,Y) 的分布密度

$$p(x,y) = p_X(x) p_Y(y) = \frac{1}{2\pi} e^{-\frac{x^2+y^2}{2}},$$

Z 的分布函数

$$F_Z(z) = P\{Z \leqslant z\} = P\{X^2 + Y^2 \leqslant z\}.$$

当 $z \leqslant 0$ 时，

$$F_Z(z) = 0,\ p_Z(z) = 0;$$

当 $z > 0$ 时，

$$F_Z(z) = \iint\limits_{D_Z} \frac{1}{2\pi} e^{-\frac{x^2+y^2}{2}} d\sigma_{xy},$$

式中的 D_Z 是由 $x^2 + y^2 \leqslant z$ 所决定的区域(图 3.3).

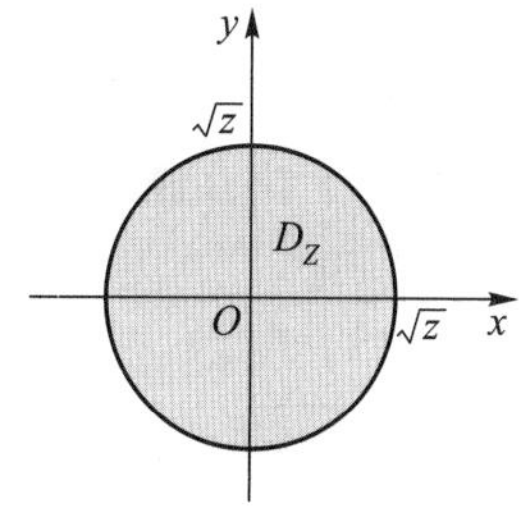

图 3.3　例 3.2.5 中区域 D_Z 示意图

将上述二重积分化为极坐标系中的二次积分，得到

$$F_Z(z) = \int_0^{2\pi} \left(\int_0^{\sqrt{z}} \frac{1}{2\pi} e^{-\frac{r^2}{2}} r dr \right) d\theta = \int_0^{\sqrt{z}} r e^{-\frac{r^2}{2}} dr,$$

因此 Z 的分布密度

$$p_Z(z)=\begin{cases}\dfrac{1}{2}\mathrm{e}^{-\frac{z}{2}}, & z>0,\\ 0, & 其他.\end{cases}$$

5. min(X,Y) 及 max(X,Y) 的分布密度

当 X 与 Y 是连续型随机变量,且 X 与 Y 的分布密度 $p(x,y)$ 已知时,可用分布函数法求 $M_1=\min(X,Y)$ 与 $M_2=\max(X,Y)$ 的分布密度.

$$\begin{aligned}F_{M_1}(z)&=P\{M_1\leqslant z\}=P\{\min(X,Y)\leqslant z\}\\&=1-P\{\min(X,Y)>z\}\\&=1-P\{X>z,Y>z\}=1-\iint\limits_{D_Z}p(x,y)\,\mathrm{d}\sigma_{xy},\end{aligned}$$

式中的 D_Z 是由 $x>z,y>z$ 所决定的区域.

$$\begin{aligned}F_{M_2}(z)&=P\{M_2\leqslant z\}=P\{\max(X,Y)\leqslant z\}\\&=P\{X\leqslant z,Y\leqslant z\}=\iint\limits_{D_Z}p(x,y)\,\mathrm{d}\sigma_{xy},\end{aligned}$$

式中的 D_Z 是由 $x\leqslant z,y\leqslant z$ 所决定的区域.

若 X 与 Y 相互独立,X 的分布函数为 $F_X(x)$,Y 的分布函数为 $F_Y(y)$,则

$$F_{M_1}(z)=1-P\{X>z\}P\{Y>z\}=1-[1-F_X(z)][1-F_Y(z)],$$

$$F_{M_2}(z)=P\{X\leqslant z\}P\{Y\leqslant z\}=F_X(z)F_Y(z),$$

分别对 z 求导数,即可得到 $p_{M_1}(z)$ 和 $p_{M_2}(z)$.

例 3.2.6 系统管理 设某系统 L 由两个独立工作的子系统 L_1 与 L_2 连接而成. 已知 L_1 与 L_2 的寿命(单位:年)为 X 与 Y,它们的分布密度

$$p_X(x)=\begin{cases}\alpha\mathrm{e}^{-\alpha x} & x>0,\\ 0, & 其他,\end{cases}\qquad p_Y(y)=\begin{cases}\beta\mathrm{e}^{-\beta y}, & y>0,\\ 0, & 其他,\end{cases}$$

式中的 $\alpha\neq\beta$,如图 3.4 至图 3.6 所示,L_1 与 L_2 连接的方式有 ① 串联,② 并联,③ 留 L_2 备用,若系统 L 的寿命为 Z,试求 Z 的分布密度. 若 $\alpha=0.1,\beta=0.2$,试求 $P\{Z>10\}$.

解 X 与 Y 的分布函数

$$F_X(x)=\begin{cases}1-\mathrm{e}^{-\alpha x}, & x>0,\\ 0, & 其他,\end{cases}\qquad F_Y(y)=\begin{cases}1-\mathrm{e}^{-\beta y}, & y>0,\\ 0, & 其他.\end{cases}$$

① L_1 与 L_2 以串联方式相连接时,只要有一个损坏,系统 L 便停止工作,$Z=\min(X,Y)$ 且 X 与 Y 相互独立,

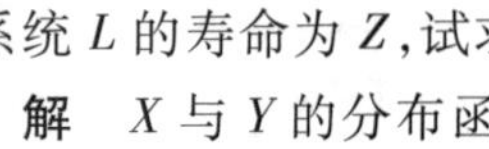

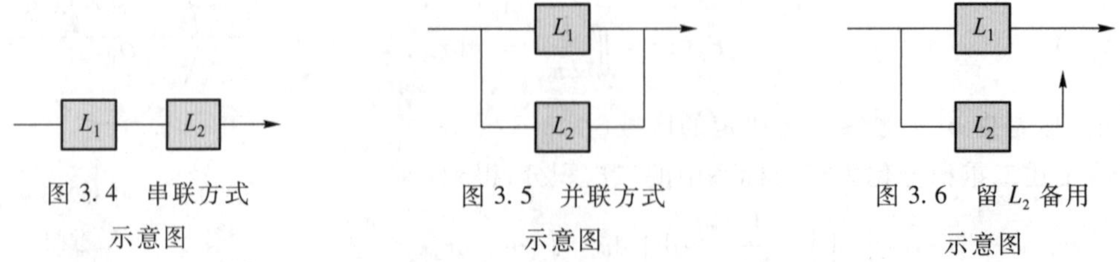

图 3.4 串联方式示意图

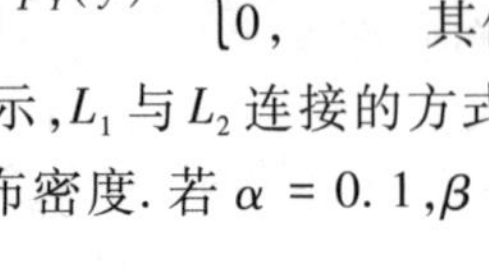

图 3.5 并联方式示意图

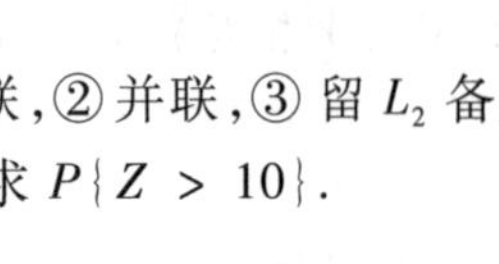

图 3.6 留 L_2 备用示意图

$$F_Z(z) = 1 - [1 - F_X(z)][1 - F_Y(z)] = \begin{cases} 1 - e^{-(\alpha+\beta)z}, & z > 0, \\ 0, & \text{其他}, \end{cases}$$

$$p_Z(z) = \begin{cases} (\alpha + \beta)e^{-(\alpha+\beta)z}, & z > 0, \\ 0, & \text{其他}, \end{cases}$$

$$P\{Z > 10\} = 1 - F_Z(10) = e^{-3} \approx 0.050.$$

② L_1 与 L_2 以并联方式相连接时,只有它们都损坏,系统 L 才停止工作,$Z = \max(X,Y)$ 且 X 与 Y 相互独立,

$$F_Z(z) = F_X(z)F_Y(z) = \begin{cases} (1 - e^{-\alpha z})(1 - e^{-\beta z}), & z > 0, \\ 0, & \text{其他}, \end{cases}$$

$$p_Z(z) = \begin{cases} \alpha e^{-\alpha z} + \beta e^{-\beta z} - (\alpha + \beta)e^{-(\alpha+\beta)z}, & z > 0, \\ 0, & \text{其他}, \end{cases}$$

$$P\{Z > 10\} = 1 - F_Z(10) = 1 - (1 - e^{-1})(1 - e^{-2}) \approx 0.453.$$

③ 留 L_2 备用时,L_1 损坏后 L_2 接着工作,$Z = X + Y$ 且 X 与 Y 相互独立,(X,Y) 的分布密度

$$p(x,y) = p_X(x)p_Y(y) = \begin{cases} \alpha\beta e^{-(\alpha x+\beta y)}, & x > 0, y > 0, \\ 0, & \text{其他}. \end{cases}$$

根据例 3.2.2 所证明的公式,

当 $z \leqslant 0$ 时,$p_Z(z) = 0$;

当 $z > 0$ 时,

$$p_Z(z) = \int_{-\infty}^{+\infty} p(x, z - x)\,dx = \int_0^z \alpha\beta e^{-\beta z} e^{-(\alpha-\beta)x}\,dx$$
$$= \frac{\alpha\beta}{\beta - \alpha}(e^{-\alpha z} - e^{-\beta z}),$$

因此 $Z = X + Y$ 的分布密度

$$p_Z(z) = \begin{cases} \dfrac{\alpha\beta}{\beta - \alpha}(e^{-\alpha z} - e^{-\beta z}), & z > 0, \\ 0, & \text{其他}, \end{cases}$$

$$F_Z(z) = \begin{cases} \dfrac{\beta}{\beta - \alpha}(1 - e^{-\alpha z}) - \dfrac{\alpha}{\beta - \alpha}(1 - e^{-\beta z}), & z > 0, \\ 0, & \text{其他}, \end{cases}$$

$$P\{Z > 10\} = 1 - F_Z(10) = 1 - 2(1 - e^{-1}) + (1 - e^{-2}) \approx 0.6.$$

*6. 补充资料

(1) 熟悉方法 设 X 与 Y 相互独立且都服从 $U(0,1)$,试求 $X + Y$ 的分布密度.

解 X 及 Y 的分布密度

$$p_X(x) = \begin{cases} 1, & 0 < x < 1, \\ 0, & \text{其他}, \end{cases} \qquad p_Y(y) = \begin{cases} 1, & 0 < y < 1, \\ 0, & \text{其他}. \end{cases}$$

设 $Z = X + Y$ 考虑到 X 与 Y 相互独立及 $0 < x < 1$ 时 $p_X(x) = 1$,根据卷积公式,Z 的分布密度

$$p_Z(z) = \int_{-\infty}^{+\infty} p_X(x)p_Y(z - x)\,dx = \int_0^1 p_Y(z - x)\,dx.$$

若 $z \leqslant 0$，则 $z-x \leqslant 0, p_Y(z-x)=0, p_Z(z)=0$；

若 $z \geqslant 2$，则 $z-x \geqslant 1, p_Y(z-x)=0, p_Z(z)=0$；

若 $0<z \leqslant 1$，则由 $0<z-x<1$ 得到 $x<z<x+1$，

$$p_Z(z)=\int_0^z \mathrm{d}x=z;$$

如果 $1<z<2$，则由 $0<z-x<1$ 得到 $x-1<z-1<x$，

$$p_Z(z)=\int_{z-1}^1 \mathrm{d}x=2-z.$$

故 $Z=X+Y$ 的分布密度

$$p_Z(z)=\begin{cases} z, & 0<z \leqslant 1, \\ 2-z, & 1<z<2, \\ 0, & \text{其他}. \end{cases}$$

(2) 熟悉方法 设 xOy 平面上随机点的坐标 (X,Y) 服从二维正态分布 $N(0,0,1,1,0)$，试求随机点 (X,Y) 到坐标原点距离的概率密度.

解 (X,Y) 的分布密度

$$p(x,y)=\frac{1}{2\pi}\mathrm{e}^{-\frac{x^2+y^2}{2}},$$

$Z=\sqrt{X^2+Y^2}$ 的分布函数

$$F_Z(z)=P\{Z \leqslant z\}=P\{\sqrt{X^2+Y^2} \leqslant z\}.$$

当 $z<0$ 时，$F_Z(z)=0, p_Z(z)=0$；

当 $z \geqslant 0$ 时，

$$F_Z(z)=\iint_{D_Z} \frac{1}{2\pi}\mathrm{e}^{-\frac{x^2+y^2}{2}} \mathrm{d}\sigma_{xy},$$

式中的 D_Z 是由 $\sqrt{x^2+y^2} \leqslant z$ 所决定的区域.

将上述二重积分化为极坐标系中的二次积分，得到

$$F_Z(z)=\int_0^z r\mathrm{e}^{-\frac{r^2}{2}} \mathrm{d}r,$$

因此，Z 的分布密度

$$p_Z(z)=\begin{cases} z\mathrm{e}^{-\frac{z^2}{2}}, & z>0, \\ 0, & \text{其他}. \end{cases}$$

(3) 熟悉方法 设二维随机变量 (X,Y) 在矩形 $G=\{(x,y) \mid 0 \leqslant x \leqslant 2, 0 \leqslant y \leqslant 1\}$ 内服从均匀分布，试求边长为 X 与 Y 的矩形面积 S 的分布密度.

解 (X,Y) 的分布密度是

$$p(x,y)=\begin{cases} \frac{1}{2}, & (x,y) \in G, \\ 0, & \text{其他}. \end{cases}$$

设 $S=XY$，则当 $s \leqslant 0$ 时，$F(s)=P\{S \leqslant s\}=0, p_S(s)=0$；

当 $s \geqslant 2$ 时，$F(s)=P\{S \leqslant s\}=1, p_S(s)=0$；

当 $0<s<2$ 时，

$$\begin{aligned} F(s) &= P\{XY \leqslant s\}=1-P\{XY>s\} \\ &= 1-\iint_{xy>s} \frac{1}{2} \mathrm{d}\sigma_{xy}=1-\int_s^2 \int_{\frac{s}{x}}^1 \frac{1}{2} \mathrm{d}y \mathrm{d}x \end{aligned}$$

$$= \frac{s}{2}(1 + \ln 2 - \ln s),$$

$$p_S(s) = \frac{1}{2}(\ln 2 - \ln s),$$

因此 S 的分布密度

$$p_S(s) = \begin{cases} \frac{1}{2}(\ln 2 - \ln s), & 0 < s < 2, \\ 0, & \text{其他}. \end{cases}$$

习　题　3.2

1. 设 X 的分布密度

$$p(x) = \begin{cases} 2x, & 0 < x < 1, \\ 0, & \text{其他}. \end{cases}$$

试求 $Y = 2X, Z = X^2$ 的分布密度.

2. 若 X 的分布密度为 $p(x)$，$a \neq 0$，试求 $Y = aX + b$ 的分布密度.

3. 若 $X \sim N(\mu, \sigma^2)$，试求 $Y = e^X$ 的分布密度（Y 为对数正态分布，记为 $Y \sim \log N(\mu, \sigma^2)$）.

4. 若 $X \sim U(1,3)$，试求 $Y = X^2$ 的分布密度.

5. 设 X 与 Y 相互独立且都服从 $N(0,1)$ 分布，试求 $Z = X + Y$ 的分布密度.

6. 设 $X_1, X_2, \cdots, X_5$ 相互独立且都服从 $N(12,5)$ 分布，试求 $P\left\{\sum_{i=1}^{5} X_i > 65\right\}$.

7. 设 X 与 Y 相互独立且都服从 $N(0,1)$ 分布，试求 $Z = \sqrt{X^2 + Y^2}$ 的分布密度.

8. 若 (X,Y) 的分布密度为 $p(x,y)$，试求 $X - Y$ 的分布密度.

9. 若 (X,Y) 的分布密度为

$$p(x,y) = \begin{cases} e^{-(x+y)}, & x > 0, y > 0, \\ 0, & \text{其他}, \end{cases}$$

试求 $Z = \frac{1}{2}(X + Y)$ 的分布密度.

10. 有四个工作相互独立的元件 R_{ij}（i 与 $j = 1,2$），它们的寿命（单位：h）都服从参数为 λ 的指数分布. 若 R_{11} 与 R_{12} 串联为子系统 R_1，R_{21} 与 R_{22} 串联为子系统 R_2，子系统 R_1 与 R_2 并联为系统 R，R 的寿命为 Z，试求 Z 的分布密度.

11. 若 X 与 Y 相互独立且都服从 $U(0,1)$，试求 $\min(X,Y)$ 与 $\max(X,Y)$ 的分布密度.

12. 设随机变量 X 服从参数为 λ 的指数分布，则 $Y = \min\{X, 2\}$ 的分布函数（　　）.

（A）是连续函数　（B）至少有两个间断点　（C）是阶梯函数　（D）恰好有一个间断点

习题 3.2 部分解答

第三章补充习题讲解

> 概率是基于部分知识的期望.
>
> ——贝叶斯(Thomas Bayes)

第四章　随机变量的数字特征

§4.1　数学期望与方差

随机变量的数字特征是一些与随机变量相对应的常数,由随机变量的分布确定,可以表述随机变量取值的某些特征.它们虽然不能完整地描述随机变量,但在理论上与实际应用中仍然有十分重要的作用.

例如,当 $X \sim N(\mu,\sigma^2)$ 时,μ 和 σ^2 便是 X 的两个数字特征.由 X 的分布可以得到 μ 和 σ^2,已知 μ 和 σ^2 就可以写出 X 的分布密度,并且知道 X 所取的值集中在 μ 的附近,当 σ^2 较小时,X 所取的值比较集中,当 σ^2 较大时,X 所取的值比较分散.

对于一维随机变量而言,常用的数字特征有数学期望与方差.

下面举例说明数学期望及方差概念产生的实际背景.

例如,甲寝室5位同学的身高(单位:cm)为170,175,180,185,190,乙寝室5位同学的身高为160,170,180,190,190,怎样对甲、乙两寝室同学的身高进行比较?常用的方法是:先计算两寝室同学身高的平均值,再进行比较.这里,甲寝室同学身高的平均值为180,乙寝室同学身高的平均值为178,因此,甲寝室同学身高的平均值超出乙寝室同学身高的平均值.

假定丙寝室5位同学的身高为160,170,180,190,200,平均值为180,怎样与甲寝室同学的身高进行比较?可以比较两寝室同学身高的最大值、再比较两寝室同学身高的最小值.这里,丙寝室同学身高的最大值较大、最小值较小,说明甲寝室同学的身高较为一致,丙寝室同学的身高差异较大.也可以分别计算离均差(或简称为离差)的平方和,再进行比较,即:

$$(170-180)^2+(175-180)^2+(180-180)^2+(185-180)^2+(190-180)^2=250,$$

$$(160-180)^2+(170-180)^2+(180-180)^2+(190-180)^2+(200-180)^2=1\,000.$$

这里,甲寝室同学身高的离均差平方和较小,丙寝室同学身高的离均差平方和较大,说明甲寝室同学的身高较为一致,丙寝室同学的身高差异较大.

注意:离均差的和必定为0.在本例中,

$$(170-180)+(175-180)+(180-180)+(185-180)+(190-180)=0,$$

$$(160-180)+(170-180)+(180-180)+(190-180)+(200-180)=0.$$

又假定丁寝室6位同学的身高为160,170,180,180,190,200,平均值为180,离均差平方和

$$(160-180)^2+(170-180)^2+(180-180)^2+(180-180)^2$$
$$+(190-180)^2+(200-180)^2=1\ 000.$$

怎样与丙寝室同学的身高进行比较？常用的方法是：先计算两寝室同学身高的离均差平方的平均值，再进行比较．这里，丙寝室 5 位同学身高的离均差平方的平均值为 200，丁寝室 6 位同学身高的离均差平方的平均值约为 166.7，前者较大，后者较小，说明丙寝室同学的身高差异较大，丁寝室同学的身高差异较小．

一般而言，n 个数 $x_1,x_2,\cdots,x_n$ 的算术平均值 $\bar{x}=\dfrac{1}{n}\sum\limits_{i=1}^{n}x_i$；

离均差平方的平均值 $S^2=\dfrac{1}{n}\sum\limits_{i=1}^{n}(x_i-\bar{x})^2$.

如果 k 个数 $x_1,x_2,\cdots,x_k$ 分别重复了 $n_1,n_2,\cdots,n_k$ 次，且 $n_1+n_2+\cdots+n_k=n$，那么这 k 个数的加权平均值 $\bar{x}=\dfrac{1}{n}\sum\limits_{i=1}^{k}n_ix_i=\sum\limits_{i=1}^{k}x_i\left(\dfrac{n_i}{n}\right)$；

离均差平方的加权平均值 $s^2=\dfrac{1}{n}\sum\limits_{i=1}^{k}n_i(x_i-\bar{x})^2=\sum\limits_{i=1}^{k}(x_i-\bar{x})^2\left(\dfrac{n_i}{n}\right)$.

根据上述加权平均值可以构造一维随机变量的一个数字特征，称为均值或期望值，在概率论中称它为数学期望，常用来描述随机变量取值集中的位置．根据上述离均差平方的加权平均值可以构造一维随机变量的另一个数字特征，称为方差，常用来描述随机变量取值集中或分散的程度．

除数学期望与方差之外，一维随机变量还有其他的数字特征．

1. 离散型随机变量的数学期望

"期望"是指对未来的期许，"数学期望"的概念源自历史上一个著名的"分赌注问题"．

例 4.1.1　分赌注问题　甲乙两名赌徒，赌技相当，他们事先约定谁先赢得 5 局，谁就可以拿走赌注 C 元，可是当甲赢 4 局，乙赢 3 局时赌博意外终止，应当如何分赌注？

1654 年 Pascal（帕斯卡）提出了解决方案：设想再赌下去，甲分的赌注为随机变量 X，X 可能取 0 元或者 C 元，如果再赌一局，甲输赢的概率均为 1/2，甲赢了可以拿走 C 元，甲输了需要再赌一局，甲赢了拿走 C 元，甲输了拿走 0 元，甲分得的赌注的分布律为

X	C	0
P	3/4	1/4

因此，甲分得的赌注为：$C*3/4+0*1/4=3/4C$.

即为随机变量 X 的数学期望，所以离散型随机变量的数学期望定义如下：

若 $P\{X-x_i\}-p_i$ 是一维离散型随机变量 X 的分布律，$\sum\limits_{i=1}^{\infty}x_ip_i$ 是绝对收敛的无穷级数或有限多项的和，则记 $E(X)=\sum\limits_{i=1}^{\infty}x_ip_i$，称 $E(X)$ 为 X 的**数学期望**．在不会引起误解的情况下，$E(X)$ 也可以记作 EX.

根据以上定义,若有 X 的函数 $f(X)$,则 $E(f(X))=\sum_{i=1}^{\infty}f(x_i)p_i$.

当然,$E(f(X))$ 也可以由 $f(X)$ 分布律直接计算.

若 $P\{X=x_i,Y=y_i\}=p_{ij}$ 是二维离散型随机变量(X,Y) 的分布律,则记

$$E(X)=\sum_{i=1}^{\infty}x_i\,p_{i\cdot}=\sum_{i=1}^{\infty}x_i\Big(\sum_{j=1}^{\infty}p_{ij}\Big)=\sum_{i=1}^{\infty}\sum_{j=1}^{\infty}x_i\,p_{ij},$$

$$E(Y)=\sum_{j=1}^{\infty}y_j\,p_{\cdot j}=\sum_{j=1}^{\infty}y_j\Big(\sum_{i=1}^{\infty}p_{ij}\Big)=\sum_{i=1}^{\infty}\sum_{j=1}^{\infty}y_j\,p_{ij},$$

$$E(f(X,Y))=\sum_{i=1}^{\infty}\sum_{j=1}^{\infty}f(x_i,y_j)p_{ij}.$$

$E(X)$ 与 $E(Y)$ 也可以由(X,Y) 的边缘分布律直接计算.

2. 连续型随机变量的数学期望

若 $p(x)$ 是一维连续型随机变量 X 的分布密度,$\int_{-\infty}^{+\infty}xp(x)\,\mathrm{d}x$ 是绝对收敛的反常积分,则记 $E(X)=\int_{-\infty}^{+\infty}xp(x)\,\mathrm{d}x$,称 $E(X)$ 为 X 的**数学期望**.

根据以上定义,若有 X 的函数 $f(X)$,则

$$E(f(X))=\int_{-\infty}^{+\infty}f(x)p(x)\,\mathrm{d}x.$$

当然,$E(f(X))$ 也可以由 $f(X)$ 分布密度直接计算.

若 $p(x,y)$ 是二维连续型随机变量(X,Y) 的分布密度,则记

$$E(X)=\int_{-\infty}^{+\infty}xp_X(x)\,\mathrm{d}x=\int_{-\infty}^{+\infty}x\Big[\int_{-\infty}^{+\infty}p(x,y)\,\mathrm{d}y\Big]\,\mathrm{d}x=\iint_{xOy}xp(x,y)\,\mathrm{d}\sigma_{xy},$$

$$E(Y)=\int_{-\infty}^{+\infty}yp_Y(y)\,\mathrm{d}y=\int_{-\infty}^{+\infty}y\Big[\int_{-\infty}^{+\infty}p(x,y)\,\mathrm{d}x\Big]\,\mathrm{d}y=\iint_{xOy}yp(x,y)\,\mathrm{d}\sigma_{xy},$$

$$E(f(X,Y))=\iint_{xOy}f(x,y)p(x,y)\,\mathrm{d}\sigma_{xy}.$$

当然,$E(X)$ 与 $E(Y)$ 也可以由(X,Y) 的边缘分布密度直接计算.

3. 一维随机变量的方差

对于一维随机变量 X,记 $D(X)=E(X-EX)^2$,称 $D(X)$(或 $Var(X)$)为 X 的**方差**.

记 $\sigma(X)=\sqrt{D(X)}$,它的量纲与 X 的量纲一致,称 $\sigma(X)$ 为 X 的**标准差**.

在不会引起误解的情况下,$D(X)$ 也可以记作 DX.

$D(X)$ 的计算公式为 $D(X)=E(X^2)-(EX)^2$,此公式将在后面证明.

有时也会在 $E(X)$ 已经算出的情形下,直接根据离散型随机变量的分布律 $P\{X=x_i\}=p_i$,或者连续型随机变量的分布密度 $p(x)$ 计算 $D(X)$,公式是

$$D(X)=E(X-EX)^2=\sum_{i=1}^{\infty}(x_i-EX)^2p_i,$$

或者

$$D(X)=E(X-EX)^2=\int_{-\infty}^{+\infty}(x-EX)^2p(x)\,\mathrm{d}x.$$

例 4.1.2　熟悉公式　若 X 的分布律为

X	-1	0	1	1.5
P	0.1	0.2	0.3	0.4

试求:① $X,2X-1,X^2$ 的数学期望;② X 的方差.

解　① $E(X)=(-1)\times 0.1+0\times 0.2+1\times 0.3+1.5\times 0.4=0.8$.

当 $X=-1$ 时,$2X-1=-3,X^2=1$;当 $X=0$ 时,$2X-1=-1,X^2=0$;

当 $X=1$ 时,$2X-1=1,X^2=1$;当 $X=1.5$ 时,$2X-1=2,X^2=2.25$.

因此 $E(2X-1)=(-3)\times 0.1+(-1)\times 0.2+1\times 0.3+2\times 0.4=0.6$,

$E(X^2)=1\times 0.1+0\times 0.2+1\times 0.3+2.25\times 0.4=1.3$.

② $D(X)=E(X^2)-(EX)^2=1.3-(0.8)^2=0.66$.

例 4.1.3　熟悉公式　若 (X,Y) 的分布律为

X	Y	
	1	2
1	0	$\frac{1}{3}$
2	$\frac{1}{3}$	$\frac{1}{3}$

试求:① $X,Y,X+Y,XY$ 的数学期望;② $X,Y,X+Y$ 的方差.

解　① $E(X)=1\times 0+1\times\frac{1}{3}+2\times\frac{1}{3}+2\times\frac{1}{3}=\frac{5}{3}$,

$$E(Y)=1\times 0+1\times\frac{1}{3}+2\times\frac{1}{3}+2\times\frac{1}{3}=\frac{5}{3},$$

$$E(X+Y)=(1+1)\times 0+(1+2)\times\frac{1}{3}+(2+1)\times\frac{1}{3}+(2+2)\times\frac{1}{3}$$

$$=\frac{10}{3},$$

$$E(XY)=(1\times 1)\times 0+(1\times 2)\times\frac{1}{3}+(2\times 1)\times\frac{1}{3}+(2\times 2)\times\frac{1}{3}$$

$$=\frac{8}{3}.$$

② $E(X^2)=3,E(Y^2)=3,E(X+Y)^2=\frac{34}{3}$,

$$D(X)=E(X^2)-(EX)^2=\frac{9}{3}-\left(\frac{5}{3}\right)^2=\frac{2}{9},$$

$$D(Y)=E(Y^2)-(EY)^2=3-\left(\frac{5}{3}\right)^2=\frac{2}{9}.$$

$$D(X+Y)=E(X+Y)^2-[E(X+Y)]^2=\frac{34}{3}-\left(\frac{10}{3}\right)^2=\frac{2}{9}.$$

例 4.1.4 熟悉公式 若 X 的分布密度为

$$p(x)=\begin{cases}2x, & 0<x<1,\\ 0, & \text{其他},\end{cases}$$

试求 $X,2X-1,X^2$ 的数学期望及 X 的方差.

解 $E(X)=\int_0^1 x(2x)\,\mathrm{d}x=\frac{2}{3},$

$$E(2X-1)=\int_0^1(2x-1)(2x)\,\mathrm{d}x=\frac{1}{3},$$

$$E(X^2)=\int_0^1 x^2(2x)\,\mathrm{d}x=\frac{1}{2}.$$

$$D(X)=E(X^2)-(EX)^2=\frac{1}{2}-\left(\frac{2}{3}\right)^2=\frac{1}{18}.$$

例 4.1.5 熟悉公式 若 $(X,Y)\sim U(D)$，且 D 是由 x 轴、y 轴及直线 $x=1,y=\frac{1}{2}$ 所围成的矩形区域，试求：① $X,Y,X+Y,XY$ 的数学期望；② $X,Y,X+Y$ 的方差.

解 ① (X,Y) 的分布密度

$$p(x,y)=\begin{cases}2, & (x,y)\in D,\\ 0, & \text{其他}.\end{cases}$$

则

$$E(X)=\iint\limits_{xOy} xp(x,y)\,\mathrm{d}\sigma_{xy}=\int_0^1\left(\int_0^{\frac{1}{2}}2x\,\mathrm{d}y\right)\mathrm{d}x=\frac{1}{2},$$

$$E(Y)=\iint\limits_{xOy} yp(x,y)\,\mathrm{d}\sigma_{xy}=\int_0^1\left(\int_0^{\frac{1}{2}}2y\,\mathrm{d}y\right)\mathrm{d}x=\frac{1}{4},$$

$$E(X+Y)=\iint\limits_{xOy}(x+y)p(x,y)\,\mathrm{d}\sigma_{xy}=\int_0^1\left[\int_0^{\frac{1}{2}}2(x+y)\,\mathrm{d}y\right]\mathrm{d}x=\frac{3}{4},$$

$$E(XY)=\iint\limits_{xOy} xyp(x,y)\,\mathrm{d}\sigma_{xy}=\int_0^1\left[\int_0^{\frac{1}{2}}2xy\,\mathrm{d}y\right]\mathrm{d}x=\frac{1}{8}.$$

② $E(X^2)=\frac{1}{3},\quad E(Y^2)=\frac{1}{12},\quad E(X+Y)^2=\frac{2}{3},$

$$D(X)=E(X^2)-(EX)^2=\frac{1}{3}-\left(\frac{1}{2}\right)^2=\frac{1}{12},$$

$$D(Y)=E(Y^2)-(EY)^2=\frac{1}{12}-\left(\frac{1}{4}\right)^2=\frac{1}{48},$$

$$D(X+Y)=E(X+Y)^2-[E(X+Y)]^2=\frac{2}{3}-\left(\frac{3}{4}\right)^2=\frac{5}{48}.$$

【探索题】 数学期望是否为分布的质心？

4. 数学期望与方差的性质

数学期望的性质有：

(1) 若 k 为常数，则 $E(k)=k$.

(2) 若 k 为常数且 $E(X)$ 存在，则 $E(kX)=kE(X)$.

(3) 若 $E(X)$ 与 $E(Y)$ 都存在，则 $E(X\pm Y)=E(X)\pm E(Y)$.

根据性质(3)，若 k 为常数，则 $E(X\pm k)=E(X)\pm k$.

性质(3)还可以推广到多个随机变量的情形：

当 $E(X_1),E(X_2),\cdots,E(X_n)$ 都存在时，

$$E\left(\sum_{i=1}^{n}X_i\right)=\sum_{i=1}^{n}E(X_i).$$

(4) 若 $E(X)$ 与 $E(Y)$ 都存在且 X 与 Y 相互独立时，$E(XY)=E(X)E(Y)$.

以下假设 X 与 Y 为连续型随机变量，证明性质(4)：

因为 X 与 Y 相互独立，

$$p(x,y)=p_X(x)p_Y(y),$$

所以

$$\begin{aligned}E(XY)&=\iint_{xOy}xyp(x,y)\,\mathrm{d}\sigma_{xy}\\&=\int_{-\infty}^{+\infty}\left[\int_{-\infty}^{+\infty}xyp_X(x)p_Y(y)\,\mathrm{d}y\right]\mathrm{d}x\\&=\left(\int_{-\infty}^{+\infty}xp_X(x)\,\mathrm{d}x\right)\left(\int_{-\infty}^{+\infty}yp_Y(y)\,\mathrm{d}y\right)\\&=E(X)E(Y).\end{aligned}$$

根据以上性质，可以简化数学期望的计算. 特别是，由

$$\begin{aligned}E(X-EX)^2&=E[X^2-2X(EX)+(EX)^2]\\&=E(X^2)-2(EX)(EX)+(EX)^2\\&=E(X^2)-(EX)^2,\end{aligned}$$

可以得到 $D(X)$ 的计算公式：$D(X)=E(X^2)-(EX)^2$.

方差的性质有：

(1) 若 k 为常数，则 $D(k)=0$.

(2) 若 k 为常数且 $D(X)$ 存在，则 $D(kX)=k^2D(X)$.

(3) 当 X 与 Y 相互独立且 $D(X)$ 与 $D(Y)$ 都存在时，

$$D(X\pm Y)=D(X)+D(Y).$$

以下证明性质(3)：

$$\begin{aligned}D(X\pm Y)&=E[(X\pm Y)-E(X\pm Y)]^2=E[(X-EX)\pm(Y-EY)]^2\\&=E(X-EX)^2\pm 2E[(X-EX)(Y-EY)]+E(Y-EY)^2,\end{aligned}$$

式中的 $E(X-EX)^2=D(X),\quad E(Y-EY)^2=D(Y),$

$$\begin{aligned}&E[(X-EX)(Y-EY)]\\&=E[XY-X(EY)-Y(EX)+(EX)(EY)]\\&=E(XY)-(EY)(EX)-(EX)(EY)+(EX)(EY)\end{aligned}$$

$$= E(XY) - (EX)(EY).$$

当 X 与 Y 相互独立时,

$$E(XY) = (EX)(EY), \ E[(X - EX)(Y - EY)] = 0,$$

因此

$$D(X \pm Y) = D(X) + D(Y).$$

当 X 与 Y 不相互独立时,

$$D(X \pm Y) = D(X) + D(Y) \pm 2E[(X - EX)(Y - EY)].$$

同理,若 k 为常数,则 $D(X \pm k) = D(X)$.

性质(3) 还可以推广到多个随机变量的情形:

当 $X_1, X_2, \cdots, X_n$ 相互独立且 $D(X_1), D(X_2), \cdots, D(X_n)$ 都存在时,

$$D\left(\sum_{i=1}^{n} X_i\right) = \sum_{i=1}^{n} D(X_i).$$

根据以上性质,可以简化方差的计算.

作为数学期望与方差的推广,当 k 为正整数时,称 $E(X^k)$ 为 X 的 k **阶原点矩**,称 $E(X - EX)^k$ 为 X 的 k **阶中心矩**. 很显然 X 的一阶原点矩就是 X 的数学期望,X 的二阶中心矩就是 X 的方差.

【探索题】方差是不是一种特殊的期望?

5. 常用分布的数学期望与方差

(1) 若 $X \sim B(1,p)$,**则** $E(X) = p, D(X) = p(1 - p)$.

证明 因为 X 的分布律为

X	0	1
P	$1 - p$	p

所以

$$E(X) = 0 \times (1 - p) + 1 \times p = p,$$
$$E(X^2) = 0^2 \times (1 - p) + 1^2 \times p = p,$$
$$D(X) = p - p^2 = p(1 - p).$$

(2) 若 $X \sim B(n,p)$,**则** $E(X) = np, D(X) = np(1 - p)$.

证明 设 $X_1, X_2, \cdots, X_n$ 相互独立且都服从 $B(1,p)$ 分布,则

$$X = \sum_{i=1}^{n} X_i \sim B(n,p),$$

根据数学期望的性质(3),

$$E(X) = E\left(\sum_{i=1}^{n} X_i\right) = np,$$

根据方差的性质(3),

$$D(X) = D\left(\sum_{i=1}^{n} X_i\right) = np(1 - p).$$

(3) 若 $X \sim P(\lambda)$,**则** $E(X) = \lambda, D(X) = \lambda$.

证明 因为 X 的分布律为

$$P\{X=k\}=\frac{\lambda^k e^{-\lambda}}{k!}\quad(k=0,1,2,\cdots,n,\cdots),$$

式中的 $\lambda>0$,所以

$$E(X)=\sum_{k=0}^{\infty}k\frac{\lambda^k e^{-\lambda}}{k!}=\sum_{k=1}^{\infty}k\frac{\lambda^k e^{-\lambda}}{k!}$$

$$=\sum_{k=1}^{\infty}\frac{\lambda^k e^{-\lambda}}{(k-1)!}=\lambda e^{-\lambda}\sum_{k=1}^{\infty}\frac{\lambda^{k-1}}{(k-1)!}=\lambda e^{-\lambda}e^{\lambda}=\lambda,$$

$$E(X^2)=\sum_{k=0}^{\infty}k^2\frac{\lambda^k e^{-\lambda}}{k!}=\sum_{k=1}^{\infty}k^2\frac{\lambda^k e^{-\lambda}}{k!}$$

$$=\sum_{k=1}^{\infty}k\frac{\lambda^k e^{-\lambda}}{(k-1)!}=\sum_{k=1}^{\infty}(k-1)\frac{\lambda^k e^{-\lambda}}{(k-1)!}+\sum_{k=1}^{\infty}\frac{\lambda^k e^{-\lambda}}{(k-1)!}$$

$$=\sum_{k=2}^{\infty}(k-1)\frac{\lambda^k e^{-\lambda}}{(k-1)!}+\sum_{k=1}^{\infty}\frac{\lambda^k e^{-\lambda}}{(k-1)!}$$

$$=\sum_{k=2}^{\infty}\frac{\lambda^k e^{-\lambda}}{(k-2)!}+\sum_{k=1}^{\infty}\frac{\lambda^k e^{-\lambda}}{(k-1)!}$$

$$=\lambda^2 e^{-\lambda}\sum_{k=2}^{\infty}\frac{\lambda^{k-2}}{(k-2)!}+\lambda e^{-\lambda}\sum_{k=1}^{\infty}\frac{\lambda^{k-1}}{(k-1)!}$$

$$=\lambda^2 e^{-\lambda}e^{\lambda}+\lambda e^{-\lambda}e^{\lambda}=\lambda^2+\lambda,$$

$$D(X)=(\lambda^2+\lambda)-\lambda^2=\lambda.$$

(4) 若 $X\sim U(a,b)$,则 $E(X)=\frac{b+a}{2},D(X)=\frac{(b-a)^2}{12}$.

证明 因为 X 的分布密度为

$$p(x)=\begin{cases}\frac{1}{b-a}, & a<x<b,\\ 0, & \text{其他}.\end{cases}$$

所以

$$E(X)=\int_{-\infty}^{+\infty}xp(x)\,dx=\int_a^b x\frac{1}{b-a}dx=\frac{b+a}{2}.$$

$$E(X^2)=\int_{-\infty}^{+\infty}x^2p(x)\,dx=\int_a^b x^2\frac{1}{b-a}dx=\frac{b^2+ba+a^2}{3},$$

$$D(X)=\frac{b^2+ba+a^2}{3}-\left(\frac{b+a}{2}\right)^2=\frac{(b-a)^2}{12}.$$

(5) 若 $X\sim E(\lambda)$,则 $E(X)=\frac{1}{\lambda},D(X)=\frac{1}{\lambda^2}$.

证明 因为 X 的分布密度为

$$p(x)=\begin{cases}\lambda e^{-\lambda x}, & x\geqslant 0,\\ 0, & x<0,\end{cases}$$

式中的 $\lambda>0$,所以

$$\begin{aligned}E(X)&=\int_{-\infty}^{+\infty}xp(x)\,dx=\int_{0}^{+\infty}x\lambda e^{-\lambda x}dx\\&=-\int_{0}^{+\infty}x\,de^{-\lambda x}=-xe^{-\lambda x}\Big|_{0}^{+\infty}+\int_{0}^{+\infty}e^{-\lambda x}dx\\&=0+\frac{1}{\lambda}=\frac{1}{\lambda},\end{aligned}$$

$$\begin{aligned}E(X^2)&=\int_{-\infty}^{+\infty}x^2p(x)\,dx=\int_{0}^{+\infty}x^2\lambda e^{-\lambda x}dx\\&=-\int_{0}^{+\infty}x^2de^{-\lambda x}=-x^2e^{-\lambda x}\Big|_{0}^{+\infty}+\int_{0}^{+\infty}2xe^{-\lambda x}dx\\&=0+\frac{2}{\lambda}\int_{0}^{+\infty}x\lambda e^{-\lambda x}dx=\frac{2}{\lambda^2},\end{aligned}$$

$$D(X)=\frac{2}{\lambda^2}-\left(\frac{1}{\lambda}\right)^2=\frac{1}{\lambda^2}.$$

(6) 若 $X\sim N(\mu,\sigma^2)$,则 $E(X)=\mu,D(X)=\sigma^2$.

证明 先证明若 $X\sim N(0,1)$,则 $E(X)=0,D(X)=1$.

因为 X 的分布密度为

$$p(x)=\frac{1}{\sqrt{2\pi}}e^{-\frac{x^2}{2}},$$

所以

$$E(X)=\int_{-\infty}^{+\infty}xp(x)\,dx=\frac{1}{\sqrt{2\pi}}\int_{-\infty}^{+\infty}xe^{-\frac{x^2}{2}}dx=0,$$

$$\begin{aligned}E(X^2)&=\int_{-\infty}^{+\infty}x^2p(x)\,dx=\frac{1}{\sqrt{2\pi}}\int_{-\infty}^{+\infty}x^2e^{-\frac{x^2}{2}}dx\\&=\frac{1}{\sqrt{2\pi}}\int_{-\infty}^{+\infty}(-x)\,de^{-\frac{x^2}{2}}\\&=0+\frac{1}{\sqrt{2\pi}}\int_{-\infty}^{+\infty}e^{-\frac{x^2}{2}}dx=1,\end{aligned}$$

$$D(X)=1-(0)^2=1.$$

当 $X\sim N(\mu,\sigma^2)$ 时,$Y=\dfrac{X-\mu}{\sigma}\sim N(0,1)$,则

$$E(Y)=E\left(\frac{X-\mu}{\sigma}\right)=\frac{E(X)-\mu}{\sigma}=0,\qquad E(X)=\mu;$$

$$D(Y)=D\left(\frac{X-\mu}{\sigma}\right)=\frac{D(X-\mu)}{\sigma^2}=\frac{D(X)}{\sigma^2}=1,\quad D(X)=\sigma^2.$$

*6. 条件数学期望

条件分布的数学期望称为条件数学期望,其定义如下：

$$E(X \mid Y=y)=\begin{cases}\sum_i x_i P(X=x_i \mid Y=y), & (X,Y)\text{ 为离散型},\\ \int_{-\infty}^{+\infty} x p(x \mid y)\,\mathrm{d}x, & (X,Y)\text{ 为连续型}.\end{cases}$$

$$E(Y \mid X=x)=\begin{cases}\sum_j y_j P(Y=y_j \mid X=x), & (X,Y)\text{ 为离散型},\\ \int_{-\infty}^{+\infty} y p(y \mid x)\,\mathrm{d}y, & (X,Y)\text{ 为连续型}.\end{cases}$$

注意:① 条件期望 $E(X \mid Y=y)$ 是 y 的函数,它与无条件期望 $E(X)$ 在计算和意义都有区别.

② 因为条件期望是条件分布的数学期望,因此它具有数学期望的一切性质. 如

$$E(aX_1+bX_2 \mid Y=y)=aE(X_1 \mid Y=y)+bE(X_2 \mid Y=y).$$

当 X_1 与 X_2 相互独立时,

$$E(X_1X_2 \mid Y=y)=E(X_1 \mid Y=y)E(X_2 \mid Y=y),$$

等等.

③ 由 $E(X \mid Y=y)$ 是 y 的函数,令 $g(y)=E(X \mid Y=y)$,而它依赖于随机变量 Y 的取值,因此有理由认为

$$g(Y)=E(X \mid Y)$$

是随机变量. 这样

$$g(Y)\big|_{Y=y}=E(X \mid Y)\big|_{Y=y}=g(y)=E(X \mid Y=y).$$

例 4.1.6　熟悉公式　设二维随机变量 (X,Y) 的联合密度函数为

$$p(x,y)=\begin{cases}x+y, & 0<x,y<1,\\ 0, & \text{其他}.\end{cases}$$

求 $E(X|Y=0.5)$.

解　先求 Y 的边缘分布密度.

当 $0<y<1$ 时,$p_Y(y)=\int_y^1 24(1-x)y\mathrm{d}x=12y(y^2-2y+1)$,从而

$$p(x|y)=\frac{p(x,y)}{p_Y(y)}=\frac{1-x}{\frac{1}{2}y^2-y+\frac{1}{2}}.$$

$$\begin{aligned}E(X|Y=y)&=\int_y^1 xp(x|y)\,\mathrm{d}x\\&=\frac{1}{\frac{1}{2}y^2-y+\frac{1}{2}}\int_y^1(x-x^2)\,\mathrm{d}x\\&=\frac{1}{\frac{1}{2}y^2-y+\frac{1}{2}}\left(\frac{x^2}{2}-\frac{x^3}{3}\right)\Bigg|_y^1\\&=\frac{1}{\frac{1}{2}y^2-y+\frac{1}{2}}\left(\frac{1}{6}-\frac{y^2}{2}+\frac{y^3}{3}\right)\\&=\frac{2(2y+1)(y-1)}{6(y-1)^2}=\frac{2y+1}{3}.\end{aligned}$$

当 $y=0.5$ 时,$E(X\mid Y=0.5)=\dfrac{2}{3}$.

*7. 补充案例

(1) 销售利润 设某种商品每周的需求量为 X(单位:件),且 $X\sim U(10,30)$,经销商店的进货量为 10 至 30 件,每销售 1 件可获利 500 元.若供大于求,则削价处理,每处理一件亏损 100 元.若供不应求,则要从外部调剂供应,一件仅获利 300 元.为使商店所获利润的期望值不少于 9 280 元,试确定最少进货量.

解 设进货量为 k,利润

$$M=\begin{cases}500k+300(X-k), & k<X\leqslant 30,\\ 500X-100(k-X), & 10\leqslant X\leqslant k.\end{cases}$$

X 的分布密度

$$p(x)=\begin{cases}\dfrac{1}{20}, & 10\leqslant x\leqslant 30,\\ 0, & \text{其他}.\end{cases}$$

M 的数学期望

$$\begin{aligned}E(M)&=\int_{10}^{30}\frac{1}{20}M\mathrm{d}x\\&=\frac{1}{20}\int_{10}^{k}(600x-100k)\mathrm{d}x+\frac{1}{20}\int_{k}^{30}(300x+200k)\mathrm{d}x\\&=-7.5k^2+350k+5\,250.\end{aligned}$$

则依题意,由 $E(M)\geqslant 9\,280$ 解出 $20.67\leqslant k\leqslant 26$,确定最少进货量为 21 件.

(2) 熟悉方法 设随机变量 X 与 Y 相互独立,分布密度为

$$p_X(x)=\begin{cases}a\mathrm{e}^{-ax}, & x>0,a>0,\\ 0, & \text{其他},\end{cases}\qquad p_Y(y)=\begin{cases}b\mathrm{e}^{-by}, & y>0,b>0,\\ 0, & \text{其他}.\end{cases}$$

又设随机变量 $Z=\begin{cases}1, & X\leqslant Y,\\ 0, & X>Y.\end{cases}$ 试求 Z 的数学期望与方差.

解 (X,Y) 的分布密度

$$p(x,y)=\begin{cases}ab\mathrm{e}^{-(ax+by)}, & x>0,y>0,\\ 0, & \text{其他}.\end{cases}$$

$$\begin{aligned}P\{Z=1\}=P\{X\leqslant Y\}&=\int_{-\infty}^{+\infty}\int_{-\infty}^{y}p(x,y)\mathrm{d}x\mathrm{d}y\\&=\int_{0}^{+\infty}\int_{0}^{y}ab\mathrm{e}^{-(ax+by)}\mathrm{d}x\mathrm{d}y=\frac{a}{a+b},\end{aligned}$$

$$P\{Z=0\}=1-P\{Z=1\}=\frac{b}{a+b},$$

$$E(Z)=E(Z^2)=\frac{a}{a+b},\qquad D(Z)=\frac{ab}{(a+b)^2}.$$

(3) 钥匙开门 N 把钥匙中只有 1 把可以打开房门,采用逐个试开的方法,在第 M 次打开了房门,这里的 M 为 1 至 N 中间的任意一个整数,试求 M 的数学期望与方差.

解 $P\{M=k\}=\dfrac{1}{N},k=1,2,\cdots,N,$

$$E(M)=\sum_{i=1}^{N} i\frac{1}{N}=\frac{N(N+1)}{2N}=\frac{N+1}{2},$$

$$E(M^2)=\sum_{i=1}^{N} i^2\frac{1}{N}=\frac{N(N+1)(2N+1)}{6N}=\frac{(N+1)(2N+1)}{6},$$

$$D(M)=\frac{(N+1)(2N+1)}{6}-\left(\frac{N+1}{2}\right)^2=\frac{N^2-1}{12}.$$

(4) 销售利润 按季节出售的某种应时商品，每售出 1kg 获利润 b 元，如果到季末有剩余则净亏损 c 元/kg. 假定某商店在季度内这种商品的销售量为 X(单位:kg)，X 在区间 (s_1,s_2) 上服从均匀分布，为使商店所获利润的数学期望最大，问商店的进货量应该是多少？

解 设进货量为 s，则 $s_1<s<s_2$，利润

$$M=\begin{cases} bX-(s-X)c, & s_1<X\leqslant s,\\ sb, & s<X<s_2. \end{cases}$$

X 的分布密度

$$p(x)=\begin{cases} \dfrac{1}{s_2-s_1}, & s_1<x<s_2,\\ 0, & \text{其他}, \end{cases}$$

$$EM=\int_{s_1}^{s_2} Mp(x)\,\mathrm{d}x=\int_{s_1}^{s}[bx-(s-x)c]\frac{\mathrm{d}x}{s_2-s_1}+\int_{s}^{s_2} sb\frac{\mathrm{d}x}{s_2-s_1},$$

由 $\dfrac{\mathrm{d}EM}{\mathrm{d}s}=0$ 解出 $s=\dfrac{cs_1+bs_2}{b+c}$ 即为所求的进货量.

(5) 丢掷骰子 同时丢掷 n 粒骰子，若朝上的点数之和为 X，试求 $E(X)$ 与 $D(X)$.

解 设 n 粒骰子朝上的点数分别为 $X_1,X_2,\cdots,X_n$，则 $X=X_1+X_2+\cdots+X_n$，考虑到对 $i=1,\cdots,n$，

$$E(X_i)=(1+2+3+4+5+6)\times\frac{1}{6}=\frac{7}{2},$$

$$E(X_i^2)=(1^2+2^2+3^2+4^2+5^2+6^2)\times\frac{1}{6}=\frac{91}{6},$$

因此

$$D(X_i)=\frac{91}{6}-\left(\frac{7}{2}\right)^2=\frac{35}{12},$$

$$\begin{aligned} E(X)&=E(X_1+X_2+\cdots+X_n)\\ &=E(X_1)+E(X_2)+\cdots+E(X_n)\\ &=\frac{7n}{2}; \end{aligned}$$

又因为 $X_1,X_2,\cdots,X_n$ 相互独立，所以

$$\begin{aligned} D(X)&=D(X_1+X_2+\cdots+X_n)\\ &=D(X_1)+D(X_2)+\cdots+D(X_n)\\ &=\frac{35n}{12}. \end{aligned}$$

习 题 4.1

1. 设 X 的分布律如下，试求：① EX,DX；② $E(-2X+1),D(-2X+1)$；③ EX^2,DX^2.

X	-1	0	1	2
P	$\frac{1}{4}$	$\frac{3}{8}$	$\frac{1}{4}$	$\frac{1}{8}$

2. 设 $X \sim U(0,2\pi)$,试求:① EX,DX;② EX^2,DX^2;③ $E(\sin X),D(\sin X)$.

3. 测量球的直径,若直径的值 $X \sim U(1,2)$,试计算球体积的数学期望与方差.

4. 设(X,Y)服从区域 A 上的均匀分布,且 A 由 x 轴、y 轴及直线 $x+\dfrac{y}{2}=1$ 所围成,试求:① EX,DX;② EY,DY;③ $E(XY),D(XY)$.

5. 设 $X_1,X_2,\cdots,X_5$ 相互独立且都服从 $N(12,4)$ 分布,试求 $E\left(\sum\limits_{i=1}^{5}X_i\right)$ 与 $D\left(\sum\limits_{i=1}^{5}X_i\right)$.

6. 袋中装有 n 个结构相同的小球,在各个小球的球面上分别标有数字 $1,2,\cdots,n$ 中的一个数字且互不重复. 如果从袋中任取 k 次,每次取一个球,看过数字以后放回,设 k 个数字的和为 X,试求 X 的数学期望与方差.

7. 设随机变量 X_1,X_2,X_3 相互独立,其中 X_1 在区间$[0,6]$上服从均匀分布,X_2 服从 $N(0,4)$ 分布,X_3 服从参数 $\lambda=3$ 的 Poisson 分布,记 $Y=X_1-2X_2+3X_3$,则 $DY=$ ____________.

8. 设 X 服从参数为 1 的指数分布,则数学期望 $E(X+\mathrm{e}^{-2X})=$ ____________.

9. 已知 $X \sim B(n,p)$,且 $EX=2.4,DX=1.44$,则 $n=$ ________,$p=$ ________.

10. 设 X 与 Y 相互独立,分布密度同为 $p(z)=\begin{cases}2z\theta^2, & 0<z<\dfrac{1}{\theta},\\ 0, & \text{其他},\end{cases}$ 则 $E(X+2Y)=$ ______.

11. 设某机器加工某产品的次品率为0.1,每天检验4次,每次随机地抽取5件产品进行检验,如果发现多于1件次品就要调整机器,求一天中调整机器次数的数学期望.

12. 设一次试验成功的概率为 p,若进行 100 次这样的试验,则成功次数的标准差的最大值为 ________.

13. 设二维随机变量(X,Y)的联合分布密度为

$$p(x,y)=\begin{cases}24(1-x)y, & 0<y<x<1,\\ 0, & \text{其他}.\end{cases}$$

求 $E(X \mid Y=0.6)$.

习题 4.1 部分解答

§4.2 协方差及相关系数

1. 二维随机变量的协方差

根据 $D(X\pm Y)=D(X)+D(Y)\pm 2E[(X-EX)(Y-EY)]$,可以很自然地引入协方差的定义.

记

$$\mathrm{Cov}(X,Y)=E[(X-EX)(Y-EY)],$$

称它为 X 与 Y 的**协方差**或二阶混合中心矩,可用来描述 X 与 Y 取值间的相互联系,是二维随机变量(X,Y)的一个重要的数字特征. 计算公式为

$$\mathrm{Cov}(X,Y)=E(XY)-(EX)(EY).$$

作为特殊情形：$\mathrm{Cov}(X,X)=D(X)$，$\mathrm{Cov}(Y,Y)=D(Y)$.

记

$$\mathbf{Cov}(X,Y)=\begin{pmatrix} D(X) & \mathrm{Cov}(X,Y) \\ \mathrm{Cov}(Y,X) & D(Y) \end{pmatrix},$$

称它为 X 与 Y 的**协方差矩阵**，式中的 $\mathrm{Cov}(Y,X)=\mathrm{Cov}(X,Y)$.

【探索题】协方差是不是一种特殊的期望？

2. 二维随机变量的相关系数

称

$$\rho(X,Y)=\frac{\mathrm{Cov}(X,Y)}{\sigma(X)\sigma(Y)}$$

为 X 与 Y 的**相关系数**.

由此看出：相关系数是由 X 与 Y 的协方差及 X 的标准差与 Y 的标准差所导出的另一个重要的数字特征.

$$\mathrm{Cov}(X,Y)=\rho(X,Y)\sigma(X)\sigma(Y).$$

但是，协方差有量纲，而相关系数没有量纲.

作为特殊情形：$\rho(X,X)=\rho(Y,Y)=1$.

称

$$\mathbf{Corr}(X,Y)=\begin{pmatrix} 1 & \rho(X,Y) \\ \rho(Y,X) & 1 \end{pmatrix}$$

为 X 与 Y 的**相关系数矩阵**，式中的 $\rho(Y,X)=\rho(X,Y)$.

为了说明相关系数的意义，以下先证明：可以选择 k 及 b，使

$$E[Y-(kX+b)]^2=D(Y)[1-\rho^2(X,Y)].$$

证明 $E[Y-(kX+b)]^2$

$$\begin{aligned}
&=E[(Y-EY)-k(X-EX)+(EY-kEX-b)]^2\\
&=E(Y-EY)^2+k^2E(X-EX)^2+(EY-kEX-b)^2-\\
&\quad 2kE[(X-EX)(Y-EY)]+2E[(Y-EY)(EY-kEX-b)]-\\
&\quad 2kE[(X-EX)(EY-kEX-b)],
\end{aligned}$$

因为

$$2E[(Y-EY)(EY-kEX-b)]=2(EY-kEX-b)E(Y-EY)=0,$$

$$2kE[(X-EX)(EY-kEX-b)]=2k(EY-kEX-b)E(X-EX)=0,$$

式中的 $E(Y-EY)=EY-EY=0$，$E(X-EX)=EX-EX=0$，所以

$$
\begin{aligned}
&E[Y-(kX+b)]^2\\
&=D(Y)+k^2D(X)+(EY-kEX-b)^2-2k\rho(X,Y)\sigma(X)\sigma(Y)\\
&=[k\sigma(X)-\rho(X,Y)\sigma(Y)]^2+(EY-kEX-b)^2+D(Y)[1-\rho^2(X,Y)].
\end{aligned}
$$

故当

$$k\sigma(X)-\rho(X,Y)\sigma(Y)=0,EY-kEX-b=0,$$

即 $k=\rho(X,Y)\dfrac{\sigma(Y)}{\sigma(X)},b=EY-kEX$ 时,

$$E[Y-(kX+b)]^2=D(Y)[1-\rho^2(X,Y)].$$

由此看出:若用 X 的线性函数 $kX+b$ 估计 Y,那么当 $k=\rho(X,Y)\dfrac{\sigma(Y)}{\sigma(X)}$,$b=EY-kEX$ 时,估计的期望均方误差

$$E[Y-(kX+b)]^2=D(Y)[1-\rho^2(X,Y)],$$

式中的 $D(Y)$ 是 Y 本身的方差,$1-\rho^2(X,Y)$ 的值由 $|\rho(X,Y)|$ 决定.

当 $|\rho(X,Y)|$ 大时,$E[Y-(kX+b)]^2$ 较小,Y 与 X 的线性相关关系密切;

当 $|\rho(X,Y)|$ 小时,$E[Y-(kX+b)]^2$ 较大,Y 与 X 的线性相关关系疏远.

$\rho(X,Y)$ 有下列性质:

(1) $|\rho(X,Y)|\leqslant 1,\ -1\leqslant\rho(X,Y)\leqslant 1$.

(2) 若 $Y\approx kX+b$,则 $\rho(X,Y)$ 与 k 有相同的符号.

当 $\rho(X,Y)>0$ 时,X 增加 Y 也随着增加,称 Y 与 X 正相关;

当 $\rho(X,Y)<0$ 时,X 增加 Y 反而减少,称 Y 与 X 负相关;

当 $\rho(X,Y)=0$ 时,称 Y 与 X 不相关.

(3) 当 X 与 Y 相互独立时,$\rho(X,Y)=0$;但是,当 $\rho(X,Y)=0$ 时,X 与 Y 不一定相互独立.

3. 不相关与相互独立

以下证明:当 X 与 Y 相互独立时,X 与 Y 不相关.

证明 因为 $\rho(X,Y)=\dfrac{\mathrm{Cov}(X,Y)}{\sigma(X)\sigma(Y)}$,而

$$\mathrm{Cov}(X,Y)=E(XY)-(EX)(EY),$$

当 X 与 Y 相互独立时,$E(XY)=(EX)(EY)$,$\mathrm{Cov}(X,Y)=0$,$\rho(X,Y)=0$,所以 X 与 Y 不相关.

但是,当 X 与 Y 不相关时,X 与 Y 不一定相互独立.

例 4.2.1 熟悉方法 若 (X,Y) 的分布律为

X	Y	
	1	2
1	$\frac{1}{9}$	$\frac{2}{9}$
2	$\frac{2}{9}$	$\frac{4}{9}$

试判断 X 与 Y 不相关并且相互独立.

解　因为

$$E(X)=\frac{5}{3},\quad E(Y)=\frac{5}{3},$$

$$E(X^2)=3,\quad E(Y^2)=3,\quad E(XY)=\frac{25}{9}.$$

$$D(X)=E(X^2)-(EX)^2=3-\left(\frac{5}{3}\right)^2=\frac{2}{9},$$

$$D(Y)=E(Y^2)-(EY)^2=3-\left(\frac{5}{3}\right)^2=\frac{2}{9},$$

有

$$\operatorname{Cov}(X,Y)=E(XY)-(EX)(EY)=0,\quad \rho(X,Y)=0,$$

所以 X 与 Y 不相关.

为判断 X 与 Y 相互独立,先求 (X,Y) 的边缘分布律,得到

X	Y		$p_{i\cdot}$
	1	2	
1	$\frac{1}{9}$	$\frac{2}{9}$	$\frac{1}{3}$
2	$\frac{2}{9}$	$\frac{4}{9}$	$\frac{2}{3}$
$p_{\cdot j}$	$\frac{1}{3}$	$\frac{2}{3}$	

经验算,对于任意实数 x_i 与 y_j,$p_{ij}=p_{i\cdot}\,p_{\cdot j}$ 成立,故 X 与 Y 相互独立.

例 4.2.2　熟悉方法　若 (X,Y) 在 xOy 平面上由圆周 $x^2+y^2=1$ 所围成的区域 D 内服从均匀分布,试判断 X 与 Y 不相关,但是 X 与 Y 不相互独立.

解　(X,Y) 的分布密度

$$p(x,y)=\begin{cases}\dfrac{1}{\pi}, & (x,y)\in D,\\ 0, & \text{其他}.\end{cases}$$

$$E(X)=\iint\limits_{xOy} xp(x,y)\,\mathrm{d}\sigma_{xy}=\int_{-1}^{1}\left[\int_{-\sqrt{1-x^2}}^{\sqrt{1-x^2}}\frac{1}{\pi}x\,\mathrm{d}y\right]\mathrm{d}x$$
$$=\int_{-1}^{1}\frac{2}{\pi}x\sqrt{1-x^2}\,\mathrm{d}x=0,$$

$$E(Y)=\iint\limits_{xOy} yp(x,y)\,\mathrm{d}\sigma_{xy}=\int_{-1}^{1}\left[\int_{-\sqrt{1-y^2}}^{\sqrt{1-y^2}}\frac{1}{\pi}y\,\mathrm{d}x\right]\mathrm{d}y$$
$$=\int_{-1}^{1}\frac{2}{\pi}y\sqrt{1-y^2}\,\mathrm{d}y=0,$$

有

$$E(XY)=\iint_{xOy}xyp(x,y)\,\mathrm{d}\sigma_{xy}=\int_{-1}^{1}\left[\int_{-\sqrt{1-y^2}}^{\sqrt{1-y^2}}\frac{1}{\pi}xy\,\mathrm{d}x\right]\mathrm{d}y=0,$$

$$\mathrm{Cov}(X,Y)=E(XY)-(EX)(EY)=0,\quad \rho(X,Y)=0,$$

所以 X 与 Y 不相关.

当 $-1<x<1$ 时,

$$p_X(x)=\int_{-\infty}^{+\infty}p(x,y)\,\mathrm{d}y=\int_{-\sqrt{1-x^2}}^{\sqrt{1-x^2}}\frac{1}{\pi}\mathrm{d}y=\frac{2}{\pi}\sqrt{1-x^2},$$

当 $-1<y<1$ 时,

$$p_Y(y)=\int_{-\infty}^{+\infty}p(x,y)\,\mathrm{d}x=\int_{-\sqrt{1-y^2}}^{\sqrt{1-y^2}}\frac{1}{\pi}\mathrm{d}x=\frac{2}{\pi}\sqrt{1-y^2},$$

$$p_X(x)=\begin{cases}\dfrac{2}{\pi}\sqrt{1-x^2}, & -1<x<1,\\ 0, & \text{其他},\end{cases}$$

$$p_Y(y)=\begin{cases}\dfrac{2}{\pi}\sqrt{1-y^2}, & -1<y<1,\\ 0, & \text{其他}.\end{cases}$$

因为 $p_X(0)=p_Y(0)=\dfrac{2}{\pi}$, $p(0,0)=\dfrac{1}{\pi}$, $p(0,0)\neq p_X(0)p_Y(0)$,所以 X 与 Y 不相互独立.

例 4.2.3 二维正态分布 若 $(X,Y)\sim N(\mu_1,\mu_2,\sigma_1^2,\sigma_2^2,\rho)$,证明

$$\mathrm{Cov}(X,Y)=\rho\sigma_1\sigma_2,\ \rho(X,Y)=\rho,$$

且当 $\rho(X,Y)=0$ 时 X 与 Y 相互独立.

证明 (X,Y) 的分布密度

$$p(x,y)=\frac{1}{2\pi\sigma_1\sigma_2\sqrt{1-\rho^2}}\exp\left\{-\frac{1}{2(1-\rho^2)}\left[\left(\frac{x-\mu_1}{\sigma_1}\right)^2-2\rho\left(\frac{x-\mu_1}{\sigma_1}\right)\left(\frac{y-\mu_2}{\sigma_2}\right)+\left(\frac{y-\mu_2}{\sigma_2}\right)^2\right]\right\},$$

X 的分布密度

$$p_X(x)=\frac{1}{\sqrt{2\pi}\,\sigma_1}\exp\left\{-\frac{1}{2}\left(\frac{x-\mu_1}{\sigma_1}\right)^2\right\},$$

$$E(X)=\mu_1,\qquad D(X)=\sigma_1^2,$$

Y 的分布密度

$$p_Y(y)=\frac{1}{\sqrt{2\pi}\,\sigma_2}\exp\left\{-\frac{1}{2}\left(\frac{y-\mu_2}{\sigma_2}\right)^2\right\},$$

$$E(Y)=\mu_2,\qquad D(Y)=\sigma_2^2.$$

将 (X,Y) 的分布密度 $p(x,y)$ 代入公式

$$\begin{aligned}\mathrm{Cov}(X,Y)&=E[(X-\mu_1)(Y-\mu_2)]\\&=\iint_{xOy}(x-\mu_1)(y-\mu_2)p(x,y)\,\mathrm{d}\sigma_{xy},\end{aligned}$$

令 $u=\dfrac{x-\mu_1}{\sigma_1}$, $v=\dfrac{y-\mu_2}{\sigma_2}$,即 $x=\mu_1+\sigma_1u$, $y=\mu_2+\sigma_2v$,得到 $\mathrm{d}x=\sigma_1\mathrm{d}u$, $\mathrm{d}y=\sigma_2\mathrm{d}v$ 后,化为二

次积分

$$\mathrm{Cov}(X,Y)=\int_{-\infty}^{+\infty}\left\{\frac{\sigma_1\sigma_2}{2\pi\sqrt{1-\rho^2}}\int_{-\infty}^{+\infty}uv\exp\left[-\frac{u^2-2\rho uv+v^2}{2(1-\rho^2)}\right]\mathrm{d}u\right\}\mathrm{d}v,$$

令 $u^2-2\rho uv+v^2=(u-\rho v)^2+(1-\rho^2)v^2$ 得到

$$\mathrm{Cov}(X,Y)=\frac{\sigma_1\sigma_2}{\sqrt{2\pi}}\int_{-\infty}^{+\infty}\left\{v\mathrm{e}^{-\frac{v^2}{2}}\frac{1}{\sqrt{2\pi}\sqrt{1-\rho^2}}\int_{-\infty}^{+\infty}u\exp\left[-\frac{(u-\rho v)^2}{2(1-\rho^2)}\right]\mathrm{d}u\right\}\mathrm{d}v.$$

当随机变量 $U\sim N(\rho v,1-\rho^2)$ 时,

$$E(U)=\frac{1}{\sqrt{2\pi}\sqrt{1-\rho^2}}\int_{-\infty}^{+\infty}u\exp\left[-\frac{(u-\rho v)^2}{2(1-\rho^2)}\right]\mathrm{d}u=\rho v,$$

因此

$$\mathrm{Cov}(X,Y)=\frac{\sigma_1\sigma_2}{\sqrt{2\pi}}\int_{-\infty}^{+\infty}\rho v^2\mathrm{e}^{-\frac{v^2}{2}}\mathrm{d}v,$$

再用分部积分法计算得到

$$\mathrm{Cov}(X,Y)=\rho\sigma_1\sigma_2,\quad \rho(X,Y)=\rho.$$

在 §2.4 讲述两个随机变量相互独立时已经说明:当 $(X,Y)\sim N(\mu_1,\mu_2,\sigma_1^2,\sigma_2^2,\rho)$ 时,$\rho=0\Leftrightarrow X$ 与 Y 相互独立.

*4. 补充案例及资料

(1) 取物问题 袋中装有3个红球2个白球1个黑球,从中任取1个,取到红球时记 $X_1=1$,否则 $X_1=0$,取到白球时记 $X_2=1$,否则 $X_2=0$,求 $\rho(X_1,X_2)$.

解 先求 (X_1,X_2) 的分布律,根据题意,

$$P\{取出红球\}=\frac{3}{6}=\frac{1}{2},P\{取出白球\}=\frac{2}{6}=\frac{1}{3},P\{取出黑球\}=\frac{1}{6}.$$

$$P\{X_1=0,X_2=0\}=P\{取出黑球\}=\frac{1}{6},$$

$$P\{X_1=1,X_2=0\}=P\{取出红球\}=\frac{1}{2},$$

$$P\{X_1=0,X_2=1\}=P\{取出白球\}=\frac{2}{6}=\frac{1}{3},$$

$$P\{X_1=1,X_2=1\}=0,$$

或

X_1	X_2	
	0	1
0	$\frac{1}{6}$	$\frac{1}{3}$
1	$\frac{1}{2}$	0

$$E(X_1X_2)=0\times0\times\frac{1}{6}+0\times1\times\frac{1}{3}+1\times0\times\frac{1}{2}+1\times1\times0=0,$$

而

$$X_1 \sim B\left(1,\frac{1}{2}\right),\quad E(X_1)=\frac{1}{2},\qquad D(X_1)=\frac{1}{4},$$

$$X_2 \sim B\left(1,\frac{1}{3}\right),\quad E(X_2)=\frac{1}{3},\qquad D(X_2)=\frac{2}{9},$$

$$\mathrm{Cov}(X_1,X_2)=E(X_1X_2)-E(X_1)E(X_2)=0-\frac{1}{2}\times\frac{1}{3}=-\frac{1}{6},$$

$$\rho(X_1,X_2)=\frac{\mathrm{Cov}(X_1,X_2)}{\sigma(X_1)\sigma(X_2)}=-\frac{1}{\sqrt{2}}.$$

(2) 熟悉方法 设 A,B 是两个随机事件,而随机变量

$$X=\begin{cases}1, & 若 A 出现,\\ -1, & 若 A 不出现,\end{cases}\qquad Y=\begin{cases}1, & 若 B 出现,\\ -1, & 若 B 不出现,\end{cases}$$

试证明:当 X 与 Y 不相关时,X 与 Y 相互独立.

证明 设 $P(A)=p_1,P(B)=p_2,P(AB)=p_{12}$,则

$$E(X)=p_1-(1-p_1)=2p_1-1,$$

$$E(Y)=p_2-(1-p_2)=2p_2-1,$$

$$\begin{aligned}P\{XY=1\}&=P(AB)+P(\overline{A}\overline{B})\\&=p_{12}+1-(p_1+p_2-p_{12})\\&=2p_{12}+1-p_1-p_2,\end{aligned}$$

$$\begin{aligned}P\{XY=-1\}&=1-P\{XY=1\}\\&=p_1+p_2-2p_{12},\end{aligned}$$

因此

$$\begin{aligned}E(XY)&=P\{XY=1\}-P\{XY=-1\}\\&=4p_{12}+1-2p_1-2p_2,\end{aligned}$$

$$\begin{aligned}\mathrm{Cov}(X,Y)&=E(XY)-E(X)E(Y)\\&=(4p_{12}+1-2p_1-2p_2)-(2p_1-1)(2p_2-1)\\&=4p_{12}-4p_1p_2,\end{aligned}$$

若 $\mathrm{Cov}(X,Y)=0,\rho(X,Y)=0$,则 $p_{12}=p_1p_2$. 这时 $P(AB)=P(A)P(B)$,故当 X 与 Y 不相关时,X 与 Y 相互独立.

(3) 熟悉方法 设随机变量 X 与 Y 相互独立,且都服从 $N(0,\sigma^2)$ 分布,$Z_1=aX+bY,Z_2=cX+dY$,式中的 a,b,c,d 均为常数,且至少有三个不为零,求 $\rho(Z_1,Z_2)$.

解 $E(X)=E(Y)=0,\quad D(X)=D(Y)=\sigma^2,E(X^2)=E(Y^2)=\sigma^2,$

$$E(Z_1)=E(aX+bY)=0,$$

$$E(Z_2)=E(cX+dY)=0,$$

$$D(Z_1)=D(aX+bY)=\sigma^2(a^2+b^2),$$

$$D(Z_2)=D(cX+dY)=\sigma^2(c^2+d^2),$$

$$\begin{aligned}\mathrm{Cov}(Z_1,Z_2)&=E(Z_1Z_2)-E(Z_1)E(Z_2)\\&=E[(aX+bY)(cX+dY)]\\&=E(acX^2+adXY+bcXY+bdY^2)\\&=acE(X^2)+abE(X)E(Y)+bcE(X)E(Y)+bdE(Y^2)\\&=\sigma^2(ac+bd),\end{aligned}$$

$$\rho(Z_1,Z_2)=\frac{\mathrm{cov}(Z_1,Z_2)}{\sigma(Z_1)\sigma(Z_2)}=\frac{ac+bd}{\sqrt{a^2+b^2}\sqrt{c^2+d^2}}.$$

(4) 熟悉方法 若 X 与 Y 的协方差矩阵为 $\begin{pmatrix} 1 & 1 \\ 1 & 4 \end{pmatrix}$，试求 $U = X - 2Y, V = 2X - Y$ 的相关系数.

解 因为 $D(X) = 1, D(Y) = 4, \mathrm{Cov}(X,Y) = 1$，所以

$$\begin{aligned} D(U) &= D(X - 2Y) = D(X) + D(2Y) - 2\mathrm{Cov}(X,2Y) \\ &= D(X) + 4D(Y) - 4\mathrm{Cov}(X,Y) = 1 + 16 - 4 = 13, \end{aligned}$$

$$\begin{aligned} D(V) &= D(2X - Y) = D(2X) + D(Y) - 2\mathrm{Cov}(2X,Y) \\ &= 4D(X) + D(Y) - 4\mathrm{Cov}(X,Y) = 4 + 4 - 4 = 4, \end{aligned}$$

$$\begin{aligned} \mathrm{Cov}(U,V) &= E[(U - EU)(V - EV)] \\ &= E\{[(X - 2Y) - E(X - 2Y)][(2X - Y) - E(2X - Y)]\} \\ &= E\{[(X - EX) - 2(Y - EY)][2(X - EX) - (Y - EY)]\} \\ &= 2E(X - EX)^2 - 5E[(X - EX)(Y - EY)] + 2E(Y - EY)^2 \\ &= 2D(X) - 5\mathrm{Cov}(X,Y) + 2D(Y) = 2 - 5 + 8 = 5, \end{aligned}$$

$$\rho(U,V) = \frac{\mathrm{Cov}(U,V)}{\sigma(U)\sigma(V)} = \frac{5}{2\sqrt{13}} = \frac{5\sqrt{13}}{26}.$$

习　题　4.2

1. (X,Y) 的分布律如下，试求 X 与 Y 的相关系数.

X	Y	
	1	2
1	0	$\frac{1}{3}$
2	$\frac{1}{3}$	$\frac{1}{3}$

2. 设 X 的分布律如下，$Y = X^2$，试证明 X 与 Y 不相关又不相互独立.

X	-1	0	1
P	$\frac{1}{3}$	$\frac{1}{3}$	$\frac{1}{3}$

3. 若 $B \neq 0$，试验证当 $Y = A + BX$ 时，X 与 Y 的相关系数为 1 或 -1.

4. 设 $(X,Y) \sim U(D)$，D 是由 $0 < x < 1, 0 < y < x$ 所决定的区域，试求 X 与 Y 的相关系数.

5. 若 $(X,Y) \sim U(D)$，D 是由 x 轴、y 轴及直线 $x + y = 1$ 所围成的区域，试求 $\rho(X,Y)$.

6. 设 X_1, X_2, X_3 两两不相关，均值均为 0，方差均为 1，试求 $\rho(X_1 + X_2, X_2 + X_3)$.

7. 已知某箱装有 10 件产品，其中一等品 8 件、二等品 1 件、三等品 1 件，如果从中任取 1 件，记

$$X_i = \begin{cases} 1, & \text{若抽到 } i \text{ 等品}, \\ 0, & \text{若抽到非 } i \text{ 等品}, \end{cases}$$

其中 $i = 1,2,3$. 试求随机变量 X_1 与 X_2 的相关系数.

8. 对于任意两个随机变量 X 和 Y，若 $E(XY) = (EX)(EY)$，则以下各选项中肯定正确的是（　　）.

(A) $D(XY) = (DX)(DY)$　　(B) $D(X + Y) = DX + DY$

(C) X 和 Y 相互独立　　(D) X 和 Y 不相互独立

习题 4.2 部分解答

§4.3 大数定律与中心极限定理

如何理解平均结果的稳定性,如何理解自然界中最为广泛的分布为正态分布,本节将探讨这两个问题.

1. Chebyshev 不等式

在概率论及试验统计中,阐明大量随机现象的平均结果具有稳定性的一系列定律都称为大数定律. 在论述大数定律时,要用到下列 Chebyshev(切比雪夫)不等式:

若随机变量 X 的数学期望 $E(X)=\mu$,方差 $D(X)=\sigma^2$ 且 $\sigma>0$,则对于任意给定的正数 ε,

$$P\{|X-\mu|\geqslant\varepsilon\}\leqslant\left(\frac{\sigma}{\varepsilon}\right)^2.$$

证明 设 X 为连续型随机变量,X 的分布密度为 $p(x)$,则

$$\begin{aligned}
&P\{|X-\mu|\geqslant\varepsilon\}\\
&=\int_{|x-\mu|\geqslant\varepsilon}p(x)\,\mathrm{d}x\leqslant\int_{|x-\mu|\geqslant\varepsilon}\left(\frac{x-\mu}{\varepsilon}\right)^2p(x)\,\mathrm{d}x.\\
&\leqslant\int_{-\infty}^{+\infty}\left(\frac{x-\mu}{\varepsilon}\right)^2p(x)\,\mathrm{d}x\\
&=\frac{1}{\varepsilon^2}\int_{-\infty}^{+\infty}(x-\mu)^2p(x)\,\mathrm{d}x\\
&=\frac{\sigma^2}{\varepsilon^2}=\left(\frac{\sigma}{\varepsilon}\right)^2,
\end{aligned}$$

因此

$$P\{|X-\mu|\geqslant\varepsilon\}\leqslant\left(\frac{\sigma}{\varepsilon}\right)^2.$$

若设 X 为离散型随机变量,也可证出上述结论.

如果仅仅知道随机变量 X 的数学期望 μ 与方差 σ^2,可用 Chebyshev 不等式估算随机事件 $\{|X-\mu|\geqslant\varepsilon\}$ 出现的概率,此概率不超过 $\left(\frac{\sigma}{\varepsilon}\right)^2$. 当然,也可用Chebyshev 不等式估算随机事件 $\{|X-\mu|<\varepsilon\}$ 出现的概率,此概率不小于 $1-\left(\frac{\sigma}{\varepsilon}\right)^2$,即 $P\{|X-\mu|<\varepsilon\}\geqslant 1-$

$\left(\dfrac{\sigma}{\varepsilon}\right)^2$. 例如当 X 的分布未知时，$P\{|X-\mu|<3\sigma\}\geqslant\dfrac{8}{9}$. 如果 $X\sim N(\mu,\sigma^2)$，则在 §2.2 例 2.8 中已经算出 $P\{|X-\mu|<3\sigma\}=0.9974$. 估算得到的结果 $P\{|X-\mu|<3\sigma\}\geqslant\dfrac{8}{9}$ 虽然粗糙一点，但还是对可能性有所估计.

例 4.3.1　熟悉公式　设某工厂一周的产量 X 为随机变量，且 $E(X)=50, D(X)=25$，试估计一周的产量在 40 ~ 60 的概率.

解　所要估算的概率

$$\begin{aligned}&P\{40<X<60\}\\&=P\{-10<X-50<10\}\\&=P\{|X-50|<10\},\end{aligned}$$

因为分布未知，用 Chebyshev 不等式作近似估计得到 $P\{|X-50|\geqslant10\}\leqslant0.25$，故 $P\{40<X<60\}>1-0.25=0.75$.

2. 大数定律

在 §1.2 我们发现一个随机事件在大量重复试验中出现的频率具有稳定性，这种稳定性的提法应该说是什么形式？Jacob Bernoulli 是第一个研究这一问题的数学家，他首先提出后人称之为"law of large numbers(大数定律)"的极限定理.

(1) Bernoulli 大数定律

若随机变量序列 $Y_n\sim B(n,p), n=1,2,\cdots$ 且 $0<p<1$，则对于任意给定的正数 ε，

$$\lim_{n\to\infty}P\left\{\left|\frac{Y_n}{n}-p\right|<\varepsilon\right\}=1.$$

证明　因为

$$E\left(\frac{Y_n}{n}\right)=\frac{1}{n}E(Y_n)=p,\quad D\left(\frac{Y_n}{n}\right)=\frac{1}{n^2}D(Y_n)=\frac{p(1-p)}{n},$$

根据 Chebyshev 不等式，当 $n\to\infty$ 时，

$$P\left\{\left|\frac{Y_n}{n}-p\right|\geqslant\varepsilon\right\}\leqslant\frac{p(1-p)}{n\varepsilon^2}\to0,$$

所以

$$\lim_{n\to\infty}P\left\{\left|\frac{Y_n}{n}-p\right|<\varepsilon\right\}=1.$$

此定律表明，序列 $\dfrac{Y_n}{n}\xrightarrow{P}p$. 又由于 $\dfrac{Y_n}{n}$ 可以看作 n 次重复独立试验中某事件出现的频率，而 p 可以看作这个事件在每一次试验中出现的概率，故当试验的次数增多时，频率与概率的差的绝对值小于给定的正数差不多是必然的结果. 因此，重复独立试验的频率具有稳定性.

一般而言，对于任意给定的正数 ε、常数 a 及随机变量序列 $Y_n(n=1,2,\cdots)$，若

$$\lim_{n\to\infty} P\{\,|Y_n - a| < \varepsilon\} = 1,$$

则称序列 Y_n 依概率收敛于常数 a,记作 $Y_n \xrightarrow{P} a$.

【探索题】依概率收敛与数列收敛的区别是什么?

【探索题】探究 Monte-Carlo(蒙特卡罗)算法(随机投点法)计算圆周率 π 的理论依据.

① 投入第一象限的正方形区域的点 $(X,Y)\sim U(D)$

$$D=\{(X,Y)\mid 0<X<1, 0<Y<1\}.$$

② §2.4,例 2.4.4 得知 (X,Y) 的边缘分布分别为:$X\sim U(0,1)$,$Y\sim U(0,1)$,因此各在区间 $(0,1)$ 上产生 n 个随机数(n 越大越好),组成 n 对数据,在第一象限正方形区域内产生 n 个点,统计出第一象限四分之一圆内的点数为 k,则 $k/n\approx\dfrac{\pi}{4}$.

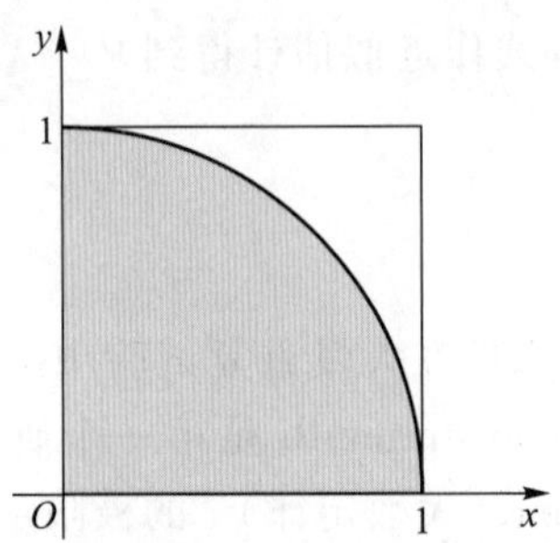

在大量随机现象中,我们不仅看到随机事件频率的稳定性,而且还看到一般的平均结果的稳定性,比如物理中多次测量求平均值以达到被测物体的最精确结果,医学中某种药品长期使用所出现的正副作用的准确度量,生活中"路遥知马力,日久见人心"的深刻体会,诸如此类的甚多. 这种一般的平均结果的稳定性的提法应该是什么形式? 下面来研究辛钦大数定律和 Chebyshev 大数定律.

(2) Khinchin(辛钦)大数定律

若随机变量 $X_1,X_2,\cdots,X_n,\cdots$ 相互独立、同分布且各个 $X_i(i=1,2,\cdots,n,\cdots)$ 的 $E(X_i)=\mu$,$D(X_i)$ 为有限数,则对于任意给定的正数 ε,

$$\lim_{n\to\infty} P\left\{\left|\frac{1}{n}\sum_{i=1}^{n} X_i - \mu\right| < \varepsilon\right\} = 1.$$

此定律表明,$\dfrac{1}{n}\sum\limits_{i=1}^{n} X_i \xrightarrow{P} \mu$,即重复独立试验的观测数据的算术平均值依概率收敛于它的数学期望 μ. 当观测数据为 $x_1,x_2,\cdots,x_n$ 时,可以认为 $\mu\approx\dfrac{1}{n}\sum\limits_{i=1}^{n} x_i$.

(3) Chebyshev 大数定律

若随机变量 $X_1,X_2,\cdots,X_n,\cdots$ 相互独立,各个 $X_i(i=1,2,\cdots,n,\cdots)$ 的 $E(X_i)$ 及 $D(X_i)$ 都存在,且各个 $D(X_i)$ 的值都不超过某一正数 k,则对于任意给定的正数 ε,

$$\lim_{n\to\infty} P\left\{\left|\frac{1}{n}\sum_{i=1}^{n} X_i - \frac{1}{n}\sum_{i=1}^{n} E(X_i)\right| < \varepsilon\right\} = 1.$$

证明　因为

$$E\left(\frac{1}{n}\sum_{i=1}^{n}X_i\right)=\frac{1}{n}\sum_{i=1}^{n}E(X_i),D\left(\frac{1}{n}\sum_{i=1}^{n}X_i\right)=\frac{1}{n^2}\sum_{i=1}^{n}D(X_i)\leqslant\frac{k}{n},$$

根据 Chebyshev 不等式,当 $n\to\infty$ 时,

$$P\left\{\left|\frac{1}{n}\sum_{i=1}^{n}X_i-\frac{1}{n}\sum_{i=1}^{n}E(X_i)\right|\geqslant\varepsilon\right\}\leqslant\frac{k}{n\varepsilon^2}\to 0,$$

所以

$$\lim_{n\to\infty}P\left\{\left|\frac{1}{n}\sum_{i=1}^{n}X_i-\frac{1}{n}\sum_{i=1}^{n}E(X_i)\right|<\varepsilon\right\}=1.$$

一般而言,对于任意给定的正数 ε、常数 a 及随机变量序列 $Y_n(n=1,2,\cdots)$,若

$$\lim_{n\to\infty}P\{|Y_n-a|<\varepsilon\}=1,$$

则称序列 Y_n 依概率收敛于常数 a,记作 $Y_n\xrightarrow{P}a$.

Chebyshev 大数定律表明,序列

$$\frac{1}{n}\sum_{i=1}^{n}X_i\xrightarrow{P}\frac{1}{n}\sum_{i=1}^{n}E(X_i).$$

【探索题】 以上三个大数定律之间的内在联系是什么?

3. 中心极限定理

(1) De Moivre - Laplace 中心极限定理

设随机变量 $Y\sim B(n,p)$,$n=1,2,\cdots$ 且 $0<p<1$,则对于任一实数 x,

$$\lim_{n\to\infty}P\left\{\frac{Y-np}{\sqrt{np(1-p)}}\leqslant x\right\}=\frac{1}{\sqrt{2\pi}}\int_{-\infty}^{x}\mathrm{e}^{-\frac{x^2}{2}}\mathrm{d}x=\Phi(x).$$

因为

$$E(Y)=np,\qquad D(Y)=np(1-p),$$

$$E\left(\frac{Y-np}{\sqrt{np(1-p)}}\right)=0,\qquad D\left(\frac{Y-np}{\sqrt{np(1-p)}}\right)=1,$$

$\dfrac{Y-np}{\sqrt{np(1-p)}}$ 与服从 $N(0,1)$ 分布的随机变量有相同的数学期望与方差,所以 $\dfrac{Y-np}{\sqrt{np(1-p)}}$ 及类似的随机变量都称为标准化随机变量.

此定理表明,当重复独立试验的次数 n 较大时,标准化随机变量 $\dfrac{Y-np}{\sqrt{np(1-p)}}$ 近似地服从标准正态分布.

(2) 独立同分布中心极限定理

若随机变量 $X_1,X_2,\cdots,X_n,\cdots$ 相互独立、同分布,各个 $X_i(i=1,2,\cdots,n,\cdots)$ 的 $E(X_i)=\mu$,$D(X_i)=\sigma^2$,且 σ^2 为有限数,则对于任一实数 x,

$$\lim_{n\to\infty}P\left\{\frac{\sum_{i=1}^{n}X_i-n\mu}{\sqrt{n\sigma^2}}\leqslant x\right\}=\frac{1}{\sqrt{2\pi}}\int_{-\infty}^{x}\mathrm{e}^{-\frac{x^2}{2}}\mathrm{d}x=\Phi(x).$$

这里的 $E\left(\sum_{i=1}^{n} X_i\right) = n\mu, D\left(\sum_{i=1}^{n} X_i\right) = n\sigma^2, \dfrac{\sum_{i=1}^{n} X_i - n\mu}{\sqrt{n\sigma^2}}$ 为标准化随机变量.

此定理表明，当随机变量相互独立、同分布，且个数 n 较大时，标准化随机变量 $\dfrac{\sum_{i=1}^{n} X_i - n\mu}{\sqrt{n\sigma^2}}$ 近似地服从标准正态分布.

此定理从理论上揭示了正态分布应用的广泛性.根据此定理,很多较难的概率计算问题可以迎刃而解.

例 4.3.2 产品检验 一大批产品的次品率为 0.1,如果在随机抽查的 n 件中次品数超过 50 件的概率大于 0.8,试求 n.

De Moivre-Laplace 中心极限定理动图

解 若 n 件中有 X 件次品,则 $X \sim B(n,0.1)$, $E(X)=0.1n$, $D(X)=0.09n$, 根据中心极限定理,

$$P\{X > 50\} = P\left\{\frac{X - 0.1n}{\sqrt{0.09n}} > \frac{50 - 0.1n}{\sqrt{0.09n}}\right\} \approx 1 - \Phi\left(\frac{50 - 0.1n}{\sqrt{0.09n}}\right) > 0.8,$$

$$\Phi\left(\frac{50 - 0.1n}{\sqrt{0.09n}}\right) < 0.2, \qquad \frac{50 - 0.1n}{\sqrt{0.09n}} < -0.84,$$

解出 $n > 560$.

例 4.3.3 丢掷骰子 丢掷 100 粒均匀的骰子,其中第 i 粒骰子朝上的点数为 $X_i(i=1,2,\cdots,100)$,试计算 $P\left\{300 < \sum_{i=1}^{100} X_i < 400\right\}$ 的近似值.

解

$$P\{X_i = k\} = \frac{1}{6}, k = 1,2,3,4,5,6,$$

$$E(X_i) = 3.5, \qquad D(X_i) = 2.917,$$

独立同分布中心极限定理动图

因为各个 X_i 相互独立、同分布,且

$$E\left(\sum_{i=1}^{100} X_i\right) = 350, D\left(\sum_{i=1}^{100} X_i\right) = 291.7,$$

故根据中心极限定理,

$$P\left\{300 < \sum_{i=1}^{100} X_i < 400\right\} = P\left\{\frac{300 - 350}{\sqrt{291.7}} < \frac{\sum_{i=1}^{100} X_i - 350}{\sqrt{291.7}} < \frac{400 - 350}{\sqrt{291.7}}\right\}$$
$$\approx \Phi(2.93) - \Phi(-2.93) = 0.9966.$$

例 4.3.4 商业决策 甲乙两个影院竞争 1 000 名观众,如果它们不分胜负,每个观众都是随意地选择一个影院消费,试计算甲乙两个影院应该分别设多少个座位才能确保因缺少座位而失去观众的概率小于 1%.

解 两个影院的情形相同,可只考虑其中的甲影院.设选择甲影院消费的观众有 X 人,影院应该设 M 个座位才能确保因缺少座位而失去观众的概率小于 1%,则 $X \sim B(1\,000,0.5)$,

$E(X)=500, D(X)=250$,根据中心极限定理,

$$P\{X>M\}=P\left\{\frac{X-500}{\sqrt{250}}>\frac{M-500}{\sqrt{250}}\right\}$$
$$\approx 1-\Phi\left(\frac{M-500}{\sqrt{250}}\right)<0.01,$$
$$\Phi\left(\frac{M-500}{\sqrt{250}}\right)>0.99, \quad \frac{M-500}{\sqrt{250}}>2.33,$$

解出 $M \geqslant 537$.

*4. 补充案例

(1) 系统管理 设某系统由 100 个相互独立的部件组成,运行期间每个部件损坏的概率为 0.1. ① 如果至少有 85 个部件完好时系统才能正常工作,求系统正常工作的概率;② 如果上述系统由 n 个相互独立的部件组成,至少有 80% 的部件完好时系统才能正常工作,问 n 至少为多大才能使系统正常工作的概率不小于 0.95?

解 ① 设 X 为运行期间 100 个部件中完好的个数,则 $X \sim B(100, 0.9)$, $E(X)=100\times 0.9=90$, $D(X)=100\times 0.9\times 0.1=9$,根据中心极限定理,

$$P\{X\geqslant 85\}=P\left\{\frac{X-90}{\sqrt{9}}\geqslant\frac{85-90}{\sqrt{9}}\right\}\approx 1-\Phi\left(-\frac{5}{3}\right)=0.952\,5.$$

② 设 Y 为运行期间 n 个部件中完好的个数,则 $Y\sim B(n,0.9)$, $E(Y)=0.9n$, $D(Y)=0.09n$,根据中心极限定理,

$$P\{Y\geqslant 0.8n\}=P\left\{\frac{Y-0.9n}{\sqrt{0.09n}}\geqslant\frac{0.8n-0.9n}{\sqrt{0.09n}}\right\}$$
$$\approx 1-\Phi\left(-\frac{\sqrt{n}}{3}\right)=\Phi\left(\frac{\sqrt{n}}{3}\right)\geqslant 0.95,$$

故由 $\frac{\sqrt{n}}{3}\geqslant 1.65$ 解出 $n\geqslant 24.5$,因此 n 至少为 25 才能使系统正常工作的概率不小于 0.95.

(2) 保险问题 某保险公司有 1 万个同一年龄的人参加人寿保险,在一年内这些人的死亡率为 0.1%. 若参加保险的人在一年的头一天交付保险费 10 元,如果一年内死亡,那么家属可以从保险公司领取 2 000 元抚恤金. 试求:① 保险公司在一年内获利不少于 4 万元的概率;② 保险公司亏本的概率.

解 设一年内死亡的人数为 X,则保险公司一年的收入为 100 000 元,理赔 $2\,000X$ 元,获利 $100\,000-2\,000X$ 元,且 $X\sim B(10\,000, 0.001)$, $E(X)=10\,000\times 0.001=10$, $D(X)=10\,000\times 0.001\times 0.999=9.99$.

① 如果一年内获利不少于 4 万元,则 $100\,000-2\,000X\geqslant 40\,000$ 或 $0\leqslant X\leqslant 30$. 根据中心极限定理,

$$P\{0\leqslant X\leqslant 30\}=P\left\{\frac{0-10}{\sqrt{9.99}}\leqslant\frac{X-10}{\sqrt{9.99}}\leqslant\frac{30-10}{\sqrt{9.99}}\right\}$$
$$\approx\Phi(6.33)-\Phi(-3.16)=0.999\,2;$$

② 如果保险公司亏本,则 $100\,000-2\,000X<0$ 或 $X>50$. 根据中心极限定理,

$$P\{0\leqslant X\leqslant 50\}=P\left\{\frac{0-10}{\sqrt{9.99}}\leqslant\frac{X-10}{\sqrt{9.99}}\leqslant\frac{50-10}{\sqrt{9.99}}\right\}$$
$$\approx\Phi(12.66)-\Phi(-3.16)=0.999\,2,$$

因此 $P(X>50)=1-P\{0\leqslant X\leqslant 50\}=0.000\,8$.

说明:$\Phi(3.16)=0.999\,2$ 可从比附录二更详细的 $\Phi(x)$ 数值表中查出.

习　题　4.3

1. 若随机变量 X 的 $E(X)=\mu, D(X)=\sigma^2$ 且 $\sigma>0$,则对于任意给定的正数 k, $P\{|X-\mu|\geqslant k\sigma\}\leqslant$ ________.

2. 设 $DX=2.5$,试用 Chebyshev 不等式估计 $P\{|X-EX|\geqslant 5\}$ 的值.

3. 已知成年男性的血液中,每 mL 白细胞数的平均值是 7 300,标准差是 700,试用 Chebyshev 不等式估计每 mL 白细胞数在 5 200 至 9 400 的概率.

4. 设有 1 万盏电灯,每盏灯开的概率都是 0.7.如果电灯的开与关是相互独立的,试用 Chebyshev 不等式估计并用中心极限定理计算同时有 6 800 至 7 200 盏电灯是开着的概率.

5. 在次品率为 $\dfrac{1}{6}$ 的一大批产品中,任意抽取 300 件产品,试用中心极限定理近似计算这 300 件产品中次品数在 40 至 60 的概率.

6. 自区间 $[0,1)$ 中可重复地任取 100 个实数 $X_i(i=1,2,\cdots,100)$ 作为随机数字,试用中心极限定理近似计算 $P\left\{\sum_{i=1}^{100} X_i>45\right\}$.

习题 4.3 部分解答

拓展阅读 4

第四章补充习题讲解

在终极分析中,一切知识都是历史;
在抽象意义下,一切科学都是数学;
在理性世界里,所有的推断都是统计学.

——拉奥(C. R. Rao)

第五章　样本及统计量

§5.1　总体与样本

1. 总体、个体与总体容量

在试验统计中,研究对象的全体所构成的集合称为**总体**.

总体中的各个研究对象称为**个体**,总体中所包含的个体数称为**总体容量**.

容量有限的总体称为有限总体,容量无限的总体称为无穷总体.

但是,在试验统计中对研究对象的研究侧重于它的某一项数量指标以及该指标的概率分布.因此,应该将总体理解为研究对象的某一项数量指标值的全体所构成的集合,并且将这样的集合也就是某一个总体,看作一个随机变量,将不同的总体看作不同的随机变量,将总体中的各个个体也就是它的某一项数量指标的值,看作随机变量所取的值.为研究方便起见,总体用大写英文字母 $X,Y,Z,\cdots$ 表示,个体用相应的小写英文字母 $x,y,z,\cdots$ 表示.

然而,对于总体的研究常常是耗费人力、物力甚至是力不从心的事情.或者研究的工作量太大,或者研究工作具有破坏性,必须采用先研究部分个体,再估计或推断总体的研究方法.因此,便有了抽样,有了试验统计中的样本、样本容量与简单随机样本,各种专门的试验统计逐渐产生、发展并得到完善.

2. 样本、样本容量与简单随机样本

按照一定的规则,由总体中取出一部分个体所构成的集合称为总体的一个**样本**.

样本中所包含的个体数称为**样本容量**.

样本中所包含的个体又称为**样品**,样本容量也就是样品数.

不过,上述取出两字的含义并非只是取出而已.因为试验统计中的个体实际上是某一项数量指标的值,所以取出两字应理解为取出后还要进行试验或观测并得到这一项数量指标的值.当样本容量为 n 时,总体 X 中将要取出的指标值记作 $X_1,X_2,\cdots,X_n$,已经取出的指标值记作 $x_1,x_2,\cdots,x_n$.前者是 n 个随机变量,在研究统计理论时应用,后者是 n 个随机变量的观测值,在

统计分析与计算时应用.

由总体中取出样本的过程称为**抽样**. 然而,取出的方法会有所不同. 考虑到抽样的目的是通过样本推断总体,因此,样本应该代表总体,应该是总体的一个缩影. 一种经常采用又易于从理论上进行研究的取法可简单地叙述为取后放回. 也就是由总体中随机地取出某一个体并在进行试验或观测后将它放回到总体中,再由总体中随机地取出某一个体并在进行试验或观测后又将它放回到总体中,如此反复地取出与放回,直到取出与事先确定的样本容量相符合的个体数为止.

这种取法称之为简单随机抽样. 简单随机抽样具有两个特点:

(1) 样本具有随机性,总体中每一个个体被抽中的概率是相等的,

(2) 样本具有独立性,抽中的每一个个体间是相互独立的,

用简单随机抽样方法得到的样本称为总体 X 的一个**简单随机样本**. 如果抽出了一个样本容量为 n 的样本 $X_1,X_2,X_3,\cdots,X_n$ 相互独立,且与总体具有相同的分布. 在后面将要论述的内容中,如果没有另外的说明,所涉及的样本都约定为简单随机样本.

然而,取后放回常常难以实现. 当总体容量无限或者总体容量超出样本容量 100 倍以上时,取后不放回或者一次取若干个个体的抽样方法也可近似地当作取后放回的抽样方法,所得到的样本可近似地当作简单随机样本.

【**探索题**】为什么要进行抽样?

3. 样本的联合分布

由样本 $X_1,X_2,\cdots,X_n$ 所决定的 n 维随机变量$(X_1,X_2,\cdots,X_n)$的分布,称为样本的联合分布.

如果总体 X 是离散型的随机变量,分布函数为 $F(x)$,分布律为 $P\{X=x_i\}=p(x_i)$,那么样本 $X_1,X_2,\cdots,X_n$ 的联合分布函数及联合分布律分别为

$$F^*(x_1,x_2,\cdots,x_n)=\prod_{i=1}^{n}F(x_i),$$

$$P\{X_1=x_1,X_2=x_2,\cdots,X_n=x_n\}=\prod_{i=1}^{n}p(x_i).$$

如果总体 X 是连续型的随机变量,分布函数为 $F(x)$,分布密度为 $p(x)$,那么样本 X_1,$X_2,\cdots,X_n$ 的联合分布函数及联合分布密度分别为

$$F^*(x_1,x_2,\cdots,x_n)=\prod_{i=1}^{n}F(x_i),$$

$$p^*(x_1,x_2,\cdots,x_n)=\prod_{i=1}^{n}p(x_i).$$

例 5.1.1 熟悉方法 设总体 $X\sim B(1,p)$,试写出样本 $X_1,X_2,\cdots,X_n$ 的联合分布律.

解 因为总体 X 是离散型的随机变量,分布律

$$P\{X=x_i\}=p(x_i)=p^{x_i}(1-p)^{1-x_i}\quad(x_i=0,1),$$

所以样本的联合分布律

$$P\{X_1=x_1,X_2=x_2,\cdots,X_n=x_n\}=\prod_{i=1}^{n}p(x_i)=p^{\sum\limits_{i=1}^{n}x_i}(1-p)^{n-\sum\limits_{i=1}^{n}x_i}.$$

例 5.1.2　熟悉方法　设总体 $X \sim E(\lambda)$，试写出样本 $X_1, X_2, \cdots, X_n$ 的联合分布密度.

解　因为总体 X 是连续型的随机变量，分布密度

$$p(x)=\begin{cases}\lambda e^{-\lambda x}, & x>0,\\ 0, & \text{其他},\end{cases}$$

所以样本的联合分布密度

$$\begin{aligned} p^*(x_1,x_2,\cdots,x_n) &= \prod_{i=1}^{n} p(x_i) \\ &= \begin{cases}\lambda^n e^{-\lambda \sum\limits_{i=1}^{n} x_i}, & x_1>0, x_2>0, \cdots, x_n>0,\\ 0, & \text{其他}.\end{cases}\end{aligned}$$

4. 样本观测值与经验分布函数

已知总体的分布便可以写出样本的联合分布. 但是，总体的分布函数、分布律或分布密度的形式以及有关的参数通常都要通过样本的观测值来估计或推断. 下面引出样本观测值 $x_1, x_2, \cdots, x_n$ 的分布函数 $F_n^*(x)$，在样本容量较大时，可以用来估计总体 X 的分布函数 $F(x)$.

在相同的条件下，对总体 X 进行 n 次重复、独立的试验与观测得到试验指标的 n 个观测值以后，总可以按观测值的大小重新编号排列为 $x_{(1)} \leqslant x_{(2)} \leqslant \cdots \leqslant x_{(n)}$. 为叙述简便起见，不妨假定重新编号并去掉重复的观测值后，观测值的排列为 $x_1 < x_2 < \cdots < x_k$.

根据 $x_1, x_2, \cdots, x_k$ 可以列出样本观测值的频数、累积频数、频率及累积频率分布表，表中 x_i 的频数 n_i 是 x_i 在观测值 $x_{(1)}, x_{(2)}, \cdots, x_{(n)}$ 中出现的次数，累积频数 $n_1 + n_2 + \cdots + n_i$ 是 $x_1, x_2, \cdots, x_i$ 在观测值 $x_{(1)}, x_{(2)}, \cdots, x_{(n)}$ 中出现的次数相加，频率 $f_i = \dfrac{n_i}{n}$ 是 x_i 的频数除以样本容量，累积频率 $f_1 + \cdots + f_i = \dfrac{n_1 + \cdots + n_i}{n}$ 是累积频数除以样本容量.

样本观测值的频数、累积频数、频率及累积频率可以列表如下：

样本观测值	频　　数	累 积 频 数	频　　率	累 积 频 率
x_1	n_1	n_1	f_1	f_1
x_2	n_2	$n_1 + n_2$	f_2	$f_1 + f_2$
$\vdots$	$\vdots$	$\vdots$	$\vdots$	$\vdots$
x_i	n_i	$n_1 + \cdots + n_i$	f_i	$f_1 + \cdots + f_i$
$\vdots$	$\vdots$	$\vdots$	$\vdots$	$\vdots$
x_k	n_k	$n_1 + \cdots + n_k$	f_k	$f_1 + \cdots + f_k$

考虑到上述 $x_{(1)}, x_{(2)}, \cdots, x_{(n)}$ 是对总体 X 进行抽样所得到的简单随机样本的观测值，无论总体 X 是连续型的随机变量还是离散型的随机变量，无论总体 X 服从什么分布，都可以将 $x_{(1)}, x_{(2)}, \cdots, x_{(n)}$ 看作某一个离散型随机变量 X^* 所取的值，且

$$P\{X^* = x_{(i)}\} = \frac{1}{n},$$

式中的 $i = 1, 2, \cdots, n$. 因此，X^* 的分布函数

$$F_n^*(x)=P\{X^*\leqslant x\}=\sum_{x_{(i)}\leqslant x}P\{X^*=x_{(i)}\}.$$

当 $x<x_{(1)}$ 时，$F_n^*(x)=0$；

当 $x\geqslant x_{(n)}$ 时，$F_n^*(x)=1$；

当 $x_{(j)}\leqslant x<x_{(j+1)}(j=1,2,\cdots,n-1)$ 时，$F_n^*(x)=\frac{r}{n}$，式中的 r 为 $X^*\leqslant x<x_{(j+1)}$ 的累积频数，$\frac{r}{n}$ 为 $X^*\leqslant x<x_{(j+1)}$ 的累积频率.

X^* 的分布函数 $F_n^*(x)$ 称为总体 X 的一组样本观测值的分布函数或经验分布函数. 如果画出 $F_n^*(x)$ 的图像，则 $F_n^*(x)$ 只能在 $x_{(i)}(i=1,2,\cdots,n-1)$ 处有间断点，跃度为$\frac{1}{n}$ 的整数倍.

【**探索题**】样本观测值的分布函数与离散型随机变量的分布函数之间的关系是什么？

例 5.1.3 测量体重 从某个教学班的同学中随机地选出 8 位测量他们的体重(单位：kg)，得到体重的观测值为 45，46，48，51，51，57，62，64，试写出这一组样本观测值的分布函数.

解 这里 $x_{(1)}=45,x_{(2)}=46,x_{(3)}=48,x_{(4)}=x_{(5)}=51,x_{(6)}=57,x_{(7)}=62,x_{(8)}=64$，所确定的样本观测值的分布函数为

当 $x<45$ 时，$F_8^*(x)=0$， 当 $45\leqslant x<46$ 时，$F_8^*(x)=\frac{1}{8}$，

当 $46\leqslant x<48$ 时，$F_8^*(x)=\frac{2}{8}=\frac{1}{4}$， 当 $48\leqslant x<51$ 时，$F_8^*(x)=\frac{3}{8}$，

当 $51\leqslant x<57$ 时，$F_8^*(x)=\frac{5}{8}$， 当 $57\leqslant x<62$ 时，$F_8^*(x)=\frac{6}{8}=\frac{3}{4}$，

当 $62\leqslant x<64$ 时，$F_8^*(x)=\frac{7}{8}$， 当 $64\leqslant x$ 时，$F_8^*(x)=\frac{8}{8}=1$.

在 §4.3 中曾讲述 Bernoulli 大数定律，即当随机变量序列 $Y_n\sim B(n,p),n=1,2,\cdots$ 且 $0<p<1$ 时，对于给定的正数 ε，

$$\lim_{n\to\infty}P\left\{\left|\frac{Y_n}{n}-p\right|<\varepsilon\right\}=1.$$

请注意：随机事件 $\{X^*\leqslant x\}$ 的概率，实际上是对总体 X 做 n 次重复、独立的试验与观测时，随机事件 $\{X\leqslant x\}$ 出现的频率. 因此在 Bernoulli 大数定律中，将$\frac{Y_n}{n}$ 换成 $F_n^*(x)$，将 p 换成 $F(x)$ 后，对于任意给定的正数 ε，便总有

$$\lim_{n\to\infty}P\{|F_n^*(x)-F(x)|<\varepsilon\}=1.$$

这说明：在样本容量 n 越来越增大的条件下，样本观测值的分布函数$F_n^*(x)$ 将越来越稳定地趋近于总体 X 的分布函数 $F(x)$. 也就是在样本容量较大时，可以用总体 X 的一组样本观测值的分布函数 $F_n^*(x)$ 近似地估计总体 X 的分布函数 $F(x)$，并进一步估计或推断总体 X 的分布，估计或推断总体分布的数字特征或总体分布中的参数.

下面是在统计学中研究总体和它的样本的基本思路：

总体的分布（分布函数、分布律或分布密度）、数字特征或参数

从总体中取出 简单随机样本 （样本来自总体）↓	↑根据样本观测值 对总体进行估计或推断 （样本代表总体）

样本观测值的分布函数、频率分布直方图、数字特征或统计量

5. 样本观测值的频率分布直方图

如果将平面 xOy 上总体 X 的分布密度曲线 $y=p(x)$、直线 $x=a$，$x=b(a<b)$ 及 x 轴所围成的曲边梯形 $AabB$ 用垂直于 x 轴的直线划分为若干个小曲边梯形，并在各个小曲边上任取一点，过该点作 x 轴的平行线与小曲边梯形的垂直于 x 轴的两平行边相交后得到小长方形，那么，当曲边梯形 $AabB$ 划分后所得到的小曲边梯形越来越多，各个小曲边梯形的底边长都趋于 0 时，各个小长方形的面积之和便趋近于曲边梯形 $AabB$ 的面积，各个小长方形的顶边或者顶边的中点所连成的折线与总体 X 的分布密度曲线 $y=p(x)$ 十分地接近.

上述各个小长方形合在一起所构成的图形称为总体 X 的一个分布直方图，可用来近似地描述总体 X 的分布，比较直观地看出 X 所取的值是否左右对称，看出 X 取值集中的位置（在这个位置附近的小长方形较高，面积较大），看出 X 取值集中的程度（小长方形高度的差别较大时集中，差别不大时分散），等等.

当总体 X 是连续型随机变量，而 X 的分布密度未知时，常常用样本观测值的频率分布直方图来估计或推断总体 X 的分布密度.

制作这种频率分布直方图的步骤如下：

（1）由样本的观测值 $x_1,x_2,\cdots,x_n$ 求出

$$x_{(1)}=\min\{x_1,x_2,\cdots,x_n\},\quad x_{(n)}=\max\{x_1,x_2,\cdots,x_n\};$$

（2）确定常数 a 与 b，使 a 略小于 $x_{(1)}$，而 b 略大于 $x_{(n)}$，并将 $[a,b]$ 等分为 m 个小区间，各个小区间分别记作 $[a_{i-1},a_i]$，小区间的长 $\Delta_i=a_i-a_{i-1}=\dfrac{b-a}{m}$，而 $i=1,2,\cdots,m$，分点为 $a=a_0<a_1<a_2<\cdots<a_m=b$，且分点的坐标值比样本的观测值多保留一位小数；

（3）计算样本的观测值落在各个小区间 $[a_{i-1},a_i]$ 内的频数 n_i 及频率 $f_i=\dfrac{n_i}{n}$；

（4）画出直角坐标平面 xOy，以 x 轴上的各个小区间 $[a_{i-1},a_i]$ 为底边、以 $\dfrac{f_i}{\Delta_i}$ 为高制作长方形，使各个长方形的面积分别等于 f_i，m 个长方形的面积之和为 1.

按上述步骤所得到的 m 个长方形合在一起，称为样本观测值的频率分布直方图. 根据频率分布直方图可以得到总体 X 的分布密度的一个轮廓，方法是：描出各个小矩形上端横线的中点并顺序联结为折线后，再平滑为一条曲线.

制作这种频率分布直方图的关键是确定小区间数 m 或小区间长 Δ_i. 一般而言，如果小区间数 m 小，则小区间长 Δ_i 大，落在小区间内的观测值可能会相差较多，以至于小区间中

点的横坐标即组中值$\frac{a_{i-1}+a_i}{2}$不能作为它们的代表. 如果小区间数 m 大,则小区间长 Δ_i 小,落在小区间内的观测值虽然比较接近,但是这样的直方图受到随机性的影响,不同样本的观测值画出的图形会参差不齐,不能用来估计或推断总体 X 的分布密度.

通常可根据样本容量 n 来确定小区间数 m,有人建议 n 和 m 的制约关系如下表:

样本容量 n	50~100	100~200	200~300	300~500
小区间数 m	5~10	8~16	10~20	12~24

有人建议 m 的值宜在 2.5 lg$n$~5 lg$n$.

例 5.1.4　作物栽培　在 100 个试验条件相同的小区种植某品种大豆,各小区产量(单位:g)的观测值如下,试制作这一组样本观测值的频率分布直方图.

70,72,94,24,68,57,90,185,95,93,109,64,58,79,40,118,84,70,99,132,154,100,77,34,68,26,48,87,85,95,123,105,107,55,45,73,109,58,101,134,94,94,62,156,61,84,77,123,135,40,107,79,131,72,66,30,44,141,98,100,90,78,44,50,58,60,76,78,92,101,62,152,97,81,54,98,75,118,130,90,115,136,100,80,69,98,84,25,179,97,76,56,73,43,22,82,60,68,160,139.

解　按照样本频率分布直方图的制作步骤:

(1) 求出 $x_{(1)}=22, x_{(100)}=185$;

(2) 取 $m=7$, 由 $\frac{x_{(100)}-x_{(1)}}{m}=23.3$ 确定 $\Delta_i=25, m\Delta_i=175, 25\div 2=12.5, a=25-12.5=12.5, b=175+12.5=187.5$,各分点的坐标依次为 12.5,37.5,62.5,87.5,⋯;

(3) 统计观测值落在各个小区间的频数 $n_i(i=1,2,\cdots,7)$ 和频率 $f_i(i=1,2,\cdots,7)$ 如下表:

组下限	12.5	37.5	62.5	87.5	112.5	137.5	162.5
组上限	37.5	62.5	87.5	112.5	137.5	162.5	187.5
组中值	25	50	75	100	125	150	175
频数 n_i	6	20	29	26	11	6	2
频率 f_i	0.06	0.20	0.29	0.26	0.11	0.06	0.02

(4) 画出直角坐标平面 xOy,以 x 轴上的各个小区间 $[a_{i-1}, a_i]$ 为底边,以$\frac{f_i}{\Delta_i}$为高制作长方形,使各个长方形的面积分别等于 f_i,m 个长方形的面积之和为 1;

(5) 将 m 个长方形合在一起,即为样本观测值的频率分布直方图(图 5.1).

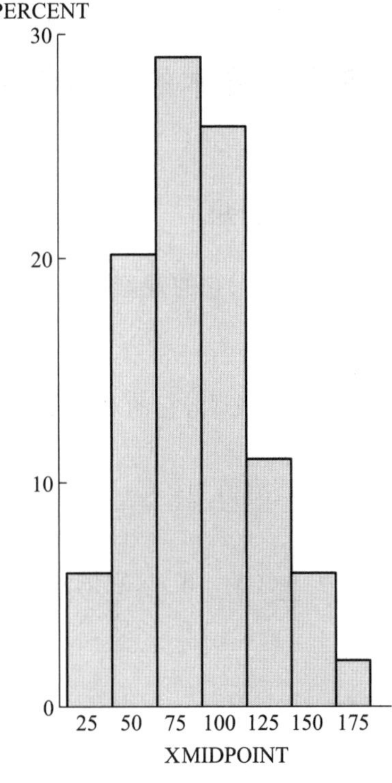

图 5.1 例 5.1.4 的频率分布直方图

绘制频率直方图程序

习 题 5.1

1. 设总体 X 服从 $P(\lambda)$ 分布,试写出样本 $X_1, X_2, \cdots, X_n$ 的联合分布律.

2. 设总体 X 服从 $N(0,1)$ 分布,试写出样本 $X_1, X_2, \cdots, X_n$ 的联合分布密度.

3. 设总体 X 服从 $N(\mu, \sigma^2)$ 分布,试写出样本 $X_1, X_2, \cdots, X_n$ 的联合分布密度.

4. 根据样本观测值的频率分布直方图可以对总体做什么估计与推断?

5. 观测 140 行某品种水稻的产量(单位:g) 得到频数表如下:

组下限	67.5	97.5	127.5	157.5	187.5	217.5	247.5
组上限	97.5	127.5	157.5	187.5	217.5	247.5	277.5
组中值	82.5	112.5	142.5	172.5	202.5	232.5	262.5
频　数	9	20	37	46	22	5	1

试画出样本观测值的频率分布直方图.

6. 观测 200 头某品种仔猪的一月窝重(单位:kg) 得到频数表如下:

组下限	7.5	23.5	39.5	55.5	71.5	87.5	103.5
组上限	23.5	39.5	55.5	71.5	87.5	103.5	119.5
组中值	15.5	31.5	47.5	63.5	79.5	95.5	111.5
频　数	10	19	30	61	49	24	7

试画出样本观测值的频率分布直方图.

§5.2 样本的数字特征

1. 样本总和及均值、离均差平方和

若总体X的一个样本为$X_1,X_2,\cdots,X_n$,它的观测值为$x_1,x_2,\cdots,x_n$,则对样本及其观测值进行整理后可以得到以下各个数字特征:

(1) **样本总和**$\sum_{i=1}^{n} X_i = X_1 + X_2 + \cdots + X_n$,它的观测值为$\sum_{i=1}^{n} x_i = x_1 + x_2 + \cdots + x_n$.

(2) **样本均值**$\overline{X} = \frac{1}{n}\sum_{i=1}^{n} X_i$,它的观测值为$\overline{x} = \frac{1}{n}\sum_{i=1}^{n} x_i$.

(3) **样本的离均差平方和** $SS = \sum_{i=1}^{n}(X_i - \overline{X})^2$,它的观测值为 $ss = \sum_{i=1}^{n}(x_i - \overline{x})^2$.

重要结论

① $\sum_{i=1}^{n} X_i = n\overline{X}$;

② $\sum_{i=1}^{n}(X_i - \overline{X}) = 0$;

③ $\sum_{i=1}^{n}(X_i - \overline{X})^2 = \sum_{i=1}^{n} X_i^2 - \frac{1}{n}\left(\sum_{i=1}^{n} X_i\right)^2$.

证明 ① 可由样本均值$\overline{X}$的定义得到;

② 可由求和运算的性质得到;

③ 因为$(X_i - \overline{X})^2 = X_i^2 - 2X_i\overline{X} + (\overline{X})^2$,所以

$$\sum_{i=1}^{n}(X_i - \overline{X})^2 = \sum_{i=1}^{n} X_i^2 - 2\overline{X}\sum_{i=1}^{n} X_i + n(\overline{X})^2$$

$$= \sum_{i=1}^{n} X_i^2 - n(\overline{X})^2 = \sum_{i=1}^{n} X_i^2 - \frac{1}{n}\left(\sum_{i=1}^{n} X_i\right)^2.$$

以上公式对于观测值的计算也是成立的.

(4) 对于任意正整数k,**样本的k阶原点矩** $A_k = \frac{1}{n}\sum_{i=1}^{n} X_i^k$,它的观测值$a_k = \frac{1}{n}\sum_{i=1}^{n} x_i^k$.

当$k = 1$时,样本的一阶原点矩$A_1 = \overline{X}$.

2. 样本方差、标准差和变异系数

若总体X的一个样本为$X_1,X_2,\cdots,X_n$,它的观测值为$x_1,x_2,\cdots,x_n$,则对样本及其观测值进行整理后可以得到以下各个数字特征:

(1) **样本方差** $S^2 = \frac{1}{n}\sum_{i=1}^{n}(X_i - \overline{X})^2$,它的观测值为$s^2 = \frac{1}{n}\sum_{i=1}^{n}(x_i - \overline{x})^2$.

(2) **样本标准差** $S=\sqrt{\dfrac{SS}{n}}$,它的观测值为 $s=\sqrt{\dfrac{ss}{n}}$.

(3) **样本修正方差** $S^{*2}=\dfrac{1}{n-1}\sum_{i=1}^{n}(X_i-\overline{X})^2$,它的观测值为 $s^{*2}=\dfrac{1}{n-1}\sum_{i=1}^{n}(x_i-\overline{x})^2$.

(4) **样本修正标准差** $S^*=\sqrt{\dfrac{SS}{n-1}}$,它的观测值为 $s^*=\sqrt{\dfrac{ss}{n-1}}$.

(5) **样本变异系数** $CV=\dfrac{S^*}{\overline{X}}\times 100$,它的观测值为 $cv=\dfrac{s^*}{\overline{x}}\times 100$.

(6) 对于任意正整数 k,**样本的 k 阶中心矩** $M_k=\dfrac{1}{n}\sum_{i=1}^{n}(X_i-\overline{X})^k$,它的观测值 $m_k=\dfrac{1}{n}\sum_{i=1}^{n}(x_i-\overline{x})^k$.

当 $k=2$ 时,样本的二阶中心矩 $M_2=S^2$.

说明:有一些教材上定义样本方差 $S^2=\dfrac{1}{n-1}\sum_{i=1}^{n}(X_i-\overline{X})^2$,优点是直接得到总体方差的无偏估计. 本教材定义样本方差 $S^2=\dfrac{1}{n}\sum_{i=1}^{n}(X_i-\overline{X})^2$,优点是与矩法和极大似然法估计的结果相同,详见 §6.1 的内容.

如果 X^* 是上一节中所定义的离散型随机变量,那么 X^* 取 $x_1,x_2,\cdots,x_n$,

$$P\{X^*=x_i\}=\frac{1}{n}\qquad (i=1,2,\cdots,n),$$

$$E(X^*)=\sum_{i=1}^{n}\left(x_i\cdot\frac{1}{n}\right)=\overline{x},$$

$$D(X^*)=\sum_{i=1}^{n}\left((x_i-EX^*)^2\cdot\frac{1}{n}\right)=s^2.$$

因此,样本均值的观测值 $\overline{x}$ 可用来描述随机变量 X^* 取值集中的位置,样本方差的观测值 s^2 可用来描述随机变量 X^* 取值集中或分散的程度. 或者说,样本均值的观测值 $\overline{x}$ 可用来描述样本观测值集中的位置,样本方差的观测值 s^2 可用来描述样本观测值集中或分散的程度. 作为 $\overline{X}$ 与 S 的联合应用,变异系数的观测值 cv 可用来比较两个或多个样本观测值集中或分散的程度,特别是这些样本的均值量纲不同或数量级不同的情形,用 cv 作比较将一目了然.

如果样本 $X_1,X_2,\cdots,X_n$ 的观测值为 $x_1,x_2,\cdots,x_k$,它们分别出现 $n_1,n_2,\cdots,n_k$ 次,且 $n_1+n_2+\cdots+n_k=n$,则

样本均值的观测值 $\overline{x}=\dfrac{1}{n}\sum_{i=1}^{k}n_ix_i,i=1,2,\cdots,k$;

样本方差的观测值 $s^2=\dfrac{1}{n}\sum_{i=1}^{k}n_i(x_i-\overline{x})^2,i=1,2,\cdots,k$.

习惯上称 $n_1,n_2,\cdots,n_k$ 为权,以上计算又称作加权计算.

3. 样本常用的简易数字特征

若总体 X 的一个样本为 $X_1, X_2, \cdots, X_n$，它的观测值为 $x_1, x_2, \cdots, x_n$，则对样本及其观测值进行整理后还可以得到以下各个数字特征：

(1) **众数**的观测值为样本观测值中重复出现的频数最大的观测值(或组中值).

(2) **极差**的观测值 = 最大的观测值 $\max\limits_{1 \leqslant i \leqslant n} x_i$ 与最小的观测值 $\min\limits_{1 \leqslant i \leqslant n} x_i$ 之差.

(3) p **分位数**($0 < p < 1$)的观测值 Q 为样本观测值中的某一个观测值(或组中值)，不大于 Q 的观测值的频率不小于 p，不小于 Q 的观测值的频率不小于 $1-p$.

(4) **中位数**的观测值为 0.5 分位数的观测值，或样本观测值按大小排序后位于中间的一个观测值或两个观测值的算术平均值.

例 5.2.1 熟悉方法 设样本的观测值为 1,2,2,3,3,3,4,5,6,7,8，试计算它的数字特征：(1) 样本总和；(2) 样本均值；(3) 离均差平方和；(4) 样本方差；(5) 样本标准差；(6) 样本修正方差；(7) 样本修正标准差；(8) 样本变异系数；(9) 众数；(10) 中位数；(11) 极差；(12) 0.75 分位数.

解 计算得到：

(1) 样本总和为 44.

(2) 样本均值为 4.

(3) 离均差平方和为 50.

(4) 样本方差为 4.545 5.

(5) 样本标准差为 2.132 0.

(6) 样本修正方差为 5.

(7) 样本修正标准差为 2.236 1.

(8) 样本变异系数为 55.90.

(9) 众数为 3.

(10) 中位数为 3.

(11) 极差为 7.

(12) 0.75 分位数为 6.

例 5.2.2 熟悉方法 100 个长沙粉皮冬瓜果重(单位：kg)的频数分布表如下：

组下限	4.5	6.5	8.5	10.5	12.5	14.5	16.5	18.5
组上限	6.5	8.5	10.5	12.5	14.5	16.5	18.5	20.5
组中值	5.5	7.5	9.5	11.5	13.5	15.5	17.5	19.5
频数	4	11	17	23	18	14	10	3

试计算它的数字特征：(1) 样本总和；(2) 样本均值；(3) 离均差平方和；(4) 样本方差；(5) 样本标准差；(6) 样本修正方差；(7) 样本修正标准差；(8) 样本变异系数；(9) 众数；(10) 中位数；(11) 极差；(12) 0.75 分位数.

解 以组中值为观测值、频数为权计算得到：

(1) 样本总和为 1 224.

(2) 样本均值为 12.24.

(3) 离均差平方和为 1 181.24.

(4) 样本方差为 11.812 4.

(5) 样本标准差为 3.436 9.

(6) 样本修正方差为 11.931 7.

(7) 样本修正标准差为 3.454 2.

(8) 样本变异系数为 28.22.

(9) 众数为 11.5.

(10) 中位数为 11.5.

(11) 极差为 14.

(12) 0.75 分位数为 15.5.

【探索题】样本的数字特征与总体的数字特征之间的关系是什么？

样本数字特征的计算程序

习 题 5.2

1. 观测 5 头母羊的体重（单位:kg）分别为 53.2,51.3,54.5,47.8,50.9,试计算这个样本观测值的数字特征:① 样本总和;② 样本均值;③ 离均差平方和;④ 样本方差;⑤ 样本标准差;⑥ 样本修正方差;⑦ 样本修正标准差;⑧ 样本变异系数;⑨ 众数;⑩ 中位数;⑪极差;⑫ 0.75 分位数.

2. 观测 100 支金冠苹果枝条的生长量(单位:cm)得到频数表如下:

组下限	19.5	24.5	29.5	34.5	39.5	44.5	49.5	54.5	59.5
组上限	24.5	29.5	34.5	39.5	44.5	49.5	54.5	59.5	64.5
组中值	22	27	32	37	42	47	52	57	62
频数	8	11	13	18	18	15	10	4	3

试计算这个样本观测值的数字特征:① 样本总和;② 样本均值;③ 离均差平方和;④ 样本方差;⑤ 样本标准差;⑥ 样本修正方差;⑦ 样本修正标准差;⑧ 样本变异系数;⑨ 众数;⑩ 中位数;⑪ 极差;⑫ 0.75 分位数.

3. 设 $x_i=i(i=1,2,3,4,5)$，$\overline{x}=\frac{1}{5}\sum_{i=1}^{5}x_i$,试列表计算 $\sum_{i=1}^{5}(x_i-\overline{x})$ 与 $\sum_{i=1}^{5}(x_i-\overline{x})^2$,并验证:① $\sum_{i=1}^{5}(x_i-\overline{x})=0$;② $\sum_{i=1}^{5}(x_i-\overline{x})^2=\sum_{i=1}^{5}x_i^2-\frac{1}{5}\left(\sum_{i=1}^{5}x_i\right)^2$.

4. 设 $x_1,x_2,\cdots,x_n$ 是一组实数,a 和 b 是任意非零实数,$y_i=\frac{x_i-a}{b}(i=1,2,\cdots,n)$,$\overline{x},\overline{y}$ 分别为 x_i,y_i 的均值,$s_x^2=\frac{1}{n}\sum_{i=1}^{n}(x_i-\overline{x})^2$,$s_y^2=\frac{1}{n}\sum_{i=1}^{n}(y_i-\overline{y})^2$,试证明:

① $\overline{y}=\frac{\overline{x}-a}{b}$;　② $s_y^2=\frac{s_x^2}{b^2}$.

§ 5.3 χ^2 分布、t 分布及 F 分布

χ^2 分布、t 分布及 F 分布都是由正态分布所导出的分布,它们与正态分布一起,是试验统计中常用的分布.

1. χ^2 分布

当 $X_1,X_2,\cdots,X_n$ 相互独立且都服从 $N(0,1)$分布时，$\sum_{i=1}^{n}X_i^2$ 的分布称为自由度等于 n 的 **χ^2 分布**,记作 $\sum_{i=1}^{n}X_i^2\sim\chi^2(n)$，它的分布密度

$$p(x)=\begin{cases}\dfrac{1}{2^{\frac{n}{2}}\Gamma\left(\dfrac{n}{2}\right)}x^{\frac{n}{2}-1}\mathrm{e}^{-\frac{x}{2}}, & x>0,\\ 0, & \text{其他}.\end{cases}$$

式中的$\Gamma\left(\frac{n}{2}\right)=\int_0^{+\infty} u^{\frac{n}{2}-1}\mathrm{e}^{-u}\mathrm{d}u$称为**gamma(伽马)函数**,且$\Gamma\left(\frac{1}{2}\right)=\sqrt{\pi}$,$\Gamma(1)=1$. 见图 5.2.

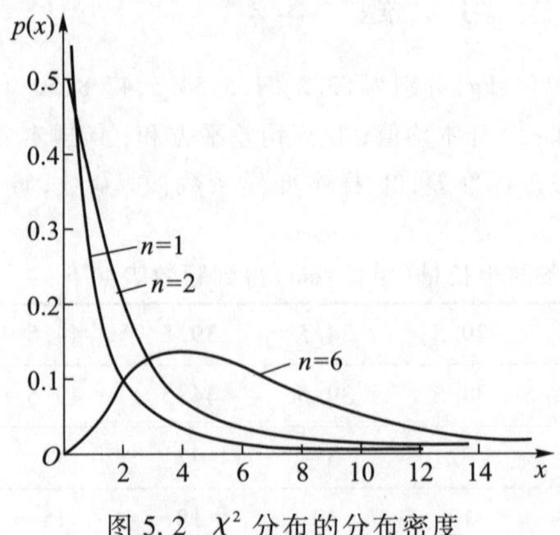

图 5.2 χ^2 分布的分布密度

χ^2 分布的分布密度动图

χ^2 分布的可加性:若 Y 与 Z 相互独立且 $Y\sim\chi^2(n)$,$Z\sim\chi^2(m)$,则 $Y+Z\sim\chi^2(n+m)$.

为作出证明,先令 $X_1,X_2,\cdots,X_n,X_{n+1},X_{n+2},\cdots,X_{n+m}$ 相互独立且都服从 $N(0,1)$ 分布,再根据χ^2 分布的定义以及上述随机变量的相互独立性,令

$$Y=X_1^2+X_2^2+\cdots+X_n^2,\qquad Z=X_{n+1}^2+X_{n+2}^2+\cdots+X_{n+m}^2,$$

$$Y+Z=X_1^2+X_2^2+\cdots+X_n^2+X_{n+1}^2+X_{n+2}^2+\cdots+X_{n+m}^2,$$

即可得到 Y 与 Z 相互独立且 $Y\sim\chi^2(n)$,$Z\sim\chi^2(m)$,$Y+Z\sim\chi^2(n+m)$.

2. t 分布

若 Y 与 Z 相互独立,且 $Y\sim N(0,1)$,$Z\sim\chi^2(n)$,则$\frac{Y}{\sqrt{Z/n}}$的分布称为自由度等于 n 的 t **分布**,记作$\frac{Y}{\sqrt{Z/n}}\sim t(n)$,它的分布密度

$$p(x)=\frac{\Gamma\left(\frac{n+1}{2}\right)}{\sqrt{n\pi}\,\Gamma\left(\frac{n}{2}\right)}\left(1+\frac{x^2}{n}\right)^{-\frac{n+1}{2}},$$

见图 5.3.

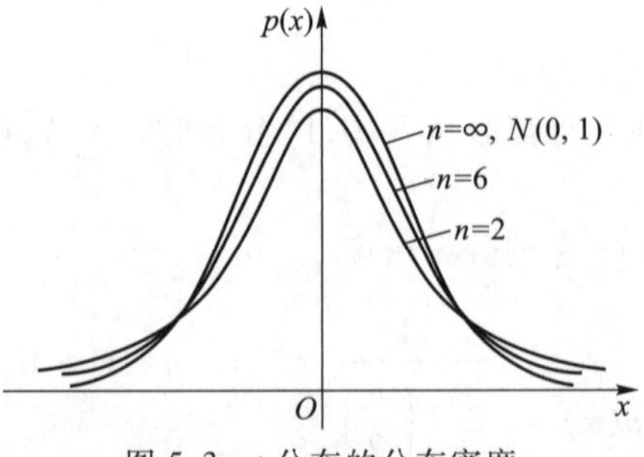

图 5.3 t 分布的分布密度

t 分布的分布密度动图

请注意：t 分布的分布密度是偶函数，当 $n > 30$ 时，t 分布与标准正态分布 $N(0,1)$ 的密度曲线几乎重叠. 这时，查 $N(0,1)$ 的分布函数值表便可以得到 t 分布的分布函数值.

3. F 分布

若 Y 与 Z 相互独立，且 $Y \sim \chi^2(n)$，$Z \sim \chi^2(m)$，则 $\dfrac{Y/n}{Z/m}$ 的分布称为第一自由度等于 n、第二自由度等于 m 的 **F 分布**，记作 $\dfrac{Y/n}{Z/m} \sim F(n,m)$，它的分布密度

$$p(x) = \begin{cases} \dfrac{n^{\frac{n}{2}} m^{\frac{m}{2}} \Gamma\left(\dfrac{n+m}{2}\right)}{\Gamma\left(\dfrac{n}{2}\right)\Gamma\left(\dfrac{m}{2}\right)} \cdot \dfrac{x^{\frac{n}{2}-1}}{(m+nx)^{\frac{n+m}{2}}}, & x > 0, \\ 0, & \text{其他}. \end{cases}$$

见图 5.4.

请注意：F 分布的分布密度与自由度的次序有关，当 $X \sim F(n,m)$ 时，

$$\frac{1}{X} \sim F(m,n).$$

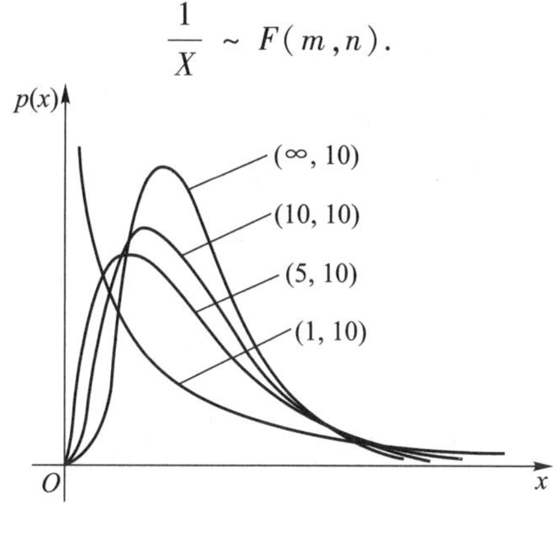

图 5.4　F 分布的分布密度

F 分布的分布密度动图

4. t 分布与 F 分布的关系

若 $X \sim t(n)$，**则** $Y = X^2 \sim F(1,n)$.

证明　$X \sim t(n)$，X 的分布密度

$$p(x) = \frac{\Gamma\left(\dfrac{n+1}{2}\right)}{\sqrt{n\pi}\,\Gamma\left(\dfrac{n}{2}\right)}\left(1 + \frac{x^2}{n}\right)^{-\frac{n+1}{2}}.$$

$Y = X^2$ 的分布函数 $F_Y(y) = P\{Y \leqslant y\} = P\{X^2 \leqslant y\}$.

当 $y \leqslant 0$ 时，$F_Y(y) = 0$，$p_Y(y) = 0$；

当 $y > 0$ 时，

$$F_Y(y) = P\{-\sqrt{y} \leqslant X \leqslant \sqrt{y}\} = \int_{-\sqrt{y}}^{\sqrt{y}} p(x)\,\mathrm{d}x$$

$$= 2\int_0^{\sqrt{y}} p(x)\,dx,$$

$Y = X^2$ 的分布密度

$$p_Y(y) = \frac{n^{\frac{n}{2}}\Gamma\left(\frac{1+n}{2}\right)}{\Gamma\left(\frac{1}{2}\right)\Gamma\left(\frac{n}{2}\right)} \cdot \frac{y^{\frac{1}{2}-1}}{(n+y)^{\frac{1+n}{2}}},$$

与第一自由度等于 1、第二自由度等于 n 的 F 分布的分布密度相同，因此

$$Y = X^2 \sim F(1,n).$$

5. 常用分布的分位数

(1) 分位数的定义

分位数或临界值与随机变量的分布函数有关，定义如下：

当连续型随机变量 X 的分布函数为 $F(x)$，实数 α 满足 $0 < \alpha < 1$ 时，α **分位数**是使 $P\{X \leqslant x_\alpha\} = F(x_\alpha) = \alpha$ 的数 x_α.

(2) 标准正态分布的 α 分位数

标准正态分布的 α 分位数记作 u_α（如图 5.5 所示），0.5α 分位数记作 $u_{0.5\alpha}$，$1-0.5\alpha$ 分位数记作 $u_{1-0.5\alpha}$. 当 $X \sim N(0,1)$ 时，

$$P\{X \leqslant u_\alpha\} = \Phi(u_\alpha) = \alpha,$$

$$P\{X \leqslant u_{0.5\alpha}\} = \Phi(u_{0.5\alpha}) = 0.5\alpha,$$

$$P\{X \leqslant u_{1-0.5\alpha}\} = \Phi(u_{1-0.5\alpha}) = 1-0.5\alpha.$$

给出概率 α，u_α 可以从标准正态分布的分布函数值表（见附录二）中查出. 根据标准正态分布密度曲线的对称性，当 $\alpha = 0.5$ 时，$u_\alpha = 0$；当 $\alpha > 0.5$ 时，$u_\alpha > 0$；当 $\alpha < 0.5$ 时，$u_\alpha < 0$. 如图 5.6 所示，$u_\alpha = -u_{1-\alpha}$. 因此，如果在标准正态分布的分布函数值表中没有负的分位数，则先查出 $u_{1-\alpha}$，然后得到 $u_\alpha = -u_{1-\alpha}$.

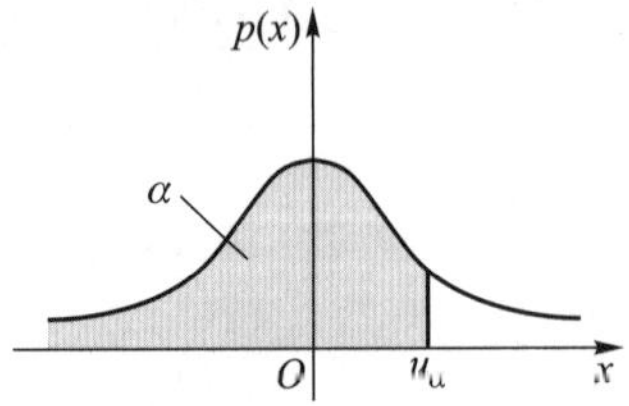

图 5.5 $N(0,1)$ 的 α 分位数

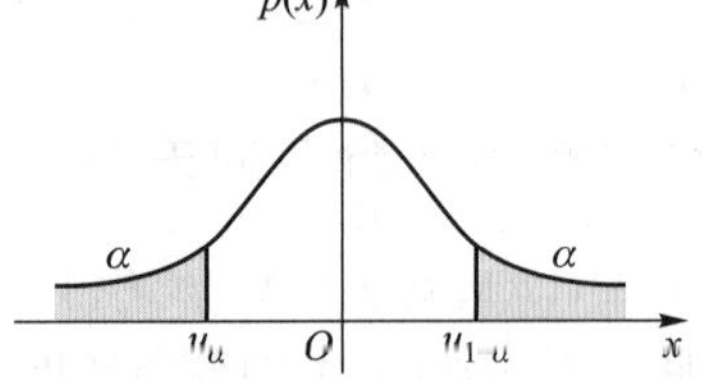

图 5.6 $u_\alpha = -u_{1-\alpha}$ 示意图

论述如下：当 $X \sim N(0,1)$ 时，

$$P\{X \leqslant u_\alpha\} = \Phi(u_\alpha) = \alpha,$$

$$P\{X \leqslant u_{1-\alpha}\} = \Phi(u_{1-\alpha}) = 1-\alpha,$$

$$P\{X > u_{1-\alpha}\} = 1-\Phi(u_{1-\alpha}) = \alpha,$$

故根据标准正态分布密度曲线的对称性，$u_\alpha = -u_{1-\alpha}$.

例如，$u_{0.10} = -u_{0.90} \approx -1.28$，$u_{0.05} = -u_{0.95} \approx -1.65$，$u_{0.01} = -u_{0.99} \approx -2.33$，$u_{0.025} = -u_{0.975} \approx -1.96$，$u_{0.005} = -u_{0.995} \approx -2.58$.

标准正态分布常用的 α 分位数有：

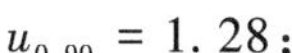

$u_{0.90} = 1.28$；

$u_{0.95} = 1.65$；

$u_{0.99} = 2.33$；

$u_{0.975} = 1.96$；

$u_{0.995} = 2.58$.

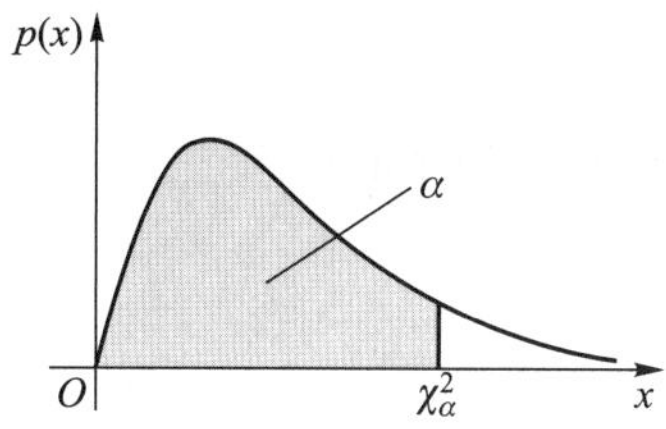

图 5.7　χ^2 分布的 α 分位数

(3) χ^2 分布的 α 分位数

χ^2 分布的 α 分位数记作 $\chi_\alpha^2(n)$. 如图 5.7 所示，$\chi_\alpha^2(n) > 0$，当 $X \sim \chi^2(n)$ 时，$P\{X \leqslant \chi_\alpha^2(n)\} = \alpha$. 给出概率 α 和自由度 n，可以从 χ^2 分布的分位数表（见附录三）中查出 $\chi_\alpha^2(n)$. 例如，

$$\chi_{0.005}^2(4) = 0.21,\quad \chi_{0.025}^2(4) = 0.48,\quad \chi_{0.05}^2(4) = 0.71,$$
$$\chi_{0.95}^2(4) = 9.49,\quad \chi_{0.975}^2(4) = 11.1,\quad \chi_{0.995}^2(4) = 14.9.$$

(4) t 分布的 α 分位数

t 分布的 α 分位数记作 $t_\alpha(n)$. 如图 5.8 所示，当 $X \sim t(n)$ 时，$P\{X \leqslant t_\alpha(n)\} = \alpha$. 给出概率 α 和自由度 n，可从 t 分布的分位数表（见附录四）中查出 $t_\alpha(n)$. 与标准正态分布相类似，根据 t 分布密度曲线的对称性，也有 $t_\alpha(n) = -t_{1-\alpha}(n)$，论述同 $u_\alpha = -u_{1-\alpha}$. 如果在 t 分布的分位数表中没有负的分位数，则先查出 $t_{1-\alpha}(n)$，然后得到 $t_\alpha(n) = -t_{1-\alpha}(n)$. 例如，

$$t_{0.95}(4) = 2.132,\quad t_{0.975}(4) = 2.776,\quad t_{0.995}(4) = 4.604,$$
$$t_{0.005}(4) = -4.604,\quad t_{0.025}(4) = -2.776,\quad t_{0.05}(4) = -2.132.$$

另外，当 $n > 30$ 时，在比较简略的表中查不到 $t_\alpha(n)$，可用 u_α 作为 $t_\alpha(n)$ 的近似值.

(5) F 分布的 α 分位数

F 分布的 α 分位数记作 $F_\alpha(n,m)$. 如图 5.9 所示，$F_\alpha(n,m) > 0$，当 $X \sim F(n,m)$ 时，$P\{X \leqslant F_\alpha(n,m)\} = \alpha$. 给出概率 α 和自由度 n,m，可从 F 分布的分位数表（见附录五）中查出 $F_\alpha(n,m)$. 当 α 较小时，在表中查不出 $F_\alpha(n,m)$，须先查 $F_{1-\alpha}(m,n)$，再求 $F_\alpha(n,m) = \dfrac{1}{F_{1-\alpha}(m,n)}$.

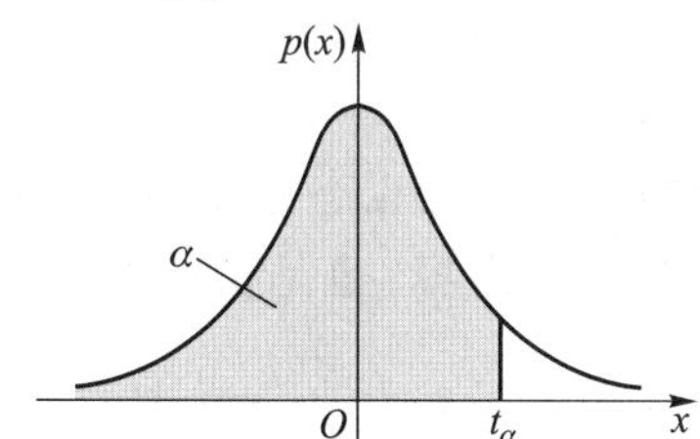

图 5.8　t 分布的 α 分位数

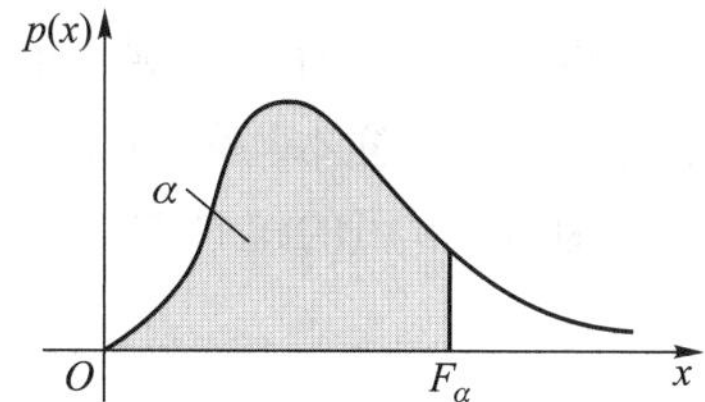

图 5.9　F 分布的 α 分位数

因为当 $X \sim F(m,n)$ 时，

$$P\{X \leqslant F_{1-\alpha}(m,n)\} = 1-\alpha,\ P\left\{\frac{1}{X} \geqslant \frac{1}{F_{1-\alpha}(m,n)}\right\} = 1-\alpha,$$

$$P\left\{\frac{1}{X} \leqslant \frac{1}{F_{1-\alpha}(m,n)}\right\} = \alpha.$$

又根据 F 分布的定义，$\frac{1}{X} \sim F(n,m)$，$P\left\{\frac{1}{X} \leqslant F_{\alpha}(n,m)\right\} = \alpha$，所以

$$F_{\alpha}(n,m) = \frac{1}{F_{1-\alpha}(m,n)}.$$

例如，$F_{0.95}(3,4) = 6.59$， $F_{0.975}(3,4) = 9.98$， $F_{0.99}(3,4) = 16.7$，

$F_{0.95}(4,3) = 9.12$， $F_{0.975}(4,3) = 15.1$， $F_{0.99}(4,3) = 28.7$，

$F_{0.01}(3,4) = \frac{1}{28.7}$， $F_{0.025}(3,4) = \frac{1}{15.1}$， $F_{0.05}(3,4) = \frac{1}{9.12}$.

习 题 5.3

1. 求分位数 ① $\chi^2_{0.05}(8)$，② $\chi^2_{0.95}(12)$.

2. 求分位数 ① $t_{0.05}(8)$，② $t_{0.95}(12)$.

3. 求分位数 ① $F_{0.05}(7,5)$，② $F_{0.95}(10,12)$.

4. 以 $\alpha = 0.05$，$n = 1$ 至 5 为例，分别查 F 分布及 t 分布的分位数表，验证 $F_{1-\alpha}(1,n) = t^2_{1-0.5\alpha}(n)$.

§5.4 常用的统计量及其分布

1. 统计量的定义

设 $X_1, X_2, \cdots, X_n$ 为总体 X 的样本，$g(X_1, X_2, \cdots, X_n)$ 为样本的一个函数，如果 g 中不包含任何未知的参数，则称 $g(X_1, X_2, \cdots, X_n)$ 为一个统计量. 如果样本的观测值为 $x_1, x_2, \cdots, x_n$，则称 $g(x_1, x_2, \cdots, x_n)$ 为统计量 $g(X_1, X_2, \cdots, X_n)$ 的一个观测值. 因此，

(1) 统计量也是随机变量，统计量也有分布，统计量的分布又称为抽样分布.

(2) 已知总体 X 的样本的观测值，即可算出统计量的观测值.

常用的统计量与样本均值和样本方差有关，最常用的统计量是正态总体的样本均值或样本方差的函数. 常用的统计量及其分布是试验统计的核心内容，也是试验统计应用的基础.

2. 一个正态总体的常用统计量及其分布

设总体 $X \sim N(\mu, \sigma^2)$，它的一个样本为 $X_1, X_2, \cdots, X_n$，均值为 $\overline{X}$，离均差平方和为 SS，方差为 S^2，修正方差为 S^{*2}，则有：

结论 1 统计量

$$\overline{X} = \frac{1}{n}\sum_{i=1}^{n} X_i \sim N\left(\mu, \frac{\sigma^2}{n}\right),$$

$$\frac{\overline{X}-\mu}{\sigma/\sqrt{n}} \sim N(0,1).$$

结论 2 统计量 $\dfrac{SS}{\sigma^2}=\dfrac{(n-1)S^{*2}}{\sigma^2}\sim \chi^2(n-1)$，且 SS,S^{*2} 与 $\overline{X}$ 相互独立.

结论 3 统计量 $\dfrac{\overline{X}-\mu}{S/\sqrt{n-1}}=\dfrac{\overline{X}-\mu}{S^{*}/\sqrt{n}}\sim t(n-1)$.

这里对结论 2 中 χ^2 分布的自由度说明如下：

因为

$$SS=\sum_{i=1}^{n}(X_i-\overline{X})^2=\sum_{i=1}^{n}[(X_i-\mu)-(\overline{X}-\mu)]^2$$

$$=\sum_{i=1}^{n}(X_i-\mu)^2-n(\overline{X}-\mu)^2,$$

$$\frac{SS}{\sigma^2}=\frac{(n-1)S^{*2}}{\sigma^2}=\sum_{i=1}^{n}\left(\frac{X_i-\overline{X}}{\sigma}\right)^2=\sum_{i=1}^{n}\left(\frac{X_i-\mu}{\sigma}\right)^2-\left(\frac{\overline{X}-\mu}{\sigma/\sqrt{n}}\right)^2,$$

式中的

$$\frac{\overline{X}-\mu}{\sigma/\sqrt{n}}\sim N(0,1),$$

各个 $\dfrac{X_i-\mu}{\sigma}$ 相互独立且都服从 $N(0,1)$，所以

$$\sum_{i=1}^{n}\left(\frac{X_i-\mu}{\sigma}\right)^2\sim\chi^2(n),$$

$$\left(\frac{\overline{X}-\mu}{\sigma/\sqrt{n}}\right)^2\sim\chi^2(1),$$

$$\sum_{i=1}^{n}\left(\frac{X_i-\mu}{\sigma}\right)^2-\left(\frac{\overline{X}-\mu}{\sigma/\sqrt{n}}\right)^2\sim\chi^2(n-1).$$

$\dfrac{SS}{\sigma^2}=\dfrac{(n-1)S^{*2}}{\sigma^2}$ 自由度是 $n-1$ 而不是 n，便可以理解和接受了.

至于 SS,S^{*2} 与 $\overline{X}$ 相互独立，必须引入正交变换才能给出证明.

结论 3 可证明如下：

因为

$$\frac{\bar{X}-\mu}{\sigma/\sqrt{n}} \sim N(0,1),$$

而

$$\frac{SS}{\sigma^2}=\frac{(n-1)S^{*2}}{\sigma^2} \sim \chi^2(n-1),$$

且 SS,S^{*2} 与 $\bar{X}$ 相互独立,所以根据 t 分布的定义,

$$\frac{\bar{X}-\mu}{\sigma/\sqrt{n}}\Bigg/\sqrt{\frac{nS^2}{\sigma^2/(n-1)}}=\frac{\bar{X}-\mu}{S/\sqrt{n-1}}=\frac{\bar{X}-\mu}{S^*/\sqrt{n}} \sim t(n-1).$$

与结论 1 相比较,将 $\frac{\bar{X}-\mu}{\sigma/\sqrt{n}}$ 中的 σ 换成 S^*,则

$$\frac{\bar{X}-\mu}{\sigma/\sqrt{n}} \sim N(0,1),$$

而

$$\frac{\bar{X}-\mu}{S^*/\sqrt{n}} \sim t(n-1).$$

当 σ 未知时,结论 3 的应用十分普遍.

例 5.4.1 熟悉方法 设总体 $X \sim N(1,4)$ 分布,样本容量为 16,均值为 $\bar{X}$,试求:(1) $P\{0<X<2\}$;(2) $P\{0<\bar{X}<2\}$.

解 因为 $X \sim N(1,4)$,样本容量为 16,

$$\frac{X-1}{2} \sim N(0,1),\quad \bar{X} \sim N\left(1,\frac{1}{4}\right),\quad \frac{\bar{X}-1}{0.5} \sim N(0,1),$$

$$(1)\ P\{0<X<2\}=P\left\{\frac{0-1}{2}<\frac{X-1}{2}<\frac{2-1}{2}\right\}$$

$$=\Phi(0.5)-\Phi(-0.5)=0.383\,0,$$

$$(2)\ P\{0<\bar{X}<2\}=P\left\{\frac{0-1}{0.5}<\frac{\bar{X}-1}{0.5}<\frac{2-1}{0.5}\right\}$$

$$=\Phi(2)-\Phi(-2)=0.954\,4.$$

例 5.4.2 熟悉方法 设总体 $X \sim N(\mu,\sigma^2)$,样本容量为 16,均值为 $\bar{X}$,试求:

$$(1)\ P\left\{\frac{\sigma^2}{2} \leqslant \frac{1}{n}\sum_{i=1}^{16}(X_i-\mu)^2 \leqslant 2\sigma^2\right\};$$

（2）$P\left\{\frac{\sigma^2}{2} \leqslant \frac{1}{n}\sum_{i=1}^{16}(X_i-\overline{X})^2 \leqslant 2\sigma^2\right\}$.

解　因为 $X \sim N(\mu,\sigma^2)$，样本容量为 16，$X_i \sim N(\mu,\sigma^2)(i=1,\cdots,16)$，各个$\frac{X_i-\mu}{\sigma}$相互独立且都服从 $N(0,1)$，

$$\frac{\sum_{i=1}^{16}(X_i-\mu)^2}{\sigma^2} \sim \chi^2(16),$$

而

$$\frac{\sum_{i=1}^{16}(X_i-\overline{X})^2}{\sigma^2} \sim \chi^2(15),$$

所以

（1）
$$\begin{aligned}
&P\left\{\frac{\sigma^2}{2} \leqslant \frac{1}{n}\sum_{i=1}^{16}(X_i-\mu)^2 \leqslant 2\sigma^2\right\}\\
&=P\left\{8 \leqslant \frac{\sum_{i=1}^{16}(X_i-\mu)^2}{\sigma^2} \leqslant 32\right\}\\
&=P\{\chi^2(16) \leqslant 32\}-P\{\chi^2(16)<8\}\\
&\approx 0.99-0.05=0.94,
\end{aligned}$$

式中的 0.99 及 0.05 是根据自由度 16、分位数 32 和 8，反查χ^2 分布的分位数表得到的近似数.

（2）
$$\begin{aligned}
&P\left\{\frac{\sigma^2}{2} \leqslant \frac{1}{n}\sum_{i=1}^{16}(X_i-\overline{X})^2 \leqslant 2\sigma^2\right\}\\
&=P\left\{8 \leqslant \frac{\sum_{i=1}^{16}(X_i-\overline{X})^2}{\sigma^2} \leqslant 32\right\}\\
&=P\{\chi^2(15) \leqslant 32\}-P\{\chi^2(15)<8\}\\
&\approx 0.995-0.1=0.895,
\end{aligned}$$

式中的 0.995 及 0.1 是根据自由度 15、分位数 32 和 8，反查χ^2 分布的分位数表得到的近似数.

3. 两个正态总体的常用统计量及其分布

设总体 $X \sim N(\mu_1,\sigma_1^2)$，总体 $Y \sim N(\mu_2,\sigma_2^2)$，$X$ 的一个样本为 $X_1,X_2,\cdots,X_n$，Y 的一个样

本为 $Y_1, Y_2, \cdots, Y_m$，它们相互独立且均值为$\overline{X}$与$\overline{Y}$，离均差平方和为 SSX 与 SSY，方差为 S_X^2 与 S_Y^2，修正方差为 S_X^{*2} 与 S_Y^{*2}，则有：

结论 4 统计量 $\dfrac{(\overline{X}-\overline{Y})-(\mu_1-\mu_2)}{\sqrt{\dfrac{\sigma_1^2}{n}+\dfrac{\sigma_2^2}{m}}} \sim N(0,1)$.

证明 因为

$$\overline{X} \sim N\left(\mu_1, \frac{\sigma_1^2}{n}\right), \qquad \overline{Y} \sim N\left(\mu_2, \frac{\sigma_2^2}{m}\right),$$

根据$\overline{X}$与$\overline{Y}$相互独立及正态分布的可加性，

$$\overline{X}-\overline{Y} \sim N\left(\mu_1-\mu_2, \frac{\sigma_1^2}{n}+\frac{\sigma_2^2}{m}\right),$$

所以对$\overline{X}-\overline{Y}$作标准化变换后，便有上述结论.

结论 5 当 $\sigma_1^2=\sigma_2^2=\sigma^2, S_W^2=\dfrac{SSX+SSY}{n+m-2}$ 时，统计量

$$\frac{(\overline{X}-\overline{Y})-(\mu_1-\mu_2)}{S_W\sqrt{\dfrac{1}{n}+\dfrac{1}{m}}} \sim t(n+m-2).$$

证明 因为 SSX 与 SSY 相互独立，且

$$\frac{SSX}{\sigma^2} \sim \chi^2(n-1), \quad \frac{SSY}{\sigma^2} \sim \chi^2(m-1),$$

根据χ^2 分布的可加性，

$$\frac{SSX}{\sigma^2}+\frac{SSY}{\sigma^2} \sim \chi^2(n+m-2),$$

另外

$$\frac{(\overline{X}-\overline{Y})-(\mu_1-\mu_2)}{\sigma\sqrt{\dfrac{1}{n}+\dfrac{1}{m}}} \sim N(0,1),$$

所以根据 t 分布的定义，即可得到上述结论.

结论 6 统计量 $\dfrac{\dfrac{SSX}{(n-1)\sigma_1^2}}{\dfrac{SSY}{(m-1)\sigma_2^2}}=\dfrac{S_X^{*2}/\sigma_1^2}{S_Y^{*2}/\sigma_2^2} \sim F(n-1, m-1)$.

证明 因为 SSX 与 SSY 相互独立，且

$$\frac{SSX}{\sigma_1^2} \sim \chi^2(n-1), \qquad \frac{SSY}{\sigma_2^2} \sim \chi^2(m-1),$$

根据 F 分布的定义,即可得到上述结论. 进一步,当 $\sigma_1^2=\sigma_2^2=\sigma^2$ 时,

$$\frac{\dfrac{SSX}{(n-1)\sigma^2}}{\dfrac{SSY}{(m-1)\sigma^2}}=\frac{\dfrac{SSX}{(n-1)}}{\dfrac{SSY}{(m-1)}}=\frac{S_X^{*2}}{S_Y^{*2}}\sim F(n-1,m-1).$$

例 5.4.3 熟悉方法 当总体 $X\sim N(20,3)$ 时,分别从 X 中取出容量为10及15的两个独立样本,若它们的均值为$\overline{X}_1$ 与$\overline{X}_2$,试求 $P\{|\overline{X}_1-\overline{X}_2|>0.3\}$.

解 因为 $X\sim N(20,3),\overline{X}_1\sim N(20,0.3),\overline{X}_2\sim N(20,0.2)$,

$$\overline{X}_1-\overline{X}_2\sim N(0,0.5),\qquad \frac{\overline{X}_1-\overline{X}_2}{\sqrt{0.5}}\sim N(0,1),$$

所以

$$\begin{aligned}&P\{|\overline{X}_1-\overline{X}_2|>0.3\}\\&=P\{\overline{X}_1-\overline{X}_2>0.3\}+P\{\overline{X}_1-\overline{X}_2<-0.3\}\\&=P\left\{\frac{\overline{X}_1-\overline{X}_2}{\sqrt{0.5}}>\frac{0.3}{\sqrt{0.5}}\right\}+P\left\{\frac{\overline{X}_1-\overline{X}_2}{\sqrt{0.5}}<-\frac{0.3}{\sqrt{0.5}}\right\}\\&=1-\Phi(0.42)+\Phi(-0.42)=0.6744.\end{aligned}$$

例 5.4.4 产品检验 设有 A,B 两个品种的猪,平均体重(单位:kg)未知,标准差分别为 40 与 50. 如果自 A 品种的猪中抽出 8 头,自 B 品种的猪中抽出 16 头作为随机样本测量每一头猪的体重,试求 A 品种猪较 B 品种猪体重的样本方差的比值大于 1.2 的概率是多少?

解 设 $\sigma_1=40,\sigma_2=50,n=8,m=16$,A,B 两品种猪体重的样本方差为 S_X^2 与 S_Y^2,离均差平方和为 SSX 与 SSY,则 $SSX=8S_X^2,SSY=16S_Y^2$,

$$\begin{aligned}P\left\{\frac{S_X^2}{S_Y^2}>1.2\right\}&=P\left\{\frac{SSX}{SSY}>1.2\times\frac{8}{16}\right\}\\&=P\left\{\frac{\dfrac{SSX}{(n-1)\sigma_1^2}}{\dfrac{SSY}{(m-1)\sigma_2^2}}>0.6\times\frac{(16-1)\times 50^2}{(8-1)\times 40^2}\right\}\\&=P\left\{\frac{\dfrac{SSX}{(n-1)\sigma_1^2}}{\dfrac{SSY}{(m-1)\sigma_2^2}}>2.01\right\},\end{aligned}$$

再由 F 分布的分位数表中查出分位数 $F_{0.90}(7,15)=2.16, 2.01<2.16$,因此 $P\left\{\dfrac{S_X^2}{S_Y^2}>1.2\right\}>0.10$.

4. 非正态总体的均值的分布

研究非正态总体的统计量极其困难,现有的一些研究成果集中在均值的分布方面. 其中

应用较多的是：

结论 7 当总体 $X \sim B(1,p)$，$X_1,X_2,\cdots,X_n$ 是 X 的一个样本，p 和 $1-p$ 都不是太小且样本容量 $n\to\infty$ 时，

$$\bar{X} \sim N\left(p,\frac{p(1-p)}{n}\right),$$

$$\frac{\bar{X}-p}{\sqrt{\frac{p(1-p)}{n}}} \sim N(0,1).$$

结论 8 当总体 $X \sim B(1,p_1)$，$X_1,X_2,\cdots,X_n$ 是 X 的一个样本，总体 $Y \sim B(1,p_2)$，$Y_1,Y_2,\cdots,Y_m$ 是 Y 的一个样本，两样本相互独立，p_1 和 $1-p_1$，p_2 和 $1-p_2$ 都不是太小且样本容量 n 与 $m\to\infty$ 时，

$$\bar{X} \sim N\left(p_1,\frac{p_1(1-p_1)}{n}\right),$$

$$\bar{Y} \sim N\left(p_2,\frac{p_2(1-p_2)}{m}\right),$$

$$\bar{X}-\bar{Y} \sim N\left(p_1-p_2,\frac{p_1(1-p_1)}{n}+\frac{p_2(1-p_2)}{m}\right),$$

$$\frac{(\bar{X}-\bar{Y})-(p_1-p_2)}{\sqrt{\frac{p_1(1-p_1)}{n}+\frac{p_2(1-p_2)}{m}}} \sim N(0,1).$$

例 5.4.5 熟悉方法 将一枚均匀的硬币上抛 120 次，试求正面朝上的频率在 0.4 至 0.6 之间的概率.

解 设总体 $X \sim B(1,p)$，$X_1,X_2,\cdots,X_n$ 为 X 的一个样本，$X_i(i=1,2,\cdots,n)$ 表示第 i 次上抛后正面朝上或不朝上，朝上时观测值为 1，不朝上时观测值为 0，则样本均值

$$\bar{X} \sim N\left(p,\frac{p(1-p)}{n}\right).$$

这里 $n=120$，$p=0.5$，$\sqrt{\frac{p(1-p)}{n}} \approx 0.045\ 6$，随机事件{正面朝上的频率在0.4 至 0.6 之间} $=\{0.4 \leqslant \bar{X} \leqslant 0.6\}$，考虑到 $\bar{X}$ 为离散型随机变量的均值，将 0.4 校正为 $\frac{0.4\times120-0.5}{120}\approx0.396$，将 0.6 校正为 $\frac{0.6\times120+0.5}{120}\approx0.604$，所求的概率

$$\begin{aligned}&P\{\text{正面朝上的频率在 0.4 至 0.6 之间}\}\\&=P\{0.4 \leqslant \bar{X} \leqslant 0.6\} \approx P\{0.396 \leqslant \bar{X} \leqslant 0.604\}\\&\approx P\left\{\frac{0.396-0.5}{0.045\ 6} \leqslant \frac{\bar{X}-p}{\sqrt{\frac{p(1-p)}{n}}} \leqslant \frac{0.604-0.5}{0.045\ 6}\right\}\end{aligned}$$

$$\approx \Phi(2.28) - \Phi(-2.28) = 0.9774.$$

例 5.4.6 熟悉方法 由甲、乙两人分别上抛均匀的硬币，每人 50 次，如果有一人上抛硬币得到正面朝上的次数较另一人至少多 5 次，便判定此人获胜，试求甲获胜的概率.

解 设 $X \sim B(1,p_1)$，它的一个样本为 $X_1,X_2,\cdots,X_n$，$X_i(i=1,2,\cdots,n)$ 表示甲第 i 次上抛后正面朝上或不朝上，朝上时观测值为 1，不朝上时观测值为 0，则样本均值

$$\overline{X} \sim N\left(p_1,\frac{p_1(1-p_1)}{n}\right).$$

而 $Y \sim B(1,p_2)$，它的一个样本为 $Y_1,Y_2,\cdots,Y_m$，$Y_j\ (j=1,2,\cdots,m)$ 表示乙第 j 次上抛后正面朝上或不朝上，朝上时观测值为 1，不朝上时观测值为 0，则样本均值

$$\overline{Y} \sim N\left(p_2,\frac{p_2(1-p_2)}{m}\right).$$

这里，$n=m=50,p_1=p_2=0.5$，$\sqrt{\dfrac{p_1(1-p_1)}{n}+\dfrac{p_2(1-p_2)}{m}}=0.1$，随机事件 $\{$甲获胜$\}=\left\{\sum\limits_{i=1}^{n}X_i-\sum\limits_{j=1}^{m}Y_j\geqslant 5\right\}=\{\overline{X}-\overline{Y}\geqslant 0.1\}$，考虑到 $\overline{X}$ 与 $\overline{Y}$ 为离散型随机变量的均值，将上式中 0.1 校正为 $\dfrac{0.1\times 50-0.5}{50}=0.09$，所求的概率

$$\begin{aligned}P\{\text{甲获胜}\}&=P\left\{\sum_{i=1}^{n}X_i-\sum_{j=1}^{m}Y_j\geqslant 5\right\}\\&=P\{\overline{X}-\overline{Y}\geqslant 0.1\}\approx P\{\overline{X}-\overline{Y}\geqslant 0.09\}\\&\approx P\left\{\frac{(\overline{X}-\overline{Y})-(p_1-p_2)}{\sqrt{\dfrac{p_1(1-p_1)}{n}+\dfrac{p_2(1-p_2)}{m}}}\geqslant\frac{0.09}{0.1}\right\}\\&=1-\Phi(0.9)=0.1841.\end{aligned}$$

5. 顺序统计量及其分布

设 $X_1,X_2,\cdots,X_n$ 为总体 X 的一个样本，$x_1,x_2,\cdots,x_n$ 为样本的观测值. 将 $x_1,x_2,\cdots,x_n$ 由小到大排序为 $x_{(1)}\leqslant x_{(2)}\leqslant\cdots\leqslant x_{(n)}$，如果 $X_{(i)}$ 总是以 $x_{(i)}$ 为它的观测值，则称 $X_{(i)}(i=1,2,\cdots,n)$ 为 X 的第 i 个顺序统计量.

对于容量为 n 的样本，可以得到 n 个顺序统计量 $X_{(1)},X_{(2)},\cdots,X_{(n)}$，称 $X_{(1)}=\min\limits_{1\leqslant i\leqslant n}X_i$ 为**最小顺序统计量**，称 $X_{(n)}=\max\limits_{1\leqslant i\leqslant n}X_i$ 为**最大顺序统计量**. 当总体 X 的分布函数为 F 时，$X_{(1)}$ 的分布函数为 $F^*_{\min}(x)=1-[1-F(x)]^n$，$X_{(n)}$ 的分布函数为 $F^*_{\max}(x)=[F(x)]^n$.

例 5.4.7 熟悉方法 设总体 $X\sim N(12,4)$，它的一个样本为 $X_1,X_2,\cdots,X_5$，试求：(1) 样本的极小值小于 10 的概率；(2) 样本的极大值大于 15 的概率.

解 因为 $X_1,X_2,\cdots,X_5$ 相互独立且都服从 $N(12,4)$，所以

$$P\{X_{(1)}<10\}=1-[1-F(10)]^5$$

$$= 1 - \left\{1 - \Phi\left(\frac{10-12}{2}\right)\right\}^5$$

$$= 1 - [1 - \Phi(-1)]^5 = 0.578\,5;$$

$$P\{X_{(5)} > 15\} = 1 - P\{X_{(5)} \leqslant 15\}$$

$$= 1 - [F(15)]^5 = 1 - \left[\Phi\left(\frac{15-12}{2}\right)\right]^5$$

$$= 1 - [\Phi(1.5)]^5 = 0.292\,3.$$

例 5.4.8 熟悉方法 设总体 $X \sim U(0,1)$,它的一个样本为 $X_1, X_2, \cdots, X_5$,试求:(1) 样本的极小值大于0.5的概率;(2) 样本的极大值大于0.5的概率.

解 X 的分布密度

$$p(x) = \begin{cases} 1, & 0 < x < 1, \\ 0, & \text{其他}, \end{cases}$$

分布函数

$$F(x) = \begin{cases} 0, & x < 0, \\ x, & 0 \leqslant x < 1, \\ 1, & 1 \leqslant x. \end{cases}$$

所以

$$P\{X_{(1)} > 0.5\} = 1 - P\{X_{(1)} < 0.5\}$$

$$= 1 - \{1 - [1 - F(0.5)]^5\} = (1 - 0.5)^5$$

$$= (0.5)^5,$$

$$P\{X_{(5)} > 0.5\} = 1 - P\{X_{(5)} \leqslant 0.5\}$$

$$= 1 - [F(0.5)]^5 = 1 - (0.5)^5.$$

习 题 5.4

1. 设总体 $X \sim N(12,4)$,有一个容量为5的样本,试求 $\sum_{i=1}^{5} X_i \in (-65,65)$ 的概率.

2. 设总体 $X \sim N(0,0.09)$,有一个容量为10的样本,试求 $\sum_{i=1}^{10} X_i^2 > 1.44$ 的概率.

3. 设总体的 X 服从 $N(1,4)$ 分布,样本容量为16,均值为 $\bar{X}$,试求:① $P\{|X-0.5|<1\}$;② $P\{|\bar{X}-0.5|<1\}$.

4. 在服从 $N(80,400)$ 分布的总体中随机地取出容量为100的样本,试求 $P\{|\bar{X}-80|>3\}$.

5. 若总体 $X \sim N(\mu,\sigma^2)$,有两个容量都是 n,均值分别为 $\bar{X}_1$ 与 $\bar{X}_2$ 的独立样本,且 $P\{|\bar{X}_1-\bar{X}_2|>\sigma\} \approx 0.01$,试求 n.

6. 设有 A,B 两种牌号的灯泡,平均使用寿命(单位:h)为1 400与1 200,标准差为200与100.如果从两种牌号的灯泡中各抽出125个灯泡作为随机样本进行测试,那么 A 种牌号的灯泡较 B 种牌号的灯泡,其平均寿命至少超出160 h的概率是多少?

7. 求相继出生的200个婴儿中,男孩的比例在43%至57%之间的概率.

8. 选举结果表明,某候选人获得选票总数的65%.如果任取两个独立的随机样本,每个样本由200票组成,试求两样本中投票选举这个候选人的比例相差超过 10% 的概率.

第五章补充习题讲解

作为统计学家最好的事情是，你可以在每个人的后院玩耍.

——约翰·图基(John Tukey)

第六章　总体分布中未知参数的估计

§6.1　未知参数的点估计

1. 参数估计的基本概念

根据样本的观测值，对总体分布律或分布密度中的未知参数进行估计的理论和方法称为总体分布中未知参数的估计，简称为**参数估计**. 有关的基本概念如下：

(1) 当总体分布的类型已知，分布的具体形式依赖于某个实数或实数组 θ 时，称 θ 为**总体参数**或**参数**. 例如 $B(1,p)$ 中的 p，$P(\lambda)$ 中的 λ，$N(\mu,\sigma^2)$ 中的 μ 和 σ^2，等等.

(2) 当 θ 是总体的未知参数，$X_1,X_2,\cdots,X_n$ 是总体的一个样本时，如果将样本的观测值 $x_1,x_2,\cdots,x_n$ 代入统计量 $g(X_1,X_2,\cdots X_n)$ 中，并用所得的观测值 $g(x_1,x_2,\cdots,x_n)$ 作为未知参数 θ 的值，则称 $g(x_1,x_2,\cdots,x_n)$ 为 θ 的**估计值**，$g(X_1,X_2,\cdots,X_n)$ 为 θ 的**估计量**，都记作 $\hat{\theta}$，称为 θ 的**点估计**.

除点估计之外，还有区间估计. 以下介绍求估计量的矩法和最大似然法，它们是求估计量的两种最常用的方法.

【探索题】总体分布中未知参数的估计量是否是统计量？是否有分布？是否可以求其数字特征？

2. 用矩法求估计量

根据样本与总体的内在联系，由样本矩估计总体矩，并得到总体矩中未知参数 θ 的估计量 $\hat{\theta}$ 所用的方法称为**矩法**，所得到的估计量 $\hat{\theta}$ 称为 θ 的**矩估计量**.

当 $X_1,X_2,\cdots,X_n$ 是总体 X 的一个样本，且 X 的 k 阶原点矩 $E(X^k)$ $(k=1,2,3,\cdots)$ 存在时，矩法的规则有：

(1) 若 $\theta=E(X^k)$，则 $\hat{\theta}=A_k=\dfrac{1}{n}\sum\limits_{i=1}^{n}X_i^k$.

(2) 若 $\theta=f(EX,EX^2,\cdots,EX^k)$，则 $\hat{\theta}=f(A_1,A_2,\cdots,A_k)$.

或者说，

(1) 当总体的某一阶原点矩存在时，它的矩估计量是样本的同一阶原点矩；

(2) 当总体的某几阶原点矩存在时,它们的函数的矩估计量是样本的相应的那几阶原点矩的同一函数. 又因为总体的中心矩都可以用它的原点矩表示,因此,当总体的某一阶中心矩存在时,它的矩估计量是样本的同一阶中心矩.

特别而言,当总体的数学期望与方差存在时,总体数学期望的矩估计量就是样本的均值,总体方差的矩估计量就是样本的方差.

矩估计法简单易行,但是矩估计的效果有可能不及其他较为复杂难做的估计方法.

例 6.1.1 重要结论 设 $X_1,X_2,\cdots,X_n$ 是总体 X 的一个样本,(1) 若 $X\sim B(1,p)$,p 未知;(2) 若 $X\sim P(\lambda)$,λ 未知;(3) 若 $X\sim N(\mu,\sigma^2)$,μ,σ^2 未知. 试求各分布中未知参数的矩估计量.

解 (1) 因为 $B(1,p)$ 分布的 $E(X)=p,p=E(X)$,所以 $\hat{p}=\overline{X}$.

(2) 因为 $P(\lambda)$ 分布的 $E(X)=\lambda,\lambda=E(X)$,所以 $\hat{\lambda}=\overline{X}$.

(3) 因为 $N(\mu,\sigma^2)$ 分布的 $E(X)=\mu,D(X)=E(X^2)-(EX)^2=\sigma^2$,所以 $\hat{\mu}=\overline{X},\widehat{\sigma^2}=\frac{1}{n}\sum_{i=1}^{n}X_i^2-\left(\frac{1}{n}\sum_{i=1}^{n}X_i\right)^2=\frac{1}{n}\sum_{i=1}^{n}(X_i-\overline{X})^2=S^2$.

例 6.1.2 熟悉方法 设 $X_1,X_2,\cdots,X_n$ 是总体 X 的一个样本,试求 $U(a,b)(0<a<b)$ 分布中未知参数 a 与 b 的矩估计量.

解 因为 $U(a,b)$ 分布的

$$E(X)=\frac{b+a}{2},\qquad E(X^2)=\frac{b^2+ab+a^2}{3},$$

$$D(X)=E(X^2)-(EX)^2=\frac{(b-a)^2}{12},$$

所以

$$\frac{\hat{b}+\hat{a}}{2}=\overline{X},\quad \frac{(\hat{b}-\hat{a})^2}{12}=S^2,$$

解出 $\hat{b}=2\overline{X}-\hat{a},(\overline{X}-\hat{a})^2=3S^2$,

$$\hat{a}=\overline{X}-\sqrt{3}S,\quad \hat{b}=\overline{X}+\sqrt{3}S.$$

3. 用最大似然法求估计量

若 $X_1,X_2,\cdots,X_n$ 是总体 X 的一个样本,$x_1,x_2,\cdots,x_n$ 为样本的观测值,则当总体 X 的分布律 $P\{X=x\}=p(x)$ 或分布密度 $p(x)$ 中含有未知参数 θ 时,记 $p(x)$ 为 $p(x;\theta)$,称 $L(\theta)=\prod_{i=1}^{n}p(x_i;\theta)$ 为似然函数,称使 $L(\theta)$ 取最大的估计值 $\hat{\theta}_L$ 为 θ 的**最大似然估计值**.

将 θ 的最大似然估计值 $\hat{\theta}_L$ 所依赖的观测值 $x_1,x_2,\cdots,x_n$ 换成相应的随机变量 $X_1,X_2,\cdots,X_n$ 后,所得到的统计量仍记作 $\hat{\theta}_L$,并称 $\hat{\theta}_L$ 为**最大似然估计量**. 求最大似然估计量的方法为**最大似然法**.

这里的似然函数 $L(\theta)=\prod_{i=1}^{n}p(x_i;\theta)$,可解释为 $p(x;\theta)$ 中的参数 θ 取某一数值或数组时,

样本 $X_1,X_2,\cdots,X_n$ 取观测值 $x_1,x_2,\cdots,x_n$ 的可能性. 因此,θ 的最大似然估计值 $\hat{\theta}_L$,就是使样本 $X_1,X_2,\cdots,X_n$ 取观测值 $x_1,x_2,\cdots,x_n$ 的可能性最大的一个估计.

用最大似然法求 θ 的估计量 $\hat{\theta}_L$ 的一般步骤是:

(1) 构造似然函数 $L(\theta)$;

(2) 写出 $\ln L(\theta)$;

(3) 以 θ 为自变量求 $\ln L(\theta)$ 的导数或偏导数;

(4) 令 $\ln L(\theta)$ 的导数或偏导数等于零,得到所谓的似然方程或似然方程组;

(5) 解似然方程或似然方程组,当 θ 只有唯一解时,可以不经过检验,直接将这个解作为所求的 θ 的最大似然估计值,并写出 θ 的最大似然估计量 $\hat{\theta}_L$.

可以证明,如果 $\hat{\theta}_{1L},\hat{\theta}_{2L},\cdots,\hat{\theta}_{kL}$ 是 $\theta_1,\theta_2,\cdots,\theta_k$ 的最大似然估计量,则 $g(\hat{\theta}_{1L},\hat{\theta}_{2L},\cdots,\hat{\theta}_{kL})$ 是 $g(\theta_1,\theta_2,\cdots,\theta_k)$ 的最大似然估计量.

例 6.1.3 熟悉方法 设 $X_1,X_2,\cdots,X_n$ 是总体 X 的一个样本,试求 $B(1,p)$ 中未知参数 p 的最大似然估计量 $\hat{p}_L$.

解 $B(1,p)$ 分布的分布律 $p(x)=p^x(1-p)^{1-x},x=0,1$,

$X_i(i=1,2,\cdots,n)$ 的分布律 $p(x_i)=p^{x_i}(1-p)^{1-x_i},x_i=0,1$,

$$L(p)=p^{\sum\limits_{i=1}^n x_i}(1-p)^{n-\sum\limits_{i=1}^n x_i},$$

$$\ln L=\left(\sum_{i=1}^n x_i\right)\ln p+\left(n-\sum_{i=1}^n x_i\right)\ln(1-p),$$

令

$$(\ln L)'=\frac{1}{p}\left(\sum_{i=1}^n x_i\right)-\frac{1}{1-p}\left(n-\sum_{i=1}^n x_i\right)=0$$

可解出 $p=\dfrac{1}{n}\sum\limits_{i=1}^n x_i=\bar{x},\hat{p}_L=\overline{X}$.

例 6.1.4 熟悉方法 设 $X_1,X_2,\cdots,X_n$ 是总体 X 的一个样本,试求 $N(\mu,\sigma^2)$ 中未知参数 μ 和 σ^2 的最大似然估计量 $\hat{\mu}_L$ 与 $\hat{\sigma}^2_L$.

解 $N(\mu,\sigma^2)$ 分布的密度

$$p(x)=\frac{1}{\sqrt{2\pi}\sigma}\exp\left\{-\frac{(x-\mu)^2}{2\sigma^2}\right\},$$

$X_i(i=1,2,\cdots,n)$ 的密度

$$p(x_i)=\frac{1}{\sqrt{2\pi}\sigma}\exp\left\{-\frac{(x_i-\mu)^2}{2\sigma^2}\right\},$$

$$L(\mu,\sigma^2)=\left(\frac{1}{\sqrt{2\pi}\sigma}\right)^n\exp\left\{-\sum_{i=1}^n\frac{(x_i-\mu)^2}{2\sigma^2}\right\},$$

$$\ln L=-\frac{n}{2}[\ln(2\pi)+\ln(\sigma^2)]-\sum_{i=1}^n\frac{(x_i-\mu)^2}{2\sigma^2},$$

由

$$\frac{\partial\ln L}{\partial\mu}=\sum_{i=1}^n\frac{(x_i-\mu)}{\sigma^2}=0$$

可解出 $\mu=\frac{1}{n}\sum_{i=1}^{n}x_i=\bar{x}$，$\hat{\mu}_L=\overline{X}$；

由

$$\frac{\partial\ln L}{\partial\sigma^2}=-\frac{n}{2\sigma^2}+\sum_{i=1}^{n}\frac{(x_i-\mu)^2}{2\sigma^4}=0$$

可解出 $\sigma^2=\frac{1}{n}\sum_{i=1}^{n}(x_i-\mu)^2$.

故当 μ 已知时，$\hat{\sigma}_L^2=\frac{1}{n}\sum_{i=1}^{n}(X_i-\mu)^2$；当 μ 未知时，以 $\overline{X}$ 估计 μ 得到 $\hat{\sigma}_L^2=\frac{1}{n}\sum_{i=1}^{n}(X_i-\overline{X})^2$ $=S^2$.

因此，当 μ 未知时，σ^2 的最大似然估计与矩估计相同，当 μ 已知时，σ^2 的最大似然估计为 $\frac{1}{n}\sum_{i=1}^{n}(X_i-\mu)^2$，矩估计为 $\frac{1}{n}\sum_{i=1}^{n}(X_i-\overline{X})^2=S^2$. 最大似然估计利用了均值 μ 所提供的信息，矩估计则失去了均值 μ 所提供的信息，前者的效果势必优于后者.

例 6.1.5 熟悉方法 设 $X_1,X_2,\cdots,X_n$ 是总体 X 的一个样本，试求 $U(a,b)$ 分布中未知参数 a 与 b 的最大似然估计量 $\hat{a}_L$ 与 $\hat{b}_L$.

解 求最大似然估计量时可以只考虑分布密度中不为零的部分.

$U(a,b)$ 分布的密度

$$p(x)=\frac{1}{b-a}\quad(a<x<b),$$

$$L(a,b)=\left(\frac{1}{b-a}\right)^n\quad(a<x_1,x_2,\cdots,x_n<b).$$

本例中的最大似然估计值不可能用似然方程或似然方程组的解来表达. 要使 $L(a,b)$ 达到最大，a 与 b 应当尽可能地接近，但是 a 与 b 之间间隔着样本的观测值 $x_1,x_2,\cdots,x_n$，可取 $a=\min\limits_{1\leqslant i\leqslant n}x_i$，$b=\max\limits_{1\leqslant i\leqslant n}x_i$，因此 $\hat{a}_L=\min\limits_{1\leqslant i\leqslant n}X_i$，$\hat{b}_L=\max\limits_{1\leqslant i\leqslant n}X_i$.

例 6.1.6 熟悉方法 设总体 X 的分布律为

X	0	1	2	3
p	θ^2	$2\theta(1-\theta)$	θ^2	$1-2\theta$

其中 $\theta\left(0<\theta<\frac{1}{2}\right)$ 为未知参数，利用总体 X 的样本值 3,1,3,0,3,1,2,3，求 θ 的矩估计和最大似然估计值.

解： (1) $EX=3-4\theta$，$\theta=\frac{1}{4}(3-EX)$，所以 θ 的矩估计为 $\hat{\theta}=\frac{1}{4}(3-\overline{X})$，矩估计值为 $\hat{\theta}=\frac{1}{4}(3-\bar{x})=\frac{1}{4}(3-2)=\frac{1}{4}$.

(2) 参数的最大似然估计值，就是对给定的观测值 $(x_1,x_2,\cdots x_n)$，选取 $\hat{\theta}$，使得似然函数 $L(\theta)$ 达到最大. 对给定的数值 3,1,3,0,3,1,2,3，似然函数为

$$\begin{aligned} L(\theta) &= \sum_{i=1}^{8} P(X_i = x_i) \\ &= P(X=0)(P(X=1))^2 P(X=2)(P(X=3))^4 \\ &= 4\theta^6(1-\theta)^2(1-2\theta)^4. \end{aligned}$$

由$\dfrac{\mathrm{d}LnL(\theta)}{\mathrm{d}\theta} = \dfrac{6}{\theta} - \dfrac{2}{1-\theta} - \dfrac{8}{1-2\theta} = 0$,解得 $\hat{\theta}_L = \dfrac{7-\sqrt{13}}{12}$.

【**探索题**】如果用不同的参数估计方法得到的同一参数的估计量不同,应当如何做选择?

4. 评价估计量优劣的标准

估计总体分布中未知参数的方法不止上述矩法与最大似然法两种(比如,还可以凭经验估计),这样一来,某一个未知参数的估计量可能会有多个,必须有评价估计量优劣的标准. 以下所述的无偏性、有效性及相合性,是常用的三个标准.

(1) 无偏性

如果未知参数 θ 的估计量为 $\hat{\theta}(X_1, X_2, \cdots, X_n)$,则当 $E(\hat{\theta}) = \theta$ 时,称 $\hat{\theta}$ 为 θ 的**无偏估计量**,否则称 $\hat{\theta}$ 为 θ 的有偏估计量.

当 $\hat{\theta}$ 是 θ 的无偏估计量时,估计量 $\hat{\theta}$ 所取的值虽然并不等于 θ,但是 $\hat{\theta}$ 在 θ 的真值附近波动,其数学期望等于 θ. 如果相互独立地重复多次用无偏估计量进行估计,那么所得到的各个估计值的均值与未知参数的真值基本上一致. 若将 $E(\hat{\theta})-\theta$ 称为系统误差,则无偏的含义就是无系统误差.

例 6.1.7 重要结论 设总体 X 的数学期望为 $E(X)$、方差为 $D(X)$,取自总体的样本容量为 n,试证明:(1) $E(\overline{X}) = E(X)$; (2) $D(\overline{X}) = \dfrac{1}{n}D(X)$.

证:因为 $X_1, X_2, \cdots, X_n$ 相互独立,且

$$E(X_1) = E(X_2) = \cdots = E(X_n) = E(X),\ D(X_1) = D(X_2) = \cdots = D(X_n) = D(X),$$

所以(1) $E(\overline{X}) = E\left(\dfrac{1}{n}\sum_{i=1}^{n} X_i\right) = \dfrac{1}{n}\sum_{i=1}^{n} E(X_i) = \dfrac{1}{n}\sum_{i=1}^{n} E(X) = E(X)$;

(2) $D(\overline{X}) = D\left(\dfrac{1}{n}\sum_{i=1}^{n} X_i\right) = \dfrac{1}{n^2}\sum_{i=1}^{n} D(X_i) = \dfrac{1}{n^2}\sum_{i=1}^{n} D(X) = \dfrac{1}{n}D(X)$.

思考题:样本均值是不是总体均值的无偏估计?

例 6.1.8 重要结论 设总体 X 的数学期望为 $E(X)$、方差为 $D(X)$,取自总体的样本容量为 n,试证明:(1) $E(S^2) = \dfrac{n-1}{n}D(X)$; (2) $E(S^{*2}) = D(X)$。

证:因为 $X_1, X_2, \cdots, X_n$ 相互独立,且

$$E(X_1) = E(X_2) = \cdots = E(X_n) = E(X),\ D(X_1) = D(X_2) = \cdots = D(X_n) = D(X),$$

又有 $E(\overline{X}) = E(X)$, (2) $D(\overline{X}) = \dfrac{1}{n}D(X)$, $\dfrac{1}{n}\sum_{i=1}^{n}(X_i - EX_i) = \overline{X} - EX$,所以

(1) $E(S^2)=E\left[\frac{1}{n}\sum_{i=1}^{n}(X_i-\overline{X})^2\right]=E\left\{\frac{1}{n}\sum_{i=1}^{n}[(X_i-EX_i)-(\overline{X}-EX)]^2\right\}$

$$=\frac{1}{n}E\left[\sum_{i=1}^{n}(X_i-EX_i)^2-n(\overline{X}-EX)^2\right]$$

$$=\frac{1}{n}\left[\sum_{i=1}^{n}E(X_i-EX_i)^2-nE(\overline{X}-EX)^2\right]$$

$$=\frac{1}{n}\left(nDX-n\cdot\frac{1}{n}DX\right)=\frac{n-1}{n}D(X);$$

(2) $E(S^{*2})=E\left(\frac{n}{n-1}S^2\right)=\frac{n}{n-1}E(S^2)=D(X).$

思考题:样本方差和样本修正方差哪一个是总体方差的无偏估计?

但是$\lim\limits_{n\to\infty}E(S^2)=\lim\limits_{n\to\infty}\frac{n-1}{n}\sigma^2=\sigma^2$,因此称 S^2 是 σ^2 的渐近无偏估计量.

(2) 有效性

如果统计量 $\hat{\theta}_1(X_1,X_2,\cdots,X_n)$ 和 $\hat{\theta}_2(X_1,X_2,\cdots,X_n)$ 都是未知参数 θ 的无偏估计量,则当 $D(\hat{\theta}_1)<D(\hat{\theta}_2)$ 时,称 $\hat{\theta}_1$ 比 $\hat{\theta}_2$ **有效**.

由此看来,有效的含义中包含着无偏.一个好的估计量,不仅应该是无偏估计量,而且应该有尽可能小的方差,所取的值应该集中在它的数学期望的一个尽可能小的邻域内.

例 6.1.9 重要结论 当 $X_1,X_2,\cdots,X_n$ 是总体 X 的一个样本且 $\sigma^2>0$ 时,对任意一组非负常数 $c_1,c_2,\cdots,c_n$,如果 $\sum_{i=1}^{n}c_i=1$,求证 $\sum_{i=1}^{n}c_iX_i$ 都是总体均值 μ 的无偏估计量,并且样本均值 $\overline{X}$ 在这些估计量中是方差最小的无偏估计量.

解 因为 $i=1,2,\cdots,n,E(X_i)=\mu$,且 $\sum_{i=1}^{n}c_i=1$,

$$E\left(\sum_{i=1}^{n}c_iX_i\right)=\sum_{i=1}^{n}c_iE(X_i)=\mu\sum_{i=1}^{n}c_i=\mu,$$

所以 $\sum_{i=1}^{n}c_iX_i$ 都是总体均值 μ 的无偏估计量.

又因为 $D(X_i)=\sigma^2$,

$$D\left(\sum_{i=1}^{n}c_iX_i\right)=\sum_{i=1}^{n}c_i^2D(X_i)=\sigma^2\sum_{i=1}^{n}c_i^2,$$

令 $f=\sum_{i=1}^{n}c_i^2$,由 $\sum_{i=1}^{n}c_i=1$,得到

$$f=c_1^2+c_2^2+\cdots+c_{n-1}^2+(1-c_1-c_2-\cdots-c_{n-1})^2,$$

由 $n-1$ 个方程

$$\frac{\partial f}{\partial c_i}=2c_i-2(1-c_1-c_2-\cdots-c_{n-1})=0\ (i=1,2,\cdots,n-1),$$

组成的方程组解出

$$c_1=c_2=\cdots=c_{n-1}=\frac{1}{n},$$

代入 $\sum_{i=1}^{n} c_i = 1$ 中,得到 $c_n = \frac{1}{n}$,因此样本均值 $\overline{X}$ 在上述这些估计量中是方差最小的无偏估计量.

【**探索题**】如图 6.1,$\hat{\theta}_1,\hat{\theta}_2$ 都是 θ 的无偏估计量吗?哪个更有效?

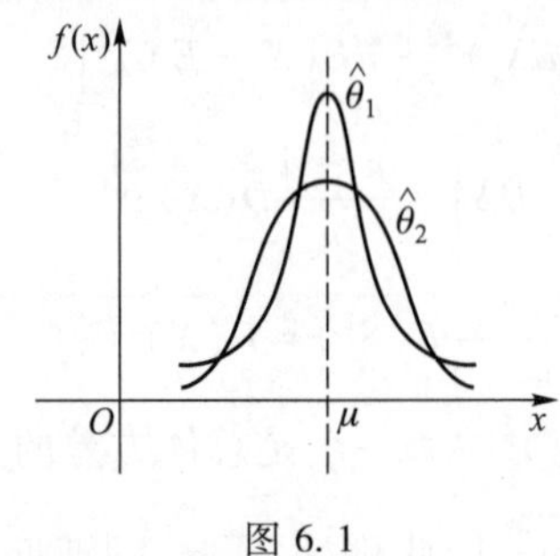

图 6.1

(3) 相合性

设 $\hat{\theta}$ 是 θ 的估计量,如果对于任意实数 $\varepsilon>0$,均有 $\lim\limits_{n\to\infty}P\{|\hat{\theta}-\theta|<\varepsilon\}=1$,则称 $\hat{\theta}$ 是 θ 的相合估计量或一致估计量.

回顾 §4.3 的辛钦大数定律. $\lim\limits_{n\to\infty}P\{|\overline{X}-\mu|<\varepsilon\}=1$,不难发现 $\overline{X}$ 是 μ 的相合估计.

【**探索题**】试用拉格朗日乘子法求例 6.1.6 中的样本均值 $\overline{X}$ 在这些估计量中是方差最小的无偏估计量.

习　题　6.1

1. 设 $X_1,X_2,\cdots,X_n$ 是总体 X 的一个样本,试求下列分布中未知参数的矩估计量和最大似然估计量:① $U(0,\theta)$ 中的 θ;② $E(\lambda)$ 分布中的 λ.

2. 设 $X_1,X_2,\cdots,X_n$ 是总体 X 的一个样本,X 的分布密度

$$p(x)=\begin{cases}(1+\alpha)x^{\alpha},\alpha>0,x\in(0,1),\\0,\qquad\qquad 其他.\end{cases}$$

试求未知参数 α 的矩估计量和最大似然估计量.

3. 设 $X_1,X_2,\cdots,X_n$ 是总体 X 的一个样本,试求 $P(\lambda)$ 分布中未知参数 λ 的最大似然估计量. 又已知 1L 自来水中所含大肠菌的个数服从上述分布,为检查自来水设备消毒的效果,从消毒后的水中随机地抽取了 50 个 1L,化验每 L 水中大肠菌的个数得到数据如下:

大肠菌的个数	0	1	2	3	4
观测频数	17	20	10	2	1

问平均每升水中大肠菌的个数是多少时,才能使上述情况出现的概率最大?

提示:先求 λ 的最大似然估计量.

4. 设 $\hat{\theta}$ 是未知参数 θ 的无偏估计量且有 $D(\hat{\theta})>0$,试论述 $(\hat{\theta})^2$ 不是 θ^2 的无偏估计量.

5. 对某事件进行 n 次观测,如果在第 $k(k=1,2,\cdots,n)$ 次观测时该事件出现,则记 $X_k=1$,否则记 $X_k=0$. 试根据样本 $X_1,X_2,\cdots,X_n$ 的观测值求事件概率 p 的矩估计量和最大似然估计量,讨论估计量的无偏性.

6. 设总体 X 服从 $U(0,\theta)$ 分布,试验证:未知参数 θ 的矩估计量是无偏估计量,θ 的最大似然估计量是

渐近无偏估计量.

7. 若 X_1,X_2 是取自分布为 $N(\mu,1)$ 的总体 X 的样本,试判断① $\hat{\mu}_1=\frac{1}{3}X_1+\frac{2}{3}X_2$,② $\hat{\mu}_2=\frac{1}{4}X_1+\frac{3}{4}X_2$,③ $\hat{\mu}_3=\frac{1}{2}X_1+\frac{1}{2}X_2$ 都是 μ 的无偏估计量,且 $\hat{\mu}_3$ 最有效.

8. 若 $\hat{\theta}_1$ 和 $\hat{\theta}_2$ 是 θ 的两个互不相关的无偏估计量,$D(\hat{\theta}_1)=2D(\hat{\theta}_2)$,试确定常数 c_1 与 c_2,使 $c_1\hat{\theta}_1+c_2\hat{\theta}_2$ 仍是 θ 的无偏估计量,并在这一类无偏估计量中是有效估计量.

9. 设总体的分布律为

X	1	2	3
p	θ^2	$2\theta(1-\theta)$	$(1-\theta)^2$

其中 $\theta(0<\theta<1)$ 为未知参数,已知取得了样本值 1,2,1,求 θ 的矩估计和最大似然估计.

* §6.2 Bayes 点估计

统计学中有两个主要学派:经典学派(也称频率学派)和 Bayes 学派. 本教材主要介绍经典学派的理论方法. 通过本节的学习,大家会对 Bayes 学派有初步的了解. 我们先来了解一下统计推断问题中的三种信息.

1. 三种信息与先验分布

§5.1 中我们讲过,统计推断是根据样本对总体分布、数字特征或参数进行推断,事实上,仅仅基于**样本信息**和**总体信息**进行统计推断的理论方法称为经典统计学;Bayes 学派认为,统计推断还应该使用第三种信息:**先验信息**.

(1) 总体信息:总体就是根据一定目的和要求所确定的研究对象的全体,通常看作一个随机变量. 总体信息即总体分布提供的信息. 例如:若已知总体服从正态分布,我们知道它的密度函数是一条关于均值对称的钟形曲线;它的一切阶矩存在;可以计算服从正态分布的随机变量的概率;可以由正态分布导出 χ^2 分布,t 分布,F 分布等. 总体信息是很重要的信息,但是为了获得总体信息往往耗资巨大,例如我们想要获得电子器件寿命的分布,就要利用成千上万的元器件做实验,进行统计分析,这是一项费时费力的工作.

(2) 样本信息:样本信息即从总体中抽取的样本提供的信息. 这是最"鲜活"的信息,并且样本点越多,提供的信息越多. 例如,我们可以根据样本均值、样本方差等对总体的数字特征有一定的了解. 人们希望通过对样本的加工和处理从而对总体的特征做出统计推断. 样本是统计学的粮食,没有样本就没有统计学可言.

(3) 先验信息:先验信息即抽样之前了解到的所研究问题的信息,先验信息主要来源于经验和历史资料,是人们对所研究问题长期观察研究所累积起来的重要历史信息,应当被合理利用到统计推断中来,以提高统计推断的质量,忽视先验信息的利用价值,有时是一种浪费,有时还会导出不合理的结论. 先验信息在日常生活和工作中经常可见.

例 6.2.1　免检产品　某工厂每日抽查 10 件产品检查废品率 θ,经过 100 个工作日后获得数据如下：

废品	抽样废品率	出现次数	频率
0	0	94	0.94
1	0.1	3	0.03
2	0.2	2	0.02
3	0.3	1	0.01
4	0.4	0	0.00
5	0.5	0	0.00

对于当日被抽查的产品的废品率 θ 而言，它是一个固定数，但逐日的废品率 θ 受随机因素的影响多少会有些波动. 长期看，一日废品率 θ 可以看作随机变量，我们可以用频率近似得到 θ 的一个概率分布，结果如下：

废品率 θ	0	0.1	0.2	0.3
先验概率	0.94	0.03	0.02	0.01

这个对先验信息进行整理加工得到的分布称为先验分布，综合了该厂过去产品的质量情况. 这个分布的概率绝大部分集中在 $\theta=0$ 附近，该产品可认为是“信得过产品”. 如果以后多次抽检结果与历史资料提供的先验分布基本一致，就可以对该产品作出为“免检产品”的决定，或者每月抽检一两次，这就省去了大量的人力物力，可见先验信息在统计应用中是大有用处的. 当然，如果以后多次抽检结果与先验分布有较大区别，就应该利用新样本对先验分布进行更新，获得更符合实际的新分布——后验分布，这是 Bayes 统计所要做的重要工作.

Bayes 学派认为：**任一未知量 θ 都可以看作随机变量，可用一个概率分布描述，这个分布称为先验分布**；在获得样本之后，总体分布、样本与先验分布通过 Bayes 公式结合起来得到一个关于未知量 θ 的新的分布——后验分布. Bayes 统计重视先验信息的收集、挖掘和加工，形成先验分布加入统计推断中，任何关于 θ 的 Bayes 统计推断都基于 θ 的后验分布进行.

2. Bayes 公式与后验分布

§1.3 中我们讲过 Bayes 公式的事件形式，本节将用随机变量的密度函数再一次叙述 Bayes 公式，从中介绍 Bayes 学派的一些具体想法.

总体依赖于参数 θ 的密度函数，在经典统计中记为 $p_\theta(x)$ 或者 $p(x;\theta)$，在 Bayes 统计中记为 $p(x|\theta)$，之所以写成条件密度的形式是因为在 Bayes 统计中未知参数 θ 被看作随机变量了. 如果根据先验信息确定了 θ 的先验分布 $\pi(\theta)$，又从总体中得到了新样本 $\boldsymbol{x}=(x_1,x_2,\cdots,x_n)$，怎样利用样本对先验分布 $\pi(\theta)$ 进行更新，得到更适当的分布？

样本信息综合体现在样本的联合分布密度 $p(\boldsymbol{x}|\theta)$ 中，如果样本是简单随机样本，则

$$p(\boldsymbol{x} \mid \theta)=p(x_1,x_2,\cdots,x_n \mid \theta)=\prod_{i=1}^{n} p(x_i \mid \theta)$$

更新后 θ 的分布是 $\pi(\theta|\boldsymbol{x})$，即 θ 的以样本 $\boldsymbol{x}=(x_1,x_2,\cdots x_n)$ 为已知条件的分布. 条件密度

$$\pi(\theta|\boldsymbol{x})=\frac{h(\boldsymbol{x},\theta)}{m(\boldsymbol{x})},$$

其中 $h(\boldsymbol{x},\theta)$ 是样本 $\boldsymbol{x}$ 和参数 θ 的联合分布密度，$m(\boldsymbol{x})$ 是样本 $\boldsymbol{x}$ 的边际密度(边缘分布密度)，根据边缘分布密度的计算公式，有

$$m(\boldsymbol{x})=\int_{\Theta} h(\boldsymbol{x},\theta)\mathrm{d}\theta \quad (\Theta=\{\theta\} \text{ 是}\textbf{参数空间}).$$

另外，利用先验分布和样本联合分布，可以得到样本 $\boldsymbol{x}$ 和参数 θ 的联合分布密度

$$h(\boldsymbol{x},\theta)=p(\boldsymbol{x}|\theta)\pi(\theta),$$

于是

$$\pi(\theta \mid \boldsymbol{x})=\frac{h(\boldsymbol{x},\theta)}{m(\boldsymbol{x})}=\frac{p(\boldsymbol{x} \mid \theta)\pi(\theta)}{\int_{\Theta} p(\boldsymbol{x} \mid \theta)\pi(\theta)\mathrm{d}\theta},$$

这个条件分布称为 θ 的**后验分布**. 它集中了总体、样本和先验中有关 θ 的一切信息. 这就是**密度函数形式的** Bayes **公式**. 它是用总体和样本对先验分布 $\pi(\theta)$ 作调整的结果，比 $\pi(\theta)$ 更接近 θ 的真实情况.

在 θ 是离散随机变量时，先验分布可用先验分布列 $\pi(\theta_i)$，$i=1,2,\cdots$ 表示. 这时后验分布也是离散形式

$$\pi(\theta_i \mid \boldsymbol{x})=\frac{p(\boldsymbol{x} \mid \theta_i)\pi(\theta_i)}{\sum_j p(\boldsymbol{x} \mid \theta_j)\pi(\theta_j)}, \quad i=1,2,\cdots.$$

假如总体也是离散的，只要把 $p(\boldsymbol{x}|\theta)$ 改写成 $P(\boldsymbol{X}=\boldsymbol{x}|\theta)$ 即可.

例 6.2.2 为了提高某产品的质量，公司经理考虑增加投资来改进生产设备，但从投资效果看，下属部门有 2 种意见：

θ_1：改进生产设备后，高质量产品可占 90%，

θ_2：改进生产设备后，高质量产品可占 70%.

经理当然希望 θ_1 发生，但根据经验，经理认为 θ_1 的可信程度只有 40%，θ_2 的可信程度是 60%，即

$$\pi(\theta_1)=0.4, \quad \pi(\theta_2)=0.6.$$

经理不想仅用过去的经验来决策此事，想慎重一些，通过小规模试验后观其结果再定. 为此做了一项试验，结果(记为 A)如下：

A：试制五个产品，全是高质量的产品.

经理对这次试验结果很高兴，希望用此试验结果来修改他原先对 θ_1 和 θ_2 的看法，即要求后验概率 $\pi(\theta_1|A)$ 与 $\pi(\theta_2|A)$. 这可用 Bayes 公式的离散形式来完成. 如今已有先验概率 $\pi(\theta_1)$ 与 $\pi(\theta_2)$. 还需要两个条件概率 $P(A|\theta_1)$ 与 $P(A|\theta_2)$，这可用二项分布算得

$$P(A|\theta_1)=0.9^5=0.590, \quad P(A|\theta_2)=0.7^5=0.168$$

由全概率公式可算得 $P(A)=P(A|\theta_1)\pi(\theta_1)+P(A|\theta_2)\pi(\theta_2)=0.337$. 最后由 Bayes 公式可算得

$$\pi(\theta_1|A)=P(A|\theta_1)\pi(\theta_1)/P(A)=0.236/0.337=0.700,$$
$$\pi(\theta_2|A)=P(A|\theta_2)\pi(\theta_2)/P(A)=0.101/0.337=0.300.$$

这表明,经理根据试验 A 的信息调整自己的看法,把对 θ_1 与 θ_2 的可信程度由 0.4 和 0.6 调整到 0.7 和 0.3. 后者是综合了经理的主观概率和试验结果而获得的,要比主观概率更有吸引力,更贴近实际,这就是 Bayes 公式的应用.

经过试验 A 后,经理对增加投资改进质量的兴趣增大. 但因投资额大,还想再做一次小规模试验,观其结果再作决策. 为此又做了一批试验,结果(记为 B)如下:

B:试制 10 个产品,有 9 个是高质量产品.

经理希望用此试验结果对 θ_1 与 θ_2 再作一次调整. 为此把上次后验概率看作这次的先验概率,即

$$\pi(\theta_1)=0.7,\quad \pi(\theta_2)=0.3.$$

用二项分布还可算得

$$P(\mathrm{B}|\theta_1)=10(0.9)^9(0.1)=0.387,$$
$$P(\mathrm{B}|\theta_2)=10(0.7)^9(0.3)=0.121.$$

由此可算得 $P(B)=0.307$ 和后验概率 $\pi(\theta_1|B)=0.883$,$\pi(\theta_2|B)=0.117$.

经理看到,经过二次试验,θ_1(高质量产品可占 90%)的概率已上升到 0.883,到可以下决心的时候了,他能以 88.3%的把握保证此项投资取得较大经济效益.

3. Bayes 点估计

设 θ 是总体分布 $p(x|\theta)$ 中的参数,为了估计该参数,可从总体中随机抽取样本 $\boldsymbol{x}=(x_1,x_2,\cdots,x_n)$,同时选取一个先验分布 $\pi(\theta)$,利用 Bayes 公式计算出后验分布 $\pi(\theta|\boldsymbol{x})$,最后选取后验分布的某个特征量作为参数 θ 的点估计.

由后验分布 $\pi(\theta|\boldsymbol{x})$ 估计 θ 有三种常用的方法:

(1) 使用后验分布的密度函数最大值点作为 θ 的点估计的**最大后验估计(后验众数估计)**$\hat{\theta}_{MD}$.

(2) 使用后验分布的中位数作为 θ 的点估计的**后验中位数估计** $\hat{\theta}_{ME}$.

(3) 使用后验分布的均值作为 θ 的点估计的**后验期望估计** $\hat{\theta}_E$.

一般这三种 Bayes 估计是不同的,当后验密度函数关于均值左右对称时,这三种 Bayes 估计重合为一个数. 用得最多的是后验期望估计,它一般也简称为 **Bayes 估计**.

例 6.2.3　产品质量检验　设某批产品的废品率为 θ,为了估计 θ,对 n 件产品进行独立检测,其中废品出现的个数为 X,显然 $X|\theta\sim B(n,\theta)$,即

$$P(X=x|\theta)=\mathrm{C}_n^x\theta^x(1-\theta)^{n-x},x=0,1,\cdots,n.$$

假若我们在检验前对废品率 θ 没有先验信息(比如是全新产品),Bayes 建议采用区间 (0,1) 上的均匀分布 $U(0,1)$ 作为 θ 的先验分布,因为它取(0,1) 上的每一点的机会均等. Bayes 的这个建议被后人称为 **Bayes 假设**. 由此即可利用 Bayes 公式求出 θ 的后验分布. 具体如下:先验分布

$$\pi(\theta)=\begin{cases}1, & 0<\theta<1,\\ 0, & 其他.\end{cases}$$

先写出样本 x 和 θ 的联合分布

$$h(x,\theta)=P(X=x\mid\theta)\pi(\theta)=\mathrm{C}_n^x\theta^x(1-\theta)^{n-x},x=0,1,\cdots,n,0<\theta<1,$$

然后求 x 的边缘分布

$$m(x)=\mathrm{C}_n^x\int_0^1\theta^x(1-\theta)^{n-x}\mathrm{d}\theta=\mathrm{C}_n^x\frac{\Gamma(x+1)\Gamma(n-x+1)}{\Gamma(n+2)},$$

最后求出 θ 的后验分布

$$\pi(\theta|x)=\frac{h(x,\theta)}{m(x)}=\frac{\Gamma(n+2)}{\Gamma(x+1)\Gamma(n-x+1)}\theta^{(x+1)-1}(1-\theta)^{(n-x+1)-1},0<\theta<1.$$

最后的结果说明 $\theta|x\sim Be(x+1,n-x+1)$,这是参数为 $x+1$ 和 $n-x+1$ 的 Beta(贝塔)分布,其后验众数估计为

$$\hat{\theta}_{MD}=\frac{x}{n},$$

后验期望估计为

$$\hat{\theta}_E=E(\theta|x)=\frac{x+1}{n+2}.$$

假如不用先验信息,只用总体信息与样本信息,那么废品率 θ 的最大似然估计为

$$\hat{\theta}_M=\frac{x}{n},$$

参数 θ 的后验众数估计居然就是经典统计中的最大似然估计,这种现象并不是孤立的,表明经典统计在自觉或不自觉地使用特定的 Bayes 推断.

某些场合,Bayes 估计(后验期望估计)要比最大似然估计要更合理一些. 比如,废品率 θ 的两种点估计的比较,结果如下:

试验编号	检验个数	废品个数	最大似然估计	后验期望估计
1	5	0	0	0.143
2	10	0	0	0.083
3	5	5	1	0.857
4	10	10	1	0.917

"抽检 5 个全是合格品"与"抽检 10 个全是合格品"这两个事件在人们心目中留下的印象是不同的,后者的质量比前者更信得过. 这种差别在废品率 θ 的最大似然估计中反映不出来(两者都为 0),而用 Bayes 估计(后验期望估计)则有所反映;类似地,"抽检 5 个全是不合格品"与"抽检 10 个全是不合格品"也是有差别的两个事件,前者质量很差,后者则不可救药. 这种差别用最大似然估计也反映不出(两者都是 1).

在这个模型里,参数 θ 的 Bayes 估计用到的信息与经典统计中最大似然估计用到的信息 样,但结果是前者优于后者.

例 6.2.4 设 $x_1,x_2,\cdots,x_n$ 是来自正态分布 $N(\mu,\sigma_0^2)$ 的一个样本,其中 σ_0^2 已知,μ 未知,假设 μ 的先验分布亦为正态分布 $N(\theta,\tau^2)$,其中先验均值 θ 和先验方差 τ^2 均已知,试求 μ 的 Bayes 估计.

解 样本 $\boldsymbol{x}$ 的分布和 μ 的先验分布分别为

$$p(\boldsymbol{x}\mid\mu)=(2\pi\sigma_0^2)^{-n/2}\exp\left\{-\frac{1}{2\sigma_0^2}\sum_{i=1}^{n}(x_i-\mu)^2\right\},$$

$$\pi(\mu)=(2\pi\tau^2)^{-1/2}\exp\left\{-\frac{1}{2\tau^2}(\mu-\theta)^2\right\},$$

由此可以写出 $\boldsymbol{x}$ 与 μ 的联合分布

$$h(\boldsymbol{x},\mu)=k_1\cdot\exp\left\{-\frac{1}{2}\left[\frac{n\mu^2-2n\mu\bar{x}+\sum_{i=1}^{n}x_i^2}{\sigma_0^2}+\frac{\mu^2-2\theta\mu+\theta^2}{\tau^2}\right]\right\},$$

其中 $\bar{x}=\frac{1}{n}\sum_{i=1}^{n}x_i$, $k_i=(2\pi)^{-(n+1)/2}\tau^{-1}\sigma_0^{-n}$. 若记

$$A=\frac{n}{\sigma_0^2}+\frac{1}{\tau^2},B=\frac{n\bar{x}}{\sigma_0^2}+\frac{\theta}{\tau^2},C=\frac{\sum_{i=1}^{n}x_i^2}{\sigma_0^2}+\frac{\theta^2}{\tau^2},$$

则有

$$h(x,\mu)=k_1\exp\left\{-\frac{1}{2}[A\mu^2-2B\mu+C]\right\}=k_1\exp\left\{-\frac{(\mu-B/A)^2}{2/A}-\frac{1}{2}(C-B^2/A)\right\}.$$

注意到 A,B,C 均与 μ 无关,由此容易算得样本的边际密度函数

$$m(\boldsymbol{x})=\int_{-\infty}^{\infty}h(\boldsymbol{x},\mu)\mathrm{d}\mu=k_1\exp\left\{-\frac{1}{2}(C-B^2/A)\right\}(2\pi/A)^{1/2},$$

应用 Bayes 公式即可得到后验分布

$$\pi(\mu|\boldsymbol{x})=\frac{h(\boldsymbol{x},\mu)}{m(\boldsymbol{x})}=(2\pi/A)^{1/2}\exp\left\{-\frac{1}{2/A}(\mu-B/A)^2\right\}.$$

这说明在样本给定后,μ 的后验分布为 $N(B/A,1/A)$, 即

$$\mu|\boldsymbol{x}\sim N\left(\frac{n\bar{x}\sigma_0^{-2}+\theta\tau^{-2}}{n\sigma_0^{-2}+\tau^{-2}},\frac{1}{n\sigma_0^{-2}+\tau^{-2}}\right),$$

后验均值即为其 Bayes 估计

$$\hat{\mu}=\frac{n/\sigma_0^2}{n/\sigma_0^2+1/\tau^2}\bar{x}+\frac{1/\tau^2}{n/\sigma_0^2+1/\tau^2}\theta.$$

它是样本均值 $\bar{x}$ 与先验均值 θ 的加权平均. 当总体方差 σ_0^2 较小或样本量 n 较大时,样本均值 $\bar{x}$ 的权重较大;当先验方差 τ^2 较小时,先验均值 θ 的权重较大,这一综合很符合人们的经验.

习 题 6.2

1. 设一卷胶片上的缺陷数服从泊松分布 $P(\lambda)$,其中 λ 可取 1.0 和 1.5 中的一个,又设 λ 的先验分布为

$$\pi(1.0)=0.4,\quad \pi(1.5)=0.6.$$

假如检查一卷胶片发现 3 个缺陷,求 λ 的后验分布.

2. 设 θ 是一批产品的不合格率,从中随机抽取 8 个产品进行检查,发现有 3 个不合格,假如先验分

布为

① $\theta \sim U(0,1)$.

② $\theta \sim \pi(\theta)=\begin{cases}2(1-\theta), & 0<\theta<1,\\ 0, & \text{其他}.\end{cases}$

分别求 θ 的后验分布.

3. 某人每天早晨在车站等候公共汽车的时间(单位:min)服从均匀分布 $U(0,\theta)$,假如 θ 的先验分布为

$$\pi(\theta)=\begin{cases}\dfrac{192}{\theta^4}, & \theta \geqslant 4,\\ 0, & \theta<4.\end{cases}$$

设此人在 3 个早晨等车时间分别为 5,8,8,求 θ 的后验分布.

4. 设随机变量 X 服从均匀分布 $U(\theta-1/2,\theta+1/2)$,其中 θ 的先验分布为 $U(10,20)$.

① 假如获得 X 的观察值是 12,求 θ 的后验分布.

② 假如连续获得 X 的 6 个观察值 12.0,11.5,11.7,11.1,11.4,11.9,求 θ 的后验分布.

5. 设随机变量 X 服从几何分布

$$P(X=x)=\theta(1-\theta)^x, x=0.1,\cdots,$$

其中参数 θ 的先验分布为均匀分布 $U(0,1)$.

① 若只对 X 作一次观察,观察值为 3,求 θ 的后验期望估计.

② 若对 X 作三次观察,观察值为 3,2,5,求 θ 的后验期望估计.

6. 对儿童做智商测验,设测验结果 $X \sim N(\theta,100)$,其中 θ 在心理学中定义为儿童的智商,根据过去资料,可设 $\theta \sim N(100,225)$,现在对一个儿童做智商测验,测得分数为 115 分,试求该儿童智商 θ 的 Bayes 估计.

§ 6.3 未知参数的区间估计

1. 区间估计的基本概念

对总体分布中未知参数 θ 所在的区间进行估计,并保证该区间覆盖 θ 的概率满足一定的要求称为未知参数 θ 的**区间估计**.

未知参数 θ 的区间估计,其结果可以有三种形式:

(1) 寻找统计量 $\hat{\theta}_l(X_1,X_2,\cdots,X_n)$ 和 $\hat{\theta}_u(X_1,X_2,\cdots,X_n)$,确定区间 $(\hat{\theta}_l,\hat{\theta}_u)$,使 $P\{\hat{\theta}_l<\theta<\hat{\theta}_u\} \geqslant 1-\alpha$. 这里的 $1-\alpha$ 是指定的数值,表示随机区间 $(\hat{\theta}_l,\hat{\theta}_u)$ 覆盖未知参数 θ 的概率,称为**置信度**,$(\hat{\theta}_l,\hat{\theta}_u)$ 称为 θ 的**双侧 $1-\alpha$ 置信区间**,$\hat{\theta}_l$ 称为 θ 的双侧 $1-\alpha$ 置信下限,$\hat{\theta}_u$ 称为 θ 的双侧 $1-\alpha$ 置信上限;

(2) 寻找统计量 $\hat{\theta}_l(X_1,X_2,\cdots,X_n)$ 使 $P\{\hat{\theta}_l<\theta\} \geqslant 1-\alpha$. 这里的 $1-\alpha$ 也称为置信度,而 $(\hat{\theta}_l,+\infty)$ 则称为 θ 的**单侧 $1-\alpha$ 置信区间**,$\hat{\theta}_l$ 称为 θ 的单侧 $1-\alpha$ 置信下限;

(3) 寻找统计量 $\hat{\theta}_u(X_1,X_2,\cdots,X_n)$ 使 $P\{\theta<\hat{\theta}_u\} \geqslant 1-\alpha$. 这里的 $1-\alpha$ 仍然称为置信度,$(-\infty,\hat{\theta}_u)$ 仍然称为 θ 的**单侧 $1-\alpha$ 置信区间**,而 $\hat{\theta}_u$ 则称为 θ 的单侧 $1-\alpha$ 置信上限.

但是,上述各个概念中所涉及的 $\hat{\theta}_l(X_1,X_2,\cdots,X_n)$ 和 $\hat{\theta}_u(X_1,X_2,\cdots,X_n)$ 都是统计量,因

此，双侧或单侧置信区间都是随机区间. 如果已知样本 $X_1, X_2, \cdots, X_n$ 的观测值 $x_1, x_2, \cdots, x_n$，则由 $\hat{\theta}_l(x_1, x_2, \cdots, x_n)$ 和 $\hat{\theta}_u(x_1, x_2, \cdots, x_n)$ 就可以得到随机区间的观测值.

【探索题】已知 θ 的双侧 90%置信区间为 (θ_l, θ_u)，这个随机区间的实际意义是什么?

2. 枢轴量法

构造未知参数 θ 的置信区间的最常用的方法是**枢轴量法**它含有待估参数，不含其他未知参数，它的分布已知，且分布不依赖于待估参数(常由 θ 的点估计出发考虑). 其步骤可以概括为如下三步：

(1) 设法构造一个样本和 θ 的函数 $g=g(X_1, \cdots, X_n, \theta)$ 使得 g 的分布不依赖于未知参数. 一般称具有这种性质的 g 为枢轴量.

(2) 适当地选择两个常数 c, d，使对给定的 $\alpha(0<\alpha<1)$，有

$$P\{c \leqslant g \leqslant d\}=1-\alpha.$$

(3) 假如能将 $c \leqslant g \leqslant d$ 进行不等式等价变形化为 $\hat{\theta}_l \leqslant \theta \leqslant \hat{\theta}_u$，则有

$$P_\theta\{\hat{\theta}_l \leqslant \theta \leqslant \hat{\theta}_u\}=1-\alpha.$$

上述构造置信区间的关键在于构造枢轴量 g，故把这种方法称为**枢轴量法**. 枢轴量的寻找一般从 θ 的点估计出发.

3. 一个正态总体均值或方差的置信区间

设总体 $X \sim N(\mu, \sigma^2)$，X 的一个样本为 $X_1, X_2, \cdots, X_n$，样本均值为 $\overline{X}$，修正标准差为 S^*，则有：

(1) 当 σ^2 已知时，μ 的置信区间

当 σ^2 已知时，均值 μ 的双侧 $1-\alpha$ 置信区间为

$$\left(\overline{X}-u_{1-0.5\alpha}\frac{\sigma}{\sqrt{n}},\ \overline{X}+u_{1-0.5\alpha}\frac{\sigma}{\sqrt{n}}\right);$$

均值 μ 的单侧 $1-\alpha$ 置信下限为 $\overline{X}-u_{1-\alpha}\dfrac{\sigma}{\sqrt{n}}$；

均值 μ 的单侧 $1-\alpha$ 置信上限为 $\overline{X}+u_{1-\alpha}\dfrac{\sigma}{\sqrt{n}}$.

证明 当 σ^2 已知时，统计量

$$\overline{X} \sim N\left(\mu, \frac{\sigma^2}{n}\right), \quad \frac{\overline{X}-\mu}{\dfrac{\sigma}{\sqrt{n}}} \sim N(0,1),$$

给定置信度 $1-\alpha$，查标准正态分布的分布函数值表得到 $1-0.5\alpha$ 分位数 $u_{1-0.5\alpha}$ 和 $1-\alpha$ 分位数 $u_{1-\alpha}$，则

$$P\left\{\frac{|\overline{X}-\mu|}{\dfrac{\sigma}{\sqrt{n}}}<u_{1-0.5\alpha}\right\}=1-\alpha,$$

$$P\left\{\overline{X}-u_{1-0.5\alpha}\frac{\sigma}{\sqrt{n}}<\mu<\overline{X}+u_{1-0.5\alpha}\frac{\sigma}{\sqrt{n}}\right\}=1-\alpha,$$

因此得到当 σ^2 已知时,均值 μ 的双侧 $1-\alpha$ 置信区间.

又
$$P\left\{\frac{\overline{X}-\mu}{\frac{\sigma}{\sqrt{n}}}<u_{1-\alpha}\right\}=1-\alpha,\quad P\left\{\overline{X}-u_{1-\alpha}\frac{\sigma}{\sqrt{n}}<\mu\right\}=1-\alpha,$$

$$P\left\{\frac{\overline{X}-\mu}{\frac{\sigma}{\sqrt{n}}}>-u_{1-\alpha}\right\}=1-\alpha,\quad P\left\{\mu<\overline{X}+u_{1-\alpha}\frac{\sigma}{\sqrt{n}}\right\}=1-\alpha,$$

因此得到当 σ^2 已知时,均值 μ 的单侧 $1-\alpha$ 置信下限与单侧 $1-\alpha$ 置信上限.

(2) 当 σ^2 未知时,μ 的置信区间

当 σ^2 未知时,均值 μ 的双侧 $1-\alpha$ 置信区间为

$$\left(\overline{X}-t_{1-0.5\alpha}(n-1)\frac{S^*}{\sqrt{n}},\ \overline{X}+t_{1-0.5\alpha}(n-1)\frac{S^*}{\sqrt{n}}\right);$$

均值 μ 的单侧 $1-\alpha$ 置信下限为 $\overline{X}-t_{1-\alpha}(n-1)\dfrac{S^*}{\sqrt{n}}$;

均值 μ 的单侧 $1-\alpha$ 置信上限为 $\overline{X}+t_{1-\alpha}(n-1)\dfrac{S^*}{\sqrt{n}}$.

证明　当 σ^2 未知时,统计量

$$\overline{X}\sim N\left(\mu,\frac{\sigma^2}{n}\right),\quad \frac{\overline{X}-\mu}{\frac{S^*}{\sqrt{n}}}\sim t(n-1),$$

给定置信度 $1-\alpha$,查 t 分布的分位数表得到 $1-0.5\alpha$ 分位数 $t_{1-0.5\alpha}(n-1)$ 和 $1-\alpha$ 分位数 $t_{1-\alpha}(n-1)$,则将结论(1)中的 σ 换为 S^*,$u_{1-0.5\alpha}$ 换为 $t_{1-0.5\alpha}(n-1)$,$u_{1-\alpha}$ 换为 $t_{1-\alpha}(n-1)$后,即可类似地进行论述并得到当 σ^2 未知时,均值 μ 的双侧 $1-\alpha$ 置信区间及单侧 $1-\alpha$ 置信下限与单侧 $1-\alpha$ 置信上限.

(3) 当 μ 未知时,σ^2 的置信区间

当 μ 未知时,方差 σ^2 的双侧 $1-\alpha$ 置信区间为

$$\left[\frac{\sum_{i=1}^{n}(X_i-\overline{X})^2}{\chi^2_{1-0.5\alpha}(n-1)},\ \frac{\sum_{i=1}^{n}(X_i-\overline{X})^2}{\chi^2_{0.5\alpha}(n-1)}\right];$$

方差 σ^2 的单侧 $1-\alpha$ 置信下限为 $\dfrac{\sum_{i=1}^{n}(X_i-\overline{X})^2}{\chi^2_{1-\alpha}(n-1)}$;

方差 σ^2 的单侧 $1-\alpha$ 置信上限为 $\dfrac{\sum_{i=1}^{n}(X_i-\overline{X})^2}{\chi^2_{\alpha}(n-1)}$.

证明 当μ未知时,统计量

$$\frac{\sum_{i=1}^{n}(X_i-\overline{X})^2}{\sigma^2}\sim\chi^2(n-1),$$

给定置信度 $1-\alpha$,查χ^2分布的分位数表得到 $1-0.5\alpha$ 分位数$\chi^2_{1-0.5\alpha}(n-1)$,$0.5\alpha$ 分位数$\chi^2_{0.5\alpha}(n-1)$,$1-\alpha$ 分位数$\chi^2_{1-\alpha}(n-1)$和α分位数$\chi^2_{\alpha}(n-1)$,则

$$P\left\{\chi^2_{0.5\alpha}(n-1)<\frac{\sum_{i=1}^{n}(X_i-\overline{X})^2}{\sigma^2}<\chi^2_{1-0.5\alpha}(n-1)\right\}=1-\alpha,$$

$$P\left\{\frac{\sum_{i=1}^{n}(X_i-\overline{X})^2}{\chi^2_{1-0.5\alpha}(n-1)}<\sigma^2<\frac{\sum_{i=1}^{n}(X_i-\overline{X})^2}{\chi^2_{0.5\alpha}(n-1)}\right\}=1-\alpha,$$

因此得到当μ未知时,方差σ^2的双侧 $1-\alpha$ 置信区间;

又

$$P\left\{\frac{\sum_{i=1}^{n}(X_i-\overline{X})^2}{\sigma^2}<\chi^2_{1-\alpha}(n-1)\right\}=1-\alpha,$$

$$P\left\{\frac{\sum_{i=1}^{n}(X_i-\overline{X})^2}{\chi^2_{1-\alpha}(n-1)}<\sigma^2\right\}=1-\alpha,$$

$$P\left\{\chi^2_{\alpha}(n-1)<\frac{\sum_{i=1}^{n}(X_i-\overline{X})^2}{\sigma^2}\right\}=1-\alpha,$$

$$P\left\{\sigma^2<\frac{\sum_{i=1}^{n}(X_i-\overline{X})^2}{\chi^2_{\alpha}(n-1)}\right\}=1-\alpha,$$

因此得到当μ未知时,方差σ^2的单侧 $1-\alpha$ 置信下限与单侧 $1-\alpha$ 置信上限.

例 6.3.1 熟悉方法 设总体 $X\sim N(\mu,\sigma^2)$,X 的一个样本的观测值为 6.6,4.6,5.4,5.8,5.5.

(1) 若$\sigma^2=0.5$,试求μ的双侧 0.95 置信区间、单侧 0.95 置信下限和单侧 0.95 置信上限.

解 根据容量 $n=5$ 的样本观测值算出 $\bar{x}=5.58$,又 $\sigma^2=0.5$,查标准正态分布的分布函数值表得到 $u_{0.975}=1.96$,$u_{0.95}=1.65$,由公式 1 算出 μ 的双侧 0.95 置信区间为(4.96,6.20),单侧 0.95 置信下限为 5.06,单侧 0.95 置信上限为 6.10.

(2) 若σ^2未知,试求μ的双侧 0.95 置信区间、单侧 0.95 置信下限和单侧 0.95 置信上限.

解 根据容量 $n=5$ 的样本观测值算出 $\bar{x}=5.58$ 及 $S^*=0.722$,查 t 分布的分位数表得到

$t_{0.975}(4)=2.776$，$t_{0.95}(4)=2.132$，由公式 2 算出 μ 的双侧 0.95 置信区间为(4.68,6.48)，单侧 0.95 置信下限为 4.89，单侧 0.95 置信上限为 6.27.

(3) 若 μ 未知，试求 σ^2 的双侧 0.95 置信区间、单侧 0.95 置信下限和单侧 0.95 置信上限.

解　根据容量 $n=5$ 的样本观测值算出 $\sum_{i=1}^{5}(x_i-\bar{x})^2=2.088$ 后，查 χ^2 分布的分位数表得到 $\chi^2_{0.025}(4)=0.48$，$\chi^2_{0.975}(4)=11.1$，$\chi^2_{0.05}(4)=0.71$，$\chi^2_{0.95}(4)=9.49$，由公式 3 算出 σ^2 的双侧 0.95 置信区间为(0.19,4.35)，单侧 0.95 置信下限为 0.22，单侧 0.95 置信上限为 2.94.

4. 两个正态总体均值差或方差比的置信区间

设总体 $X\sim N(\mu_1,\sigma_1^2)$，$X$ 的一个样本为 $X_1,X_2,\cdots,X_n$，总体 $Y\sim N(\mu_2,\sigma_2^2)$，$Y$ 的一个样本为 $Y_1,Y_2,\cdots,Y_m$，两样本相互独立，均值分别为 $\overline{X}$ 与 $\overline{Y}$，修正标准差分别为 S_X^* 与 S_Y^*，则有：

(1) 当 σ_1^2 和 σ_2^2 已知时，$\mu_1-\mu_2$ 的置信区间

当 σ_1^2 和 σ_2^2 已知时，均值差 $\mu_1-\mu_2$ 的双侧 $1-\alpha$ 置信区间为

$$\left(\overline{X}-\overline{Y}-u_{1-0.5\alpha}\sqrt{\frac{\sigma_1^2}{n}+\frac{\sigma_2^2}{m}},\ \overline{X}-\overline{Y}+u_{1-0.5\alpha}\sqrt{\frac{\sigma_1^2}{n}+\frac{\sigma_2^2}{m}}\right);$$

均值差 $\mu_1-\mu_2$ 的单侧 $1-\alpha$ 置信下限为 $\overline{X}-\overline{Y}-u_{1-\alpha}\sqrt{\frac{\sigma_1^2}{n}+\frac{\sigma_2^2}{m}}$；

均值差 $\mu_1-\mu_2$ 的单侧 $1-\alpha$ 置信上限为 $\overline{X}-\overline{Y}+u_{1-\alpha}\sqrt{\frac{\sigma_1^2}{n}+\frac{\sigma_2^2}{m}}$.

证明　当 σ_1^2 和 σ_2^2 已知时，统计量

$$\overline{X}-\overline{Y}\sim N\left(\mu_1-\mu_2,\frac{\sigma_1^2}{n}+\frac{\sigma_2^2}{m}\right),$$

$$\frac{(\overline{X}-\overline{Y})-(\mu_1-\mu_2)}{\sqrt{\frac{\sigma_1^2}{n}+\frac{\sigma_2^2}{m}}}\sim N(0,1).$$

给定置信度 $1-\alpha$，查标准正态分布的分布函数值表得到 $1-0.5\alpha$ 分位数 $u_{1-0.5\alpha}$ 和 $1-\alpha$ 分位数 $u_{1-\alpha}$，则

$$P\left\{\frac{|(\overline{X}-\overline{Y})-(\mu_1-\mu_2)|}{\sqrt{\frac{\sigma_1^2}{n}+\frac{\sigma_2^2}{m}}}<u_{1-0.5\alpha}\right\}=1-\alpha,$$

$$P\left\{\overline{X}-\overline{Y}-u_{1-0.5\alpha}\sqrt{\frac{\sigma_1^2}{n}+\frac{\sigma_2^2}{m}}<\mu_1-\mu_2<\overline{X}-\overline{Y}+u_{1-0.5\alpha}\sqrt{\frac{\sigma_1^2}{n}+\frac{\sigma_2^2}{m}}\right\}=1-\alpha,$$

因此得到当 σ_1^2 和 σ_2^2 已知时，均值差 $\mu_1-\mu_2$ 的双侧 $1-\alpha$ 置信区间；

又
$$P\left\{\frac{(\overline{X}-\overline{Y})-(\mu_1-\mu_2)}{\sqrt{\frac{\sigma_1^2}{n}+\frac{\sigma_2^2}{m}}}<u_{1-\alpha}\right\}=1-\alpha,$$

$$P\left\{\overline{X}-\overline{Y}-u_{1-\alpha}\sqrt{\frac{\sigma_1^2}{n}+\frac{\sigma_2^2}{m}}<\mu_1-\mu_2\right\}=1-\alpha,$$

$$P\left\{\frac{(\overline{X}-\overline{Y})-(\mu_1-\mu_2)}{\sqrt{\frac{\sigma_1^2}{n}+\frac{\sigma_2^2}{m}}}>-u_{1-\alpha}\right\}=1-\alpha,$$

$$P\left\{\mu_1-\mu_2<\overline{X}-\overline{Y}+u_{1-\alpha}\sqrt{\frac{\sigma_1^2}{n}+\frac{\sigma_2^2}{m}}\right\}=1-\alpha,$$

因此得到当 σ_1^2 和 σ_2^2 已知时，均值差 $\mu_1-\mu_2$ 的单侧 $1-\alpha$ 置信下限与单侧 $1-\alpha$ 置信上限.

（2）当 $\sigma_1^2=\sigma_2^2=\sigma^2$ 未知时，$\mu_1-\mu_2$ 的置信区间

当 $\sigma_1^2=\sigma_2^2=\sigma^2$，但 σ^2 未知时，均值差 $\mu_1-\mu_2$ 的双侧 $1-\alpha$ 置信区间为

$$\left(\overline{X}-\overline{Y}-t_{1-0.5\alpha}(n+m-2)s_w\sqrt{\frac{1}{n}+\frac{1}{m}},\overline{X}-\overline{Y}+t_{1-0.5\alpha}(n+m-2)s_w\sqrt{\frac{1}{n}+\frac{1}{m}}\right);$$

均值差 $\mu_1-\mu_2$ 的单侧 $1-\alpha$ 置信下限为

$$\overline{X}-\overline{Y}-t_{1-\alpha}(n+m-2)s_w\sqrt{\frac{1}{n}+\frac{1}{m}};$$

均值差 $\mu_1-\mu_2$ 的单侧 $1-\alpha$ 置信上限为

$$\overline{X}-\overline{Y}+t_{1-\alpha}(n+m-2)s_w\sqrt{\frac{1}{n}+\frac{1}{m}};$$

式中的 $s_w^2=\dfrac{SSX+SSY}{n+m-2}$.

证明 当 $\sigma_1^2=\sigma_2^2=\sigma^2$，但 σ^2 未知，$S_w^2=\dfrac{SSX+SSY}{n+m-2}$ 时，统计量

$$\overline{X}-\overline{Y}\sim N\left(\mu_1-\mu_2,\frac{\sigma_1^2}{n}+\frac{\sigma_2^2}{m}\right),$$

$$\frac{SSX+SSY}{\sigma^2}\sim\chi^2(n+m-2),$$

$$\frac{(\overline{X}-\overline{Y})-(\mu_1-\mu_2)}{S_w\sqrt{\frac{1}{n}+\frac{1}{m}}}\sim t(n+m-2),$$

给定置信度 $1-\alpha$，查 t 分布的分位数表得到 $1-0.5\alpha$ 分位数 $t_{1-0.5\alpha}(n+m-2)$ 和 $1-\alpha$ 分位数 $t_{1-\alpha}(n+m-2)$，则将结论（1）中的 $\sqrt{\frac{\sigma_1^2}{n}+\frac{\sigma_2^2}{m}}$ 换为 $S_w\sqrt{\frac{1}{n}+\frac{1}{m}}$，$u_{1-0.5\alpha}$ 换为 $t_{1-0.5\alpha}(n+m-2)$，$u_{1-\alpha}$

换为 $t_{1-\alpha}(n+m-2)$后,可类似地进行论述,并得到当 $\sigma_1^2=\sigma_2^2=\sigma^2$,但 σ^2 未知时均值 $\mu_1-\mu_2$ 的双侧 $1-\alpha$ 置信区间及单侧 $1-\alpha$ 置信下限与单侧 $1-\alpha$ 置信上限.

(3) 当 μ_1 和 μ_2 未知时,$\dfrac{\sigma_1^2}{\sigma_2^2}$的置信区间

当 μ_1 和 μ_2 未知时,方差比$\dfrac{\sigma_1^2}{\sigma_2^2}$的双侧 $1-\alpha$ 置信区间为

$$\left(\frac{S_X^{*2}}{F_{1-0.5\alpha}(n-1,m-1)S_Y^{*2}},\frac{S_X^{*2}}{F_{0.5\alpha}(n-1,m-1)S_Y^{*2}}\right);$$

方差比$\dfrac{\sigma_1^2}{\sigma_2^2}$的单侧 $1-\alpha$ 置信下限为$\dfrac{S_X^{*2}}{F_{1-\alpha}(n-1,m-1)S_Y^{*2}}$;

方差比$\dfrac{\sigma_1^2}{\sigma_2^2}$的单侧 $1-\alpha$ 置信上限为$\dfrac{S_X^{*2}}{F_{\alpha}(n-1,m-1)S_Y^{*2}}$.

证明 当 μ_1 和 μ_2 未知时,统计量

$$\frac{S_X^{*2}/\sigma_1^2}{S_Y^{*2}/\sigma_2^2}\sim F(n-1,m-1),$$

给定置信度 $1-\alpha$,查 F 分布的分位数表得到 $1-0.5\alpha$ 分位数 $F_{1-0.5\alpha}(n-1,m-1)$,0.5α 分位数 $F_{0.5\alpha}(n-1,m-1)$ 和 $1-\alpha$ 分位数 $F_{1-\alpha}(n-1,m-1)$,α 分位数 $F_{\alpha}(n-1,m-1)$,则

$$P\left\{F_{0.5\alpha}(n-1,m-1)<\frac{S_X^{*2}/\sigma_1^2}{S_Y^{*2}/\sigma_2^2}<F_{1-0.5\alpha}(n-1,m-1)\right\}=1-\alpha,$$

$$P\left\{\frac{S_X^{*2}}{F_{1-0.5\alpha}(n-1,m-1)S_Y^{*2}}<\frac{\sigma_1^2}{\sigma_2^2}<\frac{S_X^{*2}}{F_{0.5\alpha}(n-1,m-1)S_Y^{*2}}\right\}=1-\alpha,$$

因此得到当 μ_1 和 μ_2 未知时,方差比$\dfrac{\sigma_1^2}{\sigma_2^2}$的双侧 $1-\alpha$ 置信区间;

又
$$P\left\{\frac{S_X^{*2}/\sigma_1^2}{S_Y^{*2}/\sigma_2^2}<F_{1-\alpha}(n-1,m-1)\right\}=1-\alpha,$$

$$P\left\{\frac{S_X^{*2}}{F_{1-\alpha}(n-1,m-1)S_Y^{*2}}<\frac{\sigma_1^2}{\sigma_2^2}\right\}=1-\alpha,$$

$$P\left\{F_{\alpha}(n-1,m-1)<\frac{S_X^{*2}/\sigma_1^2}{S_Y^{*2}/\sigma_2^2}\right\}=1-\alpha,$$

$$P\left\{\frac{\sigma_1^2}{\sigma_2^2}<\frac{S_X^{*2}}{F_{\alpha}(n-1,m-1)S_Y^{*2}}\right\}=1-\alpha,$$

因此得到当 μ_1 和 μ_2 未知时,方差比$\dfrac{\sigma_1^2}{\sigma_2^2}$的单侧 $1-\alpha$ 置信下限与单侧 $1-\alpha$ 置信上限.

例 6.3.2 熟悉方法 设总体 $X\sim N(\mu_1,\sigma_1^2)$,它的一个样本的观测值为 2.10,2.35,2.39,2.41,2.44,2.56,总体 $Y\sim N(\mu_2,\sigma_2^2)$,它的一个样本的观测值为 2.03,2.28,2.58,2.71.

(1) 若 $\sigma_1^2=0.02,\sigma_2^2=0.09$,试求 $\mu_1-\mu_2$ 的双侧 0.95 置信区间、单侧 0.95 置信下限和单侧 0.95 置信上限.

解 根据两个容量 $n=6$ 和 $m=4$ 的样本观测值算出 $\bar{x}=2.375,\bar{y}=2.4$,又 $\sigma_1^2=0.02$,$\sigma_2^2=0.09$,查标准正态分布的分布函数值表得到 $u_{0.975}=1.96,u_{0.95}=1.65$,由结论(1)算出 $\mu_1-\mu_2$ 的双侧 0.95 置信区间为(-0.34,0.29),单侧 0.95 置信下限为-0.29,单侧 0.95 置信上限为 0.24.

(2) 若 $\sigma_1^2=\sigma_2^2=\sigma^2$ 但 σ^2 未知,试求 $\mu_1-\mu_2$ 的双侧 0.95 置信区间、单侧 0.95 置信下限和单侧 0.95 置信上限.

解 根据两个容量 $n=6$ 和 $m=4$ 的样本观测值算出 $\bar{x}=2.375,\bar{y}=2.4,ssx=0.116,ssy=0.280,s_w=0.222$, $\sqrt{\frac{1}{n}+\frac{1}{m}}=0.645$,查 t 分布的分位数表得到 $t_{0.975}(8)=2.306,t_{0.95}(8)=1.860$,由结论(2)算出 $\mu_1-\mu_2$ 的双侧 0.95 置信区间为(-0.36,0.31),单侧 0.95 置信下限为-0.29,单侧 0.95 置信上限为 0.24.

(3) 若 μ_1 和 μ_2 未知,试求$\frac{\sigma_1^2}{\sigma_2^2}$的双侧 0.95 置信区间、单侧 0.95 置信下限和单侧 0.95 置信上限.

解 根据两个容量 $n=6$ 和 $m=4$ 的样本观测值算出 $s_1^{*2}=0.0232,s_2^{*2}=0.0933$,查 F 分布的分位数表得到 $F_{0.975}(5,3)=14.9,F_{0.95}(5,3)=9.01,F_{0.975}(3,5)=7.76,F_{0.95}(3,5)=5.41$,由结论(3)算出$\frac{\sigma_1^2}{\sigma_2^2}$的双侧 0.95 置信区间为(0.02,1.93),单侧 0.95 置信下限为 0.03,单侧 0.95 置信上限为 1.35.

*5. 补充资料(0 - 1 分布参数 p 的置信区间)

当总体不服从正态分布时,对总体分布的未知参数做区间估计,寻求统计量 $\hat{\theta}_l(X_1,X_2,\cdots,X_n)$ 和 $\hat{\theta}_u(X_1,X_2,\cdots,X_n)$ 并确定它们的分布将遇到较大的困难.这时可借助 $n\to\infty$ 时统计量的极限分布作近似的区间估计.一种常见的情形是 p 的区间估计,也就是当总体 $X\sim B(1,p)$,X 的一个样本为 $X_1,X_2,\cdots,X_n$,p 和 $1-p$ 都不会太小且 n 充分大时,利用 $N(0,1)$ 分布求出未知参数 p 近似的双侧$1-\alpha$ 置信区间.有如以下两种:

(1) $\left(\overline{X}-u_{1-0.5\alpha}\sqrt{\frac{\overline{X}(1-\overline{X})}{n}},\ \overline{X}+u_{1-0.5\alpha}\sqrt{\frac{\overline{X}(1-\overline{X})}{n}}\right)$.

证明 因为总体 $X\sim B(1,p)$,$X_1,X_2,\cdots,X_n$ 相互独立且都服从 $B(1,p)$ 分布,

$$E(\overline{X})=p,\quad D(\overline{X})=\frac{p(1-p)}{n},$$

根据 §5.4 所述,

$$\frac{\overline{X}-p}{\sqrt{\frac{p(1-p)}{n}}}\sim N(0,1).$$

考虑到分母中的 p 未知,$E(\overline{X})=p$,若以 $\overline{X}$ 估计分母中的 p,以 $\overline{X}(1-\overline{X})$ 估计分母中的 $p(1-p)$,查标准正态分布的分布函数值表得到 $1-0.5\alpha$ 分位数 $u_{1-0.5\alpha}$,则

$$P\left\{\frac{|\overline{X}-p|}{\sqrt{\dfrac{\overline{X}(1-\overline{X})}{n}}}<u_{1-0.5\alpha}\right\}\approx 1-\alpha,$$

$$P\left\{|\overline{X}-p|<u_{1-0.5\alpha}\sqrt{\frac{\overline{X}(1-\overline{X})}{n}}\right\}\approx 1-\alpha,$$

$$P\left\{\overline{X}-u_{1-0.5\alpha}\sqrt{\frac{\overline{X}(1-\overline{X})}{n}}<p<\overline{X}+u_{1-0.5\alpha}\sqrt{\frac{\overline{X}(1-\overline{X})}{n}}\right\}\approx 1-\alpha,$$

因此未知参数 p 的近似双侧 $1-\alpha$ 置信区间为

$$\left(\overline{X}-u_{1-0.5\alpha}\sqrt{\frac{\overline{X}(1-\overline{X})}{n}},\overline{X}+u_{1-0.5\alpha}\sqrt{\frac{\overline{X}(1-\overline{X})}{n}}\right).$$

(2) $\left(\dfrac{-b-\sqrt{b^2-4ac}}{2a},\dfrac{-b+\sqrt{b^2-4ac}}{2a}\right)$，式中的 $a=n+u_{1-0.5\alpha}^2$，$b=-(2n\overline{X}+u_{1-0.5\alpha}^2)$，$c=n(\overline{X})^2$.

证明　若由

$$\frac{\overline{X}-p}{\sqrt{\dfrac{p(1-p)}{n}}}\sim N(0,1)$$

得到

$$P\left\{\left|\frac{\overline{X}-p}{\sqrt{\dfrac{p(1-p)}{n}}}\right|<u_{1-0.5\alpha}\right\}=1-\alpha$$

后，由

$$\left|\frac{\overline{X}-p}{\sqrt{\dfrac{p(1-p)}{n}}}\right|<u_{1-0.5\alpha}$$

解出

$$(n+u_{1-0.5\alpha}^2)p^2-(2n\overline{X}+u_{1-0.5\alpha}^2)p+n(\overline{X})^2<0,$$

则得到未知参数 p 的近似双侧 $1-\alpha$ 置信区间为

$$\frac{-b-\sqrt{b^2-4ac}}{2a}<p<\frac{-b+\sqrt{b^2-4ac}}{2a},$$

式中的 $a=n+u_{1-0.5\alpha}^2$，$b=-(2n\overline{X}+u_{1-0.5\alpha}^2)$，$c=n(\overline{X})^2$.

这个置信区间也可以从二项分布参数 p 的置信区间表（附录六）中查出. 与前面根据结论（1）或（2）计算参数 p 近似的置信区间相比较，查附录六所得到的置信区间比较精确.

例 6.3.3　熟悉方法　设 100 株水稻样品中有 60 株长势特优，试求特优率 p 近似的双侧 0.95 置信区间.

解　设总体为 X，则 $\bar{x}=0.6$，$u_{1-0.5\alpha}=1.96$，按照结论（1）计算得到 $\sqrt{\dfrac{x(1-x)}{n}}=0.049$，所求的特优率 p 的近似双侧 0.95 置信区间为(0.504,0.696).

若按照结论（2）计算得到 $a=n+u_{1-0.5\alpha}^2=103.842$，$b=-(2n\bar{x}+u_{1-0.5\alpha}^2)=-123.842$，$c=n(\bar{x})^2=36$，$\sqrt{b^2-4ac}=$

19.586,所求的特优率 p 的近似双侧 0.95 置信区间为(0.502,0.691).

从二项分布参数 p 的置信区间表(附录六)中查出当 $n=100,k=60,n-k=40$ 时,所求的特优率 p 的近似双侧 0.95 置信区间为(0.497,0.697).

习 题 6.3

1. 测量海岛棉与陆地棉杂交后的单铃籽棉重 X(单位:g),若 $X\sim N(\mu,0.09)$,样本容量 $n=15$,样本均值 $\bar{x}=2.88$,试求总体均值 μ 的双侧 0.95 置信区间.

2. 调查 13 岁至 14 岁儿童的身高(单位:m),若容量 $n=25$,样本均值 $\bar{x}=1.57$,样本标准差 $s=0.077$,试求总体均值 μ 的双侧 0.95 置信区间及总体方差 σ^2 的双侧 0.95 置信区间.

3. 某地年平均气温 X(单位:℃)的分布可看作正态分布,近 5 年平均气温的观测值为 24.3,20.8,23.7,19.3,17.4,试求 EX 的双侧 0.95 置信区间及 DX 的双侧 0.95 置信区间.

4. 若某车间生产的滚珠直径 X(单位:mm)服从正态分布,随机地从产品中抽出 5 件,测量直径得到 14.6,15.1,14.9,15.2,15.1,试求 EX 的双侧 0.95 置信区间及 DX 的双侧 0.95 置信区间.

5. 某品种玉米分作两组作微肥施用量的对比试验,相互独立地抽出样本测量穗重得到观测值(单位:g)210,235,239,241,244,256 和 203,338,358,271,若总体方差相同,试求总体均值差 $\mu_1-\mu_2$ 的双侧 0.95 置信区间.

6. 在 5 题中,若总体方差不同,试求总体方差比 $\frac{\sigma_1^2}{\sigma_2^2}$ 的双侧 0.95 置信区间.

7. 调查 100 株玉米,发现 20 株受到玉米螟的危害,试计算危害率 p 的近似双侧 0.95 置信区间.

8. 观测到低洼地 378 株小麦的锈病率为 93.9%,高坡地 396 株小麦的锈病率为 87.4%,试分别计算锈病率 p_1,p_2 的近似双侧 0.95 置信区间.

> 对假设有效性的唯一检验是将其预测结果与经验进行比较。
>
> ——米尔顿·费里德曼(Milton Friedman)

第七章　总体分布参数及总体分布的假设检验

§7.1　假设检验的基本思想与概念

1. 假设检验问题

假设检验问题源于 Ronald Fisher(费希尔,1890—1962,英国统计与遗传学家,现代统计科学的奠基人之一)对“女士品茶”问题的研究.

例 7.1.1　女士品茶试验

在剑桥大学的一个下午,一群精英们在喝奶茶,其中一位女士声称她可以鉴别奶茶是先加的奶还是先加的茶,周围的人都不相信她,觉得这根本不可能,唯独 Fisher 对这个问题产生了浓厚的兴趣,他设计了一个试验来检验这位女士是否真有这种能力.

首先,他假设这个女士无此种鉴别能力.

其次,他准备了 8 杯调制好的奶茶,让这位女士鉴别是先加奶还是先加茶,结果这位女士全都答对了.

最后,利用小概率原理推断这位女士是否有此鉴别能力.

分析如下:假设这个女士无此种鉴别能力,她只能乱猜,每次猜中的概率为 1/2,8 次都猜对的概率为 $2^{-8}\approx 0.003\,9$,这是一个小概率事件,在一次试验中几乎不会发生,如今发生了,只能推翻原假设,所以推断出该女士的确有这种鉴别能力.

由此产生了假设检验基本问题与基本思想.

在总体分布函数的形式已知、部分或全部参数未知甚至分布函数的形式也是未知的情况下,为了推断总体分布函数中的未知参数或总体分布函数,采用先提出假设,再根据总体的一个样本的观测值及小概率原理,对所提出的假设进行检验,并决定接受或拒绝所提出的假设,这样的工作称为**假设检验**.

通常将研究者想收集证据予以支持的假设称为**备择假设(或研究假设)**,用 H_1 或 H_a 表示. 通常将研究者想收集证据予以反对的假设称为**原假设(或零假设)**,用 H_0 表示. 确定原假设和备择假设在假设检验中十分重要,它直接关系到检验的结论. 原假设经过检验之后如果决定接受,便意味着拒绝备择假设;如果决定拒绝,便意味着接受备择假设.

例如,

① 某工厂用自动包装机包装葡萄糖,规定标准重量为每袋净重 μ_0. 设每袋净重服从 $N(\mu_0,\sigma^2)$ 分布,长期实践表明标准差比较稳定,检验包装机工作是否正常?

② 某工厂生产的电灯的寿命,规定电灯的寿命至少为 μ_0 才能符合出厂要求,检验该厂生产的电灯是否符合出厂要求?

③ 某工厂生产出的报警器要求 μ_0 时间内一触即发,检验该厂生产的报警器是否合格?

以上三个例子要检验的原假设 H_0 分别对应于以下三种不同的形式,记作:

① $H_0:\mu=\mu_0$ vs $H_1:\mu\neq\mu_0$;

② $H_0:\mu=\mu_0$ vs $H_1:\mu>\mu_0$;

③ $H_0:\mu=\mu_0$ vs $H_1:\mu<\mu_0$;

以上三种形式分别称之为双侧检验,右侧检验,左侧检验.

可以证明,将②中的 H_0 改成 $\mu\leqslant\mu_0$,或将③中的 H_0 改成 $\mu\geqslant\mu_0$ 后,检验的过程与结论不会改变.

2. 假设检验的基本步骤

(1) 提出原假设(H_0)和备择假设(H_1)

注:备择假设与原假设同时存在且不相容或相对立.

(2) 寻找适当的检验统计量 $g(X_1,X_2,\cdots,X_n)$ 及其分布,并计算检验统计量的值

在参数的假设检验中,如同在参数估计中一样,要借助于样本统计量进行统计推断. 用于假设检验问题的统计量称为检验统计量. 在具体问题里,选择什么统计量作为检验统计量,需要考虑的因素与参数估计类似. 本书主要介绍 u 检验(检验统计量服从标准正态分布),t 检验(检验统计量服从 t 分布),F 检验(检验统计量服从 F 分布),χ^2 检验(检验统计量服从 χ^2 分布)

(3) 规定显著性水平 α,确定临界值,构建拒绝域

由于假设检验是根据总体的一个样本的观测值及小概率原理对所提出的假设进行检验并决定接受或拒绝所提出的假设,而概率很小的随机事件在一次试验中仍然是有可能发生的,因此假设检验的结果,会出现以下两类错误:

在原假设为真时,决定拒绝原假设,称为**第一类错误**(弃真错误),其出现的概率通常记作 α;

在原假设不真时,决定接受原假设,称为**第二类错误**(纳伪错误),其出现的概率通常记作 β,见下表:

	接受 H_0	拒绝 H_0
H_0 真实	判断正确($1-\beta$)	弃真错误(α)(第一类错误)
H_0 不真实	纳伪错误(β)(第二类错误)	判断正确($1-\alpha$)

研究表明:当样本容量一定时,不可能同时减小 α 和 β,只要其中的一个减小,另一个就会跟随着增大. 如果限定犯第一类错误的最大概率 α,然后确定检验的方案使犯第二类错误的概率 β 尽可能地小,实行起来也有许多困难. 通常的做法是退而求其次,只限定犯第一类

错误的最大概率 α，不考虑犯第二类错误的概率 β. 这样的假设检验又称为显著性检验，概率 α 称为显著性水平，α 可以等于 0.01，0.05 或其他的数值，在未加说明时 $\alpha=0.05$. 以下所讲述的假设检验，都是显著性检验.

当 H_0 为 $\mu=\mu_0$，假设检验的结果是拒绝 H_0 时，如果 $\alpha=0.05$，则称 μ 与 μ_0 有显著的差异或差异显著；如果水平 $\alpha=0.01$，则称 μ 与 μ_0 有极显著的差异或差异极显著. 同样地，当 H_0 为 $\mu_1=\mu_2$，假设检验的结果是拒绝 H_0 时，如果 $\alpha=0.05$，则称 μ_1 与 μ_2 有显著的差异或差异显著；如果 $\alpha=0.01$，则称 μ_1 与 μ_2 有极显著的差异或差异极显著.

习惯上称观测值 $g(X_1,X_2,\cdots,X_n)$ 所满足的不等式为假设检验方案，称这个不等式所确定的观测值 $g(x_1,x_2,\cdots,x_n)$ 的取值范围为假设检验的拒绝域.

(4) 作出统计决策

假设检验为**双侧检验**，观测值 $g(x_1,x_2,\cdots,x_n)$ 大到一定程度或小到一定程度时拒绝 H_0；

假设检验为右侧检验，观测值 $g(x_1,x_2,\cdots,x_n)$ 大到一定程度时拒绝 H_0；

假设检验为左侧检验，观测值 $g(x_1,x_2,\cdots,x_n)$ 小到一定程度时拒绝 H_0.

但是，取 H_1 为大于的假设检验必须已知不可能小于，取 H_1 为小于的假设检验必须已知不可能大于，它们的根据都只能是各个专业的理论与实践.

3. 检验 *p* 值

在一个假设检验问题中，利用样本观测值能够作出拒绝原假设的最小显著性水平称为检验的 p 值(p-Value).

由检验的 p 值与人们规定的显著性水平 α 进行比较可以很容易作出检验的结论：

如果 $\alpha\geqslant p$，则在显著性水平 α 下拒绝 H_0，

如果 $\alpha<p$，则在显著性水平 α 下接受 H_0.

我们的检验除了通过建立**拒绝域**，考察样本观测值是否落入拒绝域而加以判断；还可以根据样本观测值计算检验的 p 值(统计软件中对检验问题一般都会给出检验的 p 值)，通过将 p 值与事先设定的显著性水平 α 比较而作出判断，两者是等价的.

在实际中，当 p 很小时(如 $p\leqslant 0.001$)即可作出拒绝结论，当 p 很大时(如 $p>0.05$)即可接受结论. 只有当 p 与 α 接近时才需比较.

【探索题】在假设检验中为什么原假设是受保护的？

习　题　7.1

1. 在显著性检验中，两类错误的关系是________. 要使犯两类错误的概率同时变小，则只有增加________.

2. 设总体 $X\sim N(\mu,\sigma^2)$，σ^2 已知，$x_1,x_2,\cdots,x_n$ 为来自 X 的样本观测值，现在显著性水平 $\alpha=0.05$ 下接受了 $H_0:\mu=\mu_0$. 若将 α 改为 0.01 时，以下结论正确的是(　　).

(A) 拒绝 $H_0:\mu=\mu_0$　　(B) 接受 $H_0:\mu=\mu_0$

(C) 犯第一类错误的概率变大　　(D) 犯第二类错误的概率变小

3. 设总体 $X\sim N(\mu,\sigma^2)$，σ^2 未知，$x_1,x_2,\cdots,x_n$ 为来自 X 的样本观测值，现对 μ 进行假设检验，若在显著性水平 $\alpha=0.05$ 下拒绝了 $H_0:\mu=\mu_0$. 则当 α 改为 0.01 时，以下结论正确的是(　　).

(A) 拒绝 $H_0:\mu=\mu_0$　　(B) 接受 $H_0:\mu=\mu_0$

(C) 犯第一类错误的概率变大　　(D) 可能接受,也可能拒绝 $H_0:\mu=\mu_0$

4. 在假设检验问题中,显著性水平 α 的意义是(　　).

(A) 原假设 H_0 成立,经检验被拒绝的概率

(B) 原假设 H_0 成立,经检验不能拒绝的概率

(C) 原假设 H_0 不成立,经检验被拒绝的概率

(D) 原假设 H_0 不成立,经检验不能拒绝的概率

5. 在假设检验中,H_0 表示原假设,H_1 表示备择假设,则犯第二类错误的是(　　).

(A) H_1 不真,接受 H_1　　(B) H_0 不真,接受 H_1

(C) H_0 不真,接受 H_0　　(D) H_0 为真,接受 H_1

6. 化肥自动装袋机装出的每袋化肥的重量服从正态分布,规定每袋重量的方差不超过 σ_0^2. 为了检验自动装袋机的工作是否正常,对它包装的产品进行抽样检查,取原假设 $H_0:\sigma_1^2\leqslant\sigma_2^2$,显著性水平 $\alpha=0.05$,下列命题正确的是(　　).

(A) 如果工作正常,则检验结果也认为工作正常的概率为 0.95

(B) 如果工作不正常,则检验结果也认为工作不正常的概率为 0.95

(C) 如果检验结果认为工作正常,则工作确实正常的概率为 0.95

(D) 如果检验结果认为工作不正常,则工作确实不正常的概率为 0.95

§7.2 总体分布中未知参数的假设检验

假设检验中至关重要的一步是检验统计量的寻找,寻找的方法的关键就是“比较”,即总体信息与样本信息的比较. 比如,如果对正态总体的均值进行假设检验,用样本均值与其比较,一般采用作差的方式;如果对正态总体的方差进行假设检验,用样本修正方差与其比较,一般采用作商的方式. 具体操作过程如下:

1. 一个正态总体均值或方差的假设检验

设总体 X 服从 $N(\mu,\sigma^2)$ 分布,X 的一个样本为 $X_1,X_2,\cdots,X_n$,均值为 $\overline{X}$,修正方差为 S^{*2},离均差平方和为 SS,样本的观测值为 $x_1,x_2,\cdots,x_n$,均值的观测值为 $\bar{x}$,修正方差的观测值为 s^{*2},离均差平方和的观测值为 ss,显著性水平为 α,则有以下三种常用的检验:

(1) u 检验

若 σ^2 已知,对于给定的数值 μ_0,对一个正态总体均值作如下假设检验时,

① $H_0:\mu=\mu_0$ vs $H_1:\mu\neq\mu_0$;

② $H_0:\mu=\mu_0$ vs $H_1:\mu>\mu_0$;

③ $H_0:\mu=\mu_0$ vs $H_1:\mu<\mu_0$.

可用统计量

$$U=\frac{\overline{X}-\mu_0}{\sigma/\sqrt{n}},$$

它的观测值

$$u=\frac{\bar{x}-\mu_0}{\sigma/\sqrt{n}},$$

当 H_0 为真时,因为 $U \sim N(0,1)$,所以

① $P\{|U| \geqslant u_{1-0.5\alpha}\} = \alpha$,当 $|u| \geqslant u_{1-0.5\alpha}$ 时拒绝 H_0,认为 $\mu \neq \mu_0$;

② $P\{U \geqslant u_{1-\alpha}\} = \alpha$,当 $u \geqslant u_{1-\alpha}$ 时拒绝 H_0,认为 $\mu > \mu_0$;

③ $P\{U \leqslant -u_{1-\alpha}\} = \alpha$,当 $u \leqslant -u_{1-\alpha}$ 时拒绝 H_0,认为 $\mu < \mu_0$.

(2) t 检验

若 σ^2 未知,对于给定的数值 μ_0,对一个正态总体均值作如下假设检验时,

① $H_0: \mu = \mu_0$ vs $H_1: \mu \neq \mu_0$;

② $H_0: \mu = \mu_0$ vs $H_1: \mu > \mu_0$;

③ $H_0: \mu = \mu_0$ vs $H_1: \mu < \mu_0$.

可用统计量

$$T = \frac{\overline{X} - \mu_0}{S^* / \sqrt{n}},$$

它的观测值

$$t = \frac{\overline{x} - \mu_0}{s^* / \sqrt{n}},$$

当 H_0 为真时,因为 $T \sim t(n-1)$,所以

① $P\{|T| \geqslant t_{1-0.5\alpha}(n-1)\} = \alpha$,当 $|t| \geqslant t_{1-0.5\alpha}(n-1)$ 时拒绝 H_0,认为 $\mu \neq \mu_0$;

② $P\{T \geqslant t_{1-\alpha}(n-1)\} = \alpha$,当 $t \geqslant t_{1-\alpha}(n-1)$ 时拒绝 H_0,认为 $\mu > \mu_0$;

③ $P\{T \leqslant -t_{1-\alpha}(n-1)\} = \alpha$,当 $t \leqslant -t_{1-\alpha}(n-1)$ 时拒绝 H_0,认为 $\mu < \mu_0$.

(3) χ^2 检验

若 μ 未知,对于给定的数值 σ_0^2,对一个正态总体方差作如下假设检验时,

① $H_0: \sigma^2 = \sigma_0^2$ vs $H_1: \sigma^2 \neq \sigma_0^2$;

② $H_0: \sigma^2 = \sigma_0^2$ vs $H_1: \sigma^2 > \sigma_0^2$;

③ $H_0: \sigma^2 = \sigma_0^2$ vs $H_1: \sigma^2 < \sigma_0^2$.

可用统计量

$$\chi^2 = \frac{(n-1)S^{*2}}{\sigma_0^2},$$

它的观测值

$$\chi^2 = \frac{(n-1)s^{*2}}{\sigma_0^2},$$

当 H_0 为真时,因为 $\chi^2 \sim \chi^2(n-1)$,所以

① $P\{\chi^2 \leqslant \chi^2_{0.5\alpha}(n-1)$ 或 $\chi^2 \geqslant \chi^2_{1-0.5\alpha}(n-1)\} = \alpha$,

当 $\chi^2 \leqslant \chi^2_{0.5\alpha}(n-1)$ 或 $\chi^2 \geqslant \chi^2_{1-0.5\alpha}(n-1)$ 时拒绝 H_0,认为 $\sigma^2 \neq \sigma_0^2$;

② $P\{\chi^2 \geqslant \chi^2_{1-\alpha}(n-1)\} = \alpha$,当 $\chi^2 \geqslant \chi^2_{1-\alpha}(n-1)$ 时拒绝 H_0,认为 $\sigma^2 > \sigma_0^2$;

③ $P\{\chi^2 \leqslant \chi^2_{\alpha}(n-1)\} = \alpha$,当 $\chi^2 \leqslant \chi^2_{\alpha}(n-1)$ 时拒绝 H_0,认为 $\sigma^2 < \sigma_0^2$.

例 7.2.1 作物栽培 已知豌豆百粒重 X(单位:g)服从正态分布 $N(37.72, 0.108\,9)$,在改善栽培条件后随机抽出 9 粒,平均百粒重 $\overline{x} = 37.92$,问改善栽培条件是否显著地提高了

豌豆的百粒重?($\alpha=0.05$)

解 因为改善栽培条件的目的是提高豌豆的百粒重,所以提出的 H_0 与 H_1 为

$$H_0:\mu=37.72 \text{ vs } H_1:\mu>37.72.$$

用 u 检验,

$$u=\frac{\bar{x}-\mu_0}{\sigma/\sqrt{n}},$$

根据容量 $n=9$ 的样本观测值及 $\sigma^2=0.1089$,$\mu_0=37.72$,$\bar{x}=37.92$,算出 $u=1.818$,由 α 查标准正态分布的分布函数值表得到 $u_{0.95}=1.65$,$u>1.65$,因此应该拒绝 H_0,认为 $\mu>37.72$.

说明:解应用问题时,必须写出 H_0 及 H_1.

由本例的 H_0 及 H_1 可知,这是一例单侧检验的问题,拒绝域为$(1.65,+\infty)$.如果是作双侧检验,那么拒绝域为$(-\infty,-1.96)$和$(1.96,+\infty)$.由此看出单侧检验的拒绝域比同一侧的双侧检验的拒绝域大一些,作单侧检验更容易拒绝 H_0 得出差异显著的结论.但是,作单侧检验必须以专业知识为依据.

例 7.2.2 温度控制 若某个试验所控制的温度值 X(单位:℃)服从正态分布,试由随机观测到的温度值 1 250,1 265,1 245,1 260,1 275 检验温度的均值是否等于 1 277?($\alpha=0.05$)

解 试验所控制的温度值不能偏大偏小,检验的结果应该是等于或不等于 1 277,故设

$$H_0:\mu=1\,277 \text{ vs } H_1:\mu\neq 1\,277.$$

用 t 检验,

$$t=\frac{\bar{x}-\mu_0}{s^*/\sqrt{n}},$$

根据容量 $n=5$ 的样本观测值及 $\mu_0=1\,277$ 算出 $\bar{x}=1\,259$,$s^*=11.937\,3$,$t=-3.372$,由 α 查 t 分布的分位数表得到 $t_{0.975}(4)=2.776$,$|t|>2.776$,因此应该拒绝 H_0,认为温度的平均值不等于 1 277.

说明:作 t 检验时,在用计算器中的统计程序算出 $\bar{x}$ 与 s^* 后,计算 t 应根据 t 的计算公式,用计算器中的 $\bar{x}$ 与 s^* 作连运算 $\bar{x}-\mu_0=\div s^*\times\sqrt{n}$.这样可以减少计算的误差,与用统计软件上机计算的结果相接近.

例 7.2.3 品种提纯 一个混杂的小麦品种,其株高(单位:cm)服从正态分布,株高的标准差为 14 cm,经提纯后随机地抽出 10 株,它们的株高为 90,105,101,95,100,100,101,105,93,97,试检验提纯后的群体是否比原来的群体较为整齐?($\alpha=0.05$)

解 提纯后的群体应该比原来的群体较为整齐,故提出的 H_0 与 H_1 为

$$H_0:\sigma^2=196 \text{ vs } H_1:\sigma^2<196.$$

用χ^2 检验,

$$\chi^2=\frac{(n-1)s^{*2}}{\sigma_0^2},$$

根据容量 $n=10$ 的样本观测值及 $\sigma_0^2=196$,算出 $s^{*2}=24.23$,$\chi^2=1.113$,由 α 查χ^2 分布的分

位数表得到$\chi^2_{0.05}(9)=3.33$，$\chi^2<3.33$，因此应该拒绝 H_0，认为 $\sigma^2<196$.

2. 两个正态总体均值或方差的假设检验

设总体 $X\sim N(\mu_1,\sigma_1^2)$，总体 $Y\sim N(\mu_2,\sigma_2^2)$，$X$ 的一个样本为 $X_1,X_2,\cdots,X_n$，样本的观测值为 $x_1,x_2,\cdots,x_n$，Y 的一个样本为 $Y_1,Y_2,\cdots,Y_m$，样本的观测值为 $y_1,y_2,\cdots,y_m$，它们相互独立且均值分别为 $\overline{X}$ 与 $\overline{Y}$，均值的观测值分别为 $\bar{x}$ 与 $\bar{y}$，离均差平方和分别为 SSX 与 SSY，其观测值分别为 ssx 与 ssy，修正方差分别为 S_X^{*2} 与 S_Y^{*2}，其观测值分别为 s_x^{*2} 与 s_y^{*2}，显著性水平为 α，则有以下三种常用的检验：

(1) u 检验

若 σ_1^2 和 σ_2^2 已知，对两个正态总体均值作如下假设检验时，

① $H_0:\mu_1=\mu_2$ vs $H_1:\mu_1\neq\mu_2$；

② $H_0:\mu_1=\mu_2$ vs $H_1:\mu_1>\mu_2$；

③ $H_0:\mu_1=\mu_2$ vs $H_1:\mu_1<\mu_2$.

可用统计量

$$U=\frac{\overline{X}-\overline{Y}}{\sqrt{\dfrac{\sigma_1^2}{n}+\dfrac{\sigma_2^2}{m}}},$$

它的观测值

$$u=\frac{\bar{x}-\bar{y}}{\sqrt{\dfrac{\sigma_1^2}{n}+\dfrac{\sigma_2^2}{m}}},$$

当 H_0 为真时，因为 $U\sim N(0,1)$，所以

① $P\{|U|\geqslant u_{1-0.5\alpha}\}=\alpha$，当 $|u|\geqslant u_{1-0.5\alpha}$ 时拒绝 H_0，认为 $\mu_1\neq\mu_2$；

② $P\{U\geqslant u_{1-\alpha}\}=\alpha$，当 $u\geqslant u_{1-\alpha}$ 时拒绝 H_0，认为 $\mu_1>\mu_2$；

③ $P\{U\leqslant -u_{1-\alpha}\}=\alpha$，当 $u\leqslant -u_{1-\alpha}$ 时拒绝 H_0，认为 $\mu_1<\mu_2$.

(2) t 检验

若 $\sigma_1^2=\sigma_2^2=\sigma^2$，但 σ^2 未知，对两个正态总体均值作如下假设检验时，

① $H_0:\mu_1=\mu_2$ vs $H_1:\mu_1\neq\mu_2$；

② $H_0:\mu_1=\mu_2$ vs $H_1:\mu_1>\mu_2$；

③ $H_0:\mu_1=\mu_2$ vs $H_1:\mu_1<\mu_2$.

可用统计量

$$T=\frac{\overline{X}-\overline{Y}}{S_W\sqrt{\dfrac{1}{n}+\dfrac{1}{m}}},$$

它的观测值

$$t=\frac{\bar{x}-\bar{y}}{s_w\sqrt{\dfrac{1}{n}+\dfrac{1}{m}}},$$

式中的 $S_W^2=\dfrac{SSX+SSY}{n+m-2}$，它的观测值 $s_w^2=\dfrac{ssx+ssy}{n+m-2}$，当 H_0 为真时，因为 $T\sim t(n+m-2)$，所以

① $P\{|T|\geqslant t_{1-0.5\alpha}(n+m-2)\}=\alpha$，当 $|t|\geqslant t_{1-0.5\alpha}(n+m-2)$ 时拒绝 H_0，认为 $\mu_1\neq\mu_2$；

② $P\{T\geqslant t_{1-\alpha}(n+m-2)\}=\alpha$，当 $t\geqslant t_{1-\alpha}(n+m-2)$ 时拒绝 H_0，认为 $\mu_1>\mu_2$；

③ $P\{T\leqslant -t_{1-\alpha}(n+m-2)\}=\alpha$，当 $t\leqslant -t_{1-\alpha}(n+m-2)$ 时拒绝 H_0，认为 $\mu_1<\mu_2$.

(3) F 检验

若 μ_1 和 μ_2 未知，对两个正态总体方差作如下假设检验时，

① $H_0:\sigma_1^2=\sigma_2^2$ vs $H_1:\sigma_1^2\neq\sigma_2^2$；

② $H_0:\sigma_1^2=\sigma_2^2$ vs $H_1:\sigma_1^2>\sigma_2^2$；

③ $H_0:\sigma_1^2=\sigma_2^2$ vs $H_1:\sigma_1^2<\sigma_2^2$，

可用统计量

$$F=\frac{S_X^{*2}}{S_Y^{*2}},$$

它的观测值

$$f=\frac{s_x^{*2}}{s_y^{*2}},$$

当 H_0 为真时，因为 $F\sim F(n-1,m-1)$，所以

① $P\{F\leqslant F_{0.5\alpha}(n-1,m-1)$ 或 $F\geqslant F_{1-0.5\alpha}(n-1,m-1)\}=\alpha$，当 $f\leqslant F_{0.5\alpha}(n-1,m-1)$ 或 $f\geqslant F_{1-0.5\alpha}(n-1,m-1)$ 时拒绝 H_0，认为 $\sigma_1^2\neq\sigma_2^2$；

② $P\{F\geqslant F_{1-\alpha}(n-1,m-1)\}=\alpha$，当 $f\geqslant F_{1-\alpha}(n-1,m-1)$ 时拒绝 H_0，认为 $\sigma_1^2>\sigma_2^2$；

③ $P\{F\leqslant F_{\alpha}(n-1,m-1)\}=\alpha$，当 $f\leqslant F_{\alpha}(n-1,m-1)$ 时拒绝 H_0，认为 $\sigma_1^2<\sigma_2^2$.

例 7.2.4　作物栽培　根据资料测算，某品种小麦产量（单位：kg/m^2）服从正态分布，小麦产量的 $\sigma^2=0.4$. 收获前在麦田的四周取 12 个样点，得到产量的均值 $\bar{x}=1.2$，在麦田的中心取 8 个样点，得到产量的均值 $\bar{y}=1.4$，试检验麦田四周及中心处每平方米产量是否有显著的差异？（$\alpha=0.05$）

解　因为要检验麦田四周及中心处每平方米产量是否有显著的差异，所以提出的 H_0 与 H_1 为

$$H_0:\mu_1=\mu_2 \text{ vs } H_1:\mu_1\neq\mu_2.$$

用 u 检验，

$$u=\frac{\bar{x}-\bar{y}}{\sqrt{\dfrac{\sigma_1^2}{n}+\dfrac{\sigma_2^2}{m}}},$$

根据容量为 $n=12$ 和 $m=8$ 的两个样本观测值及 $\sigma_1^2=\sigma_2^2=0.4$ 算出 $\bar{x}=1.2$，$\bar{y}=1.4$，$u=-0.693$，由 α 查标准正态分布的分布函数值表得到 $u_{0.975}=1.96$，$|u|<1.96$，因此应该接受 H_0，认为 $\mu_1=\mu_2$，即麦田四周及中心处每平方米产量没有显著的差异.

例 7.2.5　血压波动　测定了 10 位老年男子和 8 位青年男子的收缩压，其中老年男子的收缩压为 133，120，122，114，130，155，116，140，160，180，青年男子的收缩压为 152，136，128，130，114，123，134，128，通常认为收缩压服从正态分布，试检验老年男子收缩压的波动是否显著地高于青年男子？（$\alpha=0.05$）

解 因为要检验老年男子收缩压的波动是否显著地高于青年男子，所以提出的 H_0 与 H_1 为

$$H_0:\sigma_1^2=\sigma_2^2 \text{ vs } H_1:\sigma_1^2>\sigma_2^2.$$

用 F 检验，

$$f=\frac{s_x^{*2}}{s_y^{*2}},$$

根据容量为 $n=10$ 和 $m=8$ 的两个样本观测值算出 $s_x^{*2}=473.33$，$s_y^{*2}=120.84$，$f=3.917$，由 α 查 F 分布的分位数表得到 $F_{0.95}(9,7)=3.68$，$f>3.68$，因此应该拒绝 H_0，认为 $\sigma_1^2>\sigma_2^2$，即老年男子收缩压的波动显著地高于青年男子.

例 7.2.6 产量调查 调查某地单位面积 30 万苗和 50 万苗的稻田各 5 块，分别得到单位面积产量（单位：kg）800，840，870，920，850 和 900，880，890，890，840，假设两种密度的单位面积产量服从正态分布，试检验两种密度的单位面积产量是否有显著的差异？（$\alpha=0.05$）

解 本例要检验 $\mu_1\neq\mu_2$，由于 σ_1^2 和 σ_2^2 未知，应该先检验是否有 $\sigma_1^2=\sigma_2^2$. 用 F 检验，

$$f=\frac{s_x^{*2}}{s_y^{*2}},$$

根据容量为 $n=m=5$ 的两个样本观测值算出 $s_x^{*2}=1\ 930$，$s_y^{*2}=550$，$f=3.509$，则由 α 查 F 分布的分位数表得到 $F_{0.975}(4,4)=9.60$，$F_{0.025}(4,4)=\dfrac{1}{9.60}$，而$\dfrac{1}{9.60}<f<9.60$，应该接受 $\sigma_1^2=\sigma_2^2$.

下面检验 $\mu_1\neq\mu_2$. 设

$$H_0:\mu_1=\mu_2 \text{ vs } H_1:\mu_1\neq\mu_2.$$

用 t 检验，

$$t=\frac{\bar{x}-\bar{y}}{s_w\sqrt{\dfrac{1}{n}+\dfrac{1}{m}}},$$

式中的 $s_w^2=\dfrac{ssx+ssy}{n+m-2}$，根据容量为 $n=m=5$ 的两个样本观测值算出 $s_x^{*2}=1\ 930$，$s_y^{*2}=550$，$ssx=7\ 720$，$ssy=2\ 200$，$\bar{x}=856$，$\bar{y}=880$，$s_w^2=1\ 240$，$t=-1.078$，由 α 查 t 分布的分位数表得到 $t_{0.975}(8)=2.306$，$|t|<2.306$，因此认为 $\mu_1=\mu_2$，即两种密度的单位面积产量没有显著的差异.

3. 0-1 分布参数 p 的假设检验

当总体不服从正态分布甚至总体分布未知时，对总体分布的未知参数作假设检验寻求统计量 $g(X_1,X_2,\cdots,X_n)$ 及其分布将遇到较大的困难，很多问题至今还没有取得令人满意的研究成果，通常只能借助 $n\to\infty$ 时统计量的极限分布作近似的假设检验.

由于许多生物学试验的结果是用率或成数表示的，例如结实率、发芽率、杀虫率、感病率以及杂种后代分离为不同类型的百分率等，而这些率是由计数某一属性的个体数目得到的，因此率的假设检验与两点分布 $B(1,p)$ 有关.

(1) 一个总体率的假设检验

设总体 X 服从 $B(1,p)$ 分布, X 的一个样本为 $X_1, X_2, \cdots, X_n$, 均值为 $\overline{X}$, 它的观测值为 $\overline{x}$, 则根据中心极限定理, 当 p 和 $1-p$ 都不是太小且 n 充分大时,

$$\frac{\overline{X}-p}{\sqrt{\frac{p(1-p)}{n}}} \sim N(0,1).$$

对于假设

① $H_0: p=p_0$ vs $H_1: p\neq p_0$;

② $H_0: p=p_0$ vs $H_1: p>p_0$;

③ $H_0: p=p_0$ vs $H_1: p<p_0$.

可用统计量

$$U=\frac{\overline{X}-p_0}{\sqrt{\frac{p_0(1-p_0)}{n}}},$$

它的观测值

$$u=\frac{\overline{x}-p_0}{\sqrt{\frac{p_0(1-p_0)}{n}}}.$$

当 H_0 为真时, 因为 $U\sim N(0,1)$, 所以

① $P\{|U|\geqslant u_{1-0.5\alpha}\}=\alpha$, 当 $|u|\geqslant u_{1-0.5\alpha}$ 时拒绝 H_0, 认为 $p\neq p_0$;

② $P\{U\geqslant u_{1-\alpha}\}=\alpha$, 当 $u\geqslant u_{1-\alpha}$ 时拒绝 H_0, 认为 $p>p_0$;

③ $P\{U\leqslant -u_{1-\alpha}\}=\alpha$, 当 $u\leqslant -u_{1-\alpha}$ 时拒绝 H_0, 认为 $p<p_0$.

例 7.2.7　种子发芽　自某一批油菜种子中随机抽出 400 粒做发芽试验, 结果有 32 粒没有发芽, 试检验发芽率 $p<95\%$. ($\alpha=0.05$)

解　设 $x_i(i=1,2,\cdots,400)$ 表示第 i 粒发芽或不发芽, 若发芽则 $x_i=1$, 否则 $x_i=0$, 因此发芽的频率 $\overline{x}=\frac{1}{400}\sum_{i=1}^{400}x_i$. 依题目意思提出的 H_0 与 H_1 为

$$H_0: p=95\% \text{ vs } H_1: p<95\%.$$

用 u 检验,

$$u=\frac{\overline{x}-p_0}{\sqrt{\frac{p_0(1-p_0)}{n}}},$$

根据 $p_0=95\%$ 及容量 $n=400$ 的样本观测值算出 $\overline{x}=0.92$, $u=-2.753$, 由 α 查标准正态分布的分布函数值表得到 $u_{0.95}=1.65$, $u<-1.65$, 因此应该拒绝 H_0, 认为 $p<95\%$.

例 7.2.8　遗传试验　以紫花和白花的大豆品种杂交, 在 F2 代共得到 289 株, 其中紫花 208 株, 白花 81 株, 试检验紫花与白花所占比率为 3∶1. ($\alpha=0.05$)

解　设 $x_i(i=1,2,\cdots,289)$ 表示第 i 株开紫花或白花, 当开紫花时 $x_i=1$, 当开白花时 $x_i=$

0,因此开紫花的频率 $\bar{x}=\dfrac{1}{289}\sum\limits_{i=1}^{289} x_i$. 提出的 H_0 与 H_1 为

$$H_0: p=75\% \text{ vs } H_1: p\neq 75\%.$$

用 u 检验,

$$u=\frac{\bar{x}-p_0}{\sqrt{\dfrac{p_0(1-p_0)}{n}}},$$

根据 $p_0=75\%$ 及容量 $n=289$ 的样本观测值算出 $\bar{x}=0.720, u=-1.178$,由 α 查标准正态分布的分布函数值表得到 $u_{0.975}=1.96$, $|u|<1.96$,因此应该接受 H_0,认为紫花与白花所占比率为 3∶1.

(2) 两个总体率的假设检验

设总体 X 服从 $B(1,p_1)$ 分布,X 的一个样本为 $X_1, X_2, \cdots, X_n$,均值为 $\overline{X}$,它的观测值为 $\bar{x}$,总体 Y 服从 $B(1,p_2)$ 分布,Y 的一个样本为 $Y_1, Y_2, \cdots, Y_m$,均值为 $\overline{Y}$,它的观测值为 $\bar{y}$,则根据中心极限定理,当 p_1 和 $1-p_1$, p_2 和 $1-p_2$ 都不是太小且 n 及 m 充分大时,

$$\frac{(\overline{X}-\overline{Y})-(p_1-p_2)}{\sqrt{\dfrac{p_1(1-p_1)}{n}+\dfrac{p_2(1-p_2)}{m}}}\sim N(0,1).$$

对于假设

① $H_0: p_1=p_2$ vs $H_1: p_1\neq p_2$;

② $H_0: p_1=p_2$ vs $H_1: p_1>p_2$;

③ $H_0: p_1=p_2$ vs $H_1: p_1<p_2$.

可用统计量

$$\bar{p}=\frac{\sum\limits_{i=1}^{n} X_i+\sum\limits_{j=1}^{m} Y_j}{n+m},\quad U=\frac{\overline{X}\quad\overline{Y}}{\sqrt{\bar{p}(1-\bar{p})\left(\dfrac{1}{n}+\dfrac{1}{m}\right)}},$$

它们的观测值

$$\bar{p}=\frac{\sum\limits_{i=1}^{n} x_i+\sum\limits_{j=1}^{m} y_j}{n+m},\quad u=\frac{\bar{x}-\bar{y}}{\sqrt{\bar{p}(1-\bar{p})\left(\dfrac{1}{n}+\dfrac{1}{m}\right)}}.$$

当 H_0 为真时,因为 $U\sim N(0,1)$,所以

① $P\{|U|\geqslant u_{1-0.5\alpha}\}=\alpha$,当 $|u|\geqslant u_{1-0.5\alpha}$ 时拒绝 H_0,认为 $p_1\neq p_2$;

② $P\{U\geqslant u_{1-\alpha}\}=\alpha$,当 $u\geqslant u_{1-\alpha}$ 时拒绝 H_0,认为 $p_1>p_2$;

③ $P\{U\leqslant -u_{1-\alpha}\}-\alpha$,当 $u\leqslant -u_{1-\alpha}$ 时拒绝 H_0,认为 $p_1<p_2$.

例 7.2.9　病害调查　调查低洼地小麦 378 株,其中 355 株有锈病,调查高坡地小麦 396 株,其中 346 株有锈病,试检验两块小麦地的锈病率有无显著的差异?($\alpha=0.05$)

解　因为要检验两块小麦地的锈病率有无显著的差异,所以提出的 H_0 与 H_1 为

$$H_0:p_1=p_2 \text{ vs } H_1:p_1\neq p_2.$$

用 u 检验,

$$u=\frac{\bar{x}-\bar{y}}{\sqrt{\bar{p}(1-\bar{p})\left(\frac{1}{n}+\frac{1}{m}\right)}},$$

根据容量为 $n=378$ 和 $m=396$ 的两个样本观测值算出 $\bar{x}=0.939$,$\bar{y}=0.874$,$\bar{p}=0.906$,$u=3.098$,由 α 查标准正态分布的分布函数值表得到 $u_{0.975}=1.96$,$|u|>1.96$,因此应该拒绝 H_0,认为 $p_1\neq p_2$.

例 7.2.10　杀虫效果　杀虫剂 A 在 1 000 只害虫中杀死 657 只,杀虫剂 B 在 1 000 只害虫中杀死 728 只,试检验杀虫剂 B 的有效率是否明显地高于杀虫剂A?($\alpha=0.05$)

解　因为要检验杀虫剂 B 的有效率是否明显地高于杀虫剂 A,所以提出的 H_0 与 H_1 为

$$H_0:p_1=p_2 \text{ vs } H_1:p_1<p_2.$$

用 u 检验,

$$u=\frac{\bar{x}-\bar{y}}{\sqrt{\bar{p}(1-\bar{p})\left(\frac{1}{n}+\frac{1}{m}\right)}},$$

根据容量为 $n=m=1\ 000$ 的两个样本观测值算出 $\bar{x}=0.657$,$\bar{y}=0.728$,$\bar{p}=0.692\ 5$,$u=-3.440$,由 α 查标准正态分布的分布函数值表得到 $u_{0.975}=1.96$,$u<-1.96$,因此应该拒绝 H_0,认为 $p_1<p_2$.

4. 多个总体同方差的假设检验(一)

多个总体同方差的假设检验,常用 Bartlett(巴特莱特)的χ^2 检验法.

设有 k 个总体,它们都服从正态分布,其方差分别为 $\sigma_1^2,\sigma_2^2,\cdots,\sigma_k^2$,其样本容量分别为 $n_1,n_2,\cdots,n_k$,样本修正方差的观测值分别为 $s_1^{*2},s_2^{*2},\cdots,s_k^{*2}$,离均差平方和的观测值分别为 $ss1,ss2,\cdots,ssk$. 要检验的 H_0 为 $\sigma_1^2=\sigma_2^2=\cdots=\sigma_k^2$,$H_1$ 为 $\sigma_1^2,\sigma_2^2,\cdots,\sigma_k^2$ 中至少有两个是不相等的,所用的检验方法由 Bartlett 提出,通常称之为方差齐性或同质性检验,所用的统计量的观测值是:

$$\chi^2=\frac{1}{c}\left[(n-k)\ln(s^2)-\sum_{i=1}^{k}(n_i-1)\ln(s_i^{*2})\right],$$

式中的

$$n=\sum_{i=1}^{k}n_i,$$

$$c=1+\frac{1}{3(k-1)}\left[\sum_{i=1}^{k}\left(\frac{1}{n_i-1}\right)-\frac{1}{n-k}\right],$$

$$s^2=\frac{ss1+ss2+\cdots+ssk}{n-k}.$$

当$\chi^2\geqslant\chi^2_{1-\alpha}(k-1)$时拒绝 H_0,认为多个总体有不同方差.

例如有三个总体的样本修正方差为 $s_1^{*2}=4.2$,$s_2^{*2}=6.0$,$s_3^{*2}=3.1$,样本容量 $n_1=5$,$n_2=6$,$n_3=12$,试作方差齐性检验.($\alpha=0.05$)

这里 H_0 为 $\sigma_1^2=\sigma_2^2=\sigma_3^2$，$H_1$ 为 $\sigma_1^2,\sigma_2^2,\sigma_3^2$ 中至少有两个是不相等的.

检验时可列表如下：

i	s_i^{*2}	n_i-1	ssi	$\ln s_i^{*2}$	$(n_i-1)\ln s_i^{*2}$
1	4.2	4	16.8	1.435 08	5.740 32
2	6.0	5	30.0	1.791 76	8.958 80
3	3.1	11	34.1	1.131 40	12.445 40
和		20	80.9	4.358 24	27.144 52

根据表中的数据计算得到 $s^2=4.045$，$c=1.081\ 8$，$\chi^2=0.744$，由 $\alpha=0.05$ 查 χ^2 分布的分位数表得到 $\chi^2_{0.95}(2)=5.99$，$\chi^2<5.99$，因此接受 H_0，认为三个总体的方差相等.

注　后面还将讲述多个总体作方差齐性的假设检验的另一种方法：Levene 的 F 检验法. 与 Bartlett 的 χ^2 检验法相比，Levene 的 F 检验法不要求总体服从正态分布.

【探索题】正态分布中的均值 μ 的假设检验与区间估计之间的区别与联系是什么？

t 检验程序

习　题　7.2

1. 设 $X_1,X_2,\cdots,X_{16}$ 是总体 $X\sim N(\mu,4)$ 的样本，考虑如下的假设检验问题 $H_0:\mu\leqslant 10\quad H_1:\mu>10$，若检验的拒绝域为 $W=\{\overline{X}\geqslant 11\}$，求该检验在 $\mu=11.5$ 处犯第二种类型错误的概率.

2. 用动物做试验材料，要求体重（单位：g）为 10，若 $\mu_0<10$ 则需继续饲养，若 $\mu_0>10$ 则应该淘汰. 从一批动物中任意抽出容量 $n=10$ 的样本，若总体标准差 $\sigma=0.4$，样本均值 $\bar{x}=10.23$，试作显著性检验.（$\alpha=0.05$）

3. 玉米单交种 105 的平均穗重（单位：g）为 300，喷药后随机抽取 9 个果穗，其穗重为 308，305，311，298，315，300，321，294，320，问喷药前后的果穗重是否有显著的差异？（$\alpha=0.05$）

4. 某地春小麦品种的千粒重（单位：g）为 34，引入一外地品种在 8 个小区种植得到各小区的千粒重为 35.6，37.6，33.4，35.1，32.7，36.8，35.9，34.6，试检验该外地品种与当地品种的千粒重是否有显著的差异.（$\alpha=0.05$）

5. 已知我国 14 岁女学生的平均体重（单位：kg）为 43.38，从该年龄的女学生中抽查 10 名运动员的体重，分别为 39，36，43，43，40，46，45，45，42，41，试问这些运动员的体重与上述平均体重的差异是否显著？（$\alpha=0.05$）

6. 10 株杂交水稻单株产量（单位：g）的观测值为 272，200，268，247，267，246，263，216，206，256，试检验该杂交水稻总体的单株产量是否为 250？（$\alpha=0.05$）

7. 饲养场规定，肉鸡平均体重超过 3 kg 方可屠宰，若从鸡群中随机抽取 20 只，得到体重的平均值为 2.8 kg，标准差为 0.2 kg，问这一批鸡可否屠宰？（$\alpha=0.05$）

8. 一个混杂的小麦品种株高（单位：cm）的标准差为 14，经提纯后随机抽出 10 株的株高为 90，105，101，95，100，100，101，105，93，97，试检验提纯后是否比原来的群体较为整齐？（$\alpha=0.05$）

9. 以糯和非糯玉米杂交，预期 F1 代植株上糯性花粉粒的成数 $p=0.5$，结果观测到 20 粒花粉中糯性花粉有 8 粒，问这个结果与预期的结果是否有显著的差异？（$\alpha=0.05$）

10. 两个小麦品种从播种到抽穗所需天数的观测值分别为 101,100,99,99,98,100,98,99,99,99 与 100,98,100,99,98,99,98,98,99,100,试用两个正态总体均值与方差作假设检验的方法检验两品种的观测值有没有显著的差异?($\alpha=0.05$)

11. 某小麦品种经过 4 代选育,从第 5 代和第 6 代中分别抽出 10 株得到它们株高的观测值分别为 66,65,66,68,62,65,63,66,68,62 和 64,61,57,65,65,63,62,63,64,60,试检验株高这一性状是否已达到稳定?($\alpha=0.05$)

12. 某试验测定单株选种对提高甘蓝结球率的影响,结果单株选种的 504 株中 30 株不结球,而作为对照的 531 株中 58 株不结球,试检验两者的差异是否显著.($\alpha=0.05$)

13. 报载某城市对养猫灭鼠的效果所作统计的结果为:119 个养猫户中 15 户有鼠,418 个无猫户中 58 户有鼠. 试检验当显著性水平为 0.05 时,在这个城市中养猫灭鼠的效果不明显.

*§7.3 总体分布的假设检验

1. 总体分布的χ^2 检验

总体分布的χ^2 **检验法**是 Pearson 与 Fisher 提出并加以论证的检验方法,可用来检验总体是否服从某个指定的分布,又称为拟合优度检验.

对总体分布作χ^2 检验的步骤如下:

(1) 设 H_0 为总体 X 服从某个指定的分布;

(2) 将随机变量 X 的取值范围划分为 k 个互不相交的区间或区域 $D_i(i=1,2,\cdots,k)$;

(3) 由样本的观测值求随机变量 X 在各个 D_i 中取值的观测频数 $n_i(i=1,2,\cdots,k)$;

(4) 按所指定的分布求随机变量 X 在各个 D_i 中取值的概率 $p_i(i=1,2,\cdots,k)$,如果所指定的分布中有未知的参数,那么可用最大似然法求出各个未知参数的估计量后再求上述各个概率的估计值 $\hat{p}_i$;

(5) 根据样本容量 n 及概率 p_i 或估计值 $\hat{p}_i$ 求随机变量 X 在各个 D_i 中取值的理论频数 np_i 或理论频数的估计值 $n\hat{p}_i(i=1,2,\cdots,k)$;

(6) 计算χ^2 统计量的观测值

$$\chi^2=\sum_{i=1}^{k}\frac{(n_i-np_i)^2}{np_i} \quad 或 \quad \chi^2=\sum_{i=1}^{k}\frac{(n_i-n\hat{p}_i)^2}{n\hat{p}_i},$$

当被估计的未知参数有 l 个,$\chi^2\geqslant\chi^2_{1-\alpha}(k-l-1)$时拒绝 H_0,否则接受 H_0.

上述χ^2 统计量的分布是极限分布,作χ^2 检验时要求样本容量 $n\geqslant50$. 对 k 的大小没有严格的要求,可随 n 的增减而增减,但 k 太小会使检验过于粗糙,而 k 太大又会增加随机误差,通常取 $5\leqslant k\leqslant16$.

解应用问题时,可将步骤(2)~(5)中的结果列表表示.

另外,随机变量 X 在各个 D_i 中取值的理论频数 np_i 或理论频数的估计值 $n\hat{p}_i$ 不应太小,否则会突出$(n_i-np_i)^2$ 或$(n_i-n\hat{p}_i)^2$ 在χ^2 统计量的观测值中所起的作用. 一般限制 np_i 或 $n\hat{p}_i$ 的值大于 5,如果出现不大于 5 的情形,应该与邻近的区间或区域合并. 当自由度等于 1 时,需要进行连续性校正,校正后的统计量为

$$\chi^2=\sum_{i=1}^{k}\frac{(|n_i-np_i|-0.5)^2}{np_i}\quad 或 \quad \chi^2=\sum_{i=1}^{k}\frac{(|n_i-n\hat{p}_i|-0.5)^2}{n\hat{p}_i}.$$

例 7.3.1　熟悉方法　用χ^2检验法检验§5.1例5.1.4中取出观测值的总体X服从正态分布.($\alpha=0.05$)

解　先将观测值分组整理为§5.1例5.1.4中的表格,再根据各组中值及对应的频数计算得到$\bar{x}=85.5$,$s=33.8$.若取出观测值的总体服从$N(\mu,\sigma^2)$分布,则$\bar{x}$和s^2应该是μ和σ^2的最大似然估计量,用χ^2检验法检验的H_0是总体X服从正态分布$N(\bar{x},s^2)$.

对组下限和组上限作标准化变换后列出以下包括组下限、组上限、观测频数及理论频数或估计值的表格:

组下限	$-\infty$	-1.42	-0.68	0.06	0.80	1.54	2.28
组上限	-1.42	-0.68	0.06	0.80	1.54	2.28	$+\infty$
n_i	6	20	29	26	11	6	2
$n\hat{p}_i$	7.78	17.05	27.56	26.42	15.01	5.05 (合并 6.18)	1.13 (合并 6.18)

表中$n\hat{p}_i$的计算过程如下:

$n\hat{p}_1=100\times[\Phi(-1.42)-\Phi(-\infty)]=7.78-0=7.78$,

$n\hat{p}_2=100\times[\Phi(-0.68)-\Phi(-1.42)]=24.83-7.78=17.05$,

$n\hat{p}_3=100\times[\Phi(0.06)-\Phi(-0.68)]=52.39-24.83=27.56$,

$n\hat{p}_4=100\times[\Phi(0.80)-\Phi(0.06)]=78.81-52.39=26.42$,

$n\hat{p}_5=100\times[\Phi(1.54)-\Phi(0.80)]=93.82-78.81=15.01$,

$n\hat{p}_6=100\times[\Phi(2.28)-\Phi(1.54)]=98.87-93.82=5.05$,

$n\hat{p}_7=100\times[\Phi(+\infty)-\Phi(2.28)]=100-98.87=1.13$.

因为$n\hat{p}_7<5$,故将$n\hat{p}_7$与$n\hat{p}_6$相加得到新的$n\hat{p}_6=6.18$,与此相对应,也将n_7与n_6相加得到新的$n_6=8$,

$$\chi^2=\sum_{i=1}^{6}\frac{(n_i-n\hat{p}_i)^2}{n\hat{p}_i}=2.607,$$

查χ^2分布的分位数表得到$\chi^2_{0.95}(6-2-1)=7.81$,$\chi^2<7.81$,所以接受$H_0$,认为取出观测值的总体服从正态分布.

例 7.3.2　丢掷骰子　将一粒均匀的骰子丢掷100次,1点朝上13次,2点朝上14次,3点朝上20次,4点朝上17次,5点朝上15次,6点朝上21次,试检验这粒骰子是否均匀.($\alpha=0.05$)

解　设H_0是总体服从均匀分布,如果这粒骰子是均匀的,则1至6点朝上的次数服从均匀分布,即

$$\begin{aligned}P\{1点朝上\}&=P\{2点朝上\}=P\{3点朝上\}\\&=P\{4点朝上\}=P\{5点朝上\}\\&=P\{6点朝上\}=\frac{1}{6},\end{aligned}$$

根据所给的观测值,

$$np_i = 16.667,\quad \chi^2 = \sum_{i=1}^{6} \frac{(n_i - np_i)^2}{np_i} = 3.200,$$

查χ^2 分布的分位数表得到$\chi^2_{0.95}(6-0-1)=11.1$, $\chi^2<11.1$,因此接受χ^2 检验的原假设,认为取出观测值的总体服从均匀分布,认为这粒骰子是均匀的.

例 7.3.3　放射研究　用计数器每隔一定时间观测一次试验铀所放射的 α 粒子数 x,共 100 次,结果有 1 个 $x=0$, 5 个 $x=1$, 16 个 $x=2$, 17 个 $x=3$, 26 个 $x=4$, 11 个 $x=5$, 9 个 $x=6$, 9 个 $x=7$, 2 个 $x=8$, 1 个 $x=9$, 2 个 $x=10$, 1 个 $x=11$,试检验总体是否服从 $P(\lambda)$ 分布. ($\alpha=0.05$)

解　如果总体服从 $P(\lambda)$分布,则

$$p_x(x=0,1,2,\cdots,11)=\frac{\lambda^x}{x!}\mathrm{e}^{-\lambda}.$$

这里 λ 未知,可先根据观测值计算 λ 的最大似然估计值得到 $\hat{\lambda}=\bar{x}=4.2$ 后,再设 H_0 总体服从 $p(\hat{\lambda})$分布,将 α 粒子数 x、观测频数 n_x 及理论频数的估计值 $n\hat{p}_x$ 列表如下:

<table>
<tr><td>x</td><td>0</td><td>1</td><td>2</td><td>3</td><td>4</td><td>5</td><td>6</td><td>7</td><td>8</td><td>9</td><td>10</td><td>11</td></tr>
<tr><td>n_x</td><td>1</td><td>5</td><td>16</td><td>17</td><td>26</td><td>11</td><td>9</td><td>9</td><td>2</td><td>1</td><td>2</td><td>1</td></tr>
<tr><td rowspan="2">$n\hat{p}_x$</td><td>1.50</td><td>6.30</td><td rowspan="2">13.23</td><td rowspan="2">18.52</td><td rowspan="2">19.44</td><td rowspan="2">16.33</td><td rowspan="2">11.43</td><td rowspan="2">6.86</td><td>3.60</td><td>1.68</td><td>0.71</td><td>0.27</td></tr>
<tr><td colspan="2">7.80</td><td colspan="4">6.26</td></tr>
</table>

由于后面 3 个 $n\hat{p}_x$ 都小于 5,将它们与前面的 $n\hat{p}_x$ 依次累加后得到 6.26,与此相对应,也将 n_x 依次累加后得到 6,

$$\chi^2 = \sum_{x=1}^{8} \frac{(n_x - n\hat{p}_x)^2}{n\hat{p}_x} = 6.268,$$

查χ^2 分布的分位数表得到$\chi^2_{0.95}(8-1-1)=12.6$, $\chi^2<12.6$,因此接受χ^2 检验的原假设,认为总体服从 $P(\lambda)$分布.

2. 正态性检验

检验总体是否服从正态分布称为**正态性检验**. 除了χ^2 检验法,常用的方法还有偏度峰度检验法、Shapiro-Wilk 的 W 检验法和 Kolmogorov 的 D 检验法.

这里先讲述偏度峰度检验法,其理论基础是正态分布密度曲线的两个特点:一是对称,二是陡峭适中. 因此,被检验的样本观测值如果来自正态总体,它的直方图就不能偏斜太多,也不能过分地陡峭. 为了衡量样本观测值偏斜和陡峭的程度,便提出了两个样本特征数:偏度和峰度.

定义样本的偏度 $Skew=\dfrac{M_3}{S^{*3}}$,它的观测值 $Skew=\dfrac{M_3\text{ 的观测值}}{S^{*3}\text{ 的观测值}}$;

样本的峰度 $Kurt=\dfrac{M_4}{S^{*4}}-3$,它的观测值 $Kurt=\dfrac{M_4\text{ 的观测值}}{S^{*4}\text{ 的观测值}}-3$,

式中的 S^* 为样本修正标准差(当样本的容量较大,也可以用 S 代替 S^*,S 为样本标准差),

M_3 为样本的三阶中心矩，M_4 为样本的四阶中心矩.

相对应地，总体 X 的偏度 $Skew(X)=\frac{\mu_3}{\sigma^3}$，峰度 $Kurt(X)=\frac{\mu_4}{\sigma^4}-3$，式中的 σ 为总体标准差，μ_3 为三阶中心矩，μ_4 为四阶中心矩.

由于正态总体 X 的 $Skew(X)=0$，$Kurt(X)=0$，所以偏度和峰度经常用来表示总体分布与正态分布偏离的程度. 很多统计方法都假定总体分布为正态分布，当偏度和峰度与 0 相差较大时，应注意统计方法的适用条件.

如果要做检验，检验总体是否服从正态分布，可设 H_0 为 $Skew(X)=0$ 及 $Kurt(X)=0$.

当样本容量 n 足够大且总体 X 服从正态分布时，$Skew(X_1,X_2,\cdots,X_n)$ 服从 $N\left(0,\frac{6}{n}\right)$ 分布，$Kurt(X_1,X_2,\cdots,X_n)$ 服从 $N\left(0,\frac{24}{n}\right)$ 分布.

如果它们的观测值 $\frac{|Skew|}{\sqrt{\frac{6}{n}}}\geqslant u_{1-0.25\alpha}$ 或 $\frac{|Kurt|}{\sqrt{\frac{24}{n}}}\geqslant u_{1-0.25\alpha}$，便应该拒绝 H_0.

例 7.3.4　试用偏度峰度检验法检验 § 7.1 例 1.1 中取出观测值的总体 X 服从正态分布.

解　本例的观测值为 10.4，12.0，13.1，13.8，13.8，14.6，15.1，15.5，15.9，检验的步骤依次为：

(1) 由所给数据计算得到

$\overline{x}=13.8$，$s^*=1.765$，$m_3=-3.177$，$m_4=19.493$；

(2) 由样本的偏度和峰度的定义计算得到

$$Skew=-0.835,Kurt=0.271;$$

(3) 检验总体是否服从正态分布，可设 H_0 为 $Skew(X)=0$ 及 $Kurt(X)=0$，再由 $\alpha=0.05$，$1-0.25\alpha=0.9875$，查标准正态分布的分布函数值表得到 $u_{0.9875}=2.24$，根据 $n=9$ 及所给数据计算得到

$$\frac{|Skew|}{\sqrt{\frac{6}{n}}}=1.023<u_{0.9875},\frac{|Kurt|}{\sqrt{\frac{24}{n}}}=0.166<u_{0.9875},$$

因此接受 H_0，认为取出上述观测值的总体 X 服从正态分布.

说明　本例中的样本容量较小，作正态分布检验只为了说明该项检验的步骤. 此例可用下面的 W 检验法作正态分布的检验. W 检验法的优点是灵敏度较高、计算较为简便、所需要的样本容量不多.

W 检验的步骤如下：

① 设 H_0 为总体 X 服从正态分布；

② 由样本的顺序统计量 $X_{(1)},X_{(2)},\cdots,X_{(n)}$ 的观测值计算统计量

$$L=\sum_k a_k[X_{(n+1-k)}-X_{(k)}] \quad 及 \quad W=\frac{L^2}{\sum_i (X_i-\overline{X})^2}$$

的观测值,式中的系数 a_k 可以由 W 检验用表中查出,$k=1$ 至 l,当 n 为偶数时 $l=0.5n$,当 n 为奇数时 $l=0.5(n-1)$;

③ W 统计量的观测值用 w 表示,W 检验的临界值用 w_α 表示,w_α 可根据 n 由 W 检验用表中查出,当 $w>w_\alpha$ 时接受 H_0,否则放弃 H_0.

W 检验用表的篇幅较大,以下是其中的部分数值,供举例时查阅. 表中的 n 为样本容量,前 7 行为系数 a_k,后 2 行为 W 检验的临界值 w_α.

用统计分析软件解实际问题时,并不需要查表.

k	n								
	7	8	9	10	11	12	13	14	15
1	0. 623 3	0. 605 2	0. 588 8	0. 573 9	0. 560 1	0. 547 5	0. 535 9	0. 525 1	0. 515 0
2	0. 303 1	0. 316 4	0. 324 4	0. 329 1	0. 331 5	0. 332 5	0. 332 5	0. 331 8	0. 330 6
3	0. 140 1	0. 174 3	0. 197 6	0. 214 1	0. 226 0	0. 234 7	0. 241 2	0. 246 0	0. 249 5
4	—	0. 056 1	0. 094 7	0. 122 4	0. 142 9	0. 158 6	0. 170 7	0. 180 2	0. 187 8
5	—	—	—	0. 039 9	0. 069 5	0. 092 2	0. 109 9	0. 124 0	0. 135 3
6	—	—	—	—	—	0. 030 3	0. 053 9	0. 072 7	0. 088 0
7	—	—	—	—	—	—	—	0. 024 0	0. 043 3
$W_{0.01}$	0. 730	0. 749	0. 764	0. 781	0. 792	0. 805	0. 814	0. 825	0. 835
$W_{0.05}$	0. 803	0. 818	0. 829	0. 842	0. 850	0. 859	0. 866	0. 874	0. 881

例 7.3.5　试用 W 检验法检验 § 7. 1 例 7. 1. 1 中取出观测值的总体 X 服从正态分布.

解　本例的观测值为 10. 4,12. 0,13. 1,13. 8,13. 8,14. 6,15. 1,15. 5,15. 9,已经由小到大顺序排列,检验时根据 $n=9,l=4$,先查 W 检验用表得到系数 a_k 的值,再列表计算统计量 L,表格如下:

k	$x_{(k)}$	$x_{(n+1-k)}$	a_k	$a_k[x_{(n+1-k)}-x_{(k)}]$
1	10. 4	15. 9	0. 588 8	0. 588 8(15. 9−10. 4)= 3. 238 4
2	12. 0	15. 5	0. 324 4	0. 324 4(15. 5−12. 0)= 1. 135 4
3	13. 1	15. 1	0. 197 6	0. 197 6(15. 1−13. 1)= 0. 395 2
4	13. 8	14. 6	0. 094 7	0. 094 7(14. 6−13. 8)= 0. 075 8

因此 $L=4.8448$, $\sum_i (x_i-\bar{x})^2 = 24.92$,$w = 0.942$,$W$ 检验的临界值 $w_{0.05}=0.829$,$w > w_{0.05}$,应该接受 H_0,认为取出上述观测值的总体 X 服从正态分布.

用 D 检验法所需要的样本容量较多. 一般,只在样本容量超过 2 000 时才给出 D 检验的结果. 考虑到样本容量超过 2 000 的实例极少,本书不讲述 D 检验法.

3. 列联表分类标志的独立性检验

设一个总体中的 n 个元素可以按两种标志进行分类,并已知按第一种标志划分为 r 个类,按第二种标志划分为 s 个类,观测到第 ij 类中元素的个数为 $n_{ij}(i=1,2,\cdots,r,\ j=1,2,\cdots,s)$,且 $\sum\limits_{i=1}^{r} n_{ij}=n_{\cdot j}$,$\sum\limits_{j=1}^{s} n_{ij}=n_{i\cdot}$,要检验这两种分类标志是否相互独立.如果将以上分类标志及各类中元素的个数写在表格之中,那么这样的表格就称为列联表,所作的检验称为列联表分类标志的独立性检验.设 H_0 为这两种分类标志相互独立,则检验 H_0 相当于检验一个二维的离散型分布律是否等于两个边缘分布律的乘积,即 $p_{ij}=p_{i\cdot}\, p_{\cdot j}$,式中的 p_{ij} 是按两种标志分类时各类中元素出现的概率,而 $p_{i\cdot}$ 和 $p_{\cdot j}$ 则分别是按第一种和第二种标志分类时各类中元素出现的概率.做检验时先用最大似然法求出 $\hat{p}_{i\cdot}=\dfrac{n_{i\cdot}}{n}$ 和 $\hat{p}_{\cdot j}=\dfrac{n_{\cdot j}}{n}$,再计算统计量

$$\chi^2=\sum_{i=1}^{r}\sum_{j=1}^{s}\frac{(n_{ij}-n\hat{p}_{i\cdot}\,\hat{p}_{\cdot j})^2}{n\hat{p}_{i\cdot}\,\hat{p}_{\cdot j}}$$

的观测值,当 $\chi^2\geqslant\chi^2_{1-\alpha}(f)$ 时拒绝 H_0,式中的 $f=(r-1)(s-1)$ 为自由度,α 为显著性水平.

这里的统计量是以 χ^2 分布为极限分布,也要求理论频数的估计值不小于 5.当出现小于 5 的理论频数的估计值时,也要对类别进行适当的合并.如果遇到 $r=s=2$ 的列联表,由于自由度 $f=1$,还应该对 χ^2 统计量进行连续性校正,校正后的 χ^2 统计量为

$$\chi^2=\sum_{i=1}^{2}\sum_{j=1}^{2}\frac{(|n_{ij}-n\hat{p}_{i\cdot}\,\hat{p}_{\cdot j}|-0.5)^2}{n\hat{p}_{i\cdot}\,\hat{p}_{\cdot j}}.$$

例 7.3.6 药品疗效 为了解某种药品对某种疾病的疗效是否与患者的年龄有关,查到了 91 名老年患者、100 名中青年患者、109 名儿童患者的疗效记录,整理后列表如下:

疗效	老年	中青年	儿童	行求和
显著	32	38	58	128
一般	45	44	28	117
较差	14	18	23	55
列求和	91	100	109	300

试检验年龄与疗效相互独立.($\alpha=0.05$)

解 本例要作列联表分类标志的独立性检验,H_0 为这两种分类标志相互独立,也就是疗效与患者的年龄相互独立.根据所给的观测值,先由各 n_{ij},$n_{i\cdot}$,$n_{\cdot j}$ 和 n 计算 $n\hat{p}_{i\cdot}\,\hat{p}_{\cdot j}$,计算结果列表如下:

疗效	老年	中青年	儿童	行求和
显著	38.826	42.667	46.507	128
一般	35.490	39.000	42.510	117
较差	16.684	18.333	19.983	55
列求和	91	100	109	300

$$\chi^2=\sum_{i=1}^{3}\sum_{j=1}^{3}\frac{(n_{ij}-n\hat{p}_{i\cdot}\hat{p}_{\cdot j})^2}{n\hat{p}_{i\cdot}\hat{p}_{\cdot j}}=13.586,$$

$f=(3-1)\times(3-1)=4$，查χ^2分布的分位数表得到$\chi^2_{0.95}(4)=9.49$，$\chi^2>9.49$，因此拒绝原假设H_0，认为疗效与患者的年龄不相互独立.

例 7.3.7 植物保护 调查水稻纹枯病的发生情况，得到纹枯病与种植密度的观测数据如下，试检验纹枯病与种植密度是否有某种内在的联系. ($\alpha=0.05$)

行株距	15×10	9×9	8.5×6	行求和
病株数	26	41	54	121
未病株数	174	159	146	479
列求和	200	200	200	600

解 本例要作列联表分类标志的独立性检验，H_0为这两种分类标志相互独立，也就是纹枯病与种植密度相互独立. 根据所给的观测值，先由各n_{ij}，$n_{i\cdot}$，$n_{\cdot j}$和n计算$n\hat{p}_{i\cdot}\hat{p}_{\cdot j}$，计算结果列表如下：

行株距	15×10	9×9	8.5×6	行求和
病株数	40.33	40.33	40.33	121
未病株数	159.67	159.67	159.67	479
列求和	200	200	200	600

$$\chi^2=\sum_{i=1}^{2}\sum_{j=1}^{3}\frac{(n_{ij}-n\hat{p}_{i\cdot}\hat{p}_{\cdot j})^2}{n\hat{p}_{i\cdot}\hat{p}_{\cdot j}}=12.196,$$

$f=(2-1)\times(3-1)=2$，查χ^2分布的分位数表得到$\chi^2_{0.95}(2)=5.99$，$\chi^2>5.99$，因此拒绝原假设H_0，认为纹枯病与种植密度有某种内在的联系.

【**探索题**】进行一个试验设计，检验硬币是否是均匀的.

χ^2 拟合检验程序

正态性检验程序

χ^2 独立性检验程序

习 题 7.3

1. 根据某 10 个骑兵连 20 年的记录，一个连队一年受马践踏而死亡的人数及频数如下：

死亡人数	0	1	2	>2
频数	109	65	22	4

试检验这一类记录的数字服从$P(\lambda)$分布. ($\alpha=0.05$)

2. 某番茄品种在容量为 310 的样本中发现不纯植株数及频数如下表：

不纯植株数	0	1	2	3	4	5	>5
频数	103	120	53	26	5	2	1

试检验这一类记录的数字服从 $P(\lambda)$ 分布. ($\alpha=0.05$)

3. 统计 2 880 个婴儿的出生时刻，得到观测值(单位：个)如下：

0:00—2:00	2:00—4:00	4:00—6:00	6:00—8:00	8:00—10:00	10:00—12:00
266	281	249	242	248	240
12:00—14:00	14:00—16:00	16:00—18:00	18:00—20:00	20:00—22:00	22:00—24:00
255	209	209	196	219	266

试检验婴儿的出生是否均匀. ($\alpha=0.05$)

4. 菠菜的雄株和雌株的比例为 1∶1，从 200 株中观测到雄株数为 108，雌株数为 92，试检验 108∶92 与 1∶1 是否有显著的差异. ($\alpha = 0.05$)

5. 做南瓜果皮色泽和形状的遗传学试验，得到 F2 代的观测数据如下：

表现型	白皮蝶形	白皮圆形	黄皮蝶形	黄皮圆形
频次	420	159	145	60

试检验分离比符合 9∶3∶3∶1. ($\alpha = 0.05$)

6. 在调查的 480 名男性中 38 名患有色盲，520 名女性中 6 名患有色盲，试检验性别与患色盲相互独立. ($\alpha = 0.05$)

7. 抽取两批各 500 人分别使用及不使用某种预防感冒的措施，分类统计的结果如下：

预防措施	未患感冒	患感冒一次	患感冒一次以上
未使用	224 人	136 人	140 人
使用	252 人	145 人	103 人

试检验这种预防感冒的措施是无效的. ($\alpha = 0.05$)

8. 茎用芥菜在重庆地区不同播种期的病毒病株数与无病毒健康株数如下表：

播种期	9 月上旬	9 月中旬	9 月下旬
病株数	88	60	35
健康株数	212	240	265

试检验播种期与病毒病的发生是否有关. ($\alpha = 0.05$)

> 统计学是种科学形式,通过误差,帮助我们接近真理.
>
> ——蒙蒂·霍尔(Monty Hall)

第八章　方差分析

§8.1　单因素试验的方差分析

1. 单因素试验及有关的基本概念

在试验中,有可能影响试验指标并且有可能加以控制的试验条件称为因素.通过试验的设计,在试验中只安排一个因素有所变化,取不同的状态或水平,而其余的因素都在设计的状态或水平下保持不变,这样的试验称为**单因素试验**.

做单因素试验的目的,是要检验该因素取不同的状态或水平时对试验指标的影响是否有显著的差异.

可设单因素试验的因素为A,有$A_1,A_2,\cdots,A_r$共r个水平,故有r个总体,分别安排了$n_1,n_2,\cdots,n_r$次重复试验,其中的第i个水平A_i安排了n_i次重复试验,得到的样本为$X_{i1},X_{i2},\cdots,X_{in_i}$,相应的观测值为$x_{i1},x_{i2},\cdots,x_{in_i}$,式中的$\sum\limits_{i=1}^{r} n_i=n$.

在应用问题中,样本$X_{i1},X_{i2},\cdots,X_{in_i}$就是在试验后所得到的试验指标的值,也就是试验的结果.例如作物的产量或株高、动物的体重等.

为了对试验结果作出正确的分析,还要限定r个总体分别服从正态分布,要根据取自这r个正态总体的n个相互独立且方差相同的样本检验原假设H_0:各$\mu_i(i=1,2,\cdots,r)$相等,所作的检验以及对未知参数的估计称为单因素试验的**方差分析**.

因此,作方差分析有三项基本的假定:

(1) $X_1,X_2,\cdots,X_r$都服从正态分布;

(2) 各个正态总体的方差相等,即$\sigma_1^2=\sigma_2^2=\cdots=\sigma_r^2$;

(3) 各个样本相互独立.

简述为:正态、同方差、相互独立.

记
$$\mu=\frac{1}{n}\sum_{i=1}^{r} n_i\mu_i,$$
$$\alpha_i=\mu_i-\mu,\quad 且\quad \sum_{i=1}^{r} n_i\alpha_i=0,$$

则 (1) $x_{ij}=\mu_i+\varepsilon_{ij}=\mu+\alpha_i+\varepsilon_{ij}$,

(2) $x_{ij}-\mu=\alpha_i+\varepsilon_{ij}$,

式中的 μ 称为总平均值,α_i 称为因素 A 的水平 A_i 的效应,各个 ε_{ij} 称为随机误差,ε_{ij} 相互独立且都服从 $N(0,\sigma^2)$ 分布,要检验的原假设 H_0 则等价于各 $\alpha_i=0(i=1,2,\cdots,r)$. 称(1) 为单因素试验的方差分析的数学模型,称(2) 为单因素试验数据的效应分解.

2. 总离均差平方和的分解

记 $\bar{x}_{i\cdot}=\dfrac{1}{n_i}\sum\limits_{j=1}^{n_i}x_{ij}$ 为第 i 个水平的观测值的平均值,

$\bar{x}_{\cdot\cdot}=\dfrac{1}{n}\sum\limits_{i=1}^{r}\sum\limits_{j=1}^{n_i}x_{ij}=\dfrac{1}{n}\sum\limits_{i=1}^{r}n_i\bar{x}_{i\cdot}$ 为全部观测值的平均值.

由总离均差平方和的分解可以导出单因素试验作方差分析的假设检验方案.

记 $SST=\sum\limits_{i=1}^{r}\sum\limits_{j=1}^{n_i}(x_{ij}-\bar{x}_{\cdot\cdot})^2$,

$$SSE=\sum_{i=1}^{r}\sum_{j=1}^{n_i}(x_{ij}-\bar{x}_{i\cdot})^2,$$

$$SSA=\sum_{i=1}^{r}\sum_{j=1}^{n_i}(\bar{x}_{i\cdot}-\bar{x}_{\cdot\cdot})^2=\sum_{i=1}^{r}n_i(\bar{x}_{i\cdot}-\bar{x}_{\cdot\cdot})^2,$$

式中的 SST 反映全部数据之间的差异,称为总离均差平方和;SSE 反映各个样本的数据与本组样本均值之间的差异,称为误差平方和;SSA 反映各个样本均值之间的差异,称为因素 A 的效应平方和或组间平方和.

可以证明:

结论 1 $SST=SSE+SSA$;

结论 2 $\dfrac{SSE}{\sigma^2}$ 服从 $\chi^2(n-r)$ 分布;

结论 3 当 H_0 为真时,$\dfrac{SSA}{\sigma^2}$ 服从 $\chi^2(r-1)$ 分布;

结论 4 当 H_0 为真时,SSE,SSA 相互独立;

结论 5 当 H_0 为真,$MSA=\dfrac{SSA}{r-1}$,$MSE=\dfrac{SSE}{n-r}$ 时,$F=\dfrac{MSA}{MSE}$ 服从 $F(r-1,n-r)$ 分布,当 $F\geqslant F_{1-\alpha}(r-1,n-r)$ 时,拒绝原假设 H_0.

结论 1 证明如下:

$$\begin{aligned}SST&=\sum_{i=1}^{r}\sum_{j=1}^{n_i}(x_{ij}-\bar{x}_{\cdot\cdot})^2\\&=\sum_{i=1}^{r}\sum_{j=1}^{n_i}[(x_{ij}-\bar{x}_{i\cdot})+(\bar{x}_{i\cdot}-\bar{x}_{\cdot\cdot})]^2\\&=\sum_{i=1}^{r}\sum_{j=1}^{n_i}(x_{ij}-\bar{x}_{i\cdot})^2+\sum_{i=1}^{r}\sum_{j=1}^{n_i}(\bar{x}_{i\cdot}-\bar{x}_{\cdot\cdot})^2\end{aligned}$$

$$+2\sum_{i=1}^{r}\sum_{j=1}^{n_i}(x_{ij}-\bar{x}_{i\cdot})(\bar{x}_{i\cdot}-\bar{x}_{\cdot\cdot}),$$

式中的 $\sum_{i=1}^{r}\sum_{j=1}^{n_i}(x_{ij}-\bar{x}_{i\cdot})(\bar{x}_{i\cdot}-\bar{x}_{\cdot\cdot})=\sum_{i=1}^{r}\left[(\bar{x}_{i\cdot}-\bar{x}_{\cdot\cdot})\sum_{j=1}^{n_i}(x_{ij}-\bar{x}_{i\cdot})\right]=0$，因此 $SST=SSE+SSA$.

其他结论的证明需要引入正交变换,请参看有关的文献.

3. 总体中未知参数的估计

(1) $\hat{\mu}=\bar{x}_{\cdot\cdot}$，$\hat{\mu}_i=\bar{x}_{i\cdot}$，$\hat{\alpha}_i=\bar{x}_{i\cdot}-\bar{x}_{\cdot\cdot}$,并且

$$E(\bar{x}_{\cdot\cdot})=\mu,\quad E(\bar{x}_{i\cdot})=\mu_i,\quad E(\bar{x}_{i\cdot}-\bar{x}_{\cdot\cdot})=\alpha_i.$$

(2) $x_{ij}=\bar{x}_{i\cdot}+(x_{ij}-\bar{x}_{i\cdot})=\bar{x}_{\cdot\cdot}+(\bar{x}_{i\cdot}-\bar{x}_{\cdot\cdot})+(x_{ij}-\bar{x}_{i\cdot})$ 为单因素试验的方差分析的数学模型的估计式,而 $x_{ij}-\bar{x}_{\cdot\cdot}=(\bar{x}_{i\cdot}-\bar{x}_{\cdot\cdot})+(x_{ij}-\bar{x}_{i\cdot})$ 为效应分解的估计式.

(3) $\hat{\sigma}^2=MSE=\dfrac{SSE}{n-r}$,并且 $E(MSE)=\sigma^2$.

(4) 当拒绝原假设 H_0,且 $u\neq v$ 时,均值差 $\mu_u-\mu_v$ 的双侧 $1-\alpha$ 置信区间可表示为

$$(\bar{x}_{u\cdot}-\bar{x}_{v\cdot}\pm\Delta_{uv}),\quad \Delta_{uv}=t_{1-0.5\alpha}(n-r)\sqrt{MSE\left(\frac{1}{n_u}+\frac{1}{n_v}\right)}.$$

4. 单因素试验的方差分析的步骤

(1) 计算 $T_{i\cdot}=\sum_{j=1}^{n_i}x_{ij}$,$\bar{x}_{i\cdot}$,$T=\sum_{i=1}^{r}\sum_{j=1}^{n_i}x_{ij}=\sum_{i=1}^{r}T_{i\cdot}$ 及 $\bar{x}_{\cdot\cdot}$.

(2) 计算 $C=\dfrac{T^2}{n}$,$SST=\sum_{i=1}^{r}\sum_{j=1}^{n_i}x_{ij}^2-n(\bar{x}_{\cdot\cdot})^2=\sum_{i=1}^{r}\sum_{j=1}^{n_i}x_{ij}^2-C$,

$$SSA=\sum_{i=1}^{r}n_i(\bar{x}_{i\cdot})^2-n(\bar{x}_{\cdot\cdot})^2=\sum_{i=1}^{r}\frac{T_{i\cdot}^2}{n_i}-C,$$

$$SSE=SST-SSA.$$

(3) 计算均方和 MSA,MSE 及 $F=\dfrac{MSA}{MSE}$.

(4) 给出 α,确定分位数 $F_{1-\alpha}(r-1,n-r)$.

(5) 列出方差分析表:

方差来源	平方和	自由度	均方和	F 值	显著性
因素 A	SSA	$r-1$	MSA	F	
误　差	SSE	$n-r$	MSE		
总　和	SST	$n-1$			

其中的显著性一栏应写出 F 值与 $F_{1-\alpha}(r-1,n-r)$ 比较的结果,

$F>F_{0.99}(r-1,n-r)$ 时写 * *,

$F_{0.95}(r-1,n-r)<F<F_{0.99}(r-1,n-r)$ 时写 *,

$F < F_{0.95}(r-1, n-r)$ 时写 N.

(6) 写出假设检验的结论.

例 8.1.1 切胚乳试验 用小麦种子进行切胚乳试验,设计分 3 种处理,同期播种在条件较为一致的花盆内,出苗后每盆选留 2 株,成熟后测量每株粒重(单位:g),得到数据如下:

处理	每株粒重
未切去胚乳	21, 29, 24, 22, 25, 30, 27, 26
切去一半胚乳	20, 25, 25, 23, 29, 31, 24, 26, 20, 21
切去全部胚乳	24, 22, 28, 25, 21, 26

试作方差分析,如果方差分析显著,试求出两两总体均值差的双侧 0.95 置信区间.

解 设 H_0 为各 μ_i 相等,也就是各个处理之间没有显著的差异.

(1) 计算 $T_{i\cdot} = \sum_{j=1}^{n_i} x_{ij}, \bar{x}_{i\cdot}, T = \sum_{i=1}^{r} T_{i\cdot}$ 及 $\bar{x}_{\cdot\cdot}$ 并列表:

处理	n_i	$T_{i\cdot}$	$\bar{x}_{i\cdot}$	$\sum_{j=1}^{n_i} x_{ij}^2$
未切去胚乳	8	204	25.50	5 272
切去一半胚乳	10	244	24.40	6 074
切去全部胚乳	6	146	24.33	3 586
总和	24	594		14 932
$\bar{x}_{\cdot\cdot}$	24.75			

(2) 计算校正数 $C = \dfrac{T^2}{n} = 14\,701.5$,

$\sum_{i=1}^{r}\sum_{j=1}^{n_i} x_{ij}^2 = 14\,932$, $\quad SST = \sum_{i=1}^{r}\sum_{j=1}^{n_i} x_{ij}^2 - C = 230.5$,

$\sum_{i=1}^{r} \dfrac{T_{i\cdot}^2}{n_i} = 14\,708.27$, $\quad SSA = \sum_{i=1}^{r} \dfrac{T_{i\cdot}^2}{n_i} - C = 6.77$,

$SSE = SST - SSA = 223.73$;

(3) 计算 $r-1=2, n-r=21, MSA=3.39, MSE=10.65, F=0.32$;

(4) 给出 $\alpha=0.05$,查表得到分位数 $F_{0.95}(2,21) \approx F_{0.95}(2,20) = 3.49$ $F < F_{0.95}(2,21)$;

(5) 列出方差分析表:

方差来源	平方和	自由度	均方和	F 值	显著性
因素 A	6.77	2	3.39	0.32	N
误 差	223.73	21	10.65		
总 和	230.50	23			

因此接受 H_0,认为各 μ_i 相等,各个处理之间没有显著的差异.

说明:作方差分析时,在算出 MSA 与 MSE 后,计算 F 时仍应根据公式 $F = \dfrac{SSA/(r-1)}{SSE/(n-r)}$

用计算器做连运算 $SSA \div (r-1) \div SSE \times (n-r)$. 这样做可以减少计算误差,与用统计分析软件上机计算的结果接近.

所求的未知参数 μ_i 和 μ 的估计为:

$$\hat{\mu}_1 = \bar{x}_{1\cdot} = 25.50,\quad \hat{\mu}_2 = \bar{x}_{2\cdot} = 24.40,$$

$$\hat{\mu}_3 = \bar{x}_{3\cdot} = 24.33,\quad \hat{\mu} = \bar{x}_{\cdot\cdot} = 24.75.$$

又因为各个处理之间没有显著的差异,也就没有必要求两两总体均值差的双侧 0.95 置信区间.

例 8.1.2 药剂处理 用 4 种不同的药剂处理水稻种子,发芽后观测到苗高(单位:cm)如下:

处 理	苗 高
1	19, 23, 21, 13
2	21, 24, 27, 20
3	20, 18, 19, 15
4	22, 25, 27, 22

试作方差分析,如果方差分析显著,试求出两两总体均值差的双侧 0.95 置信区间.

解 设 H_0 为各 μ_i 相等,也就是各种处理的苗高之间没有显著的差异.

(1) 计算 $T_{i\cdot} = \sum_{j=1}^{n_i} x_{ij}, \bar{x}_{i\cdot}, T = \sum_{i=1}^{r} T_{i\cdot}$ 及 $\bar{x}_{\cdot\cdot}$ 并列表:

处 理	n_i	$T_{i\cdot}$	$\bar{x}_{i\cdot}$	$\sum_{j=1}^{n_i} x_{ij}^2$
1	4	76	19	1 500
2	4	92	23	2 146
3	4	72	18	1 310
4	4	96	24	2 322
总和	16	336		7 278
$\bar{x}_{\cdot\cdot}$			21	

(2) 计算校正数 $C = \dfrac{T^2}{n} = 7\,056$,

$$\sum_{i=1}^{r}\sum_{j=1}^{n_i} x_{ij}^2 = 7\,278,\qquad SST = \sum_{i=1}^{r}\sum_{j=1}^{n_i} x_{ij}^2 - C = 222,$$

$$\sum_{i=1}^{r}\frac{T_{i\cdot}^2}{n_i} = 7\,160,\qquad SSA = \sum_{i=1}^{r}\frac{T_{i\cdot}^2}{n_i} - C = 104,$$

$$SSE = SST - SSA = 118;$$

(3) 计算 $r-1=3, n-r=12, MSA=34.67, MSE=9.83, F=3.53$;

(4) 给出 $\alpha = 0.05$,查表得到分位数 $F_{0.95}(3,12) = 3.49$, $F_{0.99}(3,12) = 5.95$, $F_{0.95}(3,12) < F < F_{0.99}(3,12)$;

(5) 列出方差分析表:

方差来源	平方和	自由度	均方和	F 值	显著性
因素 A	104	3	34.67	3.53	*
误　差	118	12	9.83		
总　和	222	15			

因此拒绝 H_0，认为各 μ_i 不全相等，各种处理的苗高之间有显著的差异.

所求的未知参数 μ_i 和 μ 的估计为：

$$\hat{\mu}_1=\bar{x}_{1.}=19,\ \hat{\mu}_2=\bar{x}_{2.}=23,$$
$$\hat{\mu}_3=\bar{x}_{3.}=18,\ \hat{\mu}_4=\bar{x}_{4.}=24,$$
$$\hat{\mu}=\bar{x}_{..}=21.$$

根据以上结论，有必要求两两总体均值差的双侧 0.95 置信区间. 为此，先由 $\alpha=0.05$ 查表得到 $t_{0.975}(12)=2.179$，由 $n_u=n_v=4$ 及上述 MSE 计算得到 $\sqrt{MSE\left(\frac{1}{n_u}+\frac{1}{n_v}\right)}=2.22$，$\Delta_{uv}=t_{0.975}(12)\sqrt{MSE\left(\frac{1}{n_u}+\frac{1}{n_v}\right)}=4.84$，两两总体均值差的双侧 0.95 置信区间为：

样本均值差	$\bar{x}_{2.}-\bar{x}_{1.}=4$	$\bar{x}_{3.}-\bar{x}_{1.}=-1$	$\bar{x}_{4.}-\bar{x}_{1.}=5$	$\bar{x}_{3.}-\bar{x}_{2.}=-5$	$\bar{x}_{4.}-\bar{x}_{2.}=1$	$\bar{x}_{4.}-\bar{x}_{3.}=6$
双侧 0.95 置信区间	(−0.84, 8.84)	(−5.84, 3.84)	(0.16, 9.84)	(−9.84, −0.16)	(−3.84, 5.84)	(1.16, 10.84)

5. 组间平均数的多重比较

当方差分析的结论是拒绝 H_0 时，说明各组均值在整体上存在显著的差异. 但究竟是哪一些组的均值存在显著的差异，还应该进行多重比较，也就是作组与组之间均值差的假设检验.

方法不止一种，以下讲述常用的两种方法：一是 Fisher 的最小显著差检验法，二是最小显著极差检验法.

最小显著差检验的原假设 H_0 为任意两组均值的差 $\mu_i-\mu_j=0$. 检验的原理与两个正态总体均值的 t 检验一致，只是将统计量 $t=\dfrac{\bar{x}_i-\bar{x}_j}{s_W\sqrt{\dfrac{1}{n_i}+\dfrac{1}{n_j}}}$ 中 $s_W=\sqrt{s_W^2}=\sqrt{\dfrac{ssx_i+ssx_j}{n_i+n_j-2}}$ 用方差分析表中的误差均方 MSE 代替、自由度 n_i+n_j-2 用误差的自由度 $n-r$ 代替，并由

$$t=\frac{\bar{x}_i-\bar{x}_j}{\sqrt{MSE\left(\dfrac{1}{n_i}+\dfrac{1}{n_j}\right)}}\text{ 得到 }\bar{x}_i-\bar{x}_j=t\sqrt{MSE\left(\frac{1}{n_i}+\frac{1}{n_j}\right)}$$

后，记最小显著差 $LSD_\alpha=t_{1-0.5\alpha}(n-r)\sqrt{MSE\left(\dfrac{1}{n_i}+\dfrac{1}{n_j}\right)}$，再将 $|\bar{x}_i-\bar{x}_j|$ 与 LSD_α 相比较. 当

$|\bar{x}_i - \bar{x}_j| > LSD_\alpha$ 时,认为两处理的均值差异显著. 此方法简便,应用比较广泛. 缺点是,参与比较的均值不宜太多,否则会增大犯第一类错误的概率. 近年来,有研究提出:可在方差分析的结论为显著或极显著的情形下,用最小显著差检验法作多重比较.

对例 1.2 用最小显著差检验法作多重比较的结果为:

μ_1 与 μ_2 的差异不显著;μ_1 与 μ_3 的差异不显著;μ_1 与 μ_4 的差异显著;μ_2 与 μ_3 的差异显著;μ_2 与 μ_4 的差异不显著;μ_3 与 μ_4 的差异显著.

最小显著极差检验法的特点是对不同的组间均值采取不同的显著差数标准进行比较,所查的临界值表,可以是新复极差检验的 SSR 数值表(见附录七),也可以是 Q 检验的 Q 数值表(见附录八). 因此,最小显著极差法又有新复极差(或 Duncan) 检验法和 Q 检验法之分.

最小显著极差法的原假设 H_0 为 $\mu_u - \mu_v = 0$,步骤是:

(1) 计算样本均值的标准误 SE,当各组观测值的个数都是 r 时,$SE = \sqrt{\dfrac{MSE}{r}}$;

(2) 将样本均值由大到小排列并数出由均值 $\bar{x}_{u\cdot}$ 到均值 $\bar{x}_{v\cdot}$ 包括 $\bar{x}_{u\cdot}$ 与 $\bar{x}_{v\cdot}$ 以及夹在它们之间的均值的个数 p;

(3) 根据 MSE 的自由度、p 及显著性水平 α 查新复极差检验的 SSR 数值表得到 SSR_α,或查 Q 检验的 Q 数值表得到 Q_α;

(4) 计算最小显著极差 $LSR_\alpha = SE \times SSR_\alpha$ 或 $LSR_\alpha = SE \times Q_\alpha$;

(5) 当 $\bar{x}_{u\cdot} - \bar{x}_{v\cdot} < LSR_\alpha$ 时不拒绝 H_0,否则拒绝 H_0.

多重比较结果的表示方法有:

(1) 画线法 —— 将均值由大到小排列后,在差异不显著的均值下面画线.

(2) 列梯形表法 —— 将均值由大到小排列后,计算各均值之间的差数,再列表使第一列为均值,第二列为各均值与最小均值的差数,第三列为各均值与次小均值的差数,以后各列类推,再同 LSR_α 比较,凡大于 LSR_α 者以 * ($\alpha = 0.05$) 或 ** ($\alpha = 0.01$) 标出.

(3) 标记字母法 —— 将均值由大到小排列后,在最大的均值上标记字母 a(或 A),并将该均值与其他均值比较,凡差异不显著者标记字母 a(或 A),直到某一个与其差异显著的均值标记字母 b(或 B). 再以标记字母 b(或 B) 均值为标准,与前面各个比它大的均值相比,凡差异不显著者第二次标记字母 b(或 B),又与后面各个比它小的均值相比,凡差异不显著者标记字母 b(或 B),直到某一个与其差异显著的均值标记字母 c(或 C). 如此多次重复地进行,直到最小的那一个均值标记了字母为止. 但是,显著性水平会有所不同,因此当 $\alpha = 0.05$ 时,标记小写字母,当 $\alpha = 0.01$ 时,标记大写字母.

设 $\alpha = 0.05$,对例 1.2 试作多重比较如下:

(1) $r = 4$,$SE = \sqrt{\dfrac{9.83}{4}} = 1.57$;

(2) $\bar{x}_{4\cdot} = 24$,$\bar{x}_{2\cdot} = 23$,$\bar{x}_{1\cdot} = 19$,$\bar{x}_{3\cdot} = 18$,$p = 2$ 至 4;

(3) 根据 $\alpha = 0.05$ 查新复极差检验和 Q 检验临界值表并计算得到:

p	2	3	4
SSR_α	3.08	3.23	3.33
LSR_α	4.84	5.07	5.23

p	2	3	4
Q_α	3.08	3.77	4.20
LSR_α	4.84	5.92	6.59

(4) 根据新复极差检验法

$\bar{x}_{4\cdot}$ 与 $\bar{x}_{2\cdot}$ 比:$p=2$,$24-23=1<4.84$,差异不显著;

$\bar{x}_{2\cdot}$ 与 $\bar{x}_{1\cdot}$ 比:$p=2$,$23-19=4<4.84$,差异不显著;

$\bar{x}_{1\cdot}$ 与 $\bar{x}_{3\cdot}$ 比:$p=2$,$19-18=1<4.84$,差异不显著;

$\bar{x}_{4\cdot}$ 与 $\bar{x}_{1\cdot}$ 比:$p=3$,$24-19=5<5.07$,差异不显著;

$\bar{x}_{2\cdot}$ 与 $\bar{x}_{3\cdot}$ 比:$p=3$,$23-18=5<5.07$,差异不显著;

$\bar{x}_{4\cdot}$ 与 $\bar{x}_{3\cdot}$ 比:$p=4$,$24-18=6>5.23$,差异显著.

(5) 根据 Q 检验法

$\bar{x}_{4\cdot}$ 与 $\bar{x}_{2\cdot}$ 比:$p=2$,$24-23=1<4.84$,差异不显著;

$\bar{x}_{2\cdot}$ 与 $\bar{x}_{1\cdot}$ 比:$p=2$,$23-19=4<4.84$,差异不显著;

$\bar{x}_{1\cdot}$ 与 $\bar{x}_{3\cdot}$ 比:$p=2$,$19-18=1<4.84$,差异不显著;

$\bar{x}_{4\cdot}$ 与 $\bar{x}_{1\cdot}$ 比:$p=3$,$24-19=5<5.92$,差异不显著;

$\bar{x}_{2\cdot}$ 与 $\bar{x}_{3\cdot}$ 比:$p=3$,$23-18=5<5.92$,差异不显著;

$\bar{x}_{4\cdot}$ 与 $\bar{x}_{3\cdot}$ 比:$p=4$,$24-18=6<6.59$,差异不显著.

以上用新复极差检验法作多重比较的结果,可用画线法标记为:

$\bar{x}_{4\cdot}$　$\bar{x}_{2\cdot}$　$\bar{x}_{1\cdot}$　$\bar{x}_{3\cdot}$

24　23　19　18

用列梯形表法标记为:

	$\bar{x}_{i\cdot}-\bar{x}_{3\cdot}$	$\bar{x}_{i\cdot}-\bar{x}_{1\cdot}$	$\bar{x}_{i\cdot}-\bar{x}_{2\cdot}$
$\bar{x}_{4\cdot}=24$	6^*	5	1
$\bar{x}_{2\cdot}=23$	5	4	
$\bar{x}_{1\cdot}=19$	1		
$\bar{x}_{3\cdot}=18$			

用标记字母法标记为:

	差异显著性
$\bar{x}_{4\cdot}=24$	a
$\bar{x}_{2\cdot}=23$	ab
$\bar{x}_{1\cdot}=19$	ab
$\bar{x}_{3\cdot}=18$	b

6. 多个总体同方差的假设检验(二)

作多个总体同方差的假设检验时,Bartlett 的 χ^2 检验法常用在多个总体都服从正态分布的情形,对于不服从正态分布的总体,检验的效果较差. 以下讲述 Levene 的 F 检验法,既可以用于服从正态分布的总体,也可以用于不服从正态分布或分布不明的总体.

此方法可概括为:先对各组观测值进行转换,再对转换后的数值作方差分析. 当方差分析不显著时,就认为各总体的方差没有显著的差异.

转换的方法包括:① $z_{ij}=|x_{ij}-\bar{x}_{i\cdot}|$,式中的 x_{ij} 为观测值,$\bar{x}_{i\cdot}$ 是第 i 组观测值的均值,z_{ij} 为观测值经过转换后得到的新值. 这种转换可用于服从对称分布或正态分布的样本观测值.

② $z_{ij}-|x_{ij}-\tilde{x}_{i\cdot}|$,$\tilde{x}_{i\cdot}$ 是第 i 组观测值的中位数. 这种转换可用于服从偏态分布的样本观测值.

③ $z_{ij}=|x_{ij}-\bar{x}'_{i\cdot}|$,$\bar{x}'_{i\cdot}$ 是第 i 组观测值的 10% 调整均值,而 10% 调整均值是去除小于 5% 分位数和大于 95% 分位数的数据后,在两者之间的数据的均值. 这种转换可用于有极端值

或离群值的样本观测值.

以下用 Levene 的 F 检验法对例 1.2 中的观测值作多个总体同方差的检验.

令 $z_{ij}=(x_{ij}-\bar{x}_{i\cdot})^2$ 得到转换后的新值列表为：

处理	苗高	均值	转换后
1	19,23,21, 13	19	0, 16, 4, 36
2	21,24,27, 20	23	4, 1, 16, 9
3	20,18,19, 15	18	4, 0, 1, 9
4	22,25,27, 22	24	4, 1, 9, 4

对转换后的数值作方差分析如下：

(1) 计算 $T_{i\cdot}=\sum_j x_{ij}(j=1\text{ 至 }n_i),\bar{x}_{i\cdot},T=\sum_i T_{i\cdot}\ (i=1\text{ 至 }r)$ 及 $\bar{x}_{\cdot\cdot}$ 并列表：

处理	n_i	$T_{i\cdot}$	$x_{i\cdot}$	$\sum_j x_{ij}^2$
1	4	56	14	1 568
2	4	30	7.5	354
3	4	14	3.5	98
4	4	18	4.5	114
总和	16	118	7.375	2 134

(2) 计算校正数 $C=\dfrac{T^2}{n}=870.25$,

$\sum_i\sum_j x_{ij}^2=566,SST=\sum_i\sum_j x_{ij}^2-C=1\ 263.75$,

$\sum_i\dfrac{T_{i\cdot}^2}{n_i}=1\ 139,SSA=\sum_i\dfrac{T_{i\cdot}^2}{n_i}-C=268.75,SSE=SST-SSA=995$;

(3) 计算 $r-1=3,n-r=12,MSA=89.58,MSE=82.92,F=1.080\ 3$;

(4) 给出 $\alpha=0.05$,查表得到分位数 $F_{0.95}(3,12)=3.49,F<F_{0.95}(3,12)$;

(5) 列出方差分析表：

方差来源	平方和	自由度	均方和	F 值	显著性
A	268.75	3	89.58	1.080 3	N
误差	995	12	82.92		
总和	1 263.75	15			

因此不拒绝 H_0,认为各总体方差之间没有显著的差异.

【**探索题**】t 检验与单因素方差分析的区别是什么?

单因素试验方差分析程序

习　题　8.1

1. 试验 3 种猪饲料的饲养效果,得到 9 头猪的月增重(单位:kg) 如下:

饲　料	月　增　重
1	51,　40,　43,　48
2	23,　25,　26
3	23,　28

试作方差分析,如果方差分析显著,试求出两两总体均值差的双侧 0.95 置信区间.

2. 测定 4 种种植密度下金皇后玉米的千粒重(单位:g) 如下:

种植密度	千　粒　重
1	247,258,256,251
2	238,244,246,236
3	214,227,221,218
4	210,204,200,210

试作方差分析.

3. 比较 4 个青种平头甘蓝的自交系,从每个自交系中任取 5 个叶球称其质量(单位:kg) 得到观测值如下:

自　交　系	叶球质量
1	2.21,2.00,1.90,1.95,2.14
2	1.40,1.25,0.90,1.08,0.97
3	1.65,1.94,1.44,1.51,1.78
4	1.42,1.66,1.21,1.61,1.33

试作方差分析.

4. 为研究华农 2 号玉米品种花粉的生活力,设计了 3 种不同的储藏方法,用萨尔达柯夫法在显微镜下得到有生活力的花粉的百分率数据如下:

方　法	百分率/%
1	95,77,72,64,56,68
2	93,78,75,76,63,71
3	70,68,66,49,55,64
对照	97,91,82,85,78,77

试先作百分率数据的平方根反正弦变换后(设 $y = \arcsin(\sqrt{x/100})$) 再作方差分析.

§ 8.2　双因素试验的方差分析(一)

1. 双因素试验及有关的基本概念

通过试验的设计,在试验中只安排两个因素有所变化,取不同的状态或水平,而其他的因素都在设计的状态或水平下保持不变,这样的试验称为**双因素试验**.

做双因素试验的目的,是要检验两因素取不同的状态或水平时,对试验指标的影响是否有显著的差异. 如果两因素的不同状态或水平相互搭配的试验不止一次,还要检验两因素不同状态或水平的相互搭配,对试验指标的影响是否有显著的差异. 这一节先考虑两因素不同状态或水平相互搭配的试验只有一次的情形.

可设双因素试验的一个因素为 A,有 $A_1,A_2,\cdots,A_r$ 共 r 个水平,另一个因素为 B,有 $B_1,B_2,\cdots,B_s$ 共 s 个水平. 这两个因素的水平互相搭配各安排一次试验,其中 A 因素的 A_i 水平与 B 因素的 B_j 水平搭配安排试验所得到的样本为 X_{ij},相应的观测值为 x_{ij}. 为了对试验结果作出正确的分析,还要限定各个样本 X_{ij} 分别来自 rs 个编号为 (i,j) 的正态总体($i=1,2,\cdots,r$, $j=1,2,\cdots,s$),它们分别服从 $N(\mu_{ij},\sigma^2)$ 分布. 当 μ_{ij} 及 σ^2 未知时,要根据取自这 rs 个正态总体的 rs 个相互独立且方差相同的样本,检验原假设 H_{01}:各 $\mu_{i\cdot}$ $(i=1,2,\cdots,r)$ 相等及 H_{02}:各 $\mu_{\cdot j}$$(j=1,2,\cdots,s)$ 相等,所作的检验以及对未知参数的估计称为双因素试验不考虑交互作用的方差分析. 式中的

$$\mu_{i\cdot}=\frac{1}{s}\sum_{j=1}^{s}\mu_{ij},$$

$$\mu_{\cdot j}=\frac{1}{r}\sum_{i=1}^{r}\mu_{ij}.$$

记 $$\mu=\frac{1}{rs}\sum_{i=1}^{r}\sum_{j=1}^{s}\mu_{ij}=\frac{1}{r}\sum_{i=1}^{r}\mu_{i\cdot}=\frac{1}{s}\sum_{j=1}^{s}\mu_{\cdot j},$$

$$\alpha_i=\mu_{i\cdot}-\mu,\text{且}\sum_{i=1}^{r}\alpha_i=0,$$

$$\beta_j=\mu_{\cdot j}-\mu,\text{且}\sum_{j=1}^{s}\beta_j=0,$$

则 (1) $x_{ij}=\mu_{ij}+\varepsilon_{ij}=\mu+\alpha_i+\beta_j+\varepsilon_{ij}$,

(2) $x_{ij}-\mu=\alpha_i+\beta_j+\varepsilon_{ij}$,

式中的 μ 称为总平均值,α_i 称为因素 A 的水平 A_i 的效应,β_j 称为因素 B 的水平 B_j 的效应,各个 ε_{ij} 称为随机误差,ε_{ij} 相互独立且都服从 $N(0,\sigma^2)$ 分布,要检验的原假设 H_{01} 和 H_{02} 则分别等价于各 $\alpha_i=0(i=1,2,\cdots,r)$ 和各 $\beta_j=0(j=1,2,\cdots,s)$.

这里的 $\mu_{ij}=\mu+\alpha_i+\beta_j$ 表示因素 A 与 B 的效应对于总体的均值 μ 是可以叠加的,或者是不考虑交互作用的. 否则就是考虑交互作用的,$\gamma_{ij}=\mu_{ij}-(\mu+\alpha_i+\beta_j)$ 在下一节将表示因素 A 与 B 的效应对于总体均值 μ 的交互作用. 称(1) 为双因素试验不考虑交互作用的方差分析的数学模型,称(2) 为双因素试验数据的效应分解.

2. 总离均差平方和的分解

记 $\bar{x}_{i\cdot}=\frac{1}{s}\sum_{j=1}^{s}x_{ij}$ 为 A 因素 A_i 水平的观测值的平均值,$\bar{x}_{\cdot j}=\frac{1}{r}\sum_{i=1}^{r}x_{ij}$ 为 B 因素 B_j 水平的观测值的平均值,$\bar{x}_{\cdot\cdot}=\frac{1}{rs}\sum_{i=1}^{r}\sum_{j=1}^{s}x_{ij}=\frac{1}{r}\sum_{i=1}^{r}\bar{x}_{i\cdot}=\frac{1}{s}\sum_{j=1}^{s}\bar{x}_{\cdot j}$ 为全部观测值的平均值.

由总离均差平方和的分解可以导出双因素试验不考虑交互作用时作方差分析的假设检验方案.

记$SST = \sum_{i=1}^{r}\sum_{j=1}^{s}(x_{ij} - \bar{x}_{..})^2$,

$$SSE = \sum_{i=1}^{r}\sum_{j=1}^{s}(x_{ij} - \bar{x}_{i.} - \bar{x}_{.j} + \bar{x}_{..})^2,$$

$$SSA = \sum_{i=1}^{r}\sum_{j=1}^{s}(\bar{x}_{i.} - \bar{x}_{..})^2 = s\sum_{i=1}^{r}(\bar{x}_{i.} - \bar{x}_{..})^2,$$

$$SSB = \sum_{i=1}^{r}\sum_{j=1}^{s}(\bar{x}_{.j} - \bar{x}_{..})^2 = r\sum_{j=1}^{s}(\bar{x}_{.j} - \bar{x}_{..})^2,$$

式中的 SST 反映全部数据之间的差异,称为总离均差平方和;SSE 反映各个样本的数据与本组样本均值之间的差异,称为误差平方和;SSA 反映消去了因素 B 的效应后因素 A 的效应所造成的差异,称为因素 A 的效应平方和;SSB 反映消去了因素 A 的效应后因素 B 的效应所造成的差异,称为因素 B 的效应平方和.

可以证明:

结论 1　$SST = SSE + SSA + SSB$;

结论 2　$\dfrac{SSE}{\sigma^2}$ 服从$\chi^2((r-1)(s-1))$分布;

结论 3　当 H_{01} 为真时,$\dfrac{SSA}{\sigma^2}$ 服从$\chi^2(r-1)$分布;

结论 4　当 H_{01} 为真时,SSE,SSA 相互独立;

结论 5　当 H_{01} 为真,$MSA = \dfrac{SSA}{r-1}$,$MSE = \dfrac{SSE}{(r-1)(s-1)}$时,$F_A = \dfrac{MSA}{MSE}$服从 $F(r-1,(r-1)(s-1))$分布,当 $F_A \geqslant F_{1-\alpha}(r-1,(r-1)(s-1))$时拒绝原假设 H_{01};

结论 6　当 H_{02} 为真时,$\dfrac{SSB}{\sigma^2}$ 服从$\chi^2(s-1)$分布;

结论 7　当 H_{02} 为真时,SSE,SSB 相互独立;

结论 8　当 H_{02} 为真,$MSB = \dfrac{SSB}{s-1}$,$MSE = \dfrac{SSE}{(r-1)(s-1)}$时,$F_B = \dfrac{MSB}{MSE}$服从 $F(s-1,(r-1)(s-1))$分布,当 $F_B \geqslant F_{1-\alpha}(s-1,(r-1)(s-1))$时拒绝原假设 H_{02}.

3. 总体中未知参数的估计

(1) $\hat{\mu} = \bar{x}_{..}$,$\hat{\mu}_{i.} = \bar{x}_{i.}$,$\hat{\mu}_{.j} = \bar{x}_{.j}$,$\hat{\alpha}_i = \bar{x}_{i.} - \bar{x}_{..}$,$\hat{\beta}_j = \bar{x}_{.j} - \bar{x}_{..}$,并且 $E(\bar{x}_{..}) = \mu$,$E(\bar{x}_{i.}) = \mu_{i.}$,$E(\bar{x}_{.j}) = \mu_{.j}$,$E(\bar{x}_{i.} - \bar{x}_{..}) = \alpha_i$,$E(\bar{x}_{.j} - \bar{x}_{..}) = \beta_j$.

(2) $x_{ij} = \bar{x}_{..} + (\bar{x}_{i.} - \bar{x}_{..}) + (\bar{x}_{.j} - \bar{x}_{..}) + (x_{ij} - \bar{x}_{i.} - \bar{x}_{.j} + \bar{x}_{..})$ 为双因素试验不考虑交互作用的方差分析的数学模型的估计式,$x_{ij} - \bar{x}_{..} = (\bar{x}_{i.} - \bar{x}_{..}) + (\bar{x}_{.j} - \bar{x}_{..}) + (x_{ij} - \bar{x}_{i.} - \bar{x}_{.j} + \bar{x}_{..})$ 为效应分解的估计式.

(3) $\hat{\sigma}^2 = MSE = \dfrac{SSE}{(r-1)(s-1)}$,并且 $E(MSE) = \sigma^2$.

(4) 当拒绝原假设 H_{01},且 $u \neq v$ 时,均值差 $\mu_{u\cdot} - \mu_{v\cdot}$ 的双侧 $1-\alpha$ 置信区间可表示为

$$(\bar{x}_{u\cdot} - \bar{x}_{v\cdot} \pm \Delta_{uv}), \quad \Delta_{uv} = t_{1-0.5\alpha}((r-1)(s-1))\sqrt{MSE\left(\frac{2}{s}\right)}.$$

(5) 当拒绝原假设 H_{02},且 $u \neq v$ 时,均值差 $\mu_{\cdot u} - \mu_{\cdot v}$ 的双侧 $1-\alpha$ 置信区间可表示为

$$(\bar{x}_{\cdot u} - \bar{x}_{\cdot v} \pm \Delta_{uv}), \quad \Delta_{uv} = t_{1-0.5\alpha}((r-1)(s-1))\sqrt{MSE\left(\frac{2}{r}\right)}.$$

4. 双因素试验不考虑交互作用的方差分析的步骤

(1) 计算 $T_{i\cdot} = \sum_{j=1}^{s} x_{ij}, \bar{x}_{i\cdot}, T_{\cdot j} = \sum_{i=1}^{r} x_{ij}, \bar{x}_{\cdot j}$ 以及 $T = \sum_{i=1}^{r}\sum_{j=1}^{s} x_{ij} = \sum_{i=1}^{r} T_{i\cdot} = \sum_{j=1}^{s} T_{\cdot j}$ 和 $\bar{x}_{\cdot\cdot}$;

(2) 计算 $C = \dfrac{T^2}{rs}, SST = \sum_{i=1}^{r}\sum_{j=1}^{s} x_{ij}^2 - rs(\bar{x}_{\cdot\cdot})^2 = \sum_{i=1}^{r}\sum_{j=1}^{s} x_{ij}^2 - C$,

$$SSA = \sum_{i=1}^{r} s(\bar{x}_{i\cdot})^2 - rs(\bar{x}_{\cdot\cdot})^2 = \sum_{i=1}^{r} \frac{T_{i\cdot}^2}{s} - C,$$

$$SSB = \sum_{j=1}^{s} r(\bar{x}_{\cdot j})^2 - rs(\bar{x}_{\cdot\cdot})^2 = \sum_{j=1}^{s} \frac{T_{\cdot j}^2}{r} - C,$$

$$SSE = SST - SSA - SSB;$$

(3) 计算均方和 MSA, MSB, MSE 及 $F_A = \dfrac{MSA}{MSE}, F_B = \dfrac{MSB}{MSE}$;

(4) 给出 α,确定分位数 $F_{1-\alpha}(r-1,(r-1)(s-1))$ 和 $F_{1-\alpha}(s-1,(r-1)(s-1))$;

(5) 列出方差分析表:

方差来源	平方和	自由度	均方和	F 值	显著性
因素 A	SSA	$r-1$	MSA	F_A	
因素 B	SSB	$s-1$	MSB	F_B	
误　差	SSE	$(r-1)(s-1)$	MSE		
总　和	SST	$rs-1$			

其中的显著性一栏应写出 F 值与 $F_{1-\alpha}(f,(r-1)(s-1))$ 比较的结果:

当 $F_A(F_B) > F_{0.99}(f,(r-1)(s-1))$ 时,写 * *;

当 $F_{0.95}(f,(r-1)(s-1)) < F_A(F_B) < F_{0.99}(f,(r-1)(s-1))$ 时,写 *;

当 $F_A(F_B) < F_{0.95}(f,(r-1)(s-1))$ 时,写 N;

式中的 f 分别为 F_A 或 F_B 的自由度.

(6) 写出假设检验的结论.

例 8.2.1　产量分析　某 5 名工人在 4 台机床上分别各工作了一天,其日产量(单位:件)服从正态分布,观测值如下:

机床	工人				
	A	B	C	D	E
甲	53	56	45	52	49
乙	47	50	47	47	53
丙	57	63	54	57	58
丁	45	52	42	41	48

试作方差分析,如果 4 台机床的日产量之间有显著的差异,试求出两两机床日产量的总体均值差的双侧 0.95 置信区间.

解　设 H_{01} 为各 $\mu_{i\cdot}$ 相等,也就是各机床的日产量之间没有显著的差异,H_{02} 为各 $\mu_{\cdot j}$ 相等,也就是各工人的日产量之间没有显著的差异.

(1) 计算 $T_{i\cdot}=\sum\limits_{j=1}^{s}x_{ij},\bar{x}_{i\cdot},T_{\cdot j}=\sum\limits_{i=1}^{r}x_{ij},\bar{x}_{\cdot j}$ 以及 $T=\sum\limits_{i=1}^{r}\sum\limits_{j=1}^{s}x_{ij}=\sum\limits_{i=1}^{r}T_{i\cdot}=\sum\limits_{j=1}^{s}T_{\cdot j}$ 和 $\bar{x}_{\cdot\cdot}$ 并列表:

机床	工人							
	A	B	C	D	E	$T_{i\cdot}$	$\bar{x}_{i\cdot}$	$\sum\limits_{j=1}^{s}x_{ij}^2$
甲	53	56	45	52	49	255	51.00	13 075
乙	47	50	47	47	53	244	48.80	11 936
丙	57	63	54	57	58	289	57.80	16 747
丁	45	52	42	41	48	228	45.60	10 478
$T_{\cdot j}$	202	221	188	197	208	$T=1\ 016$		
$\bar{x}_{\cdot j}$	50.50	55.25	47.00	49.25	52.00		$\bar{x}_{\cdot\cdot}=50.80$	
$\sum\limits_{i=1}^{r}x_{ij}^2$	10 292	12 309	8 914	9 843	10 878			$\sum\limits_{i=1}^{r}\sum\limits_{j=1}^{s}x_{ij}^2=52\ 236$

(2) 计算校正数 $C=\dfrac{T^2}{rs}=51\ 612.8$,

$$\sum_{i=1}^{r}\sum_{j=1}^{s}x_{ij}^2=52\ 236,\qquad SST=\sum_{i=1}^{r}\sum_{j=1}^{s}x_{ij}^2-C=623.2,$$

$$\sum_{i=1}^{r}\frac{T_{i\cdot}^2}{s}=52\ 013.2,\qquad SSA=\sum_{i=1}^{r}\frac{T_{i\cdot}^2}{s}-C=400.4,$$

$$\sum_{j=1}^{s}\frac{T_{\cdot j}^2}{r}=51\ 765.5,\qquad SSB=\sum_{j=1}^{s}\frac{T_{\cdot j}^2}{r}-C=152.7,$$

$SSE=SST-SSA-SSB=70.1$;

(3) 计算 $r-1=3, s-1=4, (r-1)(s-1)=12, MSA=133.47, MSB=38.18, MSE=5.84, F_A=22.85, F_B=6.54$;

(4) 给出 $\alpha=0.01$ 查表得到分位数 $F_{0.99}(3,12)=5.95$ 和 $F_{0.99}(4,12)=5.41$;

(5) 列出方差分析表:

方差来源	平方和	自由度	均方和	F 值	显著性
因素 A	400.4	3	133.47	22.85	* *
因素 B	152.7	4	38.18	6.54	* *
误　差	70.1	12	5.84		
总　和	623.2	19			

因此拒绝 H_{01} 和 H_{02},认为各 $\mu_{i\cdot}$ 不全相等,各 $\mu_{\cdot j}$ 也不全相等,即:各机床的日产量之间有极显著的差异,各工人的日产量之间也有极显著的差异.

所求的未知参数 $\mu_{i\cdot}$ 和 $\mu_{\cdot j}$ 及 μ 的估计为:

$$\hat{\mu}_{1\cdot}=\bar{x}_{1\cdot}=51.00,\quad \hat{\mu}_{2\cdot}=\bar{x}_{2\cdot}=48.80,$$
$$\hat{\mu}_{3\cdot}=\bar{x}_{3\cdot}=57.80,\quad \hat{\mu}_{4\cdot}=\bar{x}_{4\cdot}=45.60,$$
$$\hat{\mu}_{\cdot 1}=\bar{x}_{\cdot 1}=50.50,\quad \hat{\mu}_{\cdot 2}=\bar{x}_{\cdot 2}=55.25,$$
$$\hat{\mu}_{\cdot 3}=\bar{x}_{\cdot 3}=47.00,\quad \hat{\mu}_{\cdot 4}=\bar{x}_{\cdot 4}=49.25,$$
$$\hat{\mu}_{\cdot 5}=\bar{x}_{\cdot 5}=52.00,\quad \hat{\mu}=\bar{x}_{\cdot\cdot}=50.80.$$

根据以上结论,有必要求两两机床日产量的总体均值差的双侧 0.95 置信区间. 为此先由 $\alpha=0.05$ 查表得到 $t_{0.975}(12)=2.179$,由 $s=5$ 及上述 MSE 计算 $\sqrt{MSE\left(\frac{2}{s}\right)}=1.53$, $\Delta_{uv}=3.34$,两两总体均值差的双侧 0.95 置信区间为:

样本均值差	$\bar{x}_{2\cdot}-\bar{x}_{1\cdot}=-2.20$	$\bar{x}_{3\cdot}-\bar{x}_{1\cdot}=6.80$	$\bar{x}_{4\cdot}-\bar{x}_{1\cdot}=-5.40$	$\bar{x}_{3\cdot}-\bar{x}_{2\cdot}=9.00$	$\bar{x}_{4\cdot}-\bar{x}_{2\cdot}=-3.20$	$\bar{x}_{4\cdot}-\bar{x}_{3\cdot}=-12.20$
双侧 0.95 置信区间	(-5.54, 1.14)	(3.46, 10.14)	(-8.74, -2.06)	(5.66, 12.34)	(-6.54, 0.14)	(-15.54, -8.86)

双因素试验(无交互作用)方差分析程序

习　题　8.2

1. 有 4 个学生分析 5 个品种的稻米,得到含 N 量(单位:mg)的测量值如下:

学 生	品种				
	A	B	C	D	E
甲	2.4	2.5	3.2	3.4	2.0
乙	2.6	2.2	3.2	3.5	1.8
丙	2.1	2.7	3.5	3.8	1.8
丁	2.4	2.7	3.1	3.2	2.3

试作方差分析.

2. 对 3 个玉米品种用 3 种方法进行管理,得到 9 个小区的产量(单位:kg) 如下:

品种	方法		
	B_1	B_2	B_3
A_1	11	30	43
A_2	31	29	45
A_3	15	25	47

试作方差分析.

*§8.3 双因素试验的方差分析(二)

1. 考虑交互作用的双因素试验

可设双因素试验的一个因素为 A,有 $A_1,A_2,\cdots,A_r$ 共 r 个水平,另一个因素为 B,有 $B_1,B_2,\cdots,B_s$ 共 s 个水平. 这两个因素的水平互相搭配各安排 m 次试验,其中 A 因素的 A_i 水平与 B 因素的 B_j 水平搭配安排试验,第 k 次试验所得到的样本为 X_{ijk},相应的观测值为 x_{ijk}. 为了对试验结果作出正确的分析,还要限定各个样本 $X_{ij1},X_{ij2},\cdots,X_{ijm}$ 分别来自 rs 个编号为(i,j) 的正态总体$(i=1,2,\cdots,r;j=1,2,\cdots,s)$,它们分别服从 $N(\mu_{ij},\sigma^2)$ 分布,当 μ_{ij} 及 σ^2 未知时,要根据取自这 rs 个正态总体的 rsm 个相互独立且方差相同的样本,检验原假设 H_{01}:各 $\mu_{i\cdot}$ $(i=1,2,\cdots,r)$ 相等和 H_{02}:各 $\mu_{\cdot j}(j=1,2,\cdots,s)$ 相等及 H_{03}:各 $\gamma_{ij}=\mu_{ij}-\mu_{i\cdot}-\mu_{\cdot j}+\mu=0$,所作的检验以及对未知参数的估计称为双因素试验考虑交互作用的方差分析. 式中的

$$\mu_{i\cdot}=\frac{1}{s}\sum_{j=1}^{s}\mu_{ij},$$

$$\mu_{\cdot j}=\frac{1}{r}\sum_{i=1}^{r}\mu_{ij}.$$

记 $$\mu=\frac{1}{rs}\sum_{i=1}^{r}\sum_{j=1}^{s}\mu_{ij}=\frac{1}{r}\sum_{i=1}^{r}\mu_{i\cdot}=\frac{1}{s}\sum_{j=1}^{s}\mu_{\cdot j},$$

$$\alpha_i=\mu_{i\cdot}-\mu,\text{且}\sum_{i=1}^{r}\alpha_i=0,$$

$$\beta_j = \mu_{\cdot j} - \mu, \text{且} \sum_{j=1}^{s} \beta_j = 0,$$

$$\gamma_{ij} = \mu_{ij} - (\mu + \alpha_i + \beta_j), \text{且} \sum_{i=1}^{r} \gamma_{ij} = 0, \sum_{j=1}^{s} \gamma_{ij} = 0,$$

则 (1) $x_{ijk} = \mu_{ij} + \varepsilon_{ijk} = \mu + \alpha_i + \beta_j + \gamma_{ij} + \varepsilon_{ijk}$,

(2) $x_{ijk} - \mu = \alpha_i + \beta_j + \gamma_{ij} + \varepsilon_{ijk}$,

式中的 μ 称为总平均值,α_i 称为因素 A 的水平 A_i 的效应,β_j 称为因素 B 的水平 B_j 的效应,γ_{ij} 称为因素 A 的水平 A_i 与因素 B 的水平 B_j 的交互作用,各个 ε_{ijk} 称为随机误差,ε_{ijk} 相互独立且都服从 $N(0,\sigma^2)$ 分布,要检验的原假设 H_{01} 和 H_{02} 则分别等价于各 $\alpha_i = 0(i = 1, 2, \cdots, r)$ 和各 $\beta_j = 0(j = 1, 2, \cdots, s)$. 称(1)为双因素试验考虑交互作用的方差分析的数学模型,称(2)为双因素试验数据的效应分解.

2. 总离均差平方和的分解

记 $\bar{x}_{ij\cdot} = \dfrac{1}{m} \sum_{k=1}^{m} x_{ijk}$ 为 A 因素 A_i 水平与 B 因素 B_j 水平搭配试验的观测值的平均值,

$\bar{x}_{i\cdot\cdot} = \dfrac{1}{sm} \sum_{j=1}^{s} \sum_{k=1}^{m} x_{ijk} = \dfrac{1}{s} \sum_{j=1}^{s} \bar{x}_{ij\cdot}$ 为 A 因素 A_i 水平的观测值的平均值,

$\bar{x}_{\cdot j\cdot} = \dfrac{1}{rm} \sum_{i=1}^{r} \sum_{k=1}^{m} x_{ijk} = \dfrac{1}{r} \sum_{i=1}^{r} \bar{x}_{ij\cdot}$ 为 B 因素 B_j 水平的观测值的平均值,

$\bar{x}_{\cdots} = \dfrac{1}{rsm} \sum_{i=1}^{r} \sum_{j=1}^{s} \sum_{k=1}^{m} x_{ijk} = \dfrac{1}{r} \sum_{i=1}^{r} \bar{x}_{i\cdot\cdot} = \dfrac{1}{s} \sum_{j=1}^{s} \bar{x}_{\cdot j\cdot}$ 为全部观测值的平均值.

由总离均差平方和的分解可以导出双因素试验考虑交互作用时作方差分析的假设检验方案.

记 $SST = \sum_{i=1}^{r} \sum_{j=1}^{s} \sum_{k=1}^{m} (x_{ijk} - \bar{x}_{\cdots})^2$,

$$SSE = \sum_{i=1}^{r} \sum_{j=1}^{s} \sum_{k=1}^{m} (x_{ijk} - \bar{x}_{ij\cdot})^2,$$

$$SSA = \sum_{i=1}^{r} \sum_{j=1}^{s} \sum_{k=1}^{m} (\bar{x}_{i\cdot\cdot} - \bar{x}_{\cdots})^2 = sm \sum_{i=1}^{r} (\bar{x}_{i\cdot\cdot} - \bar{x}_{\cdots})^2,$$

$$SSB = \sum_{i=1}^{r} \sum_{j=1}^{s} \sum_{k=1}^{m} (\bar{x}_{\cdot j\cdot} - \bar{x}_{\cdots})^2 = rm \sum_{j=1}^{s} (\bar{x}_{\cdot j\cdot} - \bar{x}_{\cdots})^2,$$

$$SSAB = \sum_{i=1}^{r} \sum_{j=1}^{s} \sum_{k=1}^{m} (\bar{x}_{ij\cdot} - \bar{x}_{i\cdot\cdot} - \bar{x}_{\cdot j\cdot} + \bar{x}_{\cdots})^2,$$

式中的 SST 反映全部数据之间的差异,称为总离均差平方和;SSE 反映各个样本的数据与本组样本均值之间的差异,称为误差平方和;SSA 反映消去了因素 B 的效应后因素 A 的效应所造成的差异,称为因素 A 的效应平方和;SSB 反映消去了因素 A 的效应后因素 B 的效应所造成的差异,称为因素 B 的效应平方和;$SSAB$ 反映因素 A 与 B 的交互作用,称为交互作用平方和.

可以证明:

结论 1 $SST = SSE + SSA + SSB + SSAB$;

结论 2 $\dfrac{SSE}{\sigma^2}$ 服从 $\chi^2(rs(m-1))$ 分布；

结论 3 当 H_{01} 为真时，$\dfrac{SSA}{\sigma^2}$ 服从 $\chi^2(r-1)$ 分布；

结论 4 当 H_{01} 为真时，SSE,SSA 相互独立；

结论 5 当 H_{01} 为真，$MSA=\dfrac{SSA}{r-1}$，$MSE=\dfrac{SSE}{rs(m-1)}$ 时，$F_A=\dfrac{MSA}{MSE}$ 服从 $F(r-1,rs(m-1))$ 分布，当 $F_A\geqslant F_{1-\alpha}(r-1,rs(m-1))$ 时，拒绝原假设 H_{01}；

结论 6 当 H_{02} 为真时，$\dfrac{SSB}{\sigma^2}$ 服从 $\chi^2(s-1)$ 分布；

结论 7 当 H_{02} 为真时，SSE,SSB 相互独立；

结论 8 当 H_{02} 为真，$MSB=\dfrac{SSB}{s-1}$，$MSE=\dfrac{SSE}{rs(m-1)}$ 时，$F_B=\dfrac{MSB}{MSE}$ 服从 $F(s-1,rs(m-1))$ 分布，当 $F_B\geqslant F_{1-\alpha}(s-1,rs(m-1))$ 时，拒绝原假设 H_{02}；

结论 9 当 H_{03} 为真时，$\dfrac{SSAB}{\sigma^2}$ 服从 $\chi^2((r-1)(s-1))$ 分布；

结论 10 当 H_{03} 为真时，$SSE,SSAB$ 相互独立；

结论 11 当 H_{03} 为真，$MSAB=\dfrac{SSAB}{(r-1)(s-1)}$，$MSE=\dfrac{SSE}{rs(m-1)}$ 时，$F_{AB}=\dfrac{MSAB}{MSE}$ 服从 $F((r-1)(s-1),rs(m-1))$ 分布，当 $F_{AB}\geqslant F_{1-\alpha}((r-1)(s-1),rs(m-1))$ 时，拒绝原假设 H_{03}.

3. 总体中未知参数的估计

(1) $\hat{\mu}=\bar{x}_{\cdots}$，$\hat{\mu}_{i\cdot}=\bar{x}_{i\cdot\cdot}$，$\hat{\mu}_{\cdot j}=\bar{x}_{\cdot j\cdot}$，$\hat{\alpha}_i=\bar{x}_{i\cdot\cdot}-\bar{x}_{\cdots}$，$\hat{\beta}_j=\bar{x}_{\cdot j\cdot}-\bar{x}_{\cdots}$，$\hat{\gamma}_{ij}=\bar{x}_{ij\cdot}-\bar{x}_{i\cdot\cdot}-\bar{x}_{\cdot j\cdot}+\bar{x}_{\cdots}$，并且

$$E(\bar{x}_{\cdots})=\mu,E(\bar{x}_{i\cdot\cdot})=\mu_{i\cdot},E(\bar{x}_{\cdot j\cdot})=\mu_{\cdot j},$$
$$E(\bar{x}_{i\cdot\cdot}-\bar{x}_{\cdots})=\alpha_i,E(\bar{x}_{\cdot j\cdot}-\bar{x}_{\cdots})=\beta_j,$$
$$E(\bar{x}_{ij\cdot}-\bar{x}_{i\cdot\cdot}-\bar{x}_{\cdot j\cdot}+\bar{x}_{\cdots})=\gamma_{ij}.$$

(2) $x_{ijk}=\bar{x}_{\cdots}+(\bar{x}_{i\cdot\cdot}-\bar{x}_{\cdots})+(\bar{x}_{\cdot j\cdot}-\bar{x}_{\cdots})+(\bar{x}_{ij\cdot}-\bar{x}_{i\cdot\cdot}-\bar{x}_{\cdot j\cdot}+\bar{x}_{\cdots})+(x_{ijk}-\bar{x}_{ij\cdot})$ 为双因素试验考虑交互作用的方差分析的数学模型的估计式，$x_{ijk}-\bar{x}_{\cdots}=(\bar{x}_{i\cdot\cdot}-\bar{x}_{\cdots})+(\bar{x}_{\cdot j\cdot}-\bar{x}_{\cdots})+(\bar{x}_{ij\cdot}-\bar{x}_{i\cdot\cdot}-\bar{x}_{\cdot j\cdot}+\bar{x}_{\cdots})+(x_{ijk}-\bar{x}_{ij\cdot})$ 为效应分解的估计式.

(3) $\hat{\sigma^2}=MSE=\dfrac{SSE}{rs(m-1)}$，并且 $E(MSE)=\sigma^2$.

(4) 当拒绝原假设 H_{01}，且 $u\neq v$ 时，均值差 $\mu_{u\cdot}-\mu_{v\cdot}$ 的双侧 $1-\alpha$ 置信区间可表示为

$$(\bar{x}_{u\cdot\cdot}-\bar{x}_{v\cdot\cdot}\pm\Delta_{uv}),\quad \Delta_{uv}=t_{1-0.5\alpha}(rs(m-1))\sqrt{MSE\left(\frac{2}{sm}\right)}.$$

(5) 当拒绝原假设 H_{02}，且 $u\neq v$ 时，均值差 $\mu_{\cdot u}-\mu_{\cdot v}$ 的双侧 $1-\alpha$ 置信区间可表示为

$$(\bar{x}_{\cdot u\cdot}-\bar{x}_{\cdot v\cdot}\pm\Delta_{uv}),\quad \Delta_{uv}=t_{1-0.5\alpha}(rs(m-1))\sqrt{MSE\left(\frac{2}{rm}\right)}.$$

4. 双因素试验考虑交互作用的方差分析的步骤

(1) 计算 $T_{ij\cdot}=\sum_{k=1}^{m}x_{ijk},\bar{x}_{ij\cdot},T_{i\cdot\cdot}=\sum_{j=1}^{s}T_{ij\cdot},\bar{x}_{i\cdot\cdot},T_{\cdot j\cdot}=\sum_{i=1}^{r}T_{ij\cdot},\bar{x}_{\cdot j\cdot}$ 以及 $T=\sum_{i=1}^{r}\sum_{j=1}^{s}\sum_{k=1}^{m}x_{ijk}=\sum_{i=1}^{r}T_{i\cdot\cdot}=\sum_{j=1}^{s}T_{\cdot j\cdot}$ 和 $\bar{x}_{\cdots}$;

(2) 计算 $C=\dfrac{T^2}{rsm}$,

$$SST=\sum_{i=1}^{r}\sum_{j=1}^{s}\sum_{k=1}^{m}x_{ijk}^2-rsm(\bar{x}_{\cdots})^2=\sum_{i=1}^{r}\sum_{j=1}^{s}\sum_{k=1}^{m}x_{ijk}^2-C,$$

$$SSA=\sum_{i=1}^{r}sm(\bar{x}_{i\cdot\cdot})^2-rsm(\bar{x}_{\cdots})^2=\sum_{i=1}^{r}\frac{T_{i\cdot\cdot}^2}{sm}-C,$$

$$SSB=\sum_{j=1}^{s}rm(\bar{x}_{\cdot j\cdot})^2-rsm(\bar{x}_{\cdots})^2=\sum_{j=1}^{s}\frac{T_{\cdot j\cdot}^2}{rm}-C,$$

$$SSE=SST-\left(\sum_{i=1}^{r}\sum_{j=1}^{s}\frac{T_{ij\cdot}^2}{m}-C\right),$$

$$SSAB=SST-SSA-SSB-SSE;$$

(3) 计算均方和 $MSA,MSB,MSAB,MSE$ 及 $F_A=\dfrac{MSA}{MSE},F_B=\dfrac{MSB}{MSE},F_{AB}=\dfrac{MSAB}{MSE}$;

(4) 给出 α,确定分位数 $F_{1-\alpha}(f,rs(m-1))$,式中的 f 分别为 F_A,F_B,F_{AB} 的自由度;

(5) 列出方差分析表:

方差来源	平方和	自由度	均方和	F 值	显著性
因素 A	SSA	$r-1$	MSA	F_A	
因素 B	SSB	$s-1$	MSB	F_B	
交互作用 AB	$SSAB$	$(r-1)(s-1)$	$MSAB$	F_{AB}	
误差	SSE	$rs(m-1)$	MSE		
总和	SST	$rsm-1$			

其中的显著性一栏应写出 F 值与 $F_{1-\alpha}(f,rs(m-1))$ 比较的结果:

当 $F_A(F_B$ 或 $F_{AB})>F_{0.99}(f,rs(m-1))$ 时,写 * *;

当 $F_{0.95}(f,rs(m-1))<F_A(F_B$ 或 $F_{AB})<F_{0.99}(f,rs(m-1))$ 时,写 *;

当 $F_A(F_B$ 或 $F_{AB})<F_{0.95}(f,rs(m-1))$ 时,写 N,

式中的 f 分别为 F_A 或 F_B 或 F_{AB} 的自由度. 也可先检验 H_{03},当 F_{AB} 不显著时,将 $SSAB$ 与 SSE 相加,将对应的自由度相加,作为新的 SSE 及自由度,再检验 H_{01} 和 H_{02};

(6) 写出假设检验的结论.

例 8.3.1 火箭试验 设火箭的射程(单位:km)在其他条件基本相同时与燃料的种类及推进器的型号有关,现有 4 种燃料与 3 种型号推进器搭配试验的数据如下:

燃料	推进器		
	A	B	C
甲	58.2,52.6	56.2,41.2	65.3,60.8
乙	49.1,42.8	54.1,50.5	51.6,48.4
丙	60.1,58.3	70.9,73.2	39.2,40.7
丁	75.8,71.5	58.2,51.0	48.7,41.4

试作方差分析.如果 3 种型号推进器对应的射程之间有显著的差异,那么试求出两两型号推进器对应的总体均值差的双侧 0.95 置信区间.

解 设 H_{01} 为各 $\mu_{i\cdot}$ 相等,即各种燃料对应的射程之间没有显著的差异;H_{02} 为各 $\mu_{\cdot j}$ 相等,即各种推进器对应的射程之间没有显著的差异;H_{03} 为各 γ_{ij} 都等于 0,即各种燃料及推进器搭配试验的交互作用都等于 0($i=1,2,3,4,j=1,2,3$).

(1) 计算 $T_{ij\cdot}=\sum\limits_{k=1}^{m}x_{ijk}$,$T_{i\cdot\cdot}=\sum\limits_{j=1}^{s}T_{ij\cdot}$,$\bar{x}_{i\cdot\cdot}$,$T_{\cdot j\cdot}=\sum\limits_{i=1}^{r}T_{ij\cdot}$,$\bar{x}_{\cdot j\cdot}$ 以及 $T=\sum\limits_{i=1}^{r}\sum\limits_{j=1}^{s}\sum\limits_{k=1}^{m}x_{ijk}=\sum\limits_{i=1}^{r}T_{i\cdot\cdot}=\sum\limits_{j=1}^{s}T_{\cdot j\cdot}$ 和 $\bar{x}_{\cdots}$,并列表:

燃料	推进器					
	A	B	C	$T_{i\cdot\cdot}$	$\bar{x}_{i\cdot\cdot}$	$\sum\limits_{j=1}^{s}\sum\limits_{k=1}^{m}x_{ijk}^2$
甲	110.8	97.4	126.1	334.3	55.716 7	18 970.61
乙	91.9	104.6	100.0	296.5	49.416 7	14 724.83
丙	118.4	144.1	79.9	342.4	57.066 7	20 589.08
丁	147.3	109.2	90.1	346.6	57.766 7	20 931.78
$T_{\cdot j\cdot}$	468.4	455.3	396.1	$T=1\ 319.8$		
$\bar{x}_{\cdot j\cdot}$	58.550 0	56.912 5	49.512 5			$\bar{x}_{\cdots}=54.991\ 7$
$\sum\limits_{i=1}^{r}\sum\limits_{k=1}^{m}x_{ijk}^2$	28 265.44	26 706.23	20 244.63			$\sum\limits_{i=1}^{r}\sum\limits_{j=1}^{s}\sum\limits_{k=1}^{m}x_{ijk}^2=75\ 216.30$

(假定只要求 $\hat{\mu}_{i\cdot}$,$\hat{\mu}_{\cdot j}$ 及 $\hat{\mu}$,不要求 $\hat{\gamma}_{ij}$,所以不计算 $\bar{x}_{ij\cdot}$.)

(2) 计算校正数 $C=\dfrac{T^2}{rsm}=72\ 578$,

$$\sum_{i=1}^{r}\sum_{j=1}^{s}\sum_{k=1}^{m}x_{ijk}^2=75\ 216.30,\qquad SST=\sum_{i=1}^{r}\sum_{j=1}^{s}\sum_{k=1}^{m}x_{ijk}^2-C=2\ 638.30,$$

$$\sum_{i=1}^{r}\frac{T_{i\cdot\cdot}^2}{sm}=72\ 839.68,\qquad SSA=\sum_{i=1}^{r}\frac{T_{i\cdot\cdot}^2}{sm}-C=261.68,$$

$$\sum_{j=1}^{s}\frac{T_{\cdot j\cdot}^2}{rm}=72\ 948.98,\qquad SSB=\sum_{j=1}^{s}\frac{T_{\cdot j\cdot}^2}{rm}-C=370.98,$$

$$\sum_{i=1}^{r}\sum_{j=1}^{s}\frac{T_{ij\cdot}^2}{m}=74\ 979.35,SSE=SST-\left(\sum_{i=1}^{r}\sum_{j=1}^{s}\frac{T_{ij\cdot}^2}{m}-C\right)=236.95,$$

$SSAB = SST - SSA - SSB - SSE = 1\ 768.69$;

(3) 计算 $r-1=3, s-1=2, (r-1)(s-1)=6, rs(m-1)=12, MSA=87.23, MSB=185.49, MSAB=294.78, MSE=5.84, F_A=4.42, F_B=9.39, F_{AB}=14.93$;

(4) 给出 $\alpha=0.01$ 和 0.05,查表得到分位数 $F_{0.99}(3,12)=5.95, F_{0.95}(3,12)=3.49, F_{0.99}(2,12)=6.93$ 和 $F_{0.99}(6,12)=4.82$;

(5) 列出方差分析表:

方差来源	平方和	自由度	均方和	F值	显著性
因素 A	261.68	3	87.23	4.42	*
因素 B	370.98	2	185.49	9.39	* *
交互作用 AB	1 768.69	6	294.78	14.93	* *
误差	236.95	12	19.75		
总和	2 638.30	23			

因此拒绝 H_{01},H_{02} 和 H_{03},认为各 $\mu_{i\cdot}$ 不全相等,各 $\mu_{\cdot j}$ 也不全相等,各 γ_{ij} 不都等于0,即:各种燃料对应的射程之间有显著的差异,各种型号推进器对应的射程之间有极显著的差异,各种燃料及推进器搭配试验的交互作用不都等于0.

所求的未知参数 $\mu_{i\cdot}$ 和 $\mu_{\cdot j}$ 及 μ 的估计为:

$$\hat{\mu}_{1\cdot}=\bar{x}_{1\cdot\cdot}=55.72,\quad \hat{\mu}_{2\cdot}=\bar{x}_{2\cdot\cdot}=49.42,$$
$$\hat{\mu}_{3\cdot}=\bar{x}_{3\cdot\cdot}=57.07,\quad \hat{\mu}_{4\cdot}=\bar{x}_{4\cdot\cdot}=57.77,$$
$$\hat{\mu}_{\cdot 1}=\bar{x}_{\cdot 1\cdot}=58.55,\quad \hat{\mu}_{\cdot 2}=\bar{x}_{\cdot 2\cdot}=56.91,$$
$$\hat{\mu}_{\cdot 3}=\bar{x}_{\cdot 3\cdot}=49.51,\quad \hat{\mu}=\bar{x}_{\cdots}=54.99.$$

根据以上结论,有必要求两两型号推进器对应的总体均值差的双侧 0.95 置信区间. 为此,先由 $\alpha=0.05$ 查表得到 $t_{0.975}(12)=2.179$,由 $rm=8$ 及上述 MSE 计算 $\sqrt{MSE\left(\frac{2}{rm}\right)}=2.22$, $\Delta_{uv}=4.84$,两两总体均值差的双侧 0.95 置信区间为:

样本均值差	$\bar{x}_{\cdot 2\cdot}-\bar{x}_{\cdot 1\cdot}=-1.64$	$\bar{x}_{\cdot 3\cdot}-\bar{x}_{\cdot 1\cdot}=-9.04$	$\bar{x}_{\cdot 3\cdot}-\bar{x}_{\cdot 2\cdot}=-7.40$
双侧 0.95 置信区间	$(-6.48, 3.20)$	$(-13.88, -4.20)$	$(-12.24, -2.56)$

【探索题】双因素不考虑交互作用与双因素考虑交互作用在试验设计中有什么区别?

双因素试验(有交互作用)方差分析程序

习 题 8.3

1. 盆栽小麦施 N 肥、P 肥,试验得到单株产量(单位:g) 的数据如下:

施 N 肥	施 P 肥	
	P_0	P_1
N_0	9,12,9	10,13,10
N_1	13,15,14	14,20,17

试作方差分析.

2. 某种化工过程在 3 种浓度、4 种温度下成品的得率如下：

浓度	温度			
	10℃	24℃	38℃	52℃
2%	14,10	11,11	13,9	10,12
4%	9,7	10,8	7,11	6,10
6%	5,11	13,14	12,13	14,10

试先作得率数据的平方根反正弦变换(设 $y = \arcsin(\sqrt{x/100})$) 后再作方差分析.

> 所有的模型都是错误的，但有些是有用的.
>
> ——乔治·博克斯(George E. P. Box)

第九章　回归分析与协方差分析

§9.1　一元线性回归

1. 一元线性回归的基本概念

一元线性回归可用来分析自变量 x 取值与因变量 Y 取值的内在联系，不过这里的自变量 x 是确定性的变量，因变量 Y 是随机性的变量，它们的内在联系可用一元线性回归方程来表示，与微积分课程中的一元线性函数不同.

一般而言，在变量 x 取值以后，若 Y 所取的值服从 $N(\alpha+\beta x,\sigma^2)$ 分布，当 α,β 及 σ^2 未知时，根据样本 $(x_1,Y_1),(x_2,Y_2),\cdots,(x_n,Y_n)$ 的观测值 $(x_1,y_1),(x_2,y_2),\cdots,(x_n,y_n)$ 对未知参数 α,β 及 σ^2 所作的估计与检验称为**一元线性回归分析**，而 α 称为**截距**，β 称为**回归系数**，

$$E(Y)=\alpha+\beta x$$

称为**回归方程**.

由回归方程可以推出

$$Y_i=\alpha+\beta x_i+\varepsilon_i,$$

即

$$Y_1=\alpha+\beta x_1+\varepsilon_1,$$

$$Y_2=\alpha+\beta x_2+\varepsilon_2,$$

$$\cdots\cdots\cdots\cdots$$

$$Y_n=\alpha+\beta x_n+\varepsilon_n,$$

式中的 $\varepsilon_1,\varepsilon_2,\cdots,\varepsilon_n$ 相互独立且都服从 $N(0,\sigma^2)$ 分布.

根据样本及其观测值可以得到 α,β 和 σ^2 的估计量及估计值 $\hat{\alpha},\hat{\beta}$ 和 $\hat{\sigma^2}$，得到回归方程的估计式或经验回归方程

$$\hat{y}=\hat{\alpha}+\hat{\beta}x,$$

也称为回归方程，它在平面直角坐标系中所对应的图像称为经验回归直线，简称为回归直线. 而观测值 $(x_1,y_1),(x_2,y_2),\cdots,(x_n,y_n)$ 在平面直角坐标系中所对应的 n 个点构成的图像，则称为这一组观测值的散点图. 很显然，一个好的回归方程在平面直角坐标系中的表现，应该是 n 个散点与它所决定的回归直线之间的距离尽可能地小.

有多种确定回归方程也就是确定未知参数 $\hat{\alpha},\hat{\beta}$ 和 $\hat{\sigma^2}$ 的方法,其中最常用的是**最小二乘法**,即求出 $\hat{\alpha}=a,\hat{\beta}=b$ 和 $\hat{y}_i=a+bx_i$ 使

$$Q=\sum_{i=1}^{n}(y_i-\hat{y}_i)^2=\sum_{i=1}^{n}[y_i-(a+bx_i)]^2$$

的值最小,所求出的 a 称为经验截距,简称为截距;b 称为经验回归系数,简称为回归系数;而 $\hat{\sigma^2}=\dfrac{Q}{n-2}$是 σ^2 的无偏估计量.

2. 总体中未知参数的估计

根据最小二乘法的要求,由$\dfrac{\partial Q}{\partial a}=0$ 及$\dfrac{\partial Q}{\partial b}=0$,得到

$$\begin{cases}-2\sum_{i=1}^{n}[y_i-(a+bx_i)]=0,\\-2\sum_{i=1}^{n}[y_i-(a+bx_i)]x_i=0,\end{cases}$$

即

$$\begin{cases}\sum_{i=1}^{n}y_i-\sum_{i=1}^{n}a-b\sum_{i=1}^{n}x_i=0,\\\sum_{i=1}^{n}x_iy_i-a\sum_{i=1}^{n}x_i-b\sum_{i=1}^{n}x_i^2=0,\end{cases}$$

因此得到一元线性回归的正规方程组

$$\begin{cases}na+b\sum_{i=1}^{n}x_i=\sum_{i=1}^{n}y_i,\\a\sum_{i=1}^{n}x_i+b\sum_{i=1}^{n}x_i^2=\sum_{i=1}^{n}x_iy_i.\end{cases}$$

解方程组可求出 $b=\dfrac{l_{xy}}{l_{xx}},a=\bar{y}-b\bar{x}$,式中的

$$l_{xx}=\sum_{i=1}^{n}(x_i-\bar{x})^2=\sum_{i=1}^{n}x_i^2-\frac{1}{n}\Big(\sum_{i=1}^{n}x_i\Big)^2,$$

$$l_{xy}=\sum_{i=1}^{n}(x_i-\bar{x})(y_i-\bar{y})=\sum_{i=1}^{n}x_iy_i-\frac{1}{n}\Big(\sum_{i=1}^{n}x_i\Big)\Big(\sum_{i=1}^{n}y_i\Big),$$

又

$$l_{yy}=\sum_{i=1}^{n}(y_i-\bar{y})^2=\sum_{i=1}^{n}y_i^2-\frac{1}{n}\Big(\sum_{i=1}^{n}y_i\Big)^2.$$

然而,对总体中的未知参数进行估计,其主要目的还是建立一元线性回归方程. 虽然有一个正规方程组存在,实际上并不去求解它. 以下是建立一元线性回归方程的具体步骤:

(1) 计算 $\sum_{i=1}^{n}x_i,\sum_{i=1}^{n}y_i,\sum_{i=1}^{n}x_i^2,\sum_{i=1}^{n}y_i^2,\sum_{i=1}^{n}x_iy_i$;

(2) 计算 l_{xx},l_{xy},l_{yy}(在回归方程作显著性检验时有用);

(3) 计算 b 和 a,写出一元线性回归方程.

与上述 a 和 b 相对应的 Q 的数值又记作 SSE,称为剩余平方和. 下面将 a,b 和 SSE 以及 $\hat{Y}$ 和 $\hat{Y}_i$ 看作统计量,它们的表达式分别为

$$a=\overline{Y}-b\overline{x},\ b=\frac{\sum_{i=1}^{n}(x_i-\overline{x})Y_i}{l_{xx}},$$

$$SSE=\sum_{i=1}^{n}[Y_i-(a+bx_i)]^2,$$

$$\hat{Y}=a+bx=\overline{Y}+b(x-\overline{x}),$$

$$\hat{Y}_i=\overline{Y}+b(x_i-\overline{x}).$$

这些统计量之间以及它们与总体参数之间有以下的内在联系:

(1) $\overline{Y},b$ 与 SSE 相互独立;

(2) $E(b)=\beta,E(a)=\alpha,D(b)=\frac{\sigma^2}{l_{xx}},D(a)=\left(\frac{1}{n}+\frac{(\overline{x})^2}{l_{xx}}\right)\sigma^2.$

据此分析,

① 为提高 a 的估计精度,$\overline{x}$ 的绝对值越小越好,最理想的选择是使 $\overline{x}=0$;

② 为提高 b 的估计精度,应该使 l_{xx} 取较大的数值,即 $x_1,x_2,\cdots,x_n$ 越分散越好;

③ 观测值的个数 n 不能太小.

(3) $E(SSE)=(n-2)\sigma^2$,即 $\hat{\sigma}^2=\frac{SSE}{n-2}$是 σ^2 的无偏估计量;

(4) b 和 a 以及 $\hat{Y}$ 都服从正态分布,而$\frac{SSE}{\sigma^2}$服从$\chi^2(n-2)$分布.

【探索题】在一元线性回归分析中如何用最大似然法对总体中的未知参数作估计?

3. 线性回归方程的显著性检验

一元线性回归的应用极其广泛,可是它的应用必须有一个前提,那就是:在变量 x 取值以后,Y 所取的值服从 $N(\alpha+\beta x,\sigma^2)$ 分布. 然而,根据最小二乘法,在建立回归方程的时候,并不知道 Y 所取的值是否服从 $N(\alpha+\beta x,\sigma^2)$ 分布. 换句话说,即使 Y 所取的值不服从 $N(\alpha+\beta x,\sigma^2)$ 分布,也可以建立一个回归方程. 因此,必须对回归方程的拟合情况或效果作显著性检验. 其理论基础就是总平方和的分解,即

$$\sum_{i=1}^{n}(y_i-\overline{y})^2=\sum_{i=1}^{n}(y_i-\hat{y}_i)^2+\sum_{i=1}^{n}(\hat{y}_i-\overline{y})^2.$$

证明 因为

$$\begin{aligned}\sum_{i=1}^{n}(y_i-\overline{y})^2&=\sum_{i=1}^{n}[(y_i-\hat{y}_i)+(\hat{y}_i-\overline{y})]^2\\&=\sum_{i=1}^{n}(y_i-\hat{y}_i)^2+\sum_{i=1}^{n}(\hat{y}_i-\overline{y})^2+2\sum_{i=1}^{n}(y_i-\hat{y}_i)(\hat{y}_i-\overline{y}),\end{aligned}$$

其中

$$2\sum_{i=1}^{n}(y_i-\hat{y}_i)(\hat{y}_i-\overline{y})$$

$$
\begin{aligned}
&= 2\sum_{i=1}^{n}(y_i - a - bx_i)(a + bx_i - \overline{y}) \\
&= 2\sum_{i=1}^{n}[y_i - (\overline{y} - b\overline{x}) - bx_i] \times b(x_i - \overline{x}) \\
&= 2\sum_{i=1}^{n} b(x_i - \overline{x})(y_i - \overline{y}) - 2\sum_{i=1}^{n} b^2(x_i - \overline{x})^2 \\
&= 2bl_{xy} - 2b^2 l_{xx},
\end{aligned}
$$

将 $b=\dfrac{l_{xy}}{l_{xx}}$代入后，此式等于 0. 所以

$$
\sum_{i=1}^{n}(y_i - \overline{y})^2 = \sum_{i=1}^{n}(y_i - \hat{y}_i)^2 + \sum_{i=1}^{n}(\hat{y}_i - \overline{y})^2,
$$

式中的 $l_{yy} = \sum\limits_{i=1}^{n}(y_i - \overline{y})^2$ 表示 n 个 $y_1, y_2, \cdots, y_n$ 与 $\overline{y}$ 的离均差平方和，描述了 n 个数据的分散程度. 当各个 y_i 已知时，它是一个定值，称为总平方和，记作 SST. $\sum\limits_{i=1}^{n}(y_i - \hat{y}_i)^2$ 是 n 个 y_i 与 $\hat{y}_i$ 之间的偏差平方和，通过回归已经达到了最小值，称为剩余平方和，记作 SSE. 而 $\sum\limits_{i=1}^{n}(\hat{y}_i - \overline{y})^2$ 表示 n 个$\hat{y}_i$ 与$\overline{y}$ 的离均差平方和，是将 x_i 代入回归方程得到$\hat{y}_i$ 所造成的，称为回归平方和，记作 SSR. 因此，$SST = SSE + SSR$.

由此式可以对 SSR 的应用作如下分析：

如果 SSR 的数值较大，SSE 的数值便比较小，说明回归的效果好；如果 SSR 的数值较小，SSE 的数值便比较大，说明回归的效果差.

又因为

$$
\begin{aligned}
SSR &= \sum_{i=1}^{n}(\hat{y}_i - \overline{y})^2 = \sum_{i=1}^{n}(a + bx_i - \overline{y})^2 \\
&= \sum_{i=1}^{n}(\overline{y} - b\overline{x} + bx_i - \overline{y})^2 \\
&= \sum_{i=1}^{n} b^2(x_i - \overline{x})^2 = b^2 l_{xx} = bl_{xy},
\end{aligned}
$$

所以 $SSE = SST - bl_{xy}$.

如果设 H_0 为 $\beta=0$，也就是假设 x 与 Y 不是线性关系，则可以用以下方法检验线性回归方程的显著性，且当检验的结果显著时，x 与 Y 的线性关系显著，回归方程可供应用；当检验的结果不显著时，x 与 Y 的线性关系不显著，回归方程不可供应用.

（1）F 检验法：由于$\dfrac{SSE}{\sigma^2} \sim \chi^2(n-2)$，当 H_0 为真时，$\dfrac{SSR}{\sigma^2} \sim \chi^2(1)$，且 SSR 与 SSE 相互独立，因此，当 H_0 为真时，

$$
F = \frac{SSR}{SSE/(n-2)} \sim F(1, n-2),
$$

当 $F \geqslant F_{1-\alpha}(1, n-2)$ 时，应该拒绝原假设 H_0.

（2）t 检验法：根据 $b \sim N\left(\beta, \dfrac{\sigma^2}{l_{xx}}\right)$，$\dfrac{SSE}{\sigma^2} \sim \chi^2(n-2)$，因此，当 H_0 为真时，

$$t=b\sqrt{\frac{l_{xx}}{SSE/(n-2)}}\sim t(n-2),$$

当$|t|\geqslant t_{1-0.5\alpha}(n-2)$时,应该拒绝原假设$H_0$.

在解决应用问题时,可以任选其中的一种方法作线性回归方程的显著性检验.

4. 利用回归方程进行点预测和区间预测

若线性回归方程作显著性检验的结果是拒绝H_0,也就是拒绝回归系数$\beta=0$的假设,便可以利用回归方程进行点预测和区间预测,这是人们关注线性回归的主要原因之一.

(1) 当$x=x_0$时,用$\hat{y}_0=a+bx_0$预测Y_0的观测值y_0称为**点预测**. 根据

$$E(\hat{y}_0)=\alpha+\beta x_0=E(Y_0),$$

Y_0的观测值y_0的点预测是无偏的.

(2) 当$x=x_0$时,用适合不等式$P\{Y_0\in(G,H)\}\geqslant 1-\alpha$的统计量$G$和$H$所确定的随机区间$(G,H)$预测$Y_0$的取值范围称为**区间预测**,而$(G,H)$称为$Y_0$的$1-\alpha$预测区间.

若Y_0与样本中的各Y_i相互独立,则根据$Z=Y_0-(a+bx_0)$服从正态分布,

$$E(Z)=0,D(Z)=\sigma^2\left(1+\frac{1}{n}+\frac{(x_0-\bar{x})^2}{l_{xx}}\right),$$

$\dfrac{SSE}{\sigma^2}\sim\chi^2(n-2)$,$Z$与$SSE$相互独立,可以导出

$$t=Z\Bigg/\sqrt{\frac{SSE}{n-2}\left(1+\frac{1}{n}+\frac{(x_0-\bar{x})^2}{l_{xx}}\right)}\sim t(n-2).$$

因此Y_0的$1-\alpha$预测区间为

$$(a+bx_0\pm\Delta(x_0)),\ \Delta(x_0)=t_{1-0.5\alpha}(n-2)\sqrt{\frac{SSE}{n-2}\left(1+\frac{1}{n}+\frac{(x_0-\bar{x})^2}{l_{xx}}\right)}.$$

例 9.1.1 吸附方程 某种物质在不同温度下可以吸附另一种物质,如果温度x(单位:℃)与吸附质量Y(单位:mg)的观测值如下表所示:

温度 x_i	1.5	1.8	2.4	3.0	3.5	3.9	4.4	4.8	5.0
质量 y_i	4.8	5.7	7.0	8.3	10.9	12.4	13.1	13.6	15.3

试求线性回归方程并用两种方法作显著性检验;若回归方程显著,则求$x_0=2$时Y_0的0.95预测区间.

解 根据上述观测值得到$n=9$,

$$\sum_{i=1}^{9}x_i=30.3,\quad \sum_{i=1}^{9}y_i=91.11,$$

$$\sum_{i=1}^{9}x_i^2=115.11,\quad \sum_{i=1}^{9}x_iy_i=345.09,\quad \sum_{i=1}^{9}y_i^2=1\ 036.65,$$

$$l_{xx}=13.100,\quad l_{xy}=38.387,\quad l_{yy}=114.516,$$

$$\bar{x}=3.367,\quad \bar{y}=10.122,$$

$$b=\frac{l_{xy}}{l_{xx}}=2.930\ 3,\quad a=\overline{y}-b\overline{x}=0.256\ 9,$$

所求的线性回归方程为 $\hat{y}=0.256\ 9+2.930\ 3x$.

以下用两种方法作显著性检验.

(1) F 检验法：

$SST=l_{yy}=114.516, SSR=bl_{xy}=112.485, SSE=SST-bl_{xy}=2.031$,

$$n-2=7, F_{0.99}(1,7)=12.2, F=\frac{SSR}{SSE/(n-2)}=387.69, F>12.2,$$

所以回归方程极显著.

说明：作回归方程的显著性检验时，应利用计算器中的 b 值计算 $SSR=bl_{xy}$ 并作连运算 $SSR\div SSE\times(n-2)$. 这样做可以减少计算误差，与用统计分析软件上机计算的结果相接近.

(2) t 检验法：

$$|t|=|b|\sqrt{\frac{l_{xx}}{SSE/(n-2)}}=19.69, t_{0.995}(7)=3.499, |t|>3.499,$$

所以回归方程极显著.

当 $x_0=2$ 时，$\hat{y}_0=6.12, \Delta(x_0)=1.43$，$Y_0$ 的 0.95 预测区间为(4.69,7.55).

这说明当温度为 2 ℃时，应该预测吸附另一种物质的重量在 4.69~7.55 之间，并且预测 100 次将有 95 次是正确的.

例 9.1.2　植物保护　一些夏季害虫的盛发期与春季温度有关，现有 1956—1964 年间 3 月下旬至 4 月中旬平均温度(单位：℃)的累积数 x 和一代三化螟蛾盛发期 Y(以 5 月 10 日为 0)的观测值如下：

温度 x_i	35.5	34.1	31.7	40.3	36.8	40.2	31.7	39.2	44.2
盛发期 y_i	12	16	9	2	7	3	13	9	-1

试求线性回归方程并用两种方法作显著性检验；若回归方程显著，则求 $x_0=40$ 时 Y_0 的 0.95 预测区间.

解　根据上述观测值得到 $n=9$,

$$\sum_{i=1}^{9}x_i=333.7,\quad \sum_{i=1}^{9}y_i=70,$$

$$\sum_{i=1}^{9}x_i^2=12\ 517.49,\quad \sum_{i=1}^{9}x_iy_i=2\ 436.4,\quad \sum_{i=1}^{9}y_i^2=794,$$

$$l_{xx}=144.635\ 6,\quad l_{xy}=-159.044\ 4,\quad l_{yy}=249.555\ 6,$$

$$\overline{x}=37.077\ 8, \overline{y}=7.777\ 8,$$

$$b=\frac{l_{xy}}{l_{xx}}=-1.099\ 6,\quad a=\overline{y}-b\overline{x}=48.549\ 3,$$

所求的线性回归方程为 $\hat{y}=48.5-1.1x$.

以下用两种方法作显著性检验.

(1) F 检验法：

$SST=l_{yy}=249.5556$, $SSR=bl_{xy}=174.8887$, $SSE=SST-bl_{xy}=74.6669$,

$n-2=7$, $F_{0.99}(1,7)=12.2$, $F=\dfrac{SSR}{SSE/(n-2)}=16.40, F>12.2$,

所以回归方程极显著.

(2) t 检验法:

$$|t|=|b|\sqrt{\frac{l_{xx}}{SSE/(n-2)}}=4.05,\ t_{0.995}(7)=3.499,\ |t|>3.499,$$

所以回归方程极显著.

当 $x_0=40$ 时,$\hat{y}_0=4.56$,$\Delta(x_0)=8.36$,所以 Y_0 的 0.95 预测区间为(-3.80,12.92).

这说明当3月下旬至4月中旬平均温度的累积数为40时,应该预测一代三化螟蛾盛发期为5月6日至23日之间,并且预测100次大约有95次是正确的.

5. 相关系数及其显著性检验

将 $b=\dfrac{l_{xy}}{l_{xx}}$ 代入剩余平方和 SSE 的计算公式中,

$$SSE=SST-bl_{xy}=l_{yy}-\frac{l_{xy}^2}{l_{xx}}=l_{yy}\left(1-\frac{l_{xy}^2}{l_{xx}l_{yy}}\right).$$

由此可引进

$$r^2=\frac{l_{xy}^2}{l_{xx}l_{yy}},\ r=\frac{l_{xy}}{\sqrt{l_{xx}l_{yy}}}.$$

因为 $SSE\geqslant 0$,所以 $r^2\leqslant 1$,$-1\leqslant r\leqslant 1$.

如果 $|r|$ 较大,SSE 的数值便比较小,说明回归的效果好或者说 x 与 Y 的线性关系紧密;如果 $|r|$ 较小,SSE 的数值便比较大,说明回归的效果差或者说 x 与 Y 的线性关系不紧密;称 r 为 x 与 Y 的观测值的相关系数.

又由 r 及回归系数的计算公式 $b=\dfrac{l_{xy}}{l_{xx}}$,可以推出:当 $r>0$ 时 $b>0$,当 x 增加时 Y 的观测值呈增加的趋势;当 $r<0$ 时 $b<0$,当 x 增加时 Y 的观测值呈减少的趋势;因此当 $r>0$ 时称 x 与 Y 正相关,当 $r<0$ 时称 x 与 Y 负相关.

如果将§4.2中的相关系数称为总体相关系数,那么这里的相关系数就是样本观测值的相关系数.为简便起见,可以不加区别地都称为相关系数.

相关系数作显著性检验也用 F 检验法.

相关系数作显著性检验的 F 检验法由一元线性回归方程作显著性检验的 F 检验法推出,且两者的检验结果相同,只是原假设 H_0 分别为 $\rho=0$ 和 $\beta=0$.

一元线性回归方程作显著性检验的统计量

$$F=\frac{SSR}{SSE/(n-2)}\sim F(1,n-2).$$

将 $r^2=\dfrac{l_{xy}^2}{l_{xx}l_{yy}}=\dfrac{bl_{xy}}{l_{yy}}=\dfrac{SSR}{SST}$ 及 $1-r^2=1-\dfrac{SSR}{SST}=\dfrac{SSE}{SST}$ 代入后得到相关系数作显著性检验的统

计量

$$F=\frac{r^2}{(1-r^2)/(n-2)}\sim F(1,n-2).$$

当 $F\geqslant F_{1-\alpha}(1,n-2)$ 时，拒绝 H_0，认为相关系数是显著的.

也可以由 $r_\alpha(n-2)=\sqrt{\dfrac{F_{1-\alpha}(1,n-2)}{F_{1-\alpha}(1,n-2)+(n-2)}}$ 计算得到 $r_\alpha(n-2)$ 后，当 $|r|\geqslant r_\alpha(n-2)$ 时，拒绝 H_0. $r_\alpha(n-2)$ 的值可由相关系数检验用表(附录九)查出.

由于 $r^2=\dfrac{SSR}{SST}$，因此 r^2 常常用来表示 x 与 Y 的线性关系在 x 与 Y 的全部关系中所占的百分比，称为 x 与 Y 的观测值的决定系数.

在例 9.1.1 中，

$$r^2=\frac{l_{xy}^2}{l_{xx}l_{yy}}=0.982\ 3,\quad r=0.991\ 1,\quad r_{0.01}(7)=0.797\ 7,\quad |r|>0.797\ 7,$$

所以 x 与 Y 的相关系数极显著.

在例 1.2 中，

$$r^2=\frac{l_{xy}^2}{l_{xx}l_{yy}}=0.700\ 8,\ r=-0.837\ 1,\ r_{0.01}(7)=0.797\ 7,\ |r|>0.797\ 7,$$

所以 x 与 Y 的相关系数也是极显著的.

一元线性回归程序

习 题 9.1

1. 小麦基本苗数 x 及有效穗数 Y(单位:万)的 5 组观测数据如下:

基本苗数 x_i	15.0	25.8	30.0	36.6	44.4
有效穗数 y_i	39.4	41.9	41.0	43.1	49.2

试求线性回归方程并作显著性检验;若回归方程显著，则求 $x_0=26$ 时 Y_0 的 0.95 预测区间.

2. 北碚大红番茄果实横径 x(单位:cm)与果重 Y(单位:g)的观测数据如下:

果实横径 x_i	10	9.6	9.2	8.9	8.5	8.0	7.8	7.7	7.4	7.0
果重 y_i	140	132	130	121	116	108	105	106	95	90

试求线性回归方程并作显著性检验.

3. 害虫的发生与气象条件有一定的关系.某地观测 1964—1973 年间 7 月下旬的温雨系数 x(雨量/温度)和大豆第二代造桥虫发生量 Y(每百株虫数)的数据如下:

年份	1964	1965	1966	1967	1968	1969	1970	1971	1972	1973
x_i	1.58	9.98	9.42	1.25	0.30	2.41	11.01	1.85	6.04	5.92
y_i	180	28	25	117	165	175	40	160	120	80

试求线性回归方程并作显著性检验.

4. 某地国民生产总值 Y(单位:亿元)与基本建设投资 x(单位:亿元)的年度统计数字如下:

x_i	191.72	203.66	223.11	242.82	265.45	297.62	322.00	352.41
y_i	15.53	12.92	17.62	14.21	16.90	25.58	28.00	32.47

试求线性回归方程并作显著性检验.

§9.2 一元非线性回归

1. 一元非线性回归简介

在生物学及非生物学的研究中,所遇到的双变量观测数据的内在联系常常不能用一元线性回归方程来描述,却能够用一元非线性回归方程来描述. 例如施肥量与产量的内在联系,光照强度与光合作用效率的内在联系,药剂浓度与害虫死亡率的内在联系等.

确定非线性回归方程中未知系数或参数的过程称为建立非线性回归方程.

建立一元非线性回归方程,除了描述双变量观测数据的内在联系外,还可以估计出反映该种非线性回归方程特征的一些参数,例如回归系数、极大值、极小值、拐点的坐标、渐近线的方程等,可以修匀观测数据对应的坐标点、避免因个别观测数据的影响而得到错误的认识,因此建立一元非线性回归方程甚至比建立一元线性回归方程有更多的意义.

但是建立一个恰当的非线性回归方程很不容易,往往需要更多地借助专业知识所提供的推断,并经过多次专业实践活动的检验. 如果只用统计学的方法,那么最容易的方法就是根据观测数据在坐标平面上描点,再根据大多数点的排列趋势选用合适的非线性回归方程,或者选用多个非线性回归方程以后,通过比较得到较为恰当的非线性回归方程.

2. 建立非线性回归方程常用的方法

将非线性回归方程化为线性回归方程后,先确定线性回归方程中未知的参数,再确定非线性回归方程中未知的参数是建立非线性回归方程常用的方法之一. 实行起来会遇到两种情况:一种是非线性回归方程中未知的参数“线性化”以后并不改变的情况,另一种是非线性回归方程中未知的参数“线性化”以后有所改变的情况.

例如,要建立非线性回归方程 $\hat{y}=a+bx^2$,可设 $w=x^2$,将非线性回归方程“线性化”为 $\hat{y}=a+bw$;又例如,要建立非线性回归方程 $\hat{y}=a+b\ln x$,可设 $w=\ln x$,将非线性回归方程“线性化”

为 $\hat{y}=a+bw$. 上述非线性回归方程中未知的参数在回归方程“线性化”以后并不改变.

例如,要建立非线性回归方程 $\hat{y}=a\mathrm{e}^{bx}$,可先将方程的形式变换为 $\ln\hat{y}=\ln a+bx$,再设 $z=\ln y$,$A=\ln a$,将非线性回归方程“线性化”为 $\hat{z}=A+bx$;又例如,要建立非线性回归方程 $\hat{y}=ax^b$,可先将方程的形式变换为 $\ln\hat{y}=\ln a+b\ln x$,再设 $z=\ln y$,$w=\ln x$,$A=\ln a$,将非线性回归方程“线性化”为 $\hat{z}=A+bw$. 这些非线性回归方程中未知的参数在回归方程“线性化”以后有所改变.

3. 非线性回归方程拟合情况的比较

非线性回归方程拟合的情况,取决于观测数据在坐标平面上所对应的点与非线性回归方程所对应的曲线靠近或疏远的程度. 按照最小二乘法的目标,非线性回归方程的拟合情况可以用下列统计量来进行比较:

(1) 非线性回归方程的剩余平方和 $Q=\sum\limits_{i=1}^{n}(y_i-\hat{y}_i)^2$;

(2) 非线性关系的相关指数 $\widetilde{R}^2=1-\dfrac{Q}{l_{yy}}$,

式中 y_i 为变量 Y 的观测值,$\hat{y}_i$ 为 x_i 代入非线性回归方程所得到的估计值,x_i 为变量 x 的观测值,$l_{yy}=\sum\limits_{i=1}^{n}(y_i-\bar{y})^2$.

在多个非线性回归方程中,拟合情况比较好的回归方程,其剩余平方和 Q 较小而相关指数 $\widetilde{R}^2$ 较大.

例 9.2.1　熟悉方法　假设变量 x 与 Y 的 9 组观测值 (x_i,y_i) 如下:

x_i	1	2	3	4	4	6	6	8	8
y_i	1.85	1.37	1.02	0.75	0.56	0.41	0.31	0.23	0.17

试选用多个非线性回归方程进行拟合,并比较拟合的情况.

解　先画出散点图(如图 9.1 所示),根据散点的排列趋势选用三个非线性回归方程,即

(1) $\hat{y}=a+\dfrac{b}{x}$,设 $w=\dfrac{1}{x}$将它化为 $\hat{y}=a+bw$. 用建立线性回归方程的方法得到

$\hat{y}=0.115\ 9+1.929\ 1w$,

$l_{yy}=2.618\ 7$,$SSR=2.335\ 9$,

$SSE=0.282\ 8$,$r^2=0.892\ 0$.

所求的非线性回归方程为

$$\hat{y}=0.115\ 9+\frac{1.929\ 1}{x},$$

$$l_{yy}=2.618\ 7,Q=0.282\ 6,\widetilde{R}^2=0.892\ 0.$$

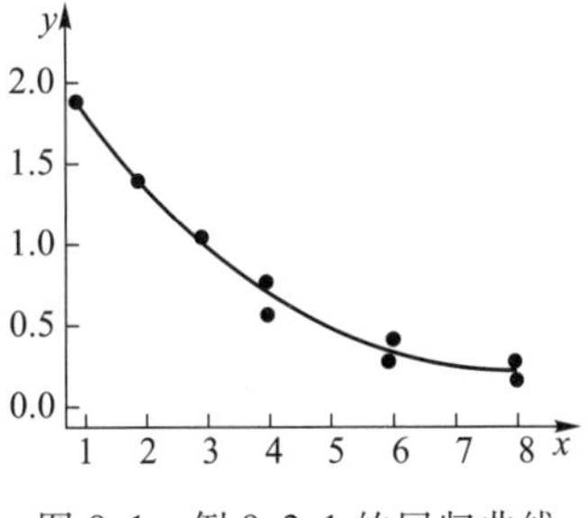

图 9.1　例 9.2.1 的回归曲线及散点图

(2) $\hat{y}=ax^b$,变换形式为 $\ln\ \hat{y}=\ln a+b\ln x$ 后,设 $z=\ln y, w=\ln x, A=\ln a$,将它化为 $\hat{z}=A+bw$. 用建立线性回归方程的方法得到

$$\hat{z}=0.9638-1.1292w,$$
$$l_{zz}=5.3332,\ SSR=4.8086,$$
$$SSE=0.5246,\ r^2=0.9016.$$

所求的非线性回归方程为

$$\hat{y}=2.6216x^{-1.1292},$$

$$l_{yy}=2.6187, Q=0.7464, \tilde{R}^2=0.7150.$$

(3) $\hat{y}=ae^{bx}$,变换形式为 $\ln\ \hat{y}=\ln a+bx$ 后,设 $z=\ln y, A=\ln a$,将它化为 $\hat{z}=A+bx$. 用建立线性回归方程的方法得到

$$\hat{z}=0.9230-0.3221x,$$
$$l_{zz}=5.3332, SSR=5.1876,$$
$$SSE=0.1456,\ r^2=0.9727.$$

所求的非线性回归方程为

$$\hat{y}=2.5168e^{-0.3221x},$$

$$l_{yy}=2.6187, Q=0.0351, \widetilde{R}^2=0.9866.$$

经过比较,非线性回归方程(3)的拟合情况较好.

计算非线性回归方程的剩余平方和 $Q=\sum_{i=1}^{9}(y_i-\hat{y}_i)^2$ 可列表如下:

		方程(1)		方程(2)		方程(3)	
i	y_i	$\hat{y}_i$	$(y_i-\hat{y}_i)^2$	$\hat{y}_i$	$(y_i-\hat{y}_i)^2$	$\hat{y}_i$	$(y_i-\hat{y}_i)^2$
1	1.85	2.045 0	0.038 0	2.621 6	0.595 4	1.823 7	0.000 7
2	1.37	1.080 5	0.083 8	1.198 5	0.029 4	1.321 5	0.002 4
3	1.02	0.758 9	0.068 2	0.758 2	0.068 5	0.957 6	0.003 9
4	0.75	0.598 2	0.023 0	0.547 9	0.040 8	0.693 9	0.003 1
5	0.56	0.598 2	0.001 5	0.547 9	0.000 1	0.693 9	0.017 9
6	0.41	0.437 4	0.000 8	0.346 6	0.004 0	0.364 4	0.002 1
7	0.31	0.437 4	0.016 2	0.346 6	0.001 3	0.364 4	0.003 0
8	0.23	0.357 0	0.016 1	0.250 5	0.000 4	0.191 3	0.001 5
9	0.17	0.357 0	0.035 0	0.250 5	0.006 5	0.191 3	0.000 5
Q			0.282 6		0.746 4		0.035 1

4. 一元非线性回归应用的实例

例 9.2.2 产量分析 根据某品种大豆在一地块上不同密度 x(单位:千株)下的青豆荚产量 Y(单位:kg)的观测数据建立非线性回归方程

$$\hat{y}=92.9154xe^{-0.0422x}$$

后，可求出当 $x\to0$ 时 $\frac{\hat{y}}{x}\to92.9154$，当 $x=23.641$ 时 $\hat{y}$ 的最大值为 808.1. 说明：在当时的试验条件下平均每千株青豆荚产量的最高值为 92.915 4 kg；当 $x=23.641$ 千株时，可期望得到最大的产量是 808.1 kg.

例 9.2.3 耐寒能力 研究低温 x(单位：℃)导致红菜薹细胞膜受伤害程度 Y(%)的内在规律时，由某品种建立非线性回归方程 $\hat{y}=\dfrac{100}{1+84.7701\mathrm{e}^{0.7846x}}$后，求出这个方程所对应的曲线上拐点的横坐标 $x=-5.6587$，以此作为细胞膜受伤害可逆与不可逆的临界温度，可用来比较各品种耐寒的能力.

例 9.2.4 投入产出分析 记录育肥猪的重量自 17.2(单位：kg)始至其后 x 个月的增重 Y(单位：kg)及相应的饲料费 Z(单位：元)，可建立非线性回归方程 $\hat{y}=9.46+27.09\ln x$ 和 $\hat{z}=-2.81+13.2x$，如果当年的生猪价格为 1.36 元/kg，不考虑其他因素的影响，则育肥猪的收益

$$N=1.36\times(9.46+27.09\ln x)-(-2.81+13.2x).$$

当 $x=2.8$ 月时可期望得到最大的收益，这时生猪的重量是 54.55 kg.

一元非线性回归程序

习 题 9.2

1. 黄瓜霜霉病分生孢子接种 15 天后不同离体天数 x 的侵染率 Y 的观测数据如下：

离体天数 x_i	0	1	5	10	20	30
侵染率 y_i	95.1	83.3	41.2	39.4	25.7	22.2

试求指数曲线回归方程 $\hat{y}=ab^x$.

2. 用放射线处理大麦种子，记处理株第一叶平均高度占对照株高度的百分数为 x，存活百分数为 Y，得到观测值如下：

x_i	28	32	40	50	60	72	80	80	85
y_i	8	12	18	28	30	55	61	85	80

试求幂函数曲线回归方程 $\hat{y}=ax^b$.

3. PXGV 不同稀释度 x(单位：10^{-6}g/mL)对小菜蛾二龄幼虫半致死量的试验结果如下：

稀释度 x_i	100 000	10 000	1 000	100	10	1
半致死量 y_i	95.59	84.08	66.30	52.69	31.63	21.05

试求对数曲线回归方程 $\hat{y}=a+b\ln x$.

4. 某种小动物的体重 Y(单位:g)与日龄 x 的观测结果如下:

日龄 x_i	1	2	3	4	5	6	7	8	9
体重 y_i	1.26	1.60	1.71	2.47	3.01	5.98	7.25	7.23	7.68

试求 S 型曲线回归方程 $\hat{y}=\dfrac{1}{a+be^{-x}}$.

*§9.3 统计控制与协方差分析

1. 统计控制的基本概念

如果在单因素、双因素或多因素试验中有无法控制的因素 x 影响试验的结果 Y,且 x 可以测量,x 与 Y 之间又有显著的线性回归时,常常利用线性回归来矫正各组 Y 的观测值的平均值,消去 x 的差异对 Y 的影响. 例如,研究施肥对苹果树产量的影响,由于苹果树的长势不齐,必须消去果树长势对产量的影响. 又如,研究饲料对动物增重的影响,由于动物的初重不同,必须消去初重对增重的影响. 这种不是在试验中控制某个因素,而是在试验后对该因素的影响进行估计,并对各组试验指标的观测值的平均值作出调整的方法称为**统计控制**,可以作为试验控制的辅助手段. 以统计控制为目的,综合线性回归分析与方差分析所得到的统计分析方法,称为**协方差分析**. 需要统计控制的因素,例如苹果树的长势,动物的初重等称为协变量.

2. 单因素试验的协方差分析

设单因素试验的因素为 A,有 $A_1,A_2,\cdots,A_r$ 共 r 个水平,分别安排了 s 次重复试验,所得到的样本为 $(x_{i1},Y_{i1}),(x_{i2},Y_{i2}),\cdots,(x_{is},Y_{is})$,相应的观测值为 $(x_{i1},y_{i1}),(x_{i2},y_{i2}),\cdots,(x_{is},y_{is})$.

将样本的观测值初步整理后有

$$\bar{x}_{i\cdot}=\frac{1}{s}\sum_{j=1}^{s}x_{ij},$$

$$\bar{x}_{\cdot\cdot}=\frac{1}{rs}\sum_{i=1}^{r}\sum_{j=1}^{s}x_{ij}=\frac{1}{r}\sum_{i=1}^{r}\bar{x}_{i\cdot},$$

$$\bar{y}_{i\cdot}=\frac{1}{s}\sum_{j=1}^{s}y_{ij},$$

$$\bar{y}_{\cdot\cdot}=\frac{1}{rs}\sum_{i=1}^{r}\sum_{j=1}^{s}y_{ij}=\frac{1}{r}\sum_{i=1}^{r}\bar{y}_{i\cdot}.$$

记 $SST(x)=\sum_{i=1}^{r}\sum_{j=1}^{s}(x_{ij}-\bar{x}_{\cdot\cdot})^2$,称为 x 的总离均差平方和;

$SSA(x)=\sum_{i=1}^{r}\sum_{j=1}^{s}(\bar{x}_{i\cdot}-\bar{x}_{\cdot\cdot})^2$,称为 x 的 A 平方和;

$$SSE(x)=\sum_{i=1}^{r}\sum_{j=1}^{s}(x_{ij}-\bar{x}_{i\cdot})^2$$,称为 x 的误差平方和;

$$SST(y)=\sum_{i=1}^{r}\sum_{j=1}^{s}(y_{ij}-\bar{y}_{\cdot\cdot})^2$$,称为 y 的总离均差平方和;

$$SSA(y)=\sum_{i=1}^{r}\sum_{j=1}^{s}(\bar{y}_{i\cdot}-\bar{y}_{\cdot\cdot})^2$$,称为 y 的 A 平方和;

$$SSE(y)=\sum_{i=1}^{r}\sum_{j=1}^{s}(y_{ij}-\bar{y}_{i\cdot})^2$$,称为 y 的误差平方和;

$$SPT=\sum_{i=1}^{r}\sum_{j=1}^{s}(x_{ij}-\bar{x}_{\cdot\cdot})(y_{ij}-\bar{y}_{\cdot\cdot})$$,称为 x 与 y 的总离均差乘积和;

$$SPA=\sum_{i=1}^{r}\sum_{j=1}^{s}(\bar{x}_{i\cdot}-\bar{x}_{\cdot\cdot})(\bar{y}_{i\cdot}-\bar{y}_{\cdot\cdot})$$,称为 x 与 y 的 A 乘积和;

$$SPE=\sum_{i=1}^{r}\sum_{j=1}^{s}(x_{ij}-\bar{x}_{i\cdot})(y_{ij}-\bar{y}_{i\cdot})$$,称为 x 与 y 的误差乘积和.

为讲述方便起见,称它们为次级数据,其计算方法请参考方差分析中的说明.

单因素试验的协方差分析的步骤如下:

(1) 计算并列出次级数据表:

方差来源	$SS(x)$	$SS(y)$	SP	DF
因素 A	$SSA(x)$	$SSA(y)$	SPA	$r-1$
误　差	$SSE(x)$	$SSE(y)$	SPE	$r(s-1)$
总　和	$SST(x)$	$SST(y)$	SPT	$rs-1$

(2) 由误差行的次级数据求误差行的回归系数 $b=\dfrac{SPE}{SSE(x)}$;

(3) 检验误差行线性回归的显著性且当误差行线性回归显著时矫正各组的平均数:

$$\bar{y}_{i\cdot(x=\bar{x}_{\cdot\cdot})}=\bar{y}_{i\cdot}-b(\bar{x}_{i\cdot}-\bar{x}_{\cdot\cdot})\quad(i=1,2,\cdots,r);$$

(4) 由误差行的次级数据求误差行的

$$Q_E=SSE(y)-\frac{(SPE)^2}{SSE(x)},$$

由总和行的次级数据求总和行的

$$Q_T=SST(y)-\frac{(SPT)^2}{SST(x)},$$

求矫正后 A 行的

$$Q_A=Q_T-Q_E,$$

求均方和

$$MQ_A=\frac{Q_A}{r-1},\quad MQ_E=\frac{Q_E}{rs-r-1},\quad F=\frac{MQ_A}{MQ_E};$$

(5) 列出矫正后的方差分析表:

方差来源	平方和	自由度	均方和	F 值	显著性
因素 A	Q_A	$r-1$	MQ_A	F	
误 差	Q_E	$rs-r-1$	MQ_E		
总 和	Q_T	$rs-2$			

(表中均方和、F 值、显著性的填写请参考方差分析中的说明);

(6) 写出协方差分析的结论.

例 9.3.1 果树施肥 苹果树第一年的产量 x(单位:kg)及第二年分别施用 3 种肥料的产量 Y(单位:kg)的观测值为:

肥 料	观测值(x_i, y_i)							
A	47, 54	58, 66	53, 63	46, 51	49, 56	56, 66	54, 61	44, 50
B	52, 54	53, 53	64, 67	58, 62	59, 62	61, 63	63, 64	66, 69
C	44, 52	48, 58	46, 54	50, 61	59, 70	57, 64	58, 69	53, 66

试以 x 为协变量作协方差分析.

解 (1) 计算并列出次级数据表:

方差来源	$SS(x)$	$SS(y)$	SP	DF
因素 A	356.083	60.750	86.625	2
误 差	589.750	830.875	679.125	21
总 和	945.833	891.625	765.750	23

(2) 由误差行的次级数据求误差行的回归系数 $b=\dfrac{SPE}{SSE(x)}=1.151\ 5$;

(3) 检验误差行线性回归的显著性且当误差行线性回归显著时矫正各组的平均数:
$SSE(y)=830.875, b\cdot SPE=782.045, SSE(y)-b\cdot SPE=48.83$,

$$F=\frac{b\cdot SPE\cdot(rs-r-1)}{SSE(y)-b\cdot SPE}=320.31^{**},$$

因此误差行的线性回归显著,可以矫正各组的平均数;

矫正前

$$\bar{y}_{1\cdot}=58.375,\quad \bar{y}_{2\cdot}=61.750,\quad \bar{y}_{3\cdot}=61.750,$$

根据

$$\bar{x}_{1\cdot}=50.875,\quad \bar{x}_{2\cdot}=59.500,\quad \bar{x}_{3\cdot}=51.875,\quad \bar{x}_{\cdot\cdot}=54.083,$$

矫正后

$$\bar{y}_{1\cdot(x=54.083)}=\bar{y}_{1\cdot}-b(\bar{x}_{1\cdot}-\bar{x}_{\cdot\cdot})=62.069,$$
$$\bar{y}_{2\cdot(x=54.083)}=\bar{y}_{2\cdot}-b(\bar{x}_{2\cdot}-\bar{x}_{\cdot\cdot})=55.512,$$
$$\bar{y}_{3\cdot(x=54.083)}=\bar{y}_{3\cdot}-b(\bar{x}_{3\cdot}-\bar{x}_{\cdot\cdot})=64.293;$$

(4) 由误差行的次级数据求误差行的

$$Q_E = 48.83,$$

由总和行的次级数据求总和行的

$$Q_T = 271.67,$$

求矫正后 A 行的

$$Q_A = Q_T - Q_E = 222.84;$$

(5) 列出矫正后的方差分析表:

方差来源	平方和	自由度	均方和	F 值	显著性
因素 A	222.84	2	111.42	45.63	* *
误　差	48.83	20	2.441 5		
总　和	271.67	22			

(6) 写出协方差分析的结论:施用 3 种肥料的产量矫正后有极显著的差异.

3. 双因素试验不考虑交互作用的协方差分析

设双因素试验的一个因素为 A,有 $A_1, A_2, \cdots, A_r$ 共 r 个水平,另一个因素为 B,有 B_1, $B_2, \cdots, B_s$ 共 s 个水平. 这两个因素的水平互相搭配各安排一次试验,其中 A 因素的 A_i 水平与 B 因素的 B_j 水平搭配安排试验所得到的样本为 (x_{ij}, Y_{ij}),相应的观测值为 (x_{ij}, y_{ij}).

将样本的观测值初步整理后有

$$\bar{x}_{i\cdot} = \frac{1}{s}\sum_{j=1}^{s} x_{ij},$$

$$\bar{x}_{\cdot j} = \frac{1}{r}\sum_{i=1}^{r} x_{ij},$$

$$\bar{x}_{\cdot\cdot} = \frac{1}{rs}\sum_{i=1}^{r}\sum_{j=1}^{s} x_{ij} = \frac{1}{r}\sum_{i=1}^{r}\bar{x}_{i\cdot} = \frac{1}{s}\sum_{j=1}^{s}\bar{x}_{\cdot j},$$

$$\bar{y}_{i\cdot} = \frac{1}{s}\sum_{j=1}^{s} y_{ij},$$

$$\bar{y}_{\cdot j} = \frac{1}{r}\sum_{i=1}^{r} y_{ij},$$

$$\bar{y}_{\cdot\cdot} = \frac{1}{rs}\sum_{i=1}^{r}\sum_{j=1}^{s} y_{ij} = \frac{1}{r}\sum_{i=1}^{r}\bar{y}_{i\cdot} = \frac{1}{s}\sum_{j=1}^{s}\bar{y}_{\cdot j}.$$

记 $SST(x) = \sum_{i=1}^{r}\sum_{j=1}^{s}(x_{ij} - \bar{x}_{\cdot\cdot})^2$,称为 x 的总离均差平方和;

$SSA(x) = \sum_{i=1}^{r}\sum_{j=1}^{s}(\bar{x}_{i\cdot} - \bar{x}_{\cdot\cdot})^2$,称为 x 的 A 平方和;

$SSB(x) = \sum_{i=1}^{r}\sum_{j=1}^{s}(\bar{x}_{\cdot j} - \bar{x}_{\cdot\cdot})^2$,称为 x 的 B 平方和;

$SSE(x) = \sum_{i=1}^{r}\sum_{j=1}^{s}(x_{ij} - \bar{x}_{i\cdot} - \bar{x}_{\cdot j} + \bar{x}_{\cdot\cdot})^2$,称为 x 的误差平方和;

$SST(y)=\sum_{i=1}^{r}\sum_{j=1}^{s}(y_{ij}-\bar{y}_{..})^2$,称为 y 的总离均差平方和;

$SSA(y)=\sum_{i=1}^{r}\sum_{j=1}^{s}(\bar{y}_{i.}-\bar{y}_{..})^2$,称为 y 的 A 平方和;

$SSB(y)=\sum_{i=1}^{r}\sum_{j=1}^{s}(\bar{y}_{.j}-\bar{y}_{..})^2$,称为 y 的 B 平方和;

$SSE(y)=\sum_{i=1}^{r}\sum_{j=1}^{s}(y_{ij}-\bar{y}_{i.}-\bar{y}_{.j}+\bar{y}_{..})^2$,称为 y 的误差平方和;

$SPT=\sum_{i=1}^{r}\sum_{j=1}^{s}(x_{ij}-\bar{x}_{..})(y_{ij}-\bar{y}_{..})$,称为 x 与 y 的总离均差乘积和;

$SPA=\sum_{i=1}^{r}\sum_{j=1}^{s}(\bar{x}_{i.}-\bar{x}_{..})(\bar{y}_{i.}-\bar{y}_{..})$,称为 x 与 y 的 A 乘积和;

$SPB=\sum_{i=1}^{r}\sum_{j=1}^{s}(\bar{x}_{.j}-\bar{x}_{..})(\bar{y}_{.j}-\bar{y}_{..})$,称为 x 与 y 的 B 乘积和;

$SPE=\sum_{i=1}^{r}\sum_{j=1}^{s}(x_{ij}-\bar{x}_{i.}-\bar{x}_{.j}+\bar{x}_{..})(y_{ij}-\bar{y}_{i.}-\bar{y}_{.j}+\bar{y}_{..})$,称为 x 与 y 的误差乘积和.

为讲述方便起见,称它们为次级数据,其计算方法请参考方差分析中的说明.

双因素试验不考虑交互作用的协方差分析的步骤如下:

(1) 计算并列出次级数据表:

方差来源	$SS(x)$	$SS(y)$	SP	DF
因素 A	$SSA(x)$	$SSA(y)$	SPA	$r-1$
因素 B	$SSB(x)$	$SSB(y)$	SPB	$s-1$
误　差	$SSE(x)$	$SSE(y)$	SPE	$(r-1)(s-1)$
总　和	$SST(x)$	$SST(y)$	SPT	$rs-1$

(2) 由误差行的次级数据求误差行的回归系数 $b=\dfrac{SPE}{SSE(x)}$.

(3) 检验误差行线性回归的显著性且当误差行线性回归显著时矫正各组的平均数:

$$\bar{y}_{i\cdot(x=\bar{x}_{..})}=\bar{y}_{i.}-b(\bar{x}_{i.}-\bar{x}_{..})\qquad(i=1,2,\cdots,r),$$

$$\bar{y}_{\cdot j(x=\bar{x}_{..})}=\bar{y}_{.j}-b(\bar{x}_{.j}-\bar{x}_{..})\qquad(j=1,2,\cdots,s).$$

(4) 由误差行的次级数据求误差行的

$$Q_E=SSE(y)-\frac{(SPE)^2}{SSE(x)},$$

由 A 行与误差行的次级数据相加求 A 行+误差行的

$$Q_{A+E}=(SSA(y)+SSE(y))-\frac{(SPA+SPE)^2}{SSA(x)+SSE(x)},$$

求矫正后 A 行的

$$Q_A=Q_{A+E}-Q_E;$$

由 B 行与误差行的次级数据相加求 B 行+误差行的

$$Q_{B+E}=(SSB(y)+SSE(y))-\frac{(SPB+SPE)^2}{SSB(x)+SSE(x)},$$

求矫正后 B 行的

$$Q_B=Q_{B+E}-Q_E;$$

求

$$MQ_A=\frac{Q_A}{r-1},\quad MQ_B=\frac{Q_B}{s-1},\quad MQ_E=\frac{Q_E}{rs-r-s},$$

$$F_A=\frac{MQ_A}{MQ_E},\quad F_B=\frac{MQ_B}{MQ_E}.$$

(5) 列出矫正后的方差分析表：

方差来源	平方和	自由度	均方和	F 值	显著性
因素 A	Q_A	$r-1$	MQ_A	F_A	
因素 B	Q_B	$s-1$	MQ_B	F_B	
误　差	Q_E	$rs-r-s$	MQ_E		

(表中均方和、F 值、显著性的填写请参考方差分析中的说明).

(6) 写出协方差分析的结论.

例 9.3.2　作物栽培　5 个马铃薯品种进行产量比较试验，各种 3 小区，每小区各种 12 株，但由于干旱及病虫害等原因，收获时不全为 12 株，每小区的株数 x 及产量 Y(单位：kg)的观测值如下：

小　区	品　种				
	1	2	3	4	5
一	8,2.85	10,4.24	12,3.00	11,4.94	10,2.88
二	10,3.14	12,4.50	7,2.75	12,5.84	10,4.06
三	12,3.88	10,3.86	9,2.82	10,4.94	9,2.89

试以 x 为协变量作协方差分析.

解　(1) 计算并列出次级数据表：

方差来源	$SS(x)$	$SS(y)$	SP	DF
区组间	0.133 3	0.633 7	0.094 7	2
处理间	5.733 3	10.961 2	7.584 7	4
误　差	25.866 7	1.631 4	4.495 3	8
总　和	31.733 3	13.226 3	12.174 7	14

(2) 由误差行的次级数据求误差行的回归系数 $b=\frac{SPE}{SSE(x)}=0.173\ 8$.

(3) 检验误差行线性回归的显著性且当误差行线性回归显著时矫正各组的平均数：

$SSE(y)=1.6314, b\cdot SPE=0.7812, SSE(y)-b\cdot SPE=0.8502$,

$$F=\frac{b\cdot SPE\cdot(rs-r-s)}{SSE(y)-b\cdot SPE}=6.43^{*},$$

因此误差行的线性回归显著,可以矫正各组的平均数.

矫正前各组的平均数及矫正后各组的平均数如下表：

小　区	一	二	三
矫正前$(\bar{x}_{i\cdot},\bar{y}_{i\cdot})$ 矫正后$\bar{y}_{i\cdot(x=\bar{x}_{\cdot\cdot})}$	(10.2,3.582) 3.5704	(10.2,4.058) 4.0464	(10,3.678) 3.7012

品　种	1	2	3	4	5
矫正前$(\bar{x}_{\cdot j},\bar{y}_{\cdot j})$	(10,3.29)	(10.67,4.2)	(9.33,2.857)	(11,5.24)	(9.67,3.277)
矫正后$\bar{y}_{\cdot j(x=\bar{x}_{\cdot\cdot})}$	3.313 2	4.106 7	2.996 6	5.089 4	3.357 5

(4) 由误差行的次级数据求误差行的 $Q_E=0.8502$;

由 A 行与误差行的次级数据相加求 A 行+误差行的 $Q_{A+E}=1.4548$,求矫正后 A 行的 $Q_A=Q_{A+E}-Q_E=0.6046$;

由 B 行与误差行的次级数据相加求 B 行+误差行的 $Q_{B+E}=7.9747$,求矫正后 B 行的 $Q_B=Q_{B+E}-Q_E=7.1245$.

(5) 列出矫正后的方差分析表：

方差来源	平方和	自由度	均方和	F 值	显著性
区组间	0.604 6	2	0.302 3	2.49	N
处理间	7.124 5	4	1.781 1	14.66	* *
误　差	0.850 2	7	0.121 5		

(6) 写出协方差分析的结论:各小区的产量矫正后没有显著的差异,各品种的产量矫正后有极显著的差异.

4. 双因素试验考虑交互作用的协方差分析

设双因素试验的一个因素为 A,有 $A_1,A_2,\cdots,A_r$ 共 r 个水平,另一个因素为 B,有 B_1, $B_2,\cdots,B_s$ 共 s 个水平. 这两个因素的水平互相搭配各安排 m 次试验,其中 A 因素的 A_i 水平与 B 因素的 B_j 水平搭配安排试验,第 k 次试验所得到的样本为(x_{ijk},Y_{ijk})相应的观测值为(x_{ijk},y_{ijk}).

将样本的观测值初步整理后有

$$\bar{x}_{ij\cdot}=\frac{1}{k}\sum_{k=1}^{m}x_{ijk},$$

$$\bar{x}_{i\cdot\cdot}=\frac{1}{sm}\sum_{j=1}^{s}\sum_{k=1}^{m}x_{ijk}=\frac{1}{s}\sum_{j=1}^{s}\bar{x}_{ij\cdot},$$

$$\bar{x}_{\cdot j\cdot} = \frac{1}{rm}\sum_{i=1}^{r}\sum_{k=1}^{m} x_{ijk} = \frac{1}{r}\sum_{i=1}^{r}\bar{x}_{ij\cdot},$$

$$\bar{x}_{\cdots} = \frac{1}{rsm}\sum_{i=1}^{r}\sum_{j=1}^{s}\sum_{k=1}^{m} x_{ijk} = \frac{1}{r}\sum_{i=1}^{r}\bar{x}_{i\cdot\cdot} = \frac{1}{s}\sum_{j=1}^{s}\bar{x}_{\cdot j\cdot},$$

$$\bar{y}_{ij\cdot} = \frac{1}{k}\sum_{k=1}^{m} y_{ijk},$$

$$\bar{y}_{i\cdot\cdot} = \frac{1}{sm}\sum_{j=1}^{s}\sum_{k=1}^{m} y_{ijk} = \frac{1}{s}\sum_{j=1}^{s}\bar{y}_{ij\cdot},$$

$$\bar{y}_{\cdot j\cdot} = \frac{1}{rm}\sum_{i=1}^{r}\sum_{k=1}^{m} y_{ijk} = \frac{1}{r}\sum_{i=1}^{r}\bar{y}_{ij\cdot},$$

$$\bar{y}_{\cdots} = \frac{1}{rsm}\sum_{i=1}^{r}\sum_{j=1}^{s}\sum_{k=1}^{m} y_{ijk} = \frac{1}{r}\sum_{i=1}^{r}\bar{y}_{i\cdot\cdot} = \frac{1}{s}\sum_{j=1}^{s}\bar{y}_{\cdot j\cdot}.$$

记$SST(x) = \sum_{i=1}^{r}\sum_{j=1}^{s}\sum_{k=1}^{m}(x_{ijk} - \bar{x}_{\cdots})^2$,称为 x 的总离均差平方和;

$SSA(x) = \sum_{i=1}^{r}\sum_{j=1}^{s}\sum_{k=1}^{m}(\bar{x}_{i\cdot\cdot} - \bar{x}_{\cdots})^2$,称为 x 的 A 平方和;

$SSB(x) = \sum_{i=1}^{r}\sum_{j=1}^{s}\sum_{k=1}^{m}(\bar{x}_{\cdot j\cdot} - \bar{x}_{\cdots})^2$,称为 x 的 B 平方和;

$SSAB(x) = \sum_{i=1}^{r}\sum_{j=1}^{s}\sum_{k=1}^{m}(\bar{x}_{ij\cdot} - \bar{x}_{i\cdot\cdot} - \bar{x}_{\cdot j\cdot} + \bar{x}_{\cdots})^2$,称为 x 的交互平方和;

$SSE(x) = \sum_{i=1}^{r}\sum_{j=1}^{s}\sum_{k=1}^{m}(x_{ijk} - \bar{x}_{ij\cdot})^2$,称为 x 的误差平方和;

$SST(y) = \sum_{i=1}^{r}\sum_{j=1}^{s}\sum_{k=1}^{m}(y_{ijk} - \bar{y}_{\cdots})^2$,称为 y 的总离均差平方和;

$SSA(y) = \sum_{i=1}^{r}\sum_{j=1}^{s}\sum_{k=1}^{m}(y_{i\cdot\cdot} - y_{\cdots})^2$,称为 y 的 A 平方和;

$SSB(y) = \sum_{i=1}^{r}\sum_{j=1}^{s}\sum_{k=1}^{m}(\bar{y}_{\cdot j\cdot} - \bar{y}_{\cdots})^2$,称为 y 的 B 平方和;

$SSAB(y) = \sum_{i=1}^{r}\sum_{j=1}^{s}\sum_{k=1}^{m}(\bar{y}_{ij\cdot} - \bar{y}_{i\cdot\cdot} - \bar{y}_{\cdot j\cdot} + \bar{y}_{\cdots})^2$,称为 y 的交互平方和;

$SSE(y) = \sum_{i=1}^{r}\sum_{j=1}^{s}\sum_{k=1}^{m}(y_{ijk} - \bar{y}_{ij\cdot})^2$,称为 y 的误差平方和;

$SPT = \sum_{i=1}^{r}\sum_{j=1}^{s}\sum_{k=1}^{m}(x_{ijk} - \bar{x}_{\cdots})(y_{ijk} - \bar{y}_{\cdots})$,称为 x 与 y 的总离均差乘积和;

$SPA = \sum_{i=1}^{r}\sum_{j=1}^{s}\sum_{k=1}^{m}(\bar{x}_{i\cdot\cdot} - \bar{x}_{\cdots})(\bar{y}_{i\cdot\cdot} - \bar{y}_{\cdots})$,称为 x 与 y 的 A 乘积和;

$SPB = \sum_{i=1}^{r}\sum_{j=1}^{s}\sum_{k=1}^{m}(\bar{x}_{\cdot j\cdot} - \bar{x}_{\cdots})(\bar{y}_{\cdot j\cdot} - \bar{y}_{\cdots})$,称为 x 与 y 的 B 乘积和;

$SPAB = \sum_{i=1}^{r}\sum_{j=1}^{s}\sum_{k=1}^{m}(\bar{x}_{ij\cdot} - \bar{x}_{i\cdot\cdot} - \bar{x}_{\cdot j\cdot} + \bar{x}_{\cdots})(\bar{y}_{ij\cdot} - \bar{y}_{i\cdot\cdot} - \bar{y}_{\cdot j\cdot} + \bar{y}_{\cdots})$,称为 x 与 y 的交互乘积和;

$SPE = \sum_{i=1}^{r}\sum_{j=1}^{s}\sum_{k=1}^{m}(x_{ijk}-\bar{x}_{ij.})(y_{ijk}-\bar{y}_{ij.})$,称为 x 与 y 的误差乘积和.

为讲述方便起见,称它们为次级数据,其计算方法请参考方差分析中的说明.

双因素试验考虑交互作用的协方差分析的步骤如下:

(1) 计算并列出次级数据表:

方差来源	$SS(x)$	$SS(y)$	SP	DF
因素 A	$SSA(x)$	$SSA(y)$	SPA	$r-1$
因素 B	$SSB(x)$	$SSB(y)$	SPB	$s-1$
交互作用 AB	$SSAB(x)$	$SSAB(y)$	$SPAB$	$(r-1)(s-1)$
误差	$SSE(x)$	$SSE(y)$	SPE	$rs(m-1)$
总和	$SST(x)$	$SST(y)$	SPT	$rsm-1$

(2) 由误差行的次级数据求误差行的回归系数 $b=\dfrac{SPE}{SSE(x)}$.

(3) 检验误差行线性回归的显著性且当误差行线性回归显著时矫正各组的平均数:

$$\bar{y}_{i\cdot\cdot(x=\bar{x}_{\dots})}=\bar{y}_{i\cdot\cdot}-b(\bar{x}_{i\cdot\cdot}-\bar{x}_{\dots}) \qquad (i=1,2,\cdots,r),$$

$$\bar{y}_{\cdot j\cdot(x=\bar{x}_{\dots})}=\bar{y}_{\cdot j\cdot}-b(\bar{x}_{\cdot j\cdot}-\bar{x}_{\dots}) \qquad (j=1,2,\cdots,s).$$

(4) 由误差行的次级数据求误差行的

$$Q_E=SSE(y)-\frac{(SPE)^2}{SSE(x)};$$

由 A 行与误差行的次级数据相加求 A 行+误差行的

$$Q_{A+E}=(SSA(y)+SSE(y))-\frac{(SPA+SPE)^2}{SSA(x)+SSE(x)},$$

求矫正后 A 行的

$$Q_A=Q_{A+E}-Q_E;$$

由 B 行与误差行的次级数据相加求 B 行+误差行的

$$Q_{B+E}=(SSB(y)+SSE(y))-\frac{(SPB+SPE)^2}{SSB(x)+SSE(x)},$$

求矫正后 B 行的

$$Q_B=Q_{B+E}-Q_E;$$

由 AB 行与误差行的次级数据相加求 AB 行+误差行的

$$Q_{AB+E}=(SSAB(y)+SSE(y))-\frac{(SPAB+SPE)^2}{SSAB(x)+SSE(x)},$$

求矫正后 AB 行的 $Q_{AB}=Q_{AB+E}-Q_E$;

求 $MQ_A=\dfrac{Q_A}{r-1}, MQ_B=\dfrac{Q_B}{s-1}, MQ_{AB}=\dfrac{Q_{AB}}{(r-1)(s-1)}$,

$$MQ_E=\frac{Q_E}{rs(m-1)-1}, F_A=\frac{MQ_A}{MQ_E}, F_B=\frac{MQ_B}{MQ_E}, F_{AB}=\frac{MQ_{AB}}{MQ_E}.$$

(5) 列出矫正后的方差分析表：

方差来源	平方和	自由度	均方和	F 值	显著性
因素 A	Q_A	$r-1$	MQ_A	F_A	
因素 B	Q_B	$s-1$	MQ_B	F_B	
交互作用 AB	Q_{AB}	$(r-1)(s-1)$	MQ_{AB}	F_{AB}	
误　差	Q_E	$rs(m-1)-1$	MQ_E		

(表中均方和、F 值、显著性的填写请参考方差分析中的说明).

也可先检验 Q_{AB} 的显著性，当 Q_{AB} 不显著时，再将 Q_{AB} 与 Q_E 相加，将对应的自由度相加，作为新的 Q_E 及自由度，再检验 Q_A 的显著性和 Q_B 的显著性.

(6) 写出协方差分析的结论.

例 9.3.3 动物饲养 育肥试验中，供试猪按所给不同促生长剂分成 4 组，每组随机地分配 4 头猪，且同样的试验共进行了两批，得到供试猪试验前后体重 x 与 Y(单位：kg) 的观测值如下：

促生长剂	批　次			
	B_1		B_2	
A_1	14.6, 97.8	12.1, 94.2	19.5, 113.2	18.8, 110.1
A_2	13.6, 100.3	12.9, 98.5	18.5, 119.4	18.2, 114.7
A_3	12.8, 99.2	10.7, 89.6	18.2, 122.2	16.9, 105.3
A_4	12.0, 102.1	12.4, 103.8	16.4, 117.2	17.2, 117.9

试以 x 为协变量作协方差分析.

解 (1) 计算并列出次级数据表：

方差来源	$SS(x)$	$SS(y)$	SP	DF
因素 A	8.86	189.28	-5.91	3
因素 B	113.42	968.77	331.48	1
交互作用 AB	1.03	6.76	-0.31	3
误　差	7.11	95.52	22.11	8
总　和	130.42	1 260.33	347.37	15

(2) 由误差行的次级数据求误差行的回归系数 $b=\dfrac{SPE}{SSE(x)}=3.109$.

(3) 检验误差行线性回归的显著性且当误差行线性回归显著时矫正各组的平均数：

$SSE(y)=95.52, b\cdot SPE=68.72, SSE(y)-b\cdot SPE=26.80$,

$$F=\frac{b\cdot SPE\cdot[rs(m-1)-1]}{SSE(y)-b\cdot SPE}=17.95^{**},$$

因此误差行的线性回归极显著,可以矫正各组的平均数.

矫正前各组的平均数及矫正后各组的平均数如下表:

因素 A	1	2	3	4
矫正前$(\bar{x}_{i\cdot\cdot},\bar{y}_{i\cdot\cdot})$	(16.25,103.825)	(15.8,108.225)	(14.65,101.575)	(14.5,110.25)
矫正后$\bar{y}_{i\cdot\cdot(x=\bar{x}_{\cdots})}$	100.871	106.670	103.596	112.737

因素 B	1	2
矫正前$(\bar{x}_{\cdot j\cdot},\bar{y}_{\cdot j\cdot})$	(12.637 5,98.187 5)	(17.962 5,113.75)
矫正后$\bar{y}_{\cdot j\cdot(x=\bar{x}_{\cdots})}$	106.465	105.472

(4) 由误差行的次级数据求误差行的 $Q_E=26.800\ 5$;

由 A 行与误差行的次级数据相加求 A 行+误差行的 $Q_{A+E}=268.383\ 7$,求矫正后 A 行的 $Q_A=Q_{A+E}-Q_E=241.583$;

由 B 行与误差行的次级数据相加求 B 行+误差行的 $Q_{B+E}=27.033\ 1$,求矫正后 B 行的 $Q_B=Q_{B+E}-Q_E=0.233$;

由 AB 行与误差行的次级数据相加求 AB 行+误差行的 $Q_{AB+E}=43.892\ 3$,求矫正后 AB 行的 $Q_{AB}=Q_{AB+E}-Q_E=17.092$.

(5) 列出矫正后的方差分析表:

方差来源	平方和	自由度	均方和	F 值	显著性
因素 A	241.583	3	80.528	21.03	* *
因素 B	0.233	1	0.233	0.06	N
交互作用 AB	17.092	3	5.697	1.49	N
误 差	26.801	7	3.829		

(6) 写出协方差分析的结论:A 与 B 的交互作用矫正后不显著,促生长剂之间的差异极显著,试验批次间的差异不显著.

协方差程序

习 题 9.3

1. 3 品种试验,每小区的株数 x 及产量 Y(单位:100g)的观测值如下:

品 种	观测值(x,y)
1	3,10 2,8 1,8 2,11
2	4,12 3,12 3,10 5,13
3	1,6 2,5 3,8 1,7

试以 x 为协变量作协方差分析.

2. 南优 3 号水稻在不同土质及施肥条件下的颖花数 x 和结实率 Y 的观测值为

土质	施肥					
	1	2	3	4	5	6
A	4.59,58	4.09,65	3.94,64	3.90,66	3.45,71	3.48,71
B	4.32,61	4.11,62	4.11,64	3.57,69	3.79,67	3.38,72

试以 x 为协变量作协方差分析.

【探索题】探讨协方差分析与方差分析的区别.

部分习题参考答案

附录一　Poisson 分布的数值表(部分)

表中所列为 $P_\lambda(k)=\dfrac{\lambda^k}{k!}e^{-\lambda}$ 的数值

k	λ								
	0.1	0.2	0.3	0.4	0.5	0.6	0.7	0.8	0.9
0	0.904 8	0.818 7	0.740 8	0.670 3	0.606 5	0.548 8	0.496 6	0.449 3	0.406 6
1	0.090 5	0.163 8	0.222 2	0.268 1	0.303 3	0.329 3	0.347 6	0.359 5	0.365 9
2	0.004 5	0.016 4	0.033 3	0.053 6	0.075 8	0.098 8	0.121 7	0.143 8	0.164 7
3	0.000 2	0.001 1	0.003 3	0.007 2	0.012 6	0.019 8	0.028 4	0.038 3	0.049 4
4		0.000 1	0.000 3	0.000 7	0.001 6	0.003 0	0.005 0	0.007 7	0.011 1
5				0.000 1	0.000 2	0.000 4	0.000 7	0.001 2	0.002 0
6							0.000 1	0.000 2	0.000 3

k	λ								
	1.0	1.5	2.0	2.5	3.0	3.5	4.0	4.5	5.0
0	0.367 9	0.223 1	0.135 3	0.082 1	0.049 8	0.030 2	0.018 3	0.011 1	0.006 7
1	0.367 9	0.334 7	0.270 7	0.205 2	0.149 4	0.105 7	0.073 3	0.050 0	0.033 7
2	0.183 9	0.251 0	0.270 7	0.256 5	0.224 0	0.185 0	0.146 5	0.112 5	0.084 2
3	0.061 3	0.125 5	0.180 4	0.213 8	0.224 0	0.215 8	0.195 4	0.168 7	0.140 4
4	0.015 3	0.047 1	0.090 2	0.133 6	0.168 0	0.188 8	0.195 4	0.189 8	0.175 5
5	0.003 1	0.014 1	0.036 1	0.066 8	0.100 8	0.132 2	0.156 3	0.170 8	0.175 5
6	0.000 5	0.003 5	0.012 0	0.027 8	0.050 4	0.077 1	0.104 2	0.128 1	0.146 2
7	0.000 1	0.000 8	0.003 4	0.009 9	0.021 6	0.038 6	0.059 5	0.082 4	0.104 5
8		0.000 1	0.000 9	0.003 1	0.008 1	0.016 9	0.029 8	0.046 3	0.065 3
9			0.000 2	0.000 9	0.002 7	0.006 6	0.013 2	0.023 2	0.036 3
10				0.000 2	0.000 8	0.002 3	0.005 3	0.010 4	0.018 1
11				0.000 1	0.000 2	0.000 7	0.001 9	0.004 3	0.008 2
12					0.000 1	0.000 2	0.000 6	0.001 6	0.003 4
13						0.000 1	0.000 2	0.000 6	0.001 3
14							0.000 1	0.000 2	0.000 5
15								0.000 1	0.000 2
16									0.000 1

附录二 标准正态分布的分布函数值表

表中所列为当 $\Phi(u_\alpha)=P\{X\leqslant u_\alpha\}=\alpha$ 时 α 的值

u_α	0.00	0.01	0.02	0.03	0.04	0.05	0.06	0.07	0.08	0.09
0.0	0.500 0	0.504 0	0.508 0	0.512 0	0.516 0	0.519 9	0.523 9	0.527 9	0.531 9	0.535 9
0.1	0.539 8	0.543 8	0.547 8	0.551 7	0.555 7	0.559 6	0.563 6	0.567 5	0.571 4	0.575 3
0.2	0.579 3	0.583 2	0.587 1	0.591 0	0.594 8	0.598 7	0.602 6	0.606 4	0.610 3	0.614 1
0.3	0.617 9	0.621 7	0.625 5	0.629 3	0.633 1	0.636 8	0.640 6	0.644 3	0.648 0	0.651 7
0.4	0.655 4	0.659 1	0.662 8	0.666 4	0.670 0	0.673 6	0.677 2	0.680 8	0.684 4	0.687 9
0.5	0.691 5	0.695 0	0.698 5	0.701 9	0.705 4	0.708 8	0.712 3	0.715 7	0.719 0	0.722 4
0.6	0.725 7	0.729 1	0.732 4	0.735 7	0.738 9	0.742 2	0.745 4	0.748 6	0.751 7	0.754 9
0.7	0.758 0	0.761 1	0.764 2	0.767 3	0.770 3	0.773 4	0.776 4	0.779 4	0.782 3	0.785 2
0.8	0.788 1	0.791 0	0.793 9	0.796 7	0.799 5	0.802 3	0.805 1	0.807 8	0.810 6	0.813 3
0.9	0.815 9	0.818 6	0.821 2	0.823 8	0.826 4	0.828 9	0.831 5	0.834 0	0.836 5	0.838 9
1.0	0.841 3	0.843 8	0.846 1	0.848 5	0.850 8	0.853 1	0.855 4	0.857 7	0.859 9	0.862 1
1.1	0.864 3	0.866 5	0.868 6	0.870 8	0.872 9	0.874 9	0.877 0	0.879 0	0.881 0	0.883 0
1.2	0.884 9	0.886 9	0.888 8	0.890 7	0.892 5	0.894 4	0.896 2	0.898 0	0.899 7	0.901 5
1.3	0.903 2	0.904 9	0.906 6	0.908 2	0.909 9	0.911 5	0.913 1	0.914 7	0.916 2	0.917 7
1.4	0.919 2	0.920 7	0.922 2	0.923 6	0.925 1	0.926 5	0.927 9	0.929 2	0.930 6	0.931 9
1.5	0.933 2	0.934 5	0.935 7	0.937 0	0.938 2	0.939 4	0.940 6	0.941 8	0.942 9	0.944 1
1.6	0.945 2	0.946 3	0.947 4	0.948 4	0.949 5	0.950 5	0.951 5	0.952 5	0.953 5	0.954 5
1.7	0.955 4	0.956 4	0.957 3	0.958 2	0.959 1	0.959 9	0.960 8	0.961 6	0.962 5	0.963 3
1.8	0.964 1	0.964 9	0.965 6	0.966 4	0.967 1	0.967 8	0.968 6	0.969 3	0.969 9	0.970 6
1.9	0.971 3	0.971 9	0.972 6	0.973 2	0.973 8	0.974 4	0.975 0	0.975 6	0.976 1	0.976 7
2.0	0.977 2	0.977 8	0.978 3	0.978 8	0.979 3	0.979 8	0.980 3	0.980 8	0.981 2	0.981 7
2.1	0.982 1	0.982 6	0.983 0	0.983 4	0.983 8	0.984 2	0.984 6	0.985 0	0.985 4	0.985 7
2.2	0.986 1	0.986 4	0.986 8	0.987 1	0.987 5	0.987 8	0.988 1	0.988 4	0.988 7	0.989 0
2.3	0.989 3	0.989 6	0.989 8	0.990 1	0.990 4	0.990 6	0.990 9	0.991 1	0.991 3	0.991 6
2.4	0.991 8	0.992 0	0.992 2	0.992 5	0.992 7	0.992 9	0.993 1	0.993 2	0.993 4	0.993 6
2.5	0.993 8	0.994 0	0.994 1	0.994 3	0.994 5	0.994 6	0.994 8	0.994 9	0.995 1	0.995 2
2.6	0.995 3	0.995 5	0.995 6	0.995 7	0.995 9	0.996 0	0.996 1	0.996 2	0.996 3	0.996 4
2.7	0.996 5	0.996 6	0.996 7	0.996 8	0.996 9	0.997 0	0.997 1	0.997 2	0.997 3	0.997 4
2.8	0.997 4	0.997 5	0.997 6	0.997 7	0.997 7	0.997 8	0.997 9	0.997 9	0.998 0	0.998 1
2.9	0.998 1	0.998 2	0.998 2	0.998 3	0.998 4	0.998 4	0.998 5	0.998 5	0.998 6	0.998 6

附录三　χ^2 分布的分位数表

表中所列为当 $P\{\chi^2 \leqslant \chi^2_\alpha(f)\} = \alpha$ 时 $\chi^2_\alpha(f)$ 的值

f	α									
	0.005	0.01	0.025	0.05	0.1	0.9	0.95	0.975	0.99	0.995
1	0	0	0	0	0.02	2.71	3.84	5.02	6.63	7.88
2	0.01	0.02	0.05	0.10	0.21	4.61	5.99	7.38	9.21	10.6
3	0.07	0.11	0.22	0.35	0.58	6.25	7.81	9.35	11.3	12.8
4	0.21	0.30	0.48	0.71	1.06	7.78	9.49	11.1	13.3	14.9
5	0.41	0.55	0.83	1.15	1.61	9.24	11.1	12.8	15.1	16.7
6	0.68	0.87	1.24	1.64	2.20	10.6	12.6	14.4	16.8	18.5
7	0.99	1.24	1.69	2.17	2.83	12.0	14.1	16.0	18.5	20.3
8	1.34	1.65	2.18	2.73	3.49	13.4	15.5	17.5	20.1	22.0
9	1.73	2.09	2.70	3.33	4.17	14.7	16.9	19.0	21.7	23.6
10	2.16	2.56	3.25	3.94	4.87	16.0	18.3	20.5	23.2	25.2
11	2.60	3.05	3.82	4.57	5.58	17.3	19.7	21.9	24.7	26.8
12	3.07	3.57	4.40	5.23	6.30	18.5	21.0	23.3	26.2	28.3
13	3.57	4.11	5.01	5.89	7.04	19.8	22.4	24.7	27.7	29.8
14	4.07	4.66	5.63	6.57	7.79	21.1	23.7	26.1	29.1	31.3
15	4.60	5.23	6.26	7.26	8.55	22.3	25.0	27.5	30.6	32.8
16	5.14	5.81	6.91	7.96	9.31	23.5	26.3	28.8	32.0	34.3
17	5.70	6.41	7.56	8.67	10.1	24.8	27.6	30.2	33.4	35.7
18	6.26	7.01	8.23	9.39	10.9	26.0	28.9	31.5	34.8	37.2
19	6.84	7.63	8.91	10.1	11.7	27.2	30.1	32.9	36.2	38.6
20	7.43	8.26	9.59	10.9	12.4	28.4	31.4	34.2	37.6	40.0
21	8.03	8.90	10.3	11.6	13.2	29.6	32.7	35.5	38.9	41.4
22	8.64	9.54	11.0	12.3	14.0	30.8	33.9	36.8	40.3	42.8
23	9.26	10.2	11.7	13.1	14.8	32.0	35.2	38.1	41.6	44.2
24	9.89	10.9	12.4	13.8	15.7	33.2	36.4	39.4	43.0	45.6
25	10.5	11.5	13.1	14.6	16.5	34.4	37.7	40.6	44.3	46.9
26	11.2	12.2	13.8	15.4	17.3	35.6	38.9	41.9	45.6	48.3
27	11.8	12.9	14.6	16.2	18.1	36.7	40.1	43.2	47.0	49.6
28	12.5	13.6	15.3	16.9	18.9	37.9	41.3	44.5	48.3	51.0
29	13.1	14.3	16.0	17.7	19.8	39.1	42.6	45.7	49.6	52.3
30	13.8	15.0	16.8	18.5	20.6	40.3	43.8	47.0	50.9	53.7

附录四　t 分布的分位数表

表中所列为当 $P\{t \leqslant t_{\alpha}(f)\}=\alpha$ 时 $t_{\alpha}(f)$ 的值

α	f									
	1	2	3	4	5	6	7	8	9	10
0.90	3.078	1.886	1.638	1.533	1.476	1.440	1.415	1.397	1.383	1.372
0.95	6.314	2.920	2.353	2.132	2.015	1.943	1.895	1.860	1.833	1.812
0.975	12.706	4.303	3.182	2.776	2.571	2.447	2.365	2.306	2.262	2.228
0.99	31.821	6.965	4.541	3.747	3.365	3.143	2.998	2.896	2.821	2.764
0.995	63.657	9.925	5.841	4.604	4.032	3.707	3.499	3.355	3.250	3.169

α	f									
	11	12	13	14	15	16	17	18	19	20
0.90	1.363	1.356	1.350	1.345	1.341	1.337	1.333	1.330	1.328	1.325
0.95	1.796	1.782	1.771	1.761	1.753	1.746	1.740	1.734	1.729	1.725
0.975	2.201	2.179	2.160	2.145	2.131	2.120	2.110	2.101	2.093	2.086
0.99	2.718	2.681	2.650	2.624	2.602	2.583	2.567	2.552	2.539	2.528
0.995	3.106	3.055	3.012	2.977	2.947	2.921	2.898	2.878	2.861	2.845

α	f									
	21	22	23	24	25	26	27	28	29	30
0.90	1.323	1.321	1.319	1.318	1.316	1.315	1.314	1.313	1.311	1.310
0.95	1.721	1.717	1.714	1.711	1.708	1.706	1.703	1.701	1.699	1.697
0.975	2.080	2.074	2.069	2.064	2.060	2.056	2.052	2.048	2.045	2.042
0.99	2.518	2.508	2.500	2.492	2.485	2.479	2.473	2.467	2.462	2.457
0.995	2.831	2.819	2.807	2.797	2.787	2.779	2.771	2.763	2.756	2.750

附录五　F 分布的分位数表

表中沂列为当 $P\{F \leqslant F_{\alpha}(f_1,f_2)\}=\alpha$ 时 $F_{\alpha}(f_1,f_2)$ 的值

f_2	α	f_1													
		1	2	3	4	5	6	7	8	9	10	12	15	20	30
1	0.90	39.9	49.5	53.6	55.8	57.2	58.2	58.9	59.4	59.9	60.2	60.7	61.2	61.7	62.3
	0.95	161	200	216	225	230	234	237	239	241	242	244	246	248	250
	0.975	648	800	864	900	921	937	948	957	963	969	977	985	993	1 001
	0.99	4 052	4 999	5 403	5 625	5 764	5 859	5 928	5 981	6 022	6 056	6 106	6 157	6 209	6 261
2	0.90	8.53	9.00	9.16	9.24	9.29	9.33	9.35	9.37	9.38	9.39	9.41	9.42	9.44	9.46
	0.95	18.5	19.0	19.2	19.2	19.3	19.3	19.4	19.4	19.4	19.4	19.4	19.4	19.4	19.5
	0.975	38.5	39.0	39.2	39.2	39.3	39.3	39.4	39.4	39.4	39.4	39.4	39.4	39.4	39.5
	0.99	98.5	99.0	99.2	99.2	99.3	99.3	99.4	99.4	99.4	99.4	99.4	99.4	99.4	99.5
3	0.90	5.54	5.46	5.39	5.34	5.31	5.28	5.27	5.25	5.24	5.23	5.22	5.20	5.18	5.17
	0.95	10.1	9.55	9.28	9.12	9.01	8.94	8.89	8.85	8.81	8.79	8.74	8.70	8.66	8.62
	0.975	17.4	16.0	15.4	15.1	14.9	14.7	14.6	14.5	14.5	14.4	14.3	14.3	14.2	14.1
	0.99	34.1	30.8	29.5	28.7	28.2	27.9	27.7	27.5	27.3	27.2	27.1	26.9	26.7	26.5

续表

f_2	α	f_1													
		1	2	3	4	5	6	7	8	9	10	12	15	20	30
4	0.90	4.54	4.32	4.19	4.11	4.05	4.01	3.98	3.95	3.94	3.92	3.90	3.87	3.84	3.82
	0.95	7.71	6.94	6.59	6.39	6.26	6.16	6.09	6.04	6.00	5.96	5.91	5.86	5.80	5.75
	0.975	12.2	10.6	9.98	9.60	9.36	9.20	9.07	8.98	8.90	8.84	8.75	8.66	8.56	8.46
	0.99	21.2	18.0	16.7	16.0	15.5	15.2	15.0	14.8	14.7	14.5	14.4	14.2	14.0	13.8
5	0.90	4.06	3.78	3.62	3.52	3.45	3.40	3.37	3.34	3.32	3.30	3.27	3.24	3.21	3.17
	0.95	6.61	5.79	5.41	5.19	5.05	4.95	4.88	4.82	4.77	4.74	4.68	4.62	4.56	4.50
	0.975	10.0	8.43	7.76	7.39	7.15	6.98	6.85	6.76	6.68	6.62	6.52	6.43	6.33	6.23
	0.99	16.3	13.3	12.1	11.4	11.0	10.7	10.5	10.3	10.2	10.1	9.89	9.72	9.55	9.38
6	0.90	3.78	3.46	3.29	3.18	3.11	3.05	3.01	2.98	2.96	2.94	2.90	2.87	2.84	2.80
	0.95	5.99	5.14	4.76	4.53	4.39	4.28	4.21	4.15	4.10	4.06	4.00	3.94	3.87	3.81
	0.975	8.81	7.26	6.60	6.23	5.99	5.82	5.70	5.60	5.52	5.46	5.37	5.27	5.17	5.07
	0.99	13.7	10.9	9.78	9.15	8.75	8.47	8.26	8.10	7.98	7.87	7.72	7.56	7.40	7.23
7	0.90	3.59	3.26	3.07	2.96	2.88	2.83	2.78	2.75	2.72	2.70	2.67	2.63	2.59	2.56
	0.95	5.59	4.74	4.35	4.12	3.97	3.87	3.79	3.73	3.68	3.64	3.57	3.51	3.44	3.38
	0.975	8.07	6.54	5.89	5.52	5.29	5.12	4.99	4.90	4.82	4.76	4.67	4.57	4.47	4.36
	0.99	12.2	9.55	8.45	7.85	7.46	7.19	6.99	6.84	6.72	6.62	6.47	6.31	6.16	5.99

续表

f_2	α	f_1 1	2	3	4	5	6	7	8	9	10	12	15	20	30
8	0.90	3.46	3.11	2.92	2.81	2.73	2.67	2.62	2.59	2.56	2.54	2.50	2.46	2.42	2.38
	0.95	5.32	4.46	4.07	3.84	3.69	3.58	3.50	3.44	3.39	3.35	3.28	3.22	3.15	3.08
	0.975	7.57	6.06	5.42	5.05	4.82	4.65	4.53	4.43	4.36	4.30	4.20	4.10	4.00	3.89
	0.99	11.3	8.65	7.59	7.01	6.63	6.37	6.18	6.03	5.91	5.81	5.67	5.52	5.36	5.20
9	0.90	3.36	3.01	2.81	2.69	2.61	2.55	2.51	2.47	2.44	2.42	2.38	2.34	2.30	2.25
	0.95	5.12	4.26	3.86	3.63	3.48	3.37	3.29	3.23	3.18	3.14	3.07	3.01	2.94	2.86
	0.975	7.21	5.71	5.08	4.72	4.48	4.32	4.20	4.10	4.03	3.96	3.87	3.77	3.67	3.56
	0.99	10.6	8.02	6.99	6.42	6.06	5.80	5.61	5.47	5.35	5.26	5.11	4.96	4.81	4.65
10	0.90	3.29	2.92	2.73	2.61	2.52	2.46	2.41	2.38	2.35	2.32	2.28	2.24	2.20	2.15
	0.95	4.96	4.10	3.71	3.48	3.33	3.22	3.14	3.07	3.02	2.98	2.91	2.85	2.77	2.70
	0.975	6.94	5.46	4.83	4.47	4.24	4.07	3.95	3.85	3.78	3.72	3.62	3.52	3.42	3.31
	0.99	10.0	7.56	6.55	5.99	5.64	5.39	5.20	5.06	4.94	4.85	4.71	4.56	4.41	4.25
12	0.90	3.18	2.81	2.61	2.48	2.39	2.33	2.28	2.24	2.21	2.19	2.15	2.10	2.06	2.01
	0.95	4.75	3.89	3.49	3.26	3.11	3.00	2.91	2.85	2.80	2.75	2.69	2.62	2.54	2.47
	0.975	6.55	5.10	4.47	4.12	3.89	3.73	3.61	3.51	3.44	3.37	3.28	3.18	3.07	2.96
	0.99	9.33	6.93	5.95	5.41	5.06	4.82	4.64	4.50	4.39	4.30	4.16	4.01	3.86	3.70

续表

f_2	α	f_1													
		1	2	3	4	5	6	7	8	9	10	12	15	20	30
15	0.90	3.07	2.70	2.49	2.36	2.27	2.21	2.16	2.12	2.09	2.06	2.02	1.97	1.92	1.87
	0.95	4.54	3.68	3.29	3.06	2.90	2.79	2.71	2.64	2.59	2.54	2.48	2.40	2.33	2.25
	0.975	6.20	4.77	4.15	3.80	3.58	3.41	3.29	3.20	3.12	3.06	2.96	2.86	2.76	2.64
	0.99	8.68	6.36	5.42	4.89	4.56	4.32	4.14	4.00	3.89	3.80	3.67	3.52	3.37	3.21
20	0.90	2.97	2.59	2.38	2.25	2.16	2.09	2.04	2.00	1.96	1.94	1.89	1.84	1.79	1.74
	0.95	4.35	3.49	3.10	2.87	2.71	2.60	2.51	2.45	2.39	2.35	2.28	2.20	2.12	2.04
	0.975	5.87	4.46	3.86	3.51	3.29	3.13	3.01	2.91	2.84	2.77	2.68	2.57	2.46	2.35
	0.99	8.10	5.85	4.94	4.43	4.10	3.87	3.70	3.56	3.46	3.37	3.23	3.09	2.94	2.78
30	0.90	2.88	2.49	2.28	2.14	2.05	1.98	1.93	1.88	1.85	1.82	1.77	1.72	1.67	1.61
	0.95	4.17	3.32	2.92	2.69	2.53	2.42	2.33	2.27	2.21	2.16	2.09	2.01	1.93	1.84
	0.975	5.57	4.18	3.59	3.25	3.03	2.87	2.75	2.65	2.57	2.51	2.41	2.31	2.20	2.07
	0.99	7.56	5.39	4.51	4.02	3.70	3.47	3.30	3.17	3.07	2.98	2.84	2.70	2.55	2.39

附录六　二项分布参数 p 的置信区间表(部分)

表中的 n 是试验的次数,k 是某事件出现的频数,对于给定的置信概率 $1-\alpha$ 表中下行所列的数字为满足 $\sum_{i=k}^{n} C_n^i p_1^i (1-p_1)^{n-i} \approx \frac{\alpha}{2}$ 的 p_1,表中上行所列的数字为满足 $\sum_{i=0}^{k} C_n^i p_2^i (1-p_2)^{n-i} \approx \frac{\alpha}{2}$ 的 p_2,所求的置信区间为(p_1,p_2)

$1-\alpha=0.95$

k	$n-k$									
	20	22	24	26	28	30	40	60	100	200
20	0.662	0.636	0.612	0.589	0.568	0.548	0.467	0.359	0.245	0.137
	0.338	0.320	0.304	0.289	0.276	0.264	0.217	0.160	0.105	0.057
22	0.680	0.654	0.631	0.608	0.588	0.568	0.487	0.378	0.260	0.146
	0.364	0.346	0.329	0.314	0.300	0.287	0.237	0.177	0.117	0.063
24	0.696	0.671	0.648	0.626	0.605	0.586	0.505	0.395	0.274	0.155
	0.388	0.369	0.352	0.337	0.322	0.309	0.257	0.193	0.128	0.070
26	0.711	0.686	0.663	0.642	0.622	0.603	0.522	0.411	0.287	0.164
	0.411	0.392	0.374	0.358	0.343	0.330	0.276	0.208	0.140	0.077
28	0.724	0.700	0.678	0.657	0.637	0.618	0.538	0.426	0.300	0.172
	0.432	0.412	0.395	0.378	0.363	0.349	0.294	0.223	0.153	0.083
30	0.736	0.713	0.691	0.670	0.651	0.632	0.552	0.441	0.313	0.181
	0.452	0.432	0.414	0.397	0.382	0.368	0.311	0.237	0.162	0.090
40	0.783	0.763	0.743	0.724	0.706	0.689	0.614	0.503	0.368	0.220
	0.533	0.513	0.495	0.478	0.462	0.448	0.386	0.303	0.213	0.122
60	0.840	0.823	0.807	0.792	0.777	0.763	0.697	0.593	0.455	0.287
	0.641	0.622	0.605	0.589	0.574	0.559	0.497	0.407	0.300	0.181
100	0.895	0.883	0.872	0.860	0.847	0.838	0.787	0.700	0.571	0.395
	0.755	0.740	0.726	0.713	0.700	0.687	0.632	0.545	0.429	0.280
200	0.943	0.937	0.930	0.923	0.917	0.910	0.878	0.819	0.720	0.550
	0.863	0.854	0.845	0.836	0.828	0.819	0.780	0.713	0.605	0.450

$1-\alpha=0.99$

k	$n-k$									
	20	22	24	26	28	30	40	60	100	200
20	0. 705	0. 679	0. 655	0. 632	0. 611	0. 591	0. 507	0. 394	0. 271	0. 152
	0. 295	0. 279	0. 264	0. 251	0. 239	0. 229	0. 187	0. 137	0. 090	0. 048
22	0. 721	0. 696	0. 673	0. 650	0. 629	0. 609	0. 526	0. 411	0. 286	0. 162
	0. 321	0. 304	0. 289	0. 274	0. 263	0. 251	0. 207	0. 153	0. 101	0. 054
24	0. 736	0. 711	0. 688	0. 666	0. 646	0. 626	0. 543	0. 428	0. 300	0. 171
	0. 345	0. 327	0. 312	0. 298	0. 285	0. 273	0. 226	0. 168	0. 112	0. 061
26	0. 749	0. 726	0. 702	0. 681	0. 661	0. 642	0. 560	0. 444	0. 313	0. 180
	0. 368	0. 350	0. 334	0. 319	0. 306	0. 293	0. 244	0. 183	0. 122	0. 067
28	0. 761	0. 737	0. 715	0. 694	0. 675	0. 656	0. 575	0. 459	0. 326	0. 189
	0. 389	0. 371	0. 354	0. 339	0. 325	0. 312	0. 262	0. 198	0. 133	0. 073
30	0. 771	0. 749	0. 727	0. 707	0. 688	0. 669	0. 589	0. 473	0. 339	0. 197
	0. 409	0. 391	0. 374	0. 358	0. 344	0. 331	0. 278	0. 212	0. 143	0. 079
40	0. 813	0. 793	0. 774	0. 756	0. 738	0. 722	0. 646	0. 534	0. 394	0. 237
	0. 493	0. 474	0. 457	0. 440	0. 425	0. 411	0. 354	0. 276	0. 193	0. 110
60	0. 863	0. 847	0. 832	0. 817	0. 802	0. 788	0. 724	0. 620	0. 479	0. 305
	0. 606	0. 589	0. 572	0. 556	0. 541	0. 527	0. 466	0. 380	0. 278	0. 167
100	0. 910	0. 899	0. 888	0. 878	0. 867	0. 857	0. 807	0. 722	0. 593	0. 407
	0. 729	0. 714	0. 700	0. 687	0. 674	0. 661	0. 606	0. 521	0. 407	0. 265
200	0. 952	0. 956	0. 939	0. 933	0. 927	0. 921	0. 890	0. 833	0. 735	0. 565
	0. 848	0. 838	0. 829	0. 820	0. 811	0. 803	0. 763	0. 695	0. 593	0. 435

附录七　新复极差检验的 *SSR* 数值表(部分)

自由度	显著性	检验极差的平均数的个数						
		2	3	4	5	6	7	8
4	0. 05	3. 93	4. 01	4. 02	4. 02	4. 02	4. 02	4. 02
4	0. 01	6. 51	6. 80	6. 90	7. 00	7. 10	7. 10	7. 20
5	0. 05	3. 64	3. 74	3. 79	3. 83	3. 83	3. 83	3. 83
5	0. 01	5. 70	5. 96	6. 11	6. 18	6. 26	6. 33	6. 40
6	0. 05	3. 46	3. 58	3. 64	3. 68	3. 68	3. 68	3. 68
6	0. 01	5. 24	5. 51	5. 65	5. 73	5. 81	5. 88	5. 95
7	0. 05	3. 35	3. 47	3. 54	3. 58	3. 60	3. 61	3. 61
7	0. 01	4. 95	5. 22	5. 37	5. 45	5. 53	5. 61	5. 69
8	0. 05	3. 26	3. 39	3. 47	3. 52	3. 55	3. 56	3. 56
8	0. 01	4. 74	5. 00	5. 14	5. 23	5. 32	5. 40	5. 47
9	0. 05	3. 20	3. 34	3. 41	3. 47	3. 50	3. 51	3. 52
9	0. 01	4. 60	4. 86	4. 99	5. 08	5. 17	5. 25	5. 32
10	0. 05	3. 15	3. 30	3. 37	3. 43	3. 46	3. 47	3. 47
10	0. 01	4. 48	4. 73	4. 88	4. 96	5. 06	5. 13	5. 20
11	0. 05	3. 11	3. 27	3. 35	3. 39	3. 43	3. 44	3. 45
11	0. 01	4. 39	4. 63	4. 77	4. 86	4. 94	5. 01	5. 06
12	0. 05	3. 08	3. 23	3. 33	3. 36	3. 40	3. 42	3. 44
12	0. 01	4. 32	4. 55	4. 68	4. 76	4. 84	4. 92	4. 96
13	0. 05	3. 06	3. 21	3. 30	3. 35	3. 38	3. 41	3. 42
13	0. 01	4. 26	4. 48	4. 62	4. 69	4. 74	4. 84	4. 88
14	0. 05	3. 03	3. 18	3. 27	3. 33	3. 37	3. 39	3. 41
14	0. 01	4. 21	4. 42	4. 55	4. 63	4. 70	4. 78	4. 83
15	0. 05	3. 01	3. 16	3. 25	3. 31	3. 36	3. 38	3. 40
15	0. 01	4. 17	4. 37	4. 50	4. 58	4. 64	4. 72	4. 77

附录八 Q 检验的 Q 数值表(部分)

自由度	显著性	检验极差的平均数的个数						
		2	3	4	5	6	7	8
4	0.05	3.93	5.00	5.76	6.31	6.73	7.06	7.35
4	0.01	6.51	8.12	9.17	9.96	10.6	11.1	11.5
5	0.05	3.61	4.54	5.18	5.64	5.99	6.28	6.52
5	0.01	5.70	6.97	7.80	8.42	8.91	9.32	9.67
6	0.05	3.46	4.34	4.90	5.31	5.63	5.89	6.12
6	0.01	5.24	6.33	7.03	7.56	7.97	8.32	8.61
7	0.05	3.34	4.16	4.68	5.06	5.35	5.59	5.80
7	0.01	4.95	5.92	6.54	7.01	7.37	7.68	7.94
8	0.05	3.26	4.04	4.53	4.89	5.17	5.40	5.60
8	0.01	4.74	5.63	6.20	6.63	6.96	7.24	7.47
9	0.05	3.20	3.95	4.42	4.76	5.02	5.24	5.43
9	0.01	4.60	5.43	5.96	6.35	6.66	6.91	7.13
10	0.05	3.15	3.88	4.33	4.66	4.91	5.12	5.30
10	0.01	4.48	5.27	5.77	6.14	6.43	6.67	6.87
11	0.05	3.11	3.82	4.26	4.58	4.82	5.03	5.20
11	0.01	4.39	5.14	5.62	5.97	6.25	6.48	6.67
12	0.05	3.08	3.77	4.20	4.51	4.75	4.95	5.12
12	0.01	4.32	5.04	5.50	5.84	6.10	6.32	6.51
13	0.05	3.06	3.73	4.15	4.46	4.69	4.88	5.05
13	0.01	4.26	4.96	5.40	5.73	5.98	6.19	6.37
14	0.05	3.03	3.70	4.11	4.41	4.64	4.83	4.99
14	0.01	4.21	4.89	5.32	5.63	5.88	6.08	6.26
15	0.05	3.01	3.67	4.08	4.37	4.59	4.78	4.94
15	0.01	4.17	4.83	5.25	5.56	5.80	5.99	6.16

附录九　相关系数检验用表(部分)

表中所列为当 $P\{|r|>r_{\alpha}(n-2)\}=\alpha$ 时 $r_{\alpha}(n-2)$ 的值

α	$n-2$									
	1	2	3	4	5	6	7	8	9	10
0. 10	0. 987 7	0. 900 0	0. 805 4	0. 729 3	0. 669 4	0. 621 5	0. 582 2	0. 549 4	0. 521 4	0. 497 3
0. 05	0. 996 9	0. 950 0	0. 878 3	0. 811 4	0. 754 5	0. 706 7	0. 666 4	0. 631 9	0. 602 1	0. 576 0
0. 01	0. 999 9	0. 990 0	0. 958 7	0. 917 2	0. 874 5	0. 834 3	0. 797 7	0. 764 6	0. 734 8	0. 707 9

α	$n-2$									
	11	12	13	14	15	16	17	18	19	20
0. 10	0. 476 2	0. 457 5	0. 440 9	0. 425 9	0. 412 4	0. 400 0	0. 388 7	0. 378 3	0. 368 7	0. 359 8
0. 05	0. 552 9	0. 532 4	0. 513 9	0. 497 3	0. 482 1	0. 468 3	0. 455 5	0. 443 8	0. 432 9	0. 422 7
0. 01	0. 683 5	0. 661 4	0. 641 1	0. 622 6	0. 605 5	0. 589 7	0. 575 1	0. 561 4	0. 548 7	0. 536 8

α	$n-2$									
	21	22	23	24	25	26	27	28	29	30
0. 10	0. 351 5	0. 343 8	0. 336 5	0. 329 7	0. 323 3	0. 317 2	0. 311 5	0. 306 1	0. 300 9	0. 296 0
0. 05	0. 413 2	0. 404 4	0. 396 1	0. 388 2	0. 380 9	0. 373 9	0. 367 3	0. 361 0	0. 355 0	0. 349 4
0. 01	0. 525 6	0. 515 1	0. 505 2	0. 495 8	0. 486 9	0. 478 5	0. 470 5	0. 462 9	0. 455 6	0. 448 7

α	$n-2$									
	31	32	33	34	35	36	37	38	39	40
0. 10	0. 291 3	0. 286 9	0. 282 6	0. 278 5	0. 274 6	0. 270 9	0. 267 3	0. 263 8	0. 260 5	0. 257 3
0. 05	0. 344 0	0. 338 8	0. 333 8	0. 329 1	0. 324 6	0. 320 2	0. 316 0	0. 312 0	0. 308 1	0. 304 4
0. 01	0. 442 1	0. 435 7	0. 429 6	0. 423 8	0. 418 2	0. 412 8	0. 407 6	0. 402 6	0. 397 8	0. 393 2

附录十　卡西欧(CASIO) fx-991 CN X 型计算器简介

(1) 单变量统计计算程序简介

例如:根据样本观测值 6.6,4.6,5.4,5.8,5.5,求样本统计量的观测值.

① [菜单](设置) [6](统计) [1](单变量统计)(调用单变量统计计算程序);

② 6.6 [=] 4.6 [=] 5.4 [=] 5.8 [=] 5.5 [=](输入样本的观测值);

③ [SHIFT] [菜单](设置) [3](显示格式) [1](位数)(Fix) [3](格式为小数点后 3 位);

④ [AC] [OPTN] [▼] [1](求和) [1] [=](显示样本和 $\sum x$):27.900;

[AC] [OPTN] [▼] [1](求和) [2] [=](显示样本平方和 $\sum x^2$):157.770;

⑤ [AC] [OPTN] [▼] [2](变量) [1] [=](显示样本均值 $\bar{x}$):5.580;

⑥ [AC] [OPTN] [▼] [2](变量) [2] [=](显示样本方差 $\sigma^2 x$):0.418;

⑦ [AC] [OPTN] [▼] [2](变量) [3] [=](显示样本标准差 σx):0.646;

⑧ [AC] [OPTN] [▼] [2](变量) [4] [=](显示样本修正方差 $S^2 x$,即 $\sigma^{*2} x$):0.522;

⑨ [AC] [OPTN] [▼] [2](变量) [5] [=](显示样本修正标准差 Sx,即 $\sigma^{*} x$):0.722;

⑩ [AC] [OPTN] [▼] [2](变量) [6] [=](显示样本容量 n):5.000.

(2) 双变量回归计算程序简介

例如,计算以下双变量数据的线性回归相关系数并确定回归公式:

$(X,Y)=(0.6,0.5),(-1.4,-7.2),(2,6.1),(-1.3,-6.9)$. 为计算结果指定 Fix 3(3 位小数).

① [菜单](设置) [6](统计) [2]($y=ax+b$)(调用双变量统计计算程序);

② 0.6 [=] -1.4 [=] 2 [=] -1.3 [=] [▼] [▶]

0.5 [=] -7.2 [=] 6.1 [=] -6.9 [=](输入样本的观测值);

③ [SHIFT] [菜单](设置) [3](显示格式) [1](位数)(Fix) [3](格式为小数点后 3 位);

④ [AC] [OPTN] [▼] [4](回归) [3] [=](相关系数 r):1.000;

⑤ [AC] [OPTN] (▼) [4] (回归) [1] [=] (截距 a):3.917;

⑥ [AC] [OPTN] (▼) [4] (回归) [2] [=] (回归系数 b):-1.777.

说明:无论何时,只要执行以下操作之一,统计编辑器中输入的所有数据都会删除:退出统计模式;在单变量和双变量统计计算类型之间切换;在设置菜单中更改统计设定.

附录十一　Excel 数据分析功能的使用简介

Microsoft Office 中的 Excel 是一个很方便实用的工具，其中的数据分析功能可画直方图，作描述统计，双样本等方差情形两均值差异的 t 检验，双样本方差的 F 检验，进行单因素方差分析，无重复双因素方差分析，可重复双因素方差分析，回归分析，计算相关系数，计算协方差等统计分析工作.

在使用 Excel 的数据分析功能之前，需要加载"数据分析"，具体方法是：在菜单栏中的"工具"下拉菜单中选择"加载宏"，在加载宏对话框中的"分析工具库"前勾选，然后单击"确定".

加载"数据分析"后，即可进行以上所述的统计分析工作.

(1) 画直方图

在菜单栏的工具选项中选择"数据分析"，屏幕上出现数据分析对话框，在其中选择"直方图"，单击"确定"，这时会出现"直方图"对话框，然后在"输入区域"中选择相应的数据区域，同时根据实际情况按升序排列出各组上下限，输入"接收区域"，最后在选项"累积百分率""图标输出"前勾选，单击"确定".

在"输入区域"中选择相应的数据区域时，可先单击数据区域的左上单元格，再按住鼠标的左键，移动至数据区域的右下单元格，将数据区域围在一个以虚线为边界的方框内. 而"输出区域"，则只需单击一个空着的单元格即可.

(2) 作描述统计

在 Excel 工作簿中输入数据后，在菜单栏的工具选项中选择"数据分析"，在数据分析对话框中选择"描述统计"，单击"确定"按钮，这时会出现"描述统计"对话框，在"输入区域"后的空白处输入需要处理的数据对应的区域，然后选择分组方式，再选择"输出区域"及其他的输出选项，最后单击"确定".

(3) 作双样本等方差情形两均值差异的 t 检验

在"工具"下拉菜单中打开数据分析对话框，选择"t-检验：双样本等方差假设"，单击"确定"，然后会出现"t-检验：双样本等方差假设"对话框，选择"变量 1""变量 2"的区域，以及输出区域，然后用左键单击"确定".

(4) 作双样本方差的 F 检验

在"工具"下拉菜单中打开数据分析对话框，选择"F 检验：双样本方差"，单击"确定"，然后会出现"t-检验：双样本等方差假设"对话框，选择"变量 1""变量 2"的区域，以及输出区域，然后用左键单击"确定".

(5) 进行单因素方差分析

在"工具"下拉菜单中打开数据分析对话框，选择"方差分析：单因素方差分析"，单击"确定"，然后会出现"方差分析：单因素方差分析"对话框，选择"输入区域"的范围，以及输出区域和 α 值，然后单击"确定".

(6) 进行无重复双因素分析

在"工具"下拉菜单中打开数据分析对话框，选择"方差分析：无重复双因素分析"，单击"确定"，然后会出现"方差分析：无重复双因素分析"对话框，选择"输入区域"的范围，以及输出区域和 α 值，然后单击"确定".

(7) 进行可重复双因素分析

在"工具"下拉菜单中打开数据分析对话框，选择"方差分析：可重复双因素分析"，单击"确定"，然后会出现"方差分析：可重复双因素分析"对话框，选择"输入区域"的范围，以及输出区域、每一样本的行数

和 α 值，然后单击“确定”.

（8）进行回归

在“工具”下拉菜单中打开数据分析对话框，选择“回归”，单击“确定”，然后会出现“回归”对话框，对应选择“X 值”“Y 值”的范围，以及输出区域和其他的输出选项，然后单击“确定”.

（9）计算相关系数

在“工具”下拉菜单中打开数据分析对话框，选择“相关系数”，单击“确定”，然后会出现“相关系数”对话框，对应选择“输入区域”的范围，以及输出区域，然后单击“确定”.

（10）计算协方差

在“工具”下拉菜单中打开数据分析对话框，选择“协方差”，单击“确定”，然后会出现“协方差”对话框，对应选择“输入区域”的范围，以及输出区域，然后单击“确定”.

附录十二 SAS 简介

统计分析系统(Statistical Analysis System,简称为 SAS),SAS 最初由美国 SAS Institute 于 1966 年创建.它提供了一套集成的可扩展的解决方案和使用灵活功能强大的 SAS 编程语言,主要特点和用途就是数据管理、统计分析、数据挖掘、报告和可视化、商业智能、大数据处理.目前,SAS 已被广泛应用于各个行业,包括金融、医疗、生物、市场研究等领域,专业、权威.

SAS 产品中的 SAS/STAT 提供了全面的统计分析方法,SAS 采用积木式模块化处理的方式,本书提供了 univariate 过程、means 过程、t 检验(t-test 过程)、方差分析(ANOVA 过程)、回归分析(REG 过程)等模块进行数据的分析与处理.

1. SAS 系统简介

SAS 系统的核心 Base SAS 主要由以下三部分组成:

(1) DATA 步:用于处理和管理数据;

(2) SAS 过程:调用模块分析、处理数据,比如 PROC ANOVA 就是调用 ANOVA 模块,对数据作方差分析;

(3) DATA 步调试器:当提交的 DATA 步运行出错或产生的输出结果与预期不一致时,可以借助它来跟踪 DATA 步执行情况,从而帮助发现程序逻辑中的错误.

2. SAS 的窗口环境

启动计算机,点击 SAS 图标后,进入 SAS 的显示管理系统,在 View 中有三个主要的窗口(如图 1):

(1) 编辑窗口(PROGRAM EDITOR):编辑程式和数据文件;

(2) 日志窗口(LOG):记录程序运行情况,红色文字显示 ERROR 信息,绿色文字显示警告信息;

(3) 输出窗口(OUTPUT):输出运行的结果和图形.

点击 View 菜单中的 Program editor,Log,Output,Graph 命令可以进入编辑、日志、输出,也可通过窗口下端的选项卡进行切换.提交 SAS 程序执行完成后,默认的 HTML 输出会展示在"Results"窗口中.按功能键 F5,F6,F7 也可以进入编辑、日志及输出窗口.

退出 SAS 有两种方法:

(1) 点击 File 菜单中的 Exit 命令;

(2) 点击窗口右上角的×.

3. SAS 的程式结构

在 SAS 中,对数据的处理可划分为两大步骤:

(1) 将数据读入 SAS 建立的 SAS 数据集,称为数据步;

(2) 调用 SAS 的模块处理和分析数据集中的数据,称为过程步.

➤每一数据步都是以 DATA 语句开始,以 RUN 语句结束,而每一过程步则都是以 PROC 语句开始,以 RUN 语句结束.当有多个数据步或过程步时,由于后一个 DATA 或 PROC 语句可以起到前一步的 RUN 语句的作用,两步中间的 RUN 语句也就可以省略.但是最后一步的后面必须有 RUN 语句,否则不能运行.

➤每个语句的后面都要用符号";"作为这个语句结束的标志.

➤在编辑 SAS 程式时,一个语句可以写成多行,多个语句也可以写成一行,可以从一行的开头写起,也可以从一行的任一位置写起.每一行输入完成后,用 ENTER 键可以使光标移到下一行的开头处.

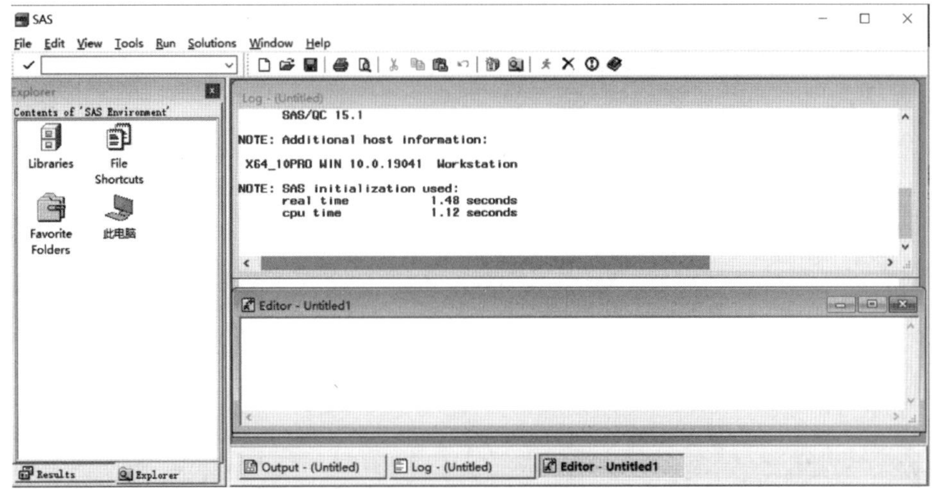

图 1 Windows 环境下的 SAS 窗口环境

➢所有程式基本结构为，data 语句；proc 语句；run 语句；在 SAS9.4 版本中，这 3 大语句以深蓝色展示，见例 1、例 2、例 3.

4. SAS 程式的输入及运行

SAS 程式的输入及运行步骤如下：

(1) 进入 SAS 的显示管理系统；

(2) 进入并扩大编辑窗口；

(3) 调出、编辑或修改 SAS 程式或数据文件；

(4) 将编辑窗口的 SAS 程式或数据文件存盘；

(5) 按功能键 F8 或点击"🏃"图标运行 SAS 程式并注意观察日志窗口中的信息，如有 ERROR 出现，则将光标移到日志窗口，找到错误的所在；

(6) 将光标移到编辑窗口，按功能键 F4 或点击 Locals 菜单中的 Recall text 命令调出已经运行的 SAS 程式，改正错误后转入步骤(4)，直到日志窗口中的信息没有 ERROR 出现为止；

(7) 将光标移到输出窗口，用 PgUp 和 PgDn 两键翻页阅读输出的结果.

例 1 进入 SAS 的显示管理系统，在编辑窗口输入程式：

```
   DATA gmy1_1_1;
a=100;b=236;c=375;  x=2*a+b; y=a-b/5;  z=b+c**5;
proc print; run;
```

在程式中，DATA 后面的 gmy1_1_1 是给数据集所取的名字，在这个数据集内将储存变量 a,b,c,x,y,z 及它们所取的值，proc 后面的 print 是要打印 6 个变量所取的值.

将程式提交运行后，注意 log 窗口中的信息(如图 2).

注：SAS 不区分大小写，SAS 认"笔迹"，所有的符号必须在英文状态下输入.

例 2 进入 SAS 的显示管理系统，在编辑窗口输入程式：

```
DATA ex; input no $  sex $  age  h  w;
cards;
10  f  47 156.3 47.1
24  m 38 172.4 61.5
53  m  41 169.2 64.5
```

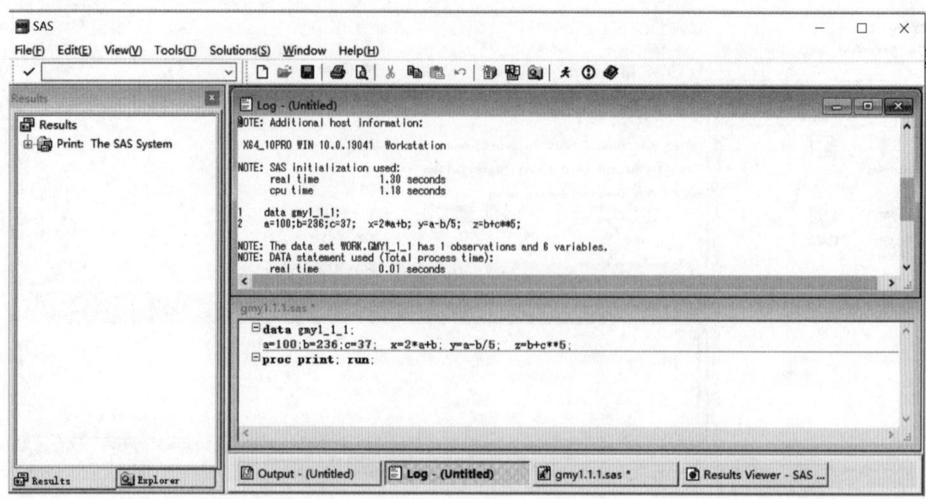

图 2　SAS 程序窗口与日志窗口

```
46  f  52 158.2 53.6
38  f 39 160.1 48
;
proc sort;by sex;
proc means;by sex;var h w; run;
```

在程式中,input 定义与数据相对应的变量名、顺序及类型,其中 no $ 与 sex $ 是非数字型的字符串变量,cards 是数据行开始的标志,数据行下面的“;”独占一行是数据行结束的标志,sort 是将 SAS 数据集中的观测值按一个或多个变量进行排序,后面的 by sex 是要根据 sex 的值对上述观测值进行分组处理,而 means 则是要在分组处理后按 var 的要求给出变量 h 和 w 的简单的描述性统计分析结果,如图 3 所示.

The SAS System

The MEANS Procedure

sex=f

Variable	N	Mean	Std Dev	Minimum	Maximum
h	3	158.2000000	1.9000000	156.3000000	160.1000000
w	3	49.5666667	3.5218366	47.1000000	53.6000000

sex=m

Variable	N	Mean	Std Dev	Minimum	Maximum
h	2	170.8000000	2.2627417	169.2000000	172.4000000
w	2	63.0000000	2.1213203	61.5000000	64.5000000

图 3　例 2 程序运行结果

5. DATA 语句

DATA 语句的作用是表明数据步的开始并给出数据集的名称.

DATA 语句的格式为:

DATA 数据集的名称;

数据集的名称必须以英文字母开始,最长不超过 8 个字符,以英文字母开头数字下划线均可有.

例如建立一个名为 EX 的数据集的语句为“DATA EX;”,这时 SAS 系统会自动地把 EX 作为数据集名添加到 WORK 中,因此在日志窗口显示的信息中记该数据集为 WORK. EX. 但是这个数据集是临时的,它仅仅在程式运行期间有效,关闭 SAS 系统后它就被覆盖,不能重新调用.

6. CARDS 语句

CARDS 语句的作用是与“;”呼应,标志数据行的开始与结束,数据行下面的“;”独占一行是数据行结束的标志.

CARDS 语句的格式为:

```
CARDS;
  数据行
    ;
```

如果使用 CARDS 语句,在 CARDS 的后面必须紧跟数据行,并且在一个数据步中最多只能有一个 CARDS 语句.

7. INPUT 语句

INPUT 语句的作用是描述输入记录中的数据,并把输入值赋给相应的变量.

INPUT 语句的格式为:

INPUT　数据的变量名、顺序及类型;

用 INPUT 语句是为了读外部文件的数据或跟在 CARDS 语句后面的数据. 除非在 INPUT 语句中的变量名后有串符号或用字符的输入格式表示、或该变量事先已被定义为字符型,否则 SAS 认定用 INPUT 语句读入的是数值型变量的值,如例 2.

用 INPUT 语句时,外部文件中的数据和 CARDS 语句后面的数据都采取列表输入的方法,各个变量的值由它们之间的空格来分隔. 为从一行读入多个观测值,应使用行保持符@ @ 限制读数指针,使其保持在这一行上读数,直到数据读完为止. 因此,有了@ @ 例 3 数据与例 2 数据读入一样,数据输入形式上较为自由.

例 3

```
DATA ex;
input no $  sex $  age  h  w@ @ ;
cards;
10  f  47 156.3 47.1 24  m  38 172.4 61.5
53  m  41 169.2 64.5 46  f  52 158.2 53.6
38  f  39 160.1 48.0
;
```

8. PROC 语句

PROC 语句的作用是指定需要调用的或过程以及该过程的若干选择项.

PROC 语句的格式为:

PROC　SAS 的程序名;

例如,调用 PRINT 过程,打印数据集 EX 的内容:

PROC PRINT DATA=EX;

这里的 DATA=数据集名,用来指定本过程所要处理的数据集名,如缺省则处理最新建立的数据集.

在 PROC 步中,还必须确认一些最基本的信息,包括:

(1) 处理的数据集名,格式为 DATA=数据集名;

(2) 所涉及的变量名,格式为 VAR　变量名;

(3) 分组处理的标志,格式为 BY　组变量名.

9. PRINT 过程

print 过程可以打印一个 SAS 数据集中的全体或部分观测值,还可以打印数值变量的总和或部分和.

在 print 过程中经常使用的语句有:

```
PROC PRINT[选择项];
VAR  变量表;
BY  变量表;
SUM  变量表;
```

在 PROC PRINT 语句中可能出现的选择项有 DATA=数据集名,如果省略这一选择,则打印最新建立的数据集中的数据.

总之,SAS 数据处理与分析过程如图 4,首先将需要分析的原始数据转换成 SAS 数据集,然后运用各种 PROC 步对数据集里的数据进行处理和分析,最后会将分析结果以适当的形式展现出来.

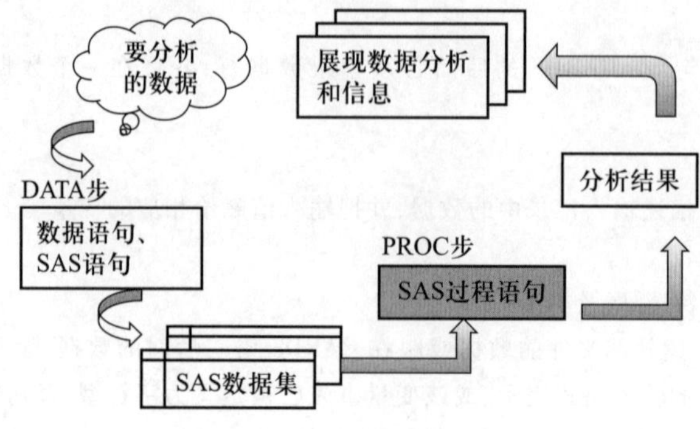

图 4 SAS 数据处理分析过程

附录十三　R　简　介

R 是用于统计分析和绘图的免费软件.它可以在 UNIX,Windows 和 MacOS 等多平台上编译和运行. R 提供了丰富多样的统计和图形函数,并且具有高度的可扩展性.

1. R 的获取、安装、界面及基本语法的简介

R 可以在它的官方网站免费获取,点击“download R”会进入镜像地址选择页面,选择合适的镜像服务器,接下来选择适合自己操作系统的版本按照提示进行安装即可.

如果我们使用的是 Windows 操作系统,可从开始菜单启动 R. R 语言运行后,界面如下图所示,可以在“R Console”窗口的命令提示符“>”后输入并执行 R 语句.

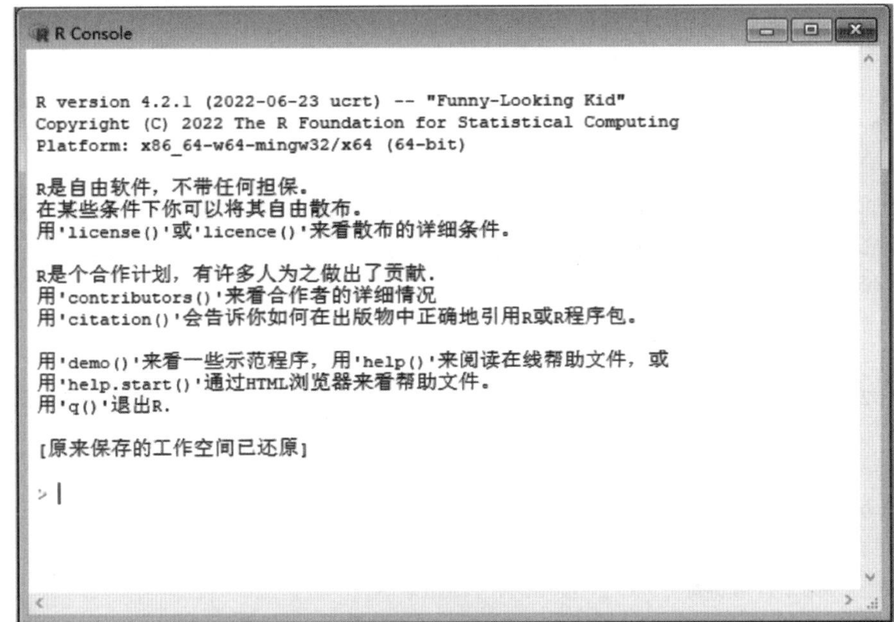

R 语句是由函数和赋值构成的,R 语言中可以利用“<-”将数据、函数、图形、分析结果等赋值给某一对象,例如:

x <- 5

y <- c(1:10)

第一行语句将 5 这个数值写入了对象 x;第二行语句创建了一个名为 y 的向量对象,它包含了 1 到 10 这 10 个数值,这里使用了函数 c( )以向量的形式输入数值.

2. R 中的数据结构及数据类型

数据结构是计算机中存储、组织数据的方式. R 拥有多种存储数据的对象类型,包括标量、向量、矩阵、数组、数据框和列表.

(1) 向量

多个相同类型的元素组成的一维数组称为向量.在 R 语言中可以函数 c( )创建向量,常见的数据类型有数值型、字符型和逻辑型,以下向量 a,b 和 c 分别对应上述三种类型的向量:

```
a <- c(1,2,3)
b <- c("x", "y", "z")
c <- c(TRUE,FALSE,FALSE)
```

向量是由多个元素组合而成的,若想访问特定位置的值,可使用"变量名[索引]"的方式来访问,例如:

```
b[2]
```

输出结果为向量 b 中第二元素 y.

标量是只含一个元素的向量,例如 e <- 4 或 f <- "w",它们用于保存常量.

(2) 矩阵

矩阵是一个二维数组,每个元素都拥有相同的类型(数值型、字符型或逻辑型).可通过函数 matrix()创建,例如创建一个 4×6 的矩阵:

```
matrix(1:24,nrow = 4, ncol = 6)
# 在 R 语言中#号后的内容表示注释
# 输出的结果下文中以注释的形式表示
#      [,1] [,2] [,3] [,4] [,5] [,6]
# [1,]    1    5    9   13   17   21
# [2,]    2    6   10   14   18   22
# [3,]    3    7   11   15   19   23
# [4,]    4    8   12   16   20   24
```

我们可以使用"变量名[行索引,列索引]"的方式访问矩阵中的行、列或元素. x[i,]指矩阵 x 中的第 i 行,x[,j]指第 j 列,x[i, j]指第 i 行第 j 列元素, 例如

```
x <- matrix(1:24, nrow = 4, ncol = 6)

x[2,]   #第 2 行
# [1] 2  6 10 14 18 22

x[,3]   #第 3 列
# [1] 9 10 11 12

x[2,3]   #第 2 行第 3 列
# [1] 7
```

(3) 数组

数组与矩阵类似,但是维度可以大于 2. 数组可通过函数 array()创建,例如创建三维(2×3×4)数值型数组:

```
array(1:18, c(2, 3, 3))
# , , 1
#      [,1] [,2] [,3]
# [1,]    1    3    5
# [2,]    2    4    6
#
#, , 2
#
#      [,1] [,2] [,3]
```

```
# [1,]    7    9   11
# [2,]    8   10   12
#
#, , 3
#
#     [,1] [,2] [,3]
# [1,]   13   15   17
# [2,]   14   16   18
```

从数组中选取元素的方式与矩阵相同.

(4) 数据框

R 语言中的数据框是与我们常见的表格对应的一种数据结构,拥有两个维度,同一列的数据类型必须一致,不同列的数据类型可以不同,可通过函数 data.frame( )创建. 数据框的创建示例如下:

```
name <- c("Li","Zhang","Wang")
height <- c(185,172,175)
weight <- c(85,60,65)
info <- data.frame(name, height, weight)
print(info)
#    name  height  weight
#1    Li    185     85
#2  Zhang   172     60
#3  Wang    175     65
```

对数据框的索引可以参照矩阵的方式(不再举例),也可以用"$"对变量进行访问和索引,例如:

```
info $ name
# [1] "Li"    "Zhang"    "Wang"

info $ name[1]
#[1] "Li"
```

(5) 列表

在 R 语言中,列表可以将任意类型的数据(变量或 R 对象)沿着一个维度组合在一起,我们可以使用函数 list( )创建列表. 例如一个列表中可以由向量、矩阵和数据框组成:

```
list(a = c(1,2,3),
     b = matrix(1:12,nrow = 4, ncol = 3),
     c = data.frame(x = 1:3,y = c('a','b','c')) )

# $a
# [1] 1 2 3
#
# $b
#     [,1] [,2] [,3]
# [1,]    1    5    9
# [2,]    2    6   10
```

```
#[3,]    3    7    11
#[4,]    4    8    12
#
# $c
#   x y
#1 1 a
#2 2 b
#3 3 c
```

对列表进行索引访问与向量索引的方法类似,索引后的结果是构成列表的对象. 如需访问具体的数据,可使用"[[索引]]"方式.

3. R 中的用户自编函数与常用的控制流

(1) 用户自编函数

R 的最大优点之一就是用户可以自行编写函数,R 语言中的函数定义方法如下:

```
函数名<- function(参数列表){
    函数体
    return(返回值)
}
```

例如:定义函数 $f(x)=\max(0,x)$,并求当 $x=-2$ 时的函数值.

```
f1 <- function(x){
    f <- max(x,0)
    return(f)
}

f1(-2)
#[1] 0
```

(2) 循环

循环结构重复地执行一个或一系列语句,直到某个条件不为真为止.

for 循环

for 循环重复地执行一个语句,直到某个变量的值不再包含在给定的序列中为止.

```
for(循环变量 in 序列){
    循环体
}
```

下面的代码用 for 循环实现了求出 1 到 100 的所有数之和:

```
sum <- 0
for(i in 1:100){
    sum <- sum + i
```

```
}
sum
# [1] 5050
```

while 循环

while 循环重复地执行一个语句,直到条件不再为真为止.

```
while(条件){
    循环体
}
```

下面的代码用 while 循环实现了求出 1 到 100 的所有数之和:

```
i <- 1
sum <- 0
while(i<=100){
    sum <- sum +i
    i<- i+1
}
sum
#[1] 5050
```

(3) 条件执行

在条件执行结构中,一条或一组语句仅在满足一个指定条件时执行.

if-else 结构

条件执行结构 if-else 当某个给定条件为真时执行语句 1,当条件为假时执行语句 2:

```
if(逻辑值){
    语句 1
}else{
    语句 2
}
```

下面的例子演示当分数不低于 60 分时显示 Passed,否则显示 Failed.

```
score <- 85
if(score >= 60){
    print("Passed")
}else{
    print("Failed")
}
# [1] "Passed"
```

if-else 结构

ifelse 结构是 if-else 结构比较紧凑的向量化版本,条件为真时执行语句 1,在条件为假时执行语句 2:

ifelse (条件,语句 1,语句 2)

下面的例子演示当分数不低于 60 分时显示 Passed,否则显示 Failed.

```
score <- 85
ifelse( score >= 60, print( "Passed" ), print( "Failed" ) )
# [1] "Passed"
```

附录十四 Python 简 介

Python 是一种高级、通用、解释型编程语言. 它具有简洁、易读的语法和强大的功能，被广泛应用于各个领域的软件开发、数据分析、人工智能和科学计算等任务.

Python 的设计理念强调代码的可读性和简洁性，使得开发者可以用更少的代码表达更多的思想. 它采用缩进方式来组织代码块，而不是使用大括号等符号，这使得代码结构更加清晰，易于阅读和维护.

Python 拥有丰富的标准库和第三方库，涵盖了各种功能和领域，使开发者能够快速构建复杂的应用程序.

Python 在概率统计领域扮演着重要的角色，并提供了丰富的库和工具来支持概率统计的分析和建模. 下面是 Python 在概率统计方面的一些主要特点和库：

1. NumPy：NumPy 是 Python 中用于科学计算的核心库之一. 它提供了高效的多维数组对象和用于处理数组数据的函数. NumPy 的广播功能和向量化操作使得概率统计计算更加高效和简洁.
2. SciPy：SciPy 是建立在 NumPy 之上的一个开源库，提供了许多概率统计和数值计算的功能. 其中 scipy. stats 模块包含了大量常用的概率分布（如正态分布、Poisson 分布等）以及统计方法（如假设检验、回归分析等）的实现.
3. Pandas：Pandas 是一个强大的数据处理和分析库，提供了高性能的数据结构和数据操作工具. 它内置了许多统计函数和方法，能够方便地进行数据清洗、转换和汇总，支持数据的分组和聚合操作.
4. Matplotlib 和 Seaborn：Matplotlib 和 Seaborn 是用于数据可视化的库，可以创建各种类型的图表和可视化效果. 它们可以用于绘制概率密度函数、直方图、散点图等，帮助理解和展示概率统计的结果.
5. Statsmodels：Statsmodels 是一个统计模型库，提供了广泛的统计模型和方法的实现. 它支持线性回归、时间序列分析、方差分析等多种统计模型，可以用于参数估计、假设检验和预测分析等.
6. Scikit-learn：Scikit-learn 是一个机器学习库，包含了许多常用的机器学习算法和工具. 其中也包括了一些概率统计相关的方法，如 Gauss 混合模型、朴素 Bayes 分类器等.

Python 的这些库和工具使得概率统计的分析和建模变得更加便捷和高效. 开发者可以使用这些库来进行数据处理、概率分布拟合、参数估计、假设检验、模型评估等任务，从而实现对数据的深入理解和推断. 同时，Python 还具有简单易学的语法和丰富的社区支持，使得概率统计的学习和应用变得更加容易和灵活.

附录十五　专业名词中英文对照

页码	名词	名词对应英文
1	随机试验	random experiment
2	随机事件	random event
2	事件	event
2	基本事件	elementary event
2	必然事件	certain event
2	不可能事件	impossible event
3	包含	inclusion
3	子事件	sub-event
3	等价	equivalent
3	相等	equal
3	并	union
4	交	intersection
4	相容	compatible
4	不相容	incompatible
4	互不相容	mutually exclusive
4	完备事件组	complete event set
4	对立事件	complementary event
5	差	difference
6	复合事件	compound event
9	频率	frequency
10	经验概率	empirical probability
10	古典概率	classical probability
13	几何概率	geometric probability
14	概率的公理化	axiomatization of probability
15	概率	probability
18	条件概率	conditional probability
18	乘法公式	multiplication rule
19	全概率公式	law of total probability
20	Bayes 公式	Bayes' formula
20	后验概率	posterior probability
20	先验概率	prior probability
25	相互独立	mutually independent
25	两两相互独立	pairwise independent
25	独立	independent
27	小概率原理	law of small numbers

页码	名词	名词对应英文
28	二项概率公式	binomial probability formula
28	Poisson 公式	Poisson formula
33	一维随机变量	univariate random variable
33	二维随机变量	bivariate random variable
34	一维离散型随机变量	univariate discrete random variable
35	0-1 分布	Bernoulli distribution
36	二项分布	binomial distribution
36	Poisson 分布	Poisson distribution
37	几何分布	geometric distribution
37	超几何分布	hypergeometric distribution
38	分布函数	distribution function
38	累积概率分布函数	cumulative probability distribution function
43	一维连续型随机变量	univariate continuous random variable
43	分布密度函数	probability density function
44	均匀分布	uniform distribution
45	指数分布	exponential distribution
46	标准正态分布	standard normal distribution
47	正态分布	normal distribution
51	二维离散型随机变量	bivariate discrete random variable
52	联合分布律	joint probability mass function
54	三项分布	multinomial distribution
55	联合分布函数	joint distribution function
56	二维连续型随机变量	bivariate continuous random variable
58	二维正态分布	bivariate normal distribution
59	边缘分布律	marginal probability mass function
62	边缘分布函数	marginal distribution function
62	边缘分布密度	marginal probability density
75	一维随机变量 X 的函数	function of a univariate random variable X
75	二维随机变量 (X,Y) 的函数	function of a bivariate random variable (X,Y)
84	卷积公式	convolution formula
93	数学期望	expectation
94	方差	variance
94	标准差	standard deviation
98	k 阶原点矩	kth order raw moment
98	k 阶中心矩	kth order central moment
104	协方差	covariance
105	协方差矩阵	covariance matrix
105	相关系数	correlation coefficient
105	相关系数矩阵	correlation coefficient matrix
119	总体	population
119	个体	individual
119	总体容量	population size

页码	名词	名词对应英文
119	样本	sample
119	样本容量	sample size
119	样品	specimen
120	抽样	sampling
120	简单随机样本	simple random sample
126	样本总和	sample sum
126	样本均值	sample mean
126	样本的离均差平方和	sum of squares of deviations from the sample mean
126	样本的 k 阶原点矩	kth order raw moment of the sample
126	样本方差	sample variance
127	样本标准差	sample standard deviation
127	样本修正方差	sample corrected variance
127	样本修正标准差	sample corrected standard deviation
127	样本变异系数	coefficient of variation
127	样本的 k 阶中心距	kth order central moment of the sample
128	众数	mode
128	极差	range
128	p 分位数	quantile
128	中位数	median
129	gamma 函数	gamma function
129	χ^2 分布	chi-square distribution
130	t 分布	t-distribution
131	F 分布	F-distribution
141	最小顺序统计量	minimum order statistic
141	最大顺序统计量	maximum order statistic
144	参数估计	parameter estimation
144	总体参数	population parameter
144	估计值	estimate
144	估计量	estimator
144	点估计	point estimation
144	矩法	method of moments
144	矩估计量	method of moments estimator
145	最大似然估计量	maximum likelihood estimator
145	最大似然法	maximum likelihood method
148	无偏估计量	unbiased estimator
157	区间估计	interval estimation
157	置信度	confidence level
157	双侧 $1-\alpha$ 置信区间	two-sided $1-\alpha$ confidence interval
157	单侧 $1-\alpha$ 置信区间	one-sided $1-\alpha$ confidence interval
158	枢轴量法	pivotal method
158	枢轴量	pivotal quantity
167	假设检验	hypothesis testing

页码	名词	名词对应英文
167	备择假设	alternative hypothesis
167	原假设	null hypothesis
168	第一类错误	type Ⅰ error
168	第二类错误	type Ⅱ error
169	拒绝域	rejection region
169	双侧检验	two-tailed test
169	单侧检验	one-tailed test
178	χ^2 检验法	chi-square test
188	单因素试验	one-way ANOVA
188	方差分析	analysis of variance
198	双因素试验	two-way ANOVA
210	一元线性回归分析	simple linear regression analysis
210	截距	intercept
210	回归系数	regression coefficient
210	回归方程	regression equation
211	最小二乘法	least squares method
214	点预测	point prediction
214	区间预测	interval prediction
222	统计控制	statistical control
222	协方差分析	covariance analysis

参考文献

[1] 王福保.概率论及数理统计.3版.上海:同济大学出版社,1994.

[2] 北京农业大学.概率论与数理统计.北京:中国农业出版社,1987.

[3] 沈恒范,严钦容,沈侠.概率论与数理统计教程.6版.北京:高等教育出版社,2017.

[4] 盖钧镒.试验统计方法.4版.北京:中国农业出版社,2013.

[5] 明道绪.生物统计附试验设计.5版.北京:中国农业出版社,2014.

[6] 中国科学院数学研究所.常用数理统计用表.北京:科学出版社,1974.

[7] 茆诗松,程依明,濮晓龙.概率论与数理统计教程.3版.北京:高等教育出版社,2019.

[8] 贾俊平.统计学.2版.北京:清华大学出版社,2006.

读者意见反馈

为收集对教材的意见建议，进一步完善教材编写并做好服务工作，读者可将对本教材的意见建议通过如下渠道反馈至我社。

咨询电话　400-810-0598

反馈邮箱　hepsci@pub.hep.cn

通信地址　北京市朝阳区惠新东街4号富盛大厦1座

　　　　　高等教育出版社理科事业部

邮政编码　100029

防伪查询说明

用户购书后刮开封底防伪涂层，使用手机微信等软件扫描二维码，会跳转至防伪查询网页，获得所购图书详细信息。

防伪客服电话　(010)58582300